난방시스템

성 순 경 저

세진사

머 리 말

난방설비는 인류의 역사와 같이하는 설비라 해도 과언이 아니다. 또한 설비의 공간을 적정 온도로 유지하기 위하여 열을 공급하는 설비로서 우리나라와 같이 동절기가 긴 나라에서는 필수로서 자리잡고 있다. 특히 우리나라에서는 예로부터 주거부분의 난방방식에 있어서 온돌 난방방식이 주류를 이루고 있으므로 난방설비가 큰 비중을 차지하고 있다. 그러나 최근에 공기조화설비의 보급이 일반화되면서 소홀히 취급되는 경향도 있는 듯하다. 그러나 난방설비는 온·열원설비로서의 역할을 하는 것이므로 이에 따른 인식의 재고가 필요하다고 생각된다.

대학에서 난방설비과목을 강의하며 국내의 환경변화와 설비자재의 개발 등으로 설비 시스템의 변화도 많이 있어 변화된 내용을 보충하여 보완교재를 만들고자 하였으나 아직도 미흡한 점이 많으리라 생각되며 독자 여러분의 충고와 조언을 부탁드린다.

교재를 만들면서 여러 자료를 나름대로 정리하고자 하였으나 국내에서 검증되지 않은 자료들이 대부분이어서 기준 설정에 애로를 많이 느꼈으며 차후라도 기초자료에 대한 지속적인 검증과 연구가 필요하다고 사료된다. 시스템과 자재의 변화에 따라 보완된 내용은 열원설비와 관련된 장비류의 보강과 중온수 난방 및 태양열 난방에 대한 내용 등이다.

본 교재는 주당 3시간씩 2학기의 강의분량으로 편집되었으나 강의 시수에 따라 일부분을 제외하고 강의하여도 무난하리라 사료된다.

사용단위에 있어서 현장에서는 공학단위가 주로 이용되고 있으나 SI단위가 점차 확대되어 가고 있는 추세이므로 부분적으로 공학단위와 SI단위를 공용으로 사용할 수 있도록 하였으므로 혼동이 없기를 바란다.

끝으로 이 책이 나올 때까지 주변에서 도와주신 여러분들에게 감사의 말씀을 드린다.

저자

차 례

제1장 총 론

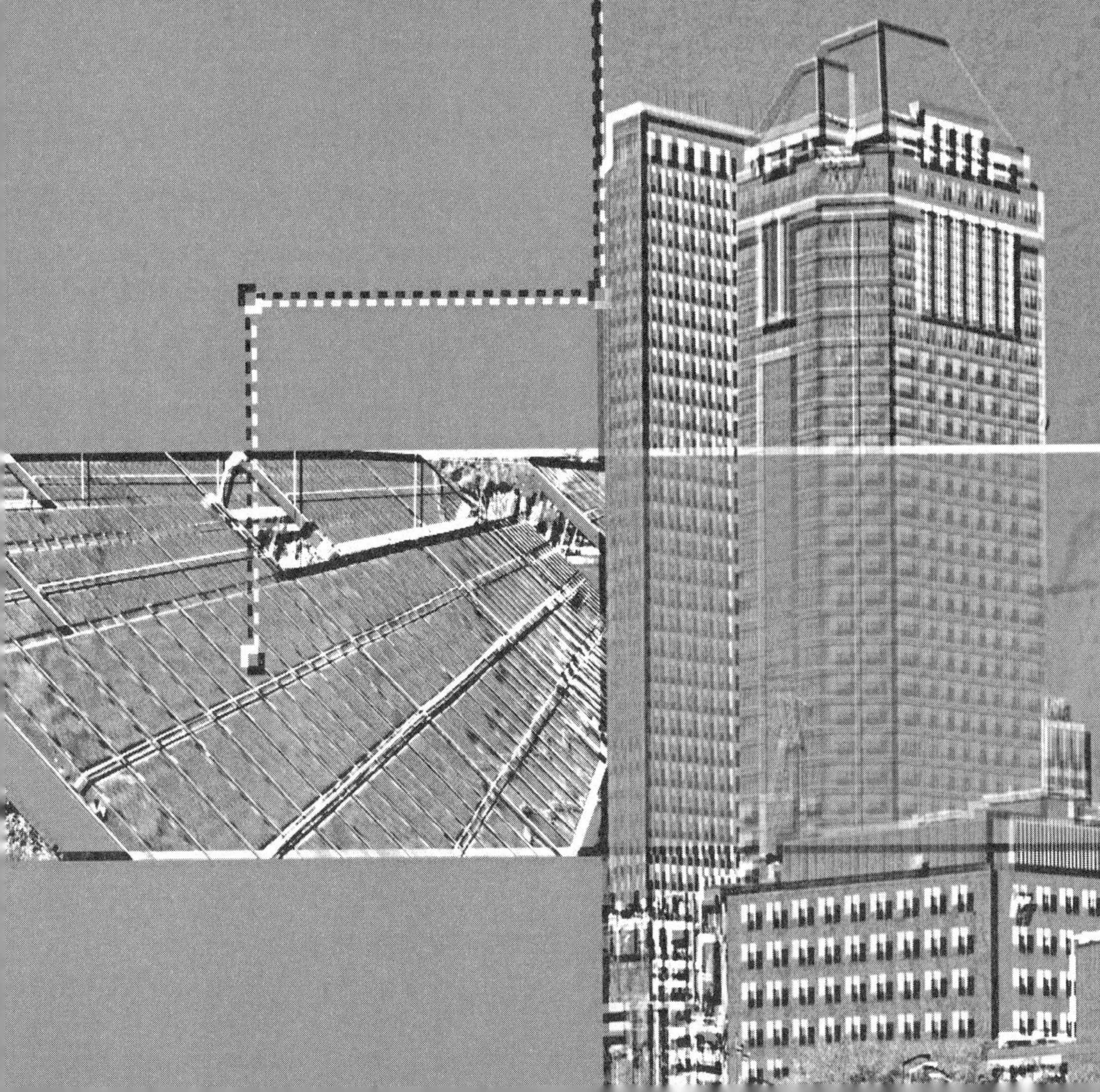

제1장 총 론

1.1 열환경

1.1.1 열평형

난방설비는 실내공간으로 열을 공급하여 인체가 느끼는 온열환경을 조절함으로 쾌적한 공간을 조성하는 것을 목적으로 한다. 인체는 음식물을 섭취하여 그것이 가지고 있는 에너지에 의하여 일을 하고 열을 방출하는 일종의 열기관이다. 인체는 체온을 36.5℃로 유지하여야 하므로 체내에서 생산된 열에너지를 주위로 내보낸다. 이때의 열량을 대사열량이라 한다. 대사열량은 신체의 크기, 체질, 연령, 성별 등에 따라 다르고 활동 상태에 따라 크게 변화한다. 인체의 대사량은 met라는 단위로 표시되며, 1met는 의자에 앉아있는 안정된 상태에서의 대사량으로 $58.2W/m^2$이다. 재실자가 느끼는 온열감은 대사열량, 착의량, 공기온도, 복사, 기류, 습도 등에 영향을 받는다. 인체에서의 방열은 땀의 증발에 의한 경우와 대류로서 몸에 접촉하는 공기의 전열에 의한 경우와 몸 표면에서 주위벽면으로의 열복사에 의한 경우를 들 수 있다. 이러한 방출열량이 대사열량보다 많을 때는 몸이 차가워져 추위를 느끼고, 반대로 적을 때는 체내에 열이 축적되어 더위를 느끼게 된다. 그리고 양자가 평형을 이룰 때는 더위도 추위도 느끼지 않고 쾌적하게 된다. 이러한 양자의 관계는 다음 식으로 나타낼 수 있다.

$$M - E \pm C \pm R - B = \Delta H \tag{1.1}$$

여기에서 M : 대사열량

E : 땀의 증발에 의한 방출열량

C : 대류에 의한 수수열량(+는 받는 열)

R : 복사에 의한 수수열량(+는 받는 열)

B : 호흡에 의한 잠열, 현열 교환열량

ΔH : 축열 또는 방열

식 (1.1)에서 $\Delta H > 0$일 때는 더운 느낌, $\Delta H < 0$일 때는 추운 느낌, $\Delta H = 0$일 때는 쾌적하게 느낀다. 인체와 주위와의 열교환은 증발에 의한 것이 20%, 대류에 의한 것이 약 35%, 복사에 의한 것이 약 40% 정도이다. 난방설비에 있어서는 인체에 미치는 대류와 복사의 값을 변화시켜 인체가 따뜻하게 느끼도록 한 것이다.

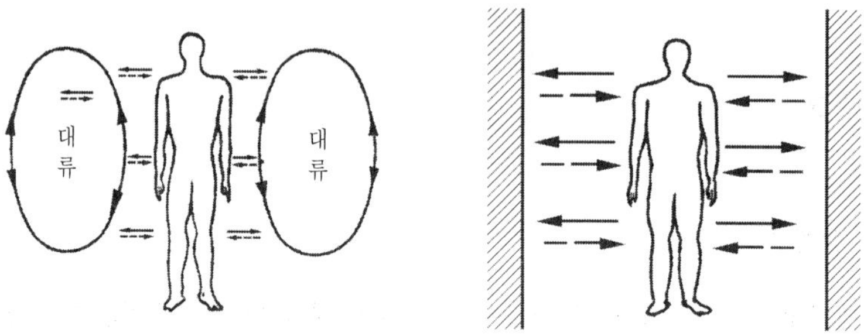

체표면 온도>기온 →
체표면 온도<기온 ⇢
(a) 대 류

체표면 온도>벽면 온도 →
체표면 온도<벽면 온도 ⇢
(b) 복 사

그림 1.1 인체의 열환경

증발에 의한 방산열량은 기온, 습도, 기류에 의하여 변화되며, 대류에 의한 수수열량은 기온, 기류에 관계된다. 또한 복사에 의한 수수열량은 주위벽면 온도에 의하여 변화한다. 따라서 재실자의 춥고 따뜻함은 기온, 습도, 기류, 주위벽면 온도에 의하여 결정되는 것이라고 볼 수 있다. 그러나 보통의 실내에서는 기류의 속도가 그다지 높지 않고 습도가 낮으므로 기온과 주위벽면 온도에 큰 차이가 없으면 기온이 체감을 결정하게 된다. 난방설비에서는 공기조화설비와는 달리 주로 온도와 관련되어지는 설비로서 대류와 복사에 의하여 인체로 열이 전달된다.

1.1.2 온열환경 평가지표

사람에 따라 느끼는 온열감각은 다양하다. 온열환경의 복잡한 요소에 따른 영향을 단일지표로 나타내기 위하여 여러 제안이 있었다. 이의 대표적인 것은 아래와 같다.

(1) 작용온도

1940년 Gagge에 의하여 제안되었다. 인체는 주어진 환경상태에서 주위공간과 대류와 복사에 의한 열교환을 한다. 이것과 동일한 양의 열을 교환하는 것과 같은 균일온도의 폐쇄공간온도를 작용온도라 한다. 작용온도 t_o[℃]는 아래 식과 같이 나타낸다.

$$t_o = \frac{h_c t_a + h_r t_m}{h_c + h_r} \tag{1.2}$$

여기에서 t_a : 공기온도[℃]

t_m : 평균복사온도[℃]

h_c : 인체의 대류 열전달률[W/m² · ℃]

h_r : 인체의 복사 열전달률[W/m² · ℃]

(2) 등가온도

작용온도는 기류에 의한 냉각효과를 평가하지 않고 그값은 일정한 것으로 하였다. Bedford는 난방환경아래에서 실측한 결과에 의하여 공기온도, 복사온도, 기류속도를 이용하여 등가온도 t_{ea}[℃]를 산출하는 방법을 식 (1.3)과 같이 제안하였으며, Madsen은 착의량에 의한 영향을 고려한 등가온도 $t_{eq,\ m}$[℃]에 대하여 식(1.4)와 같이 제안하였다.

$$t_{ea} = 0.522t_a + 0.478t_r - 0.2\sqrt{v}(37.8 - t_a) \tag{1.3}$$

$$t_{eq,\ m} = 0.55t_a + 0.45t_r - \frac{0.24 - 0.75\sqrt{v}}{1 + I_{cl}}(36.5 - t_a) \tag{1.4}$$

여기에서 v : 기류 평균속도[m/s]

I_{cl} : 의복의 열저항

(3) 신 유효온도

신 유효온도(New Effective Temperature) ET*는 1971년 Gagge 등이 제안한 것이다. 이는 인체의 발한에 의한 체온조절기능을 포함하는 열평형 모델에 의거하는 것으로 기온, 복사, 습도, 기류의 환경요소와 착의량, 활동 상태를 고려하고 인체표면으로부터 주위환경으로 방열량을 구한다. 이때 인체의 생리인자로 계산되는 평균피부온도와 발한에 의한 젖은 율이 동일한 상태이고 방열량도 같아지도록 상대습도 50%에 있어서의 기온을 신유효온도라 한다.

ET*는 임의의 착의량, 대사량에 대하여 정의되고, 동일 착의량, 대사량이 아니면 ET*값의 크고 작음으로 온열감을 직접 비교할 수 없다. 그래서 활동상태 1met, 착의량 0.6clo, 평균복사온도와 같은 기온, 상대습도 50%, 기류 0.2m/s 인 가상적 표준 환경에서 정의된 신유효온도를 표준유효온도(SET* : Standard Effective Temperature)라 부른다. 표준유효온도의 쾌적한 범위는 22.2~25.6℃이다.

(4) PMV

PMV(Predicted Mean Vote)는 예상 온열감으로 Fanger에 의하여 제안된 지표로서 주위환경과 인체와의 열적 반응에 의한 인체의 열평형을 기초로 하고 있으며, 열적 중립으로부터 벌어질 때 온열감을 예측하는 방법이다. 이는 인체의 활동과 착의상태가 산정되고 공기온도, 평균복사온도, 풍속 및 수증기압의 6가지 환경요소를 대입하여 계산된다. PMV 지표는 표 1.1과 같이 7단계 평가에 의하여 나타낸다.

$$\mathrm{PMV} = [0.303\exp(-0.036M) + 0.028]L \tag{1.5}$$

여기에서 L : 인체의 열 부하

M : 대사량

표 1.1 PMV의 스케일

-3	-2	-1	0	+1	+2	+3
춥다 (cold)	서늘하다 (cool)	약간 서늘 (slightly cool)	중간 (neutral)	약간 따뜻 (slightly warm)	따뜻하다 (warm)	덥다 (hot)

Fanger는 또한 PMV와 PPD(Predicted Percentage of Dissatisfied)와의 관계를 제안하였다. PPD는 예상 불만족률로서 열적으로 불쾌감을 느끼는 사람의 비율을 나타내는 것이다. PMV의 값이 정해지면 PPD는 그림 1.2와 같이 구할 수 있다. 쾌적한 영역으로는 -0.5<PMV<+0.5, PPD<10%를 권장하고 있다.

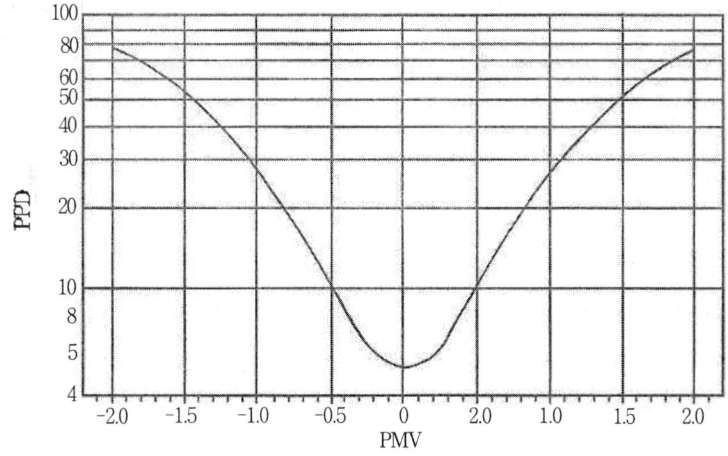

그림 1.2 예상온열감과 예상 불만족률과의 관계

1.2 난방설비의 종류

건물의 주위온도가 내부온도보다 낮게 되면 실내에서 외부로 열손실이 발생하고 이에 따라 실내온도는 내려가게 되며, 적정온도 이하로 되면 인체는 추위를 느끼게 된다. 이에 대하여 손실열량을 보상하기 위하여 실내에 열을 공급하고 실내를 희망하는 온도 또는 그 이상으로 유지시키는 것을 난방이라고 하며 실내에 열을 공급하는 장치를 난방설비라고 부른다.

난방설비의 종류는 열을 필요로 하는 실에 열을 어디에서 어떻게 공급하느냐에 따라 구분하여 볼 수 있으며, 열원을 분산하여 각 실마다 스토브나 소형 보일러 등을 설치하여 열을 공급하는 방법을 개별난방방식(Unit Heating), 보일러나 온풍로에 의하여 증기, 온수 또는 온풍을 한곳에서 만들어 이것을 배관이나 닥트를 이용하여 각 실로 분배하여 실내에 열을 공급하는 방법을 중앙 난방방식(Central Heating)이라고 한다.

중앙난방방식에서 실내에 방열기기를 설치하고 이것에 증기나 온수 등의 열매를 보내어 실내에서 공기를 직접 데우는 방식을 직접난방(Direct Heating), 중앙난방 공급실에서 데워진 공기를 닥트 등을 통하여 실내로 공급하여 난방하는 방식을 간접난방(Indirect Heating)이라고 한다.

직접난방은 다시 방열체의 방열형식에 따라 대류난방과 복사난방으로 나눌 수 있다.

대류난방은 실내에 설치된 방열기로 주위의 공기를 가열하여 대류현상을 이용하는 난방 방식으로, 방열기 방열량의 70~75% 정도가 대류에 의하고 나머지는 복사에 의하여 전달된다. 주철제 방열기와 같은 경우에는 대류와 복사에 의하여 전달된다.

복사난방은 실내의 바닥, 벽, 천장 등을 직접 가열하거나 또는 가열패널 등을 부착하여 방열체로 하고 이 방열체로부터 방사된 복사열에 의하여 따뜻함을 느끼도록 하는 방식으로, 방열체에서의 방열량은 50~70%가 복사에 의하여 전달된다.

대류난방이나 복사난방을 하기 위하여 필요한 열은 열매를 이용하여 열원으로부터 방열기기까지 운반하며, 사용하는 열매의 종류에 따라 증기난방, 온수난방, 온풍난방으로 나뉜다. 이 이외에 열원의 연료 종류에 따라 유류를 사용하는 유류난방, 가스를 사용하는 가스난방, 전기를 사용하는 전기난방으로 대별되며 태양열을 이용한 태양열 난방도 일부 이용되고 있다.

1.3 난방용 열매의 성질

1.3.1 증기의 성질

물에 열을 가하면 물의 온도는 점차 올라가 포화온도에 다다르며 증발하기 시작한다. 이렇게 증발된 것을 증기라 한다. 여기서 물의 증발과정을 쉽게 이해하기 위하여 그림 1.3과 같이 순수한 물을 밀폐된 실린더 내에 넣은 후 실린더 내의 압력이 항상 일정하게 유지될 수 있도록 하고 그 압력을 편의상 표준대기압(1 atm)이라 가정한다.

물을 넣은 상태에서 외부로부터 열을 가하면 물의 온도가 상승하게 되며 체적도 약간 증가하여 피스톤과 추를 조금 밀어 올리면서 일을 한다. 그러나 물의 체적 증가에 따른 일량은 매우 작으므로 가열량이 모두 물의 온도 상승을 위한 내부 에너지로 저장된다고 보아도 무방하다.

물의 온도가 계속 상승하여 100℃가 되면 물의 내부 에너지는 액체로서 저장할 수 있는 최대 한도, 즉 포화상태에 다다르게 된다. 포화상태인 물에 조금이라도 열을 더 가하면 증발이 시작되며, 가열량은 모두 증발에 소비되어 증발이 완료될 때까지 온도는 일정하며 체적은 증가한다. 증발이 완료된 후 계속 가열하면 온도는 다시 증가하여 과열상태로 된다.

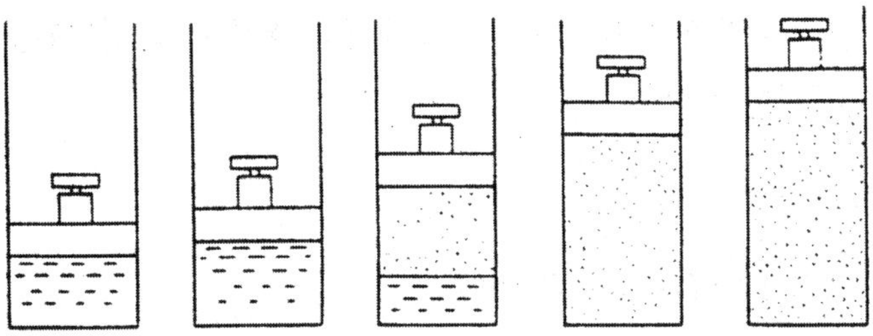

(a) 불포화수 $t_a < t_s$

(b) 포화수 $t_b = t_s$, $x = 0$

(c) 습증기 $t_c = t_s$, $0 < x < 1$

(d) 건포화증기 $t_d = t_s$, $x = 1$

(e) 과열증기 $t_e < t_s$

그림 1.3 물의 증발과정

(1) 불포화수

그림 1.2의 (a)와 같이 액체로서 내부 에너지가 포화상태에 도달하지 못한 물을 불포화수(Unsaturated Water)라 하며 압축수라고도 한다. 불포화수는 내부 에너지가 포화상태에 도달할 때까지 온도가 계속 상승하며 체적은 약간 증가한다. 이때 물에 가해진 열량을 Q라 하면

$$Q = GC_p \int_{t_1}^{t_2} dt \tag{1.6}$$

(2) 포화수

그림 1.3의 (b)는 내부 에너지가 포화상태에 도달한 물로서 증발 직전의 상태이며 포화수(Saturated Water)라 한다. 이때 포화수의 압력과 온도를 각각 포화압력, 포화온도라 한다. 포화온도는 압력에 따라 변화하며 물의 경우에는 압력이 1 atm일 때 포화온도는 100℃이다.

(3) 습증기

포화수가 열을 흡수하면 증발이 시작되며 증발이 완료될 때까지 포화온도는 변하지 않고 증발이 진행됨에 따라 수증기의 양은 많아지고 체적은 급격히 증가한다. 따라서 포화수의 양이 감소되므로 증발이 완료될 때까지는 포화수와 증기가 동시에 존재하며 이러한 혼합체를 습증기(Wet Vapour) 또는 습포화증기라 한다. 이때 습증기의 질량에 대한 증기의 혼합비를 습증기의 건도 또는 질(Quality)이라고 한

다. 여기서 습증기의 질량을 m_x, 습증기 중의 포화수 및 건포화증기의 질량을 각각 m', m''라고 하면

$$m_x = m' + m'' \tag{1.7}$$

이므로, 습증기의 건도를 x라 하면

$$x = \frac{m''}{m_x} = 1 - \frac{m'}{m_x} \tag{1.8}$$

가 되며, 건도 x에서 습증기 엔탈피 h_x는

$$h_x = h' + x(h'' - h') \tag{1.9}$$

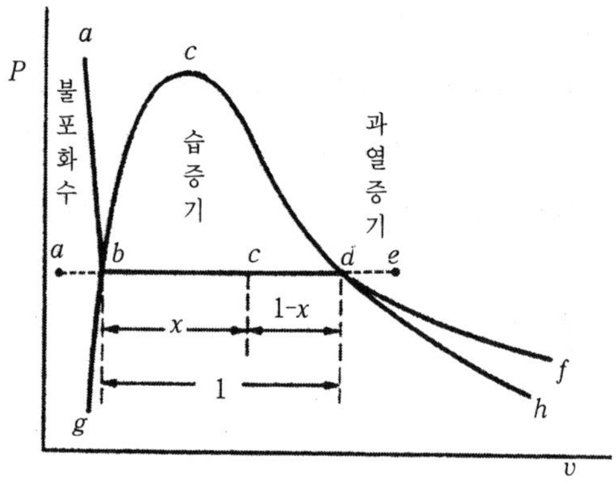

그림 1.4 증발과정의 P - v 선도

(4) 건포화증기

그림 1.3의 (d)와 같이 동일한 포화온도에서 증발이 완료된 상태의 증기를 건포화증기(Dry Saturated Vapour), 포화증기(Saturated Vapour), 또는 건증기(Dry Vapour)라 한다. 여기에서 1 kg의 포화수가 건포화증기로 모두 증발하는 데 소요되는 열량을 증발의 잠열 또는 증발열이라 한다. 증발열을 r이라 하면

$$r = h'' - h' \tag{1.10}$$

(5) 과열증기

건포화증기를 다시 가열하면 증기의 온도는 포화온도보다 높아지며 체적은 더욱 증가한다. 이와 같이 포화온도 이상으로 가열된 증기를 과열증기(Super heated Vapour)라 하고 과열증기의 온도와 동일한 압력에서의 포화온도와의 차를 과열도라 한다. 건포화증기 1 kg을 정압하에 포화온도 t_s로부터 임의의 온도 t_e까지 과열시키는 데 필요한 열량을 과열의 열이라 하며 과열증기의 정압비열 C_p가 주어지면 과열의 열 q_s는 $\int_{t_s}^{t} C_p dt$로 되고 과열증기의 엔탈피 h는 아래와 같다.

$$h = h'' + q_s = h'' + \int_{t_s}^{t_e} C_P dt \tag{1.11}$$

(6) 압력과 온도

증기의 포화온도는 압력의 변화에 따라 변한다. 표준 대기압력 상태인 1 atm에서는 증기의 온도가 100℃이고, 압력이 계기압력으로 35 kPa인 저압증기난방에서의 증기온도는 108.1℃이며, 0.2 MPa일 때 약 133℃, 0.5 MPa일 때 약 158℃로 압력이 높아질수록 포화온도는 점점 높아진다.

(7) 압력과 비체적

포화증기의 비체적은 증기의 압력이 증가할수록 감소한다.

표준대기압 상태에서의 포화증기 1 kg이 차지하는 체적은 1.673 m^3이므로 비체적은 1.673 m^3/kg이고, 계기압력 0.2 MPa일 때 0.605 m^3/kg, 0.5 MPa일 때 0.315 m^3/kg이 된다. 압력과 비체적의 관계는 포화증기가 동일 압력상태에서 응축되어 포화수가 될 때 또는 포화수가 포화증기로 바뀔 때 체적의 변화를 알게 되므로 증기관이나 응축수관의 관경을 선정할 때 관계되는 요소이다.

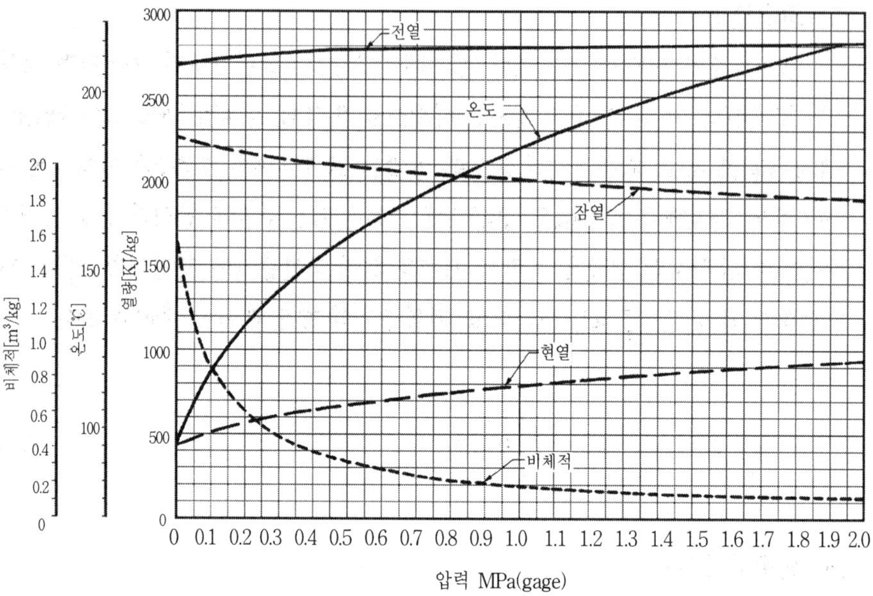

그림 1.5 압력과 증기의 성질

(8) 압력과 잠열

증기의 압력이 증가하면 포화증기가 갖게 되는 잠열은 조금씩 감소하게 된다. 표준 대기압 상태에서는 2257 kJ/kg이지만 0.2 MPa일 때는 2161.8 kJ/kg로 된다. 그러나 전열량은 조금씩 증가한다. 압력에 따른 증기의 여러 성질을 그림 1.5에 나타낸다.

1.3.2 물의 성질

온수난방 설비에 주로 사용되고 있는 물의 성질을 살펴보면, 온도변화에 따라 밀도와 비열 그리고 점성계수가 변화한다. 밀도는 온도가 상승함에 따라 근소한 차이로 점점 작아진다. 비열은 온도변화에 따라 일정하게 변화하지 않고 30~40℃에서 최소이고 전후 온도에서 점차 커진다. 점성계수는 온도가 상승함에 따라 그림 1.6과 같이 점점 작아진다. 물의 여러 가지 성질은 표 1.2와 같다.

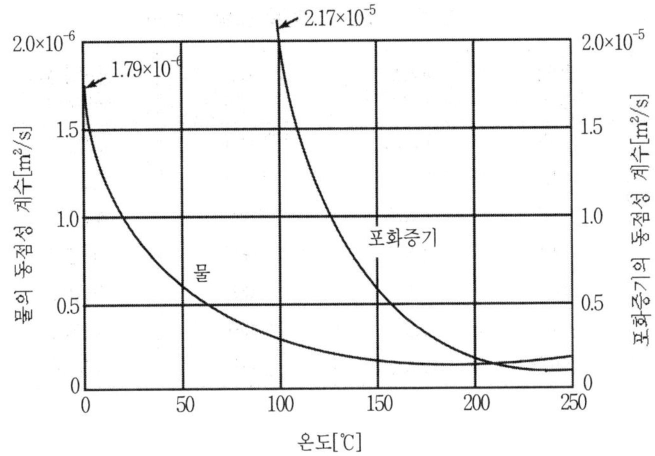

그림 1.6 온도에 따른 물의 동점성 계수

표 1.2 물의 열적 성질(압력 1 atm)

온 도 [℃]	밀 도 [kg/m³]	비 열 [kJ/(kg · K]	점성계수 [N · s/m²]	동점성 계수 [Nm²/s]	열전도율 [W/(m · k)]	증발열 [kJ/kg]
0	999.8	4.217	1.792×10^{-3}	1.792	0.558	2500.9
10	999.7	4.195	1.307	1.307	0.579	2477.2
20	998.2	4.182	1.002	1.094	0.597	2453.6
30	995.2	4.178	0.797	0.801	0.615	2429.8
40	992.2	4.178	0.653	0.658	0.633	2406.0
50	988.1	4.183	0.548	0.553	0.647	2381.9
60	983.2	4.186	0.467	0.474	0.651	2357.7
70	977.8	4.19	0.400	0.41	0.666	2333.8
80	971.8	4.199	0.355	0.365	0.669	230.8.1
100	958.4	4.216	0.282	0.294	0.682	2256.5
120	943.5	4.245	0.231	0.231	0.685	2202.2
150	917	4.333	0.181	0.181	0.682	2113.7
200	894.7	4.505	0.138	0.161	0.665	1940.6

* 100℃ 이상은 포화수임.

1.3.3 공기의 성질

공기의 일반적 성질을 살펴보면 표 1.3과 같다. 온도상승에 따라 정압비열은 큰 변화가 없으나 밀도는 점점 낮아지고 점성계수는 약간씩 증가한다.

표 1.3 공기의 성질(압력 1 atm)

온도 [℃]	밀도 [kg/m³]	비열 [kJ/(kg · K)]	점성계수 [N · s/m²]	열전도율 [W/(m · k)]	Prandtl수 [Pr]
-20	1.348	1.005	1.618×10^{-3}	0.0224	0.724
0	1.251	1.005	1.717	0.0241	0.721
20	1.166	1.006	1.81	0.0257	0.712
40	1.091	1.007	1.903	0.0272	0.707
60	1.026	1.008	2.001	0.0287	0.705
80	0.968	1.010	2.089	0.0302	0.704
100	0.916	1.012	2.167	0.0316	0.700

1.4 난방방식의 특성

여러 난방방식의 특성을 상호 비교하는 것은 건물특성이나 조건에 적합한 난방방식을 선택하는 기준이 된다.

(1) 온도분포 특성

실내공기의 온도는 건물의 구조나 단열의 상태, 외기 온도조건과 난방방식에 따라 상하방향과 수평방향에서 위치에 따라 차이가 발생하게 된다. 특히 실내기온의 쾌적성과 관련 있는 것은 상하의 온도차이고 수평방향의 온도와는 달리 그 차이가 동시에 몸에 느껴지므로 체감상 영향이 크다.

인체의 쾌감도 면에서 보면 머리 쪽과 발밑의 온도차이가 1~1.5℃ 이내인 것이 좋고 적어도 3℃ 이내로 한정하여야 한다. 난방시 높이에 따른 온도변화는 일반적으로 복잡한 형태를 나타내지만 대류현상이 약해졌을 때 높이와 기온의 관계는 직선적으로 된다. 또한 난방방법에 따라서도 온도차이의 변화는 다르게 된다.

난방방식에 따른 실내의 상하 온도분포 특성을 살펴보면 그림 1.7과 같이 복사난방의 경우에는 실내의 상하 온도차가 가장 적게 되고 가장 쾌적한 난방효과를 얻을 수 있게 된다. 대류난방에서는 상부의 온도는 높게 되고 하부는 낮게 되어 상하의 온도차가 커짐을 알 수 있다. 그러므로 쾌적성의 면에서는 복사난방이 대류난방의 경우보다 유리함을 알 수 있다. 따라서 실내의 층고 조건에 따라 난방방식의 선정이 고려되어야 하며 강당이나 대회의실 또는 체육관과 같이 천장고가 높은 경우에는 복사난방 방식이 유리하다. 그리고 주철제 방열기에 있어서 열매가 증기인 증기 난방의 경우가 온수난방의 경우보다 방열표면의 온도가 높게 되어 상하의 온도차가 크게 됨을 알 수 있다.

(2) 열용량

난방설비의 열용량은 주로 장치 내의 관수용량에 따라 좌우되므로 계통 내의 관수용량으로 비교한다. 열용량은 초기 운전 단계에는 예열부하로서 정상운전 상태까지의 기동시간 지연을 가져오고 운전 정지시에는 여열로써 고려된다. 따라서 관수용량이 작은 증기난방의 경우에는 기동시간이 짧아지므로 간헐운전방식에 유리하게 되고 운전 정지시에는 난방효과가 급히 떨어진다. 관수용량이 많아 열용량이 큰 온수난방방식의 경우에는 초기 가동시 기동시간이 길게 되므로 예열부하가 자주 걸리지 않는 연속운전방식이나 운전 정지시에 여열로써 실내가 급랭되지 않는 조건에 적합하다. 온풍난방 방식은 열용량이 거의 없으므로 순간기동방식으로 실내온도를 조절할 수 있다.

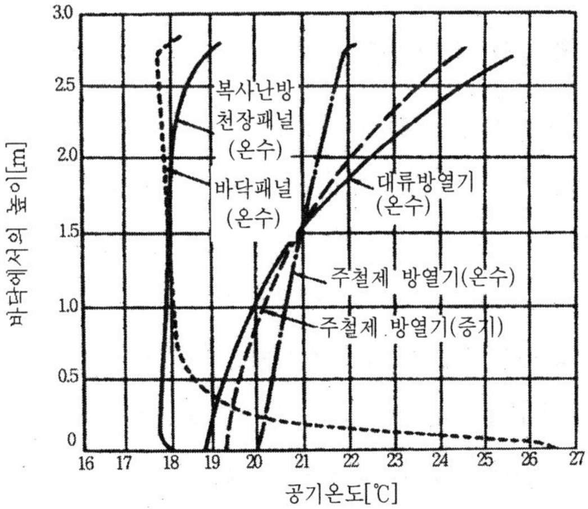

그림 1.7 실내온도 분포특성

(3) 부하조절 특성

실내 온도를 조절하기 위하여 증기난방 방식의 경우에는 방열기 입구에 설치된 방열기 밸브를 조절하여 증기의 양을 조절하게 된다. 그러나 관내의 증기 압력상태에 따라 통과 증기량은 변화하므로 조절이 용이하지 못하다. 또한 장치 전체의 방열량 억제를 위하여 증기관의 압력을 낮추게 되면 보일러에서 가까운 곳과 먼 곳의 증기의 공급 상태는 불균일하게 되어 실내 난방에 문제가 발생한다. 온수난방 방식의 경우에는 방열기 입구밸브 개도에 의한 온수유량 조절이 용이할 뿐 아니라 장치 내의 온수온도를 조절하여 부하 변도에 따른 방열 조건의 조정이 용이하다.

1.5 난방설비 계획

1.5.1 개 요

난방설비 계획의 목표는 대상 건축물에 가장 적합한 난방방식, 열원방식, 기계실의 위치 등을 고려하여 실내의 난방효과는 물론 에너지의 유용한 이용과 유지관리의 대응, 건축공간의 효율적 활용, 라이프 사이클 코스트(Life Cycle Cost) 등 제반 사항에 대하여 기본계획 단계에서부터 실시설계, 시공 및 유지관리까지 충분한 기능을 발휘하도록 하는 것이다.

1.5.2 계획 · 설계상의 조사사항

계획을 수립하고 설계를 진행하기 위해서는 여러 가지 사항들을 고려하여야 한다. 우선 건물을 세우고자 하는 건축주의 의도를 고려하여야 하고 건물의 장래계획이나 관리방법, 건물의 수준, 예산 등을 확인한다. 그 다음 외부환경의 조건으로 부지 위치에 따른 입지환경과 주위의 건축물, 지역난방일 때는 열원의 연결위치 등을 조사한다. 그리고 관련법규에 따른 문제로 실내온도 또는 외기온도 조건, 에너지소비량의 제한 등과 환경관계법에 따른 규제사항 등을 조사한다. 이러한 조사내용이 정확하지 않을 때는 설계의 방향이 잘못 정해질 수 있으므로 주의하여야 한다.

1.5.3 계획 · 설계의 순서

계획 및 설계의 순서는 구상으로 시작하여 기본계획을 세우고 기본설계를 거쳐 실시설계의 과정으로 진행된다. 건물 규모나 용도에 따라서는 기본계획을 기본설계에 포함하는 경우도 많다. 구상 단계에서 건물의 수준, 열원의 종류, 장래계획 등을 검토하고 건물의 입지, 규모, 용도, 예산 등을 고려한다. 기본계획에서는 난방 시스템의 비교 검토, 에너지 절약방안 검토, 주변 환경의 검토 등을 통하여 설계의 방향을 정한다. 기본설계 단계에서는 계획 단계에서 검토된 내용을 기초로 하여 설계도서 작성을 위한 시스템의 결정과 개략 부하계산을 통하여 주요 장비에 대한 계획과 건축부분과 관련된 기계실의 크기 및 위치, 파이프 샤프트의 크기와 위치, 건물의 층고 등을 검토하여 협의하고 본 설계를 위한 흐름도, 계통도, 기계실의 장비 배치, 기준층 평면 배관계획 등의 기본적인 내용을 설계한다. 실시설계 단계에서는 건축설계도서에 의한 상세 부하계산 과정과 기본설계에서 구체화된 내용을 설계 도서로써 자세하게 작성하여 예산작성, 시공관리에 사용되도록 한다. 참고로 난방설비의 계획에서 완성단계까지의 진행과정은 아래 그림과 같다.

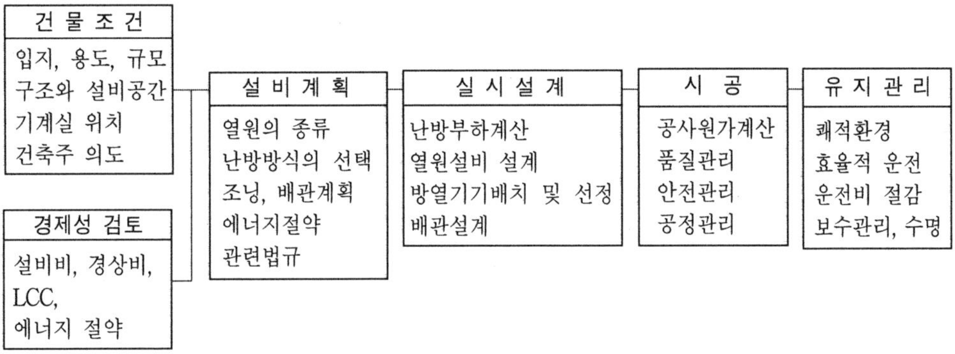

그림 1.8 난방설비의 진행 단계

1.5.4 난방방식의 비교

표 1.4와 같이 각종 난방방식의 여러 가지 사항을 비교하여 건물에 적합한 방식을 선정한다.

표 1.4 난방방식의 비교

구분	중앙식											개별식	
비교항목 / 난방방식	방열기						온돌난방		유닛		닥트	온풍유닛	개별보일러
	저온수		고온수		증기		저온복사		팬코일		온풍	온풍	저온수
규모	소	중	중	대	중	대	중	대	소	중	소	소	소
설비비	저	중	고	저	중	저	고	고	중	중	고	소	중
에너지소비량	소	소	소	소	중	대	중	중	중	중	대	대	중
동력비	소	중	소	소	소	소	소	소	소	소	대	중	소
설비공간	소	소	중	중	중	중	소	소	중	중	대	소	중
쾌적도	양	양	중	중	중	중	양	양	중	중	중	하	양
개별온도제어	가능	가능	가능	가능	난이	난이	가능	가능	가능	가능	가능	유리	유리
가습제어	별도	별도	별도	별도	별도	별도	별도	별도	별도	별도	가능	별도	별도
시공성	보통	보통	어려움	어려움	보통	보통	어려움	어려움	보통	보통	쉬움	보통	
보수관리난이	저	저	중	중	고	고	중	중	저	저	저	저	저

제2장 난방부하

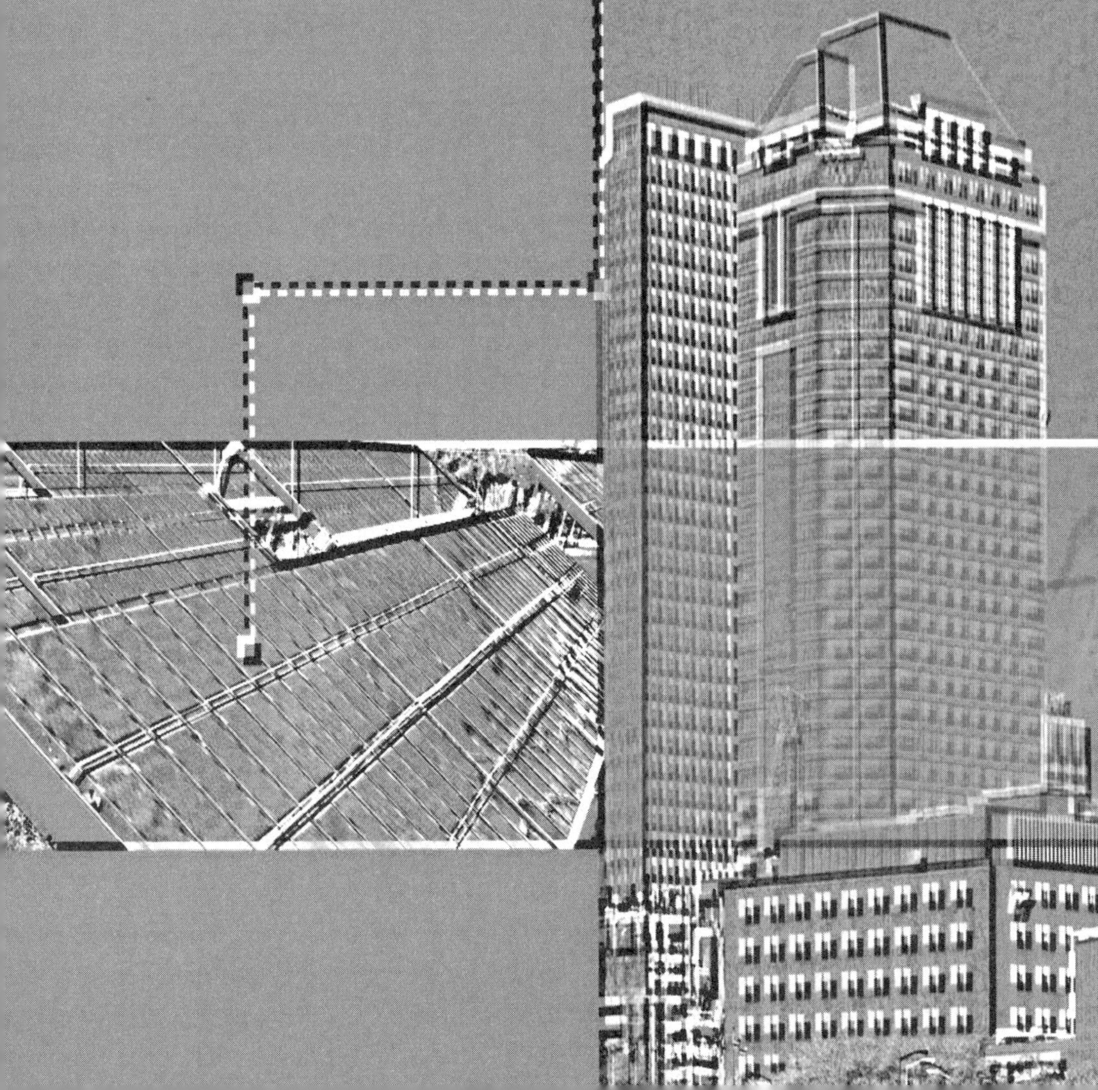

제2장 난방부하

난방부하란 실내온도를 적절히 유지하기 위하여 공급하여야 할 열량을 말한다. 공급하여야 할 열량은 난방을 하는 공간에서 발생하는 최대 손실열량이 된다.

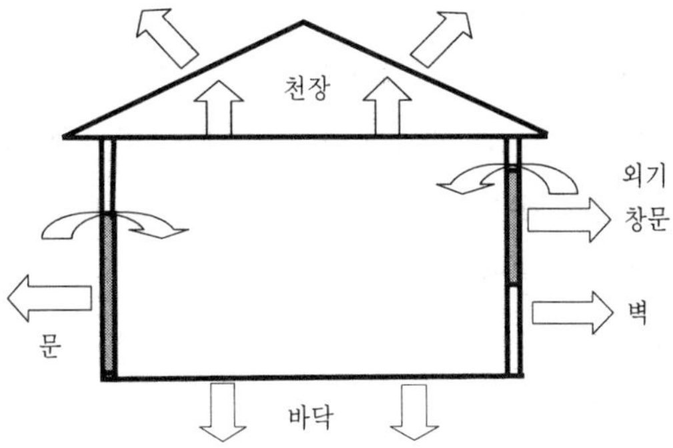

그림 2.1 열손실

이 손실열량은 그림 2.1과 같이 주로 아래의 두 가지로 이루어진다.

1) 벽, 천장, 바닥, 창문 등의 구조체를 통하여 전달되는 손실열량

2) 틈새바람이나 공간 내로 들어오는 외기를 가열하기 위한 손실열량

지금 실내에 공급하여야 할 열량, 즉 난방부하를 H_L[kW], 구조체를 통한 손실 열량을 H_T, 외기로 인한 손실열량을 H_V라 하면

$$H_L = H_T + H_V \tag{2.1}$$

일반적인 난방부하계산에서는 난방기간 동안에 예상되는 가장 나쁜 조건을 기준으로 계산하는 최대부하계산법이 사용되고, 연간에너지소비량 등을 계산하기 위해서는 연간 열부하 계산을 한다. 태양열에 의한 취득열, 실내에 거주하는 인원에서 방출되는 인체열, 전등이나 전열기구 등에서 발열되는 열 등은 손실이 아닌 취득되는 열이므로 일반적으로 계산에 넣지 않고 무시한다. 그러나 대형 전산실의 기기발열, 스튜디오와 같이 인공조명에 의한 조명열량, 기계

나 동력설비가 많은 경우의 모터 발열량 등과 같이 상시 발열부하로서 작용하는 경우에 있어서는 취득열량으로 고려하여 난방부하를 적게 하고 난방설비의 용량을 줄인다.

2.1 부하계산 절차

난방부하를 계산하기 위하여 건물의 설계 자료와 기후자료에 관한 것을 준비한 후 다음과 같은 순서로 진행한다.

① 지역에 따른 외기온도 조건을 선택한다.

② 각 실별로 유지할 실내온도 조건을 선택한다.

③ 인접된 비난방 공간의 온도를 계산한다.

④ 외벽이나 유리창, 바닥, 천장, 비난방실과 접한 내벽 등에 대한 열관류율을 구한다.

⑤ 외벽이나 유리창, 문, 천장, 비난방실에 인접된 내벽, 바닥 등에 대한 면적을 구한다.

⑥ 각 부위의 열관류율에 외벽 면 · 유리창 · 바닥면 등 각 부위의 면적과 안과 밖의 온도차를 곱하여 구조체를 통한 손실열량을 구한다.

⑦ 문이나 창문 등을 통하여 들어오는 틈새바람 또는 외부공기의 취입에 따른 외기에 의한 손실열량을 구한다.

⑧ 위의 두 손실열량을 합한다.

2.2 외기온도 조건

이상적인 난방설비는 외부로의 손실열량만큼 열을 공급하면 된다. 그러나 기후조건이 수시로 변하므로 난방설비는 대부분의 시간에 대하여 충분한 용량을 가질 수 있도록 가장 조건이 나쁜 최대 열 부하로 설계하게 되고, 이로 인한 과대 용량이 비경제적인 난방설비가 되기도 한다. 한편 외기 온도가 극히 낮은 시간대는 아주 짧으므로 설계조건을 유지하지 못한다 하더라도 실내온도가 정밀한 조절을 필요로 하는 산업용 공장과 같은 특별한 경우를 제외하고는 큰 문제가 되는 것은 아니다. 그러므로 외기온도 선정에 있어서 사용용도에 따른 고려를 하여야 한다.

외기온도 선정은 주로 난방기간 동안의 총 시간 수에 몇 %의 위험률을 가지는 최저 온도로 할 것인가를 고려하여 결정한다. 주택이나 병원 등과 같이 거주자가 0~24시까지 온종일 거주하는 경우와 사무실, 은행, 학교 등과 같이 하루 중 일부 시간에만 거주하는 경우

(예 : 8~17시)가 있으므로 사용시간 조건에 따라서도 외기온도 선정이 고려되어야 한다.

일반적으로 유리 창면이 많거나 단열이 미약하고 열용량이 작은 건축물의 경우에는 1%를 사용하고 손실열량이 작은 일반건축물의 경우에는 2.5%를 사용하고 있다. 1%일 때와 2.5%일 때 외기 기준온도의 차이는 약 1~3℃로 난방부하 계산결과에 영향을 미친다. 따라서 열원설비 및 이와 관련된 설비의 규모가 차이를 갖게 된다.

미국의 경우에는 ASHRAE의 기술자문위원회에서 이를 TAC 온도라 하여 적용하고 있다. TAC 온도 2.5%는 난방기간인 12월에서 3월까지의 사용시간대가 0시에서 24시까지인 경우에 총 시간 수인 2,904시간의 2.5%에 해당되는 72.6시간이 기준온도 이하로 될 가능성이 있는 온도를 말한다. 표 2.1은 동절기 12월에서 2월까지 총2,160시간에 대한 우리나라 각 지역의 난방설계용 외기온도 기준을 보여주고 있다.

표 2.1 난방설계용 외기온도

지 명	TAC 온도		지 명	TAC 온도	
	1.0%	2.5%		1.0%	2.5%
서 울	-12.9	-11.3	인 천	-11.9	-10.4
수 원	-14.5	-12.4	춘 천	-17.3	-14.7
대 전	-11.9	-10.3	청 주	-14.4	-12.1
광 주	-7.9	-6.6	전 주	-10.4	-8.7
부 산	-6.7	-5.3	대 구	-9.2	-7.6
목 포	-6.0	-4.7	제 주	-1.1	-0.1

2.3 실내온도 조건

난방설비는 온열환경 특성에 맞추어 쾌적 범위를 설정하고 그 설정범위에 맞추어 각종 설비를 작동하여 운전하게 된다. 그러므로 쾌적 범위의 설정은 에너지 절약과 밀접한 관계가 있다. 즉 실내온도를 어떻게 설정하는가에 따라 난방부하는 변한다.

현대사회로 갈수록 쾌적 범위에 대한 요구가 점점 좁아지는 경향이 있다. 이는 냉난 방설비 등 각종 설비의 자동화 요구가 증대되고 이로 인하여 시설비와 운영비의 증가를 가져왔다. 쾌적 범위를 설정함에 있어 좀 더 넓은 범위로 설정하는 것이 바람직하나 넓게 되면 온열감에 대한 불만족도가 높아질 것이다. 그러나 인간이 조절할 수 있는 의복저항, 일사 등과 같은 자연적인 요소를 적극적으로 이용하여 에너지를 절약하는 방안을 모색할 수 있다.

대부분의 재실자에게 쾌적한 느낌을 주도록 실내온도 조건을 결정하는 것은 여러 가지 요인에 관계된다.

재실자의 연령, 체질, 착의상태, 거주자의 활동상태, 온도와 습도, 기류 그리고 복사 상태에 따라 재실자가 느끼는 온열감각은 다르다. 이에 대하여 인체를 대상으로 널리 사용되고 있는 지표로서 온도와 습도의 영향을 고려한 유효온도(ET : Effective Temperature)와 이에 주위의 복사열 영향을 가미한 수정유효온도(CET : Corrected Effective Temperature) 등이 있으며 ASHRAE에서는 1972년도에 상대습도 50%, 착의량 0.6 clo, 작업량 1～1.2 met를 기준으로 한 신유효 온도(ET*)를 게재하였다. 그림 2.2는 착의상태가 0.5와 0.9일 때의 겨울과 여름의 쾌적 영역을 나타낸다.

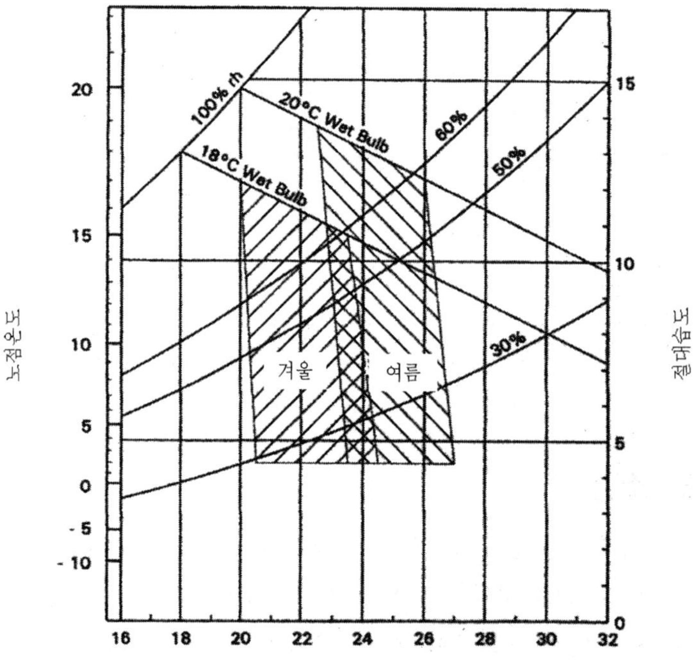

그림 2.2 겨울과 여름의 쾌적 영역

표 2.2는 상대습도가 50% 전후일 때 실의 종류에 따른 난방 실내온도 기준을 나타낸 것이다.

표 2.2 난방 실내온도 기준

종	별	실내온도[℃]	종	별	실내온도[℃]
주 택	일반난방 복사난방	22 18~20	판매시설		18~21
병 원	병 실 수 술 실 진 료 실 대 합 실 분 만 실	21~27 21~35 21~27 20 23~26	은 행		21
			극 장		20~22
			수 영 장		27~30
사 무 실		20~23	도 서 관		21~23
학 교	교 실 체 육 관 강 당	20~22 13~18 18~20	호 텔	객 실 주 방 로 비	20~24 18~24 20~22

2.4 비난방실의 온도

비난방실과 접하는 경우에 난방실에서 비난방실로의 열손실이 발생하고, 그 때 비난방실의 온도는 난방실의 온도와 외기온도 사이가 될 것이다. 비난방실과의 온도차는 구조체의 단열조건에 따라 난방실의 온도와 외기온도와의 차이의 $\frac{1}{2} \sim \frac{1}{3}$로 한다. 단, 비난방실이 차고나 비상계단 등 외기가 통하는 경우에는 별도로 고려하고, 비난방실의 온도를 결정하기 어려울 때는 다음과 같은 열평형식으로부터 구할 수 있다.

$$t_u = \frac{\sum_{n=1}^{n} t_r A_n U_n + \sum_{m=1}^{m} t_o A_m U_m + C_p \rho Q_o t_o}{\sum_{n=1}^{n} A_n U_n + \sum_{m=1}^{m} A_m U_m + C_p \rho Q_o} \tag{2.2}$$

여기에서 A_n : 난방실에 접한 비난방실의 구조체 면적[m^2]

A_m : 외기에 접한 비난방실의 구조체 면적[m^2]

U_n : A_n면의 열관류율[W/(m^2 · K)]

U_m : A_m면의 열관류율[W/(m^2 · K)]

C_p : 공기의 정압비열[kJ/(kg · K)]

ρ : 공기의 밀도[kg℃/m^3]

Q_o : 비난방실의 침입외기량[m^3]

t_r : 실내 공기온도[℃]

t_o : 외기온도[℃]

2.5 열관류율

열이 한쪽의 유체에서 어떤 재료를 통한 후 다른 쪽의 유체로 전달되는 현상을 열관류(Overall Heat-Transfer) 또는 열통과(Overall Heat Transmission)라 한다. 지금 그림 2.3과 같이 공기 ①에서 벽을 통하여 공기 ②로 전달되는 경우를 생각해 보자.

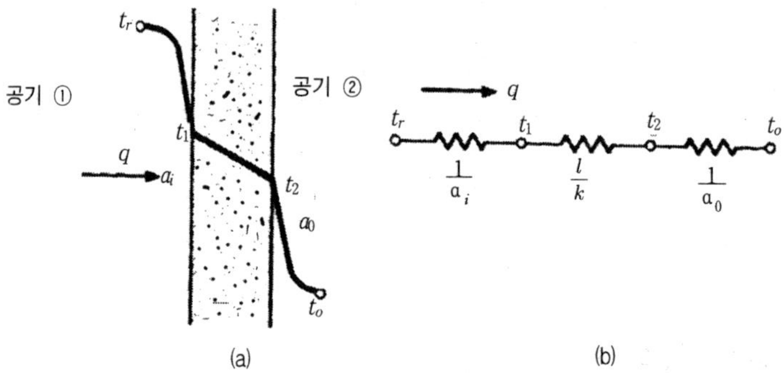

그림 2.3 구조체의 열전달

그림에서 단위면적당 q[W]의 열이 통과할 경우 열저항을 각각 R_1, R_2, R_3라 하면

$$q = \frac{t_r - t_o}{R_1 + R_2 + R_3} = \frac{t_r - t_o}{R_t} \tag{2.3}$$

여기서 R_t를 총열저항이라 한다. 식 2.3의 각 열저항 R은 내부공기 ①과 내벽면과의 열전달률을 α_i [W/(m² · K)], 고체벽의 열전도율 및 재료의 두께를 각각 k [W/(m · K)], l [m], 그리고 외부벽면과 외부공기의 열전달률을 α_o[W/m² · K)]라 하면

$$R_1 = \frac{1}{\alpha_i}, \quad R_2 = \frac{l}{k}, \quad R_3 = \frac{1}{\alpha_o}$$

그러므로 총열저항 R_t [(m² · K)/W]는

$$R_t = \frac{1}{\alpha_i} + \frac{l}{k} + \frac{1}{\alpha_o} \tag{2.4}$$

여기에서 총열저항 R_t의 역수를 열관류율 U[W/(m² · K)]라 하며

$$\frac{1}{R_t} = U = \frac{1}{\frac{1}{\alpha_i} + \frac{l}{k} + \frac{1}{\alpha_o}} \tag{2.5}$$

열이 전달되는 면적이 A[m^2] 이면 총통과열량 H_T[W]는 다음과 같다.

$$H_T = UA(t_r - t_o) \tag{2.6}$$

각종 구조체에 대한 열관류율 U의 값은 위의 식을 이용하여 다음과 같이 구할 수 있다.

(1) 한 면이 외기에 접하고 다른 한 면은 실내에 접할 때

$$\frac{1}{U} = \frac{1}{\alpha_o} + \Sigma \frac{l_n}{k_n} + \frac{1}{C} + \frac{1}{\alpha_i} \tag{2.7}$$

(2) 양면이 모두 실내에 접할 때

$$\frac{1}{U} = \frac{1}{\alpha_i} + \Sigma \frac{l_n}{k_n} + \frac{1}{C} + \frac{1}{\alpha_i} \tag{2.8}$$

여기에서 외표면의 열전달률은 일반적으로 23 W/(m^2 · K)가 이용되고 있다. 이것은 겨울철의 풍속을 3 m/s 정도로 기준한 것으로 열류의 방향과 외표면의 풍속 등에 좌우되며 외표면의 풍속은 건물의 형상이나 풍향에 영향을 받아 변화한다.

내표면 열전달률은 표면 부근의 기류상태, 표면의 복사율, 열류방향에 의하여 변화하며 표 2.3을 참조한다.

표 2.3 표면의 열전달률[W/(m^2 · K)]

외표면(α_o)	수 직 면	23
	지 붕 면	35
	위 이외의 다른 면	17
내표면α_i)	수 평 상 향	9.26
	수 평 하 향	6.13
	45도 경사 상향	9.08
	45도 경사 하향	7.49
	수 직 수 평	8.29

구조체를 구성하는 주요 건축 재료의 열전도율은 표 2.4와 같다.

표 2.4 건축 재료의 열전도율〔W/(m · K)〕

재 료 명	열전도율	재 료 명	열전도율
강 판	45	시 멘 트 벽 돌	0.6
알 루 미 늄	210	적 벽 돌	0.62
동 판	390	목재(무거운 것)	0.19
대 리 석	2.8	목재(중 간)	0.17
화 강 석	3.3	목재(가벼운 것)	0.14
흙(점토질)	1.5	합 판	0.15
흙(사 질)	0.9	아스팔트 펠트	0.11
모 래	0.49	카 펫	0.08
자 갈	0.62	리 놀 륨	0.19
일반콘크리트	1.6	방 습 지 류	0.21
경량콘크리트	0.78	텍 스	0.15
기포콘크리트(ALC)	0.17	유 리 면 (24K)	0.042
모 르 타 르	1.4	유 리 면 (32K)	0.04
플 라 스 터	0.79	암 면	0.042
석 고 보 드	0.17	발포폴리스틸렌	0.047
유 리	1.0	연질발포폴리우레탄	0.05
타 일	1.3	벽지(비닐제/종이제)	0.27/0.17

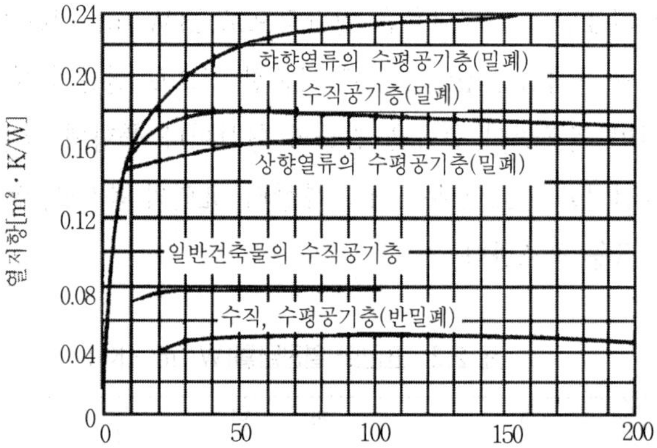

그림 2.4 공기층의 열저항

식 중에서 1/C은 공기층에 대한 열저항으로 그림 2.4를 이용하고, 이 그림에서 밀폐 중공층은 기밀재에 의하여 완전히 밀폐화된 구조일 때 적용하며 통상의 구조체 내의 공기층은 비밀폐 중공층의 열저항 0.08 (m^2 · K)/W를 이용한다.

유리창의 열통과율은 유리, 새시 등으로 인하여 복잡하므로 표 2.5를 이용한다.

건축물 에너지 절약설계기준을 따라야 하는 대상 건축물일 경우에는 법규에서 정한 자료를 이용하여 열관류율을 정한다.

표 2.5 유리창의 열관류율[W/m² · K]

유리창의 종류	금 속 재	플 라 스 틱
단층유리(투 명)	5.47	4.65
복층유리(6/12 mm 공기층)	4.0 / 3.7	3.1 / 2.8
로이복층유리(6/12 mm 공기층)	3.6 / 3.1	2.7 / 2.3

【예제 2.1】

다음과 같은 구조체의 열관류율을 구하는 식을 쓰고 그 값을 구하라.

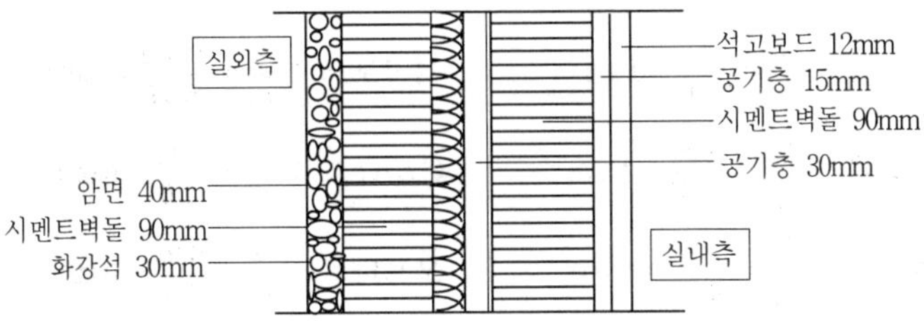

풀이

내벽면 : $\dfrac{1}{\alpha_i} = \dfrac{1}{8.29} = 0.121$

석고보드 : $\dfrac{l_1}{k_1} = \dfrac{0.012}{0.17} = 0.071$

벽 돌 : $\dfrac{l_2}{k_2} = \dfrac{2 \times 0.09}{0.6} = 0.3$

암 면 : $\dfrac{l_3}{k_3} = \dfrac{0.04}{0.042} = 0.952$

화 강 석 : $\dfrac{l_4}{k_4} = \dfrac{0.03}{3.3} = 0.009$

외벽면 : $\dfrac{1}{\alpha_0} = \dfrac{1}{23} = 0.043$

공기층 : $\dfrac{1}{C}$: $0.08 + 0.07 = 0.15$

$$\frac{1}{U} = \frac{1}{\alpha_o} + \Sigma \frac{l_n}{k_n} + \frac{1}{C} + \frac{1}{\alpha_i} = 1.646$$

$\therefore U = 0.608 \mathrm{W/(m^2 \cdot K)}$

【예제 2.2】

다음 그림과 같은 천장면의 열관류율을 구하라

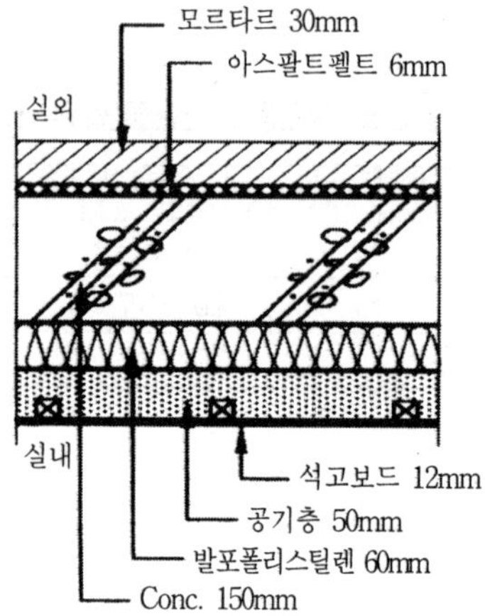

풀이

내 표 면 : $\frac{1}{\alpha_i} = \frac{1}{9.26} = 0.108$

석고보드 : $\frac{l_1}{\kappa_1} = \frac{0.012}{0.17} = 0.071$

발포폴리스틸렌 : $\frac{l_2}{k_2} = \frac{0.06}{0.047} = 1.278$

Conc. : $\frac{l_3}{\kappa_3} = \frac{0.15}{1.6} = 0.094$

아스팔트펠트 : $\frac{l_4}{k_4} = \frac{0.006}{0.11} = 0.055$

모르타르 : $\frac{l_5}{\kappa_5} = \frac{0.03}{1.4} = 0.021$

공 기 층 $\frac{1}{C}$: 0.155

외 표 면 : $\frac{1}{\alpha_0} = \frac{1}{35} = 0.029$

$$\frac{1}{U} = \frac{1}{\alpha_o} + \Sigma\frac{l_n}{k_n} + \frac{1}{C} + \frac{1}{\alpha_i} = 1.811$$

$\therefore U = 0.552$ W/(m^2 · K)

2.6 구조체의 손실열량

벽, 천장, 지붕, 바닥, 창문, 문 등의 구조체를 통하여 손실되는 열량 H_T[W]는 모두 감열로서 아래 식으로 계산된다.

$$HT = UA(t_r - t_o) \tag{2.9}$$

여기에서 U : 열관류율[W/(m^2 · K)

A : 구조체의 면적[m^2]

t_r : 난방실 온도[℃]

t_o : 외부온도[℃]

2.7 지면 또는 지중벽을 통한 손실열량

지면에 접해 있는 바닥면이나 흙 속에 묻혀 있는 구조체를 통하여 손실되는 열량은 지중온도가 심도에 따라 변화하고, 그림 2.5에서와 같이 구조체와 수직으로 방출된 열이 각 지점별로 다른 열저항으로 지표면을 통하여 대기로 방열되는 열량과 지중으로 방열되는 열량이 있으므로 정확한 값을 구하는 것이 매우 어렵다. 그러므로 다음과 같이 열손실계수를 구하여 계산한다.

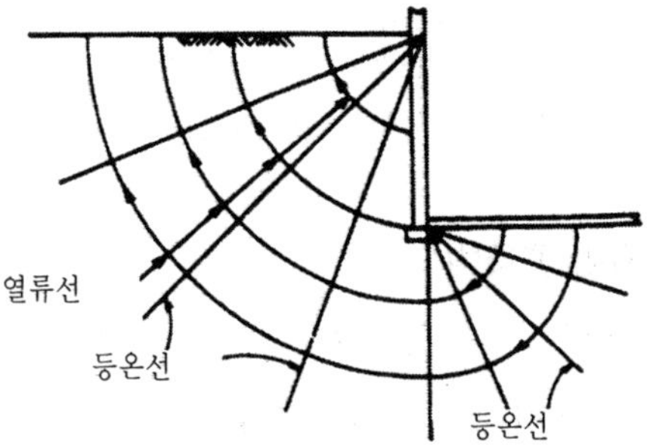

그림 2.5 지중에서의 열 흐름

(1) 지면에 접한 바닥

콘크리트 슬래브의 바닥이 가열되는 구조인가 아닌가에 따라 손실열량은 다를 수 있다. 에너지 절약과 쾌적감을 위하여 외벽 쪽의 단열시공이 상당히 중요하다. 비가열구조일 경우 손실열량은 지중이나 바닥을 통하는 것보다는 대부분 바닥면의 둘레를 통하여 일어난다. 총 손실 열량은 바닥면적보다는 외주부 길이에 더 근사하게 비례한다. 그러므로 비가열구조이거나 가열구조인 두 경우 모두 손실열량 H_T [W]는 다음 식과 같이 외주부 열손실계수를 이용하여 구할 수 있다.

$$H_T = FL(t_i - t_o) \tag{2.10}$$

여기에서 F : 외주부 열손실계수[W/m · K]

L : 바닥면의 외주부 길이[m]

t_i : 비가열구조는 실내온도, 가열구조인 경우는 가중 평균온도[℃]

t_o : 기온도[℃]

표 2.6 외주부 열손실계수 F[W/m · K]

구 조	단 열	난방도일(18℃ 기준)		
		1640K · days/yr	2970K · days/yr	4130 K · days/yr
외부벽돌과 200mm 블록	비단열 $R=0.95$ K · m²/W	1.07 0.83	1.17 0.86	1.24 0.97
외부벽돌과 100mm 블록	비단열 $R=0.95$ K · m²/W	1.38 0.81	1.45 0.85	1.61 0.93
플라스터와 메탈스터드	비단열 $R=0.95$ K · m²/W	1.99 0.88	2.07 0.92	2.32 1.00
외주부에 닥트가 있는 콘크리트 벽	비단열 $R=0.95$ K · m²/W	3.18 1.11	3.67 1.24	4.72 1.56

* 열 저항 R은 가장자리에서 기초까지이다. 가열 닥트의 가중평균온도는 43℃로 가정

(2) 깊이 2.1 m까지의 지중벽

2.1 m까지의 지중벽은 지중깊이에 따라 열류 저항이 다르게 되므로 표 2.7의 깊이에 따른 지중별 열손실계수를 이용하여 계산한다. 이때 외부온도는 동절기 평균 외기온도에서 지표면 온도의 변동폭을 뺀 값으로 한다.

$$H_T = U_a A(t_r - t_{oa}) \tag{2.11}$$

여기에서 U_a : 지중벽의 열손실 계수[W/m² · K]

A : 지중벽의 면적[m²]

t_r : 지하층의 실내온도[℃]

t_{oa} : 동절기 평균 외기온도[t_a] - 지표면 온도의 변동폭[℃]

표 2.7 지중벽의 열손실계수 U_a

지중깊이	열류길이 [m]	열손실계수, W/m² · K							
		비단열		R=0.73 m² · K/W		R=1.47 m² · K/W		R=2.20 m² · K/W	
0.0에서 0.3	0.2	2.33	Σ	0.86	Σ	0.53	Σ	0.38	Σ
0.3에서 0.6	0.69	1.26	3.59	0.66	1.52	0.45	0.98	0.36	0.74
0.6에서 0.9	1.18	0.88	4.47	0.53	2.05	0.38	1.36	0.30	1.04
0.9에서 1.2	1.68	0.67	5.14	0.45	2.50	0.34	1.70	0.27	1.31
1.2에서 1.5	2.15	0.54	5.68	0.39	2.89	0.30	2.00	0.25	1.56
1.5에서 1.8	2.64	0.45	6.13	0.34	3.23	0.27	2.27	0.23	1.79
1.8에서 2.1	3.13	0.39	6.52	0.30	3.53	0.25	2.52	0.21	2.00

* 흙의 열전도계수는 1.38 W/m · K으로 기준. * Σ는 깊이에 따른 열손실계수임.

(3) 깊이 2.1m까지의 지중바닥

지중바닥을 통한 열손실은 열류 경로의 길이가 긴 것을 제외하고는 지중벽에 대한 방법을 적용할 수 있다. 지중바닥을 통한 열손실은 벽을 통한 것보다 매우 작다. 이때 깊이 2.1m인 경우까지의 손실열량은 표 2.8의 바닥면을 통한 열손실계수를 이용하여 계산할 수 있다. 이때 외부온도는 위의 온도 t_{oa}를 적용한다.

$$H_T = U_f A(t_r - t_{oa}) \tag{2.12}$$

여기에서 U_f : 지중바닥의 열손실계수[W/(m² · K)]

표 2.8 지중바닥의 열손실계수 U_f〔W/(m² · K)〕

지중 기초 벽 깊이[m]	건물의 최소 폭[m]			
	6	7.3	8.5	9.7
1.5	0.18	0.16	0.15	0.13
1.8	0.17	0.15	0.14	0.12.
2.1	0.16	0.15	0.13	0.12

(4) 깊이 2.1m를 넘는 지중벽

$$H_T = U_w A_w (t_r - t_g) \tag{2.13}$$

여기에서 U_w : 지중벽의 열관류율[W/(m² · K)]

$$\frac{1}{U_w} = \frac{1}{\alpha_i} + \Sigma \frac{l_n}{\kappa_n} + \frac{1}{C} + \frac{l_e}{\kappa_e}$$

여기에서 A_w : 지중벽의 면적[m²]

κ_e : 흙의 열전도율[W/(m · K)]

t_r : 실내온도[℃]

l_e : 흙의 두께(1m로 한다)

t_g : 깊이 3m의 지중온도[℃]

각 지역별 지중온도는 표 2.9와 같다.

표 2.9 난방설계용 지역별 지중온도

지 명	월평균지표면 최저온도	동결심도[cm]	지 중 온 도[℃]		
			0.5m	2m	3m
춘 천	-2.9	157	-5.3	2.8	5.5
강 릉	-0.1	44	0.4	3.9	9.4
서 울	-2.5	77	-0.2	5.6	8.1
인 천	-1.3	65	-1.0	6.0	8.3
수 원	-1.5	117	-4.3	3.7	6.4
청 주	-1.7	98	-3.2	4.7	7.4
대 전	-0.7	87	-2.1	5.6	8.2
대 구	-0.1	59	-0.7	6.9	9.4
전 주	0.6	58	-0.6	6.7	9.2
광 주	1.3	42	0.6	7.8	10.2
부 산	3.0	7	2.8	9.1	11.2
제 주	4.9	0	5.9	11.6	13.5

(5) 깊이 2.1m 이상의 바닥

$$H_T = U_f A_f (t_r - t_g) \tag{2.14}$$

여기에서 U_f : 지하층바닥의 열관류율[W/(m² · K)]
식 (2.13)의 U_w와 같은 방법으로 구한다.
A_f : 지하층의 바닥면적[m²]

【예제 2.3】

어느 건물의 지하층 바닥크기가 12×24m이다. 이 바닥의 깊이가 3m이고 지면과 접한 콘크리트바닥일 때 손실열량을 구하라. 이때 실내온도는 20℃로 하고 수원지역으로 한다. 단 바닥면의 열관류율을 0.12[W/(m² · K)]로 가정한다.

풀이 식 (2.14)에서 $H_T = U_f A_f (t_r - t_g)$

$= 0.12 \times 12 \times 24 \times (20 - 6.4) = 470[W]$

2.8 외기에 의한 손실열량

건물 내로 들어오는 외부공기는 다음 두 가지에 의한다. 첫째로 창문이나 구조체의 틈새를 통하여 들어오는 침입외기와 둘째로 환기에 의하여 들어오는 외부공기로 나누어 볼 수 있다. 침입외기는 바람이나 실내외 온도차 또는 기계 운전으로 인한 건물 내외부의 압력차에 따라 발생한다. 환기에 의한 외기는 주로 강제환기에 의하여 발생되는 것으로 환기팬에 의하여 실내의 공기를 배출시키거나 공급하는 양으로 결정된다. 외기량의 계산은 틈새길이법(Crack Length Method)과 환기횟수법(Air Change Ratio Method)에 의한다.

외기에 의한 손실열량 H_V [W]는 다음 식으로 구한다.

$$H_V = \rho C_p Q(t_r - t_o) = 1.2\,Q(t_r - t_o) \tag{2.15}$$

여기에서 ρ : 공기의 밀도 1.2[kg/m³]
C_p : 공기의 정압비열 1.0[kJ/kg · K]
Q : 외기의 양[l/s]

2.8.1 틈새 길이법

외기는 문이나 창문 주위의 틈새 또는 구조체의 틈새를 통하여 실내로 침입한다. 틈새를 통하여 실내로 들어오는 공기량은 틈새의 면적, 틈새의 모양 그리고 틈새 양쪽의 압력차에 의하여 좌우된다. 틈새 양쪽의 압력차는 바람에 의한 풍압과 온도차에 의한 굴뚝효과 그리고 건물 내의 압력에 의하여 결정된다. 침입공기량을 계산하는 데 사용되는 틈새 길이는 건물 외부 벽에 있는 틈새의 총 길이의 1/2보다 작지 않아야 한다.

실내에 칸막이가 없는 건물에서 바람이 불어오는 쪽의 틈새를 통하여 들어오는 공기는 반대편 쪽의 틈새를 통하여 나가게 된다. 그러므로 건물의 각 부분에 있는 전체 틈새 길이의 반이 계산하는 데 사용된다. 새시창에 있어서 틈새의 누기량 Q[l/s]는 표 2.10을 이용하여 틈새 길이 당의 누기량에 틈새 길이를 곱하여 계산한다.

$$Q = BL \tag{2.16}$$

여기에서 B : 침입외기량[l/(m · s)]
l : 틈새 길이[m]

새시 내외부의 압력차 ΔP는 건물 외부에 부는 바람에 의한 풍압과 실내외 온도차에 의한 굴뚝효과 그리고 건물 내 가압압력에 의하여 식 (2.17)에서 구한다.

$$\Delta P = C_P \frac{\rho_o}{2} v^2 + (\rho_o - \rho_i) g z + \Delta P_p \tag{2.17}$$

여기에서 C_P : 풍압계수(표 2.10)

ρ_i, ρ_o : 건물 내 · 외부 공기의 밀도[kg/m³]

v : 바람의 속도[m/s]

z : 건물 중간압 위치로부터의 높이[m]

ΔP_p : 건물 내 가압압력[Pa]

표 2.10 강제 새시창의 침입외기량[l/(m · s)]

풍 속[m/s]		2	4	6	8	10
풍 압[Pa]		1.8	7.2	16	29	45
여닫이	보 통	0.17	0.42	0.72	1.1	1.4
	기 밀	0.0086	0.024	0.044	0.069	0.097
상 하 여닫이	보 통	0.75	1.8	2.8	3.8	5.0
	기 밀	0.18	0.44	0.75	1.1	1.5
미닫이	보 통	1.1	2.5	3.9	5.3	6.9
	기 밀	0.47	1.2	2.0	2.8	3.8

표 2.11 풍압 계수

W/H	풍상측	풍하측
0.1~0.2	1.0	-0.4
0.2~0.4	0.9	-0.4
0.4~1.0	0.8	-0.4

표 2.12 겨울철 지역별 풍속

지 역	1일 평균 최대 풍속 [m/s]	풍향	지 역	1일 평균 최대 풍속 [m/s]	풍향
춘 천	3.9	SW	대 전	3.6	NNE
강 릉	4.5	W	대 구	6.7	W
서 울	4.6	NW	전 주	2.5	NNW
인 천	7.2	W	광 주	4.6	NNW
수 원	3.3	NNW	부 산	6.4	NNW
청 주	4.2	NNE	제 주	9.4	NW

※ 1일 평균풍속 중 최대 풍속(92. 1. 기상청 기상월보 기준)

2.8.2 환기 횟수법

이 방법은 건물의 형식이나 구조에 따라 공기의 교환횟수를 가정하여 계산하는 방법으로 외기량 $Q[l/s]$는 아래와 같다.

$$Q = 0.28nV \tag{2.18}$$

여기에서 n : 환기횟수[회/hr]
V : 실용적[m^3]

일반적으로 환기횟수는 0.5회에서 2회까지의 범위를 가지며, 현관과 같이 외기에 면한 입구가 바람이 불어오는 쪽일 때는 n=3~4회 정도로 높아지는 경우도 있으나 현대의 건물은 기밀이 양호하여 0.1회 정도로 낮은 경우도 있다. 최근에는 실내 공기질 문제를 고려하여 주거용 건물의 경우 0.7회를 기준으로 하고 있다. 건축물의 종류에 따른 환기횟수를 표 2.13에 보여준다.

표 2.13 틈새에 의한 환기회수(회/hr)

건 축 구 조	난방시 환기횟수 n
콘크리트조(대형)	0 ~ 0.2
콘크리트조(소형)	0.2 ~ 0.6
양 식 목 조	0.3 ~ 0.6

2.9 층고와 방위에 따른 부하

실내 천장고가 4m 이상인 경우 상하의 온도차로 인하여 실내의 아랫부분은 적정온도 이하로 떨어져 난방효과를 기대할 수 없는 경우가 발생한다. 따라서 이 경우에는 난방방식을 선정할 때 주의를 요하며, 열손실의 계산결과에 표 2.14의 할증계수를 곱하여 보상하고 바닥 난방일 때에는 할증을 고려하지 않는다.

표 2.14 층고에 따른 할증계수

층 고	천장복사난방	온 수 난 방	증 기 난 방
4.2	1.06	1.02	1.03
4.8	1.02	1.04	1.06
5.4	1.03	1.06	1.09
6.0	1.04	1.08	1.12
6.6	1.05	1.10	1.15
7.2	1.06	1.12	1.18
7.8	1.07	1.14	1.21
8.4	1.08	1.16	1.24
9.0	1.09	1.18	1.27
9.6	1.10	1.20	1.30
10.2		1.22	1.33

동절기에는 방위에 따라 바람의 영향이 다르게 된다. 바람은 부하 계산시 외벽면의 열전달계수와 틈새바람에 영향을 주게 된다. 따라서 바람에 의한 영향을 고려하여 방위계수를 고려하는 경우도 있다. 방위계수는 표 2.14와 같다.

표 2.15 방위계수

방 위	북, 북서	서, 북동	동, 남서	남동, 남
방위계수	1.2	1.15	1.1	1.0

2.10 개략 난방부하

건물의 종류나 구조, 지역에 따라 난방부하는 차이를 나타낸다. 그러나 동일지역에서 종류나 구조가 비슷한 경우에는 부하량이 비슷하게 산출되므로 건물의 바닥면적을 이용하여 개략부하를 계산할 수 있다. 이를 이용하여 기본계획 수립시 열원설비의 개략용량과 기계실 면적 등을 구할 수 있다. 다음은 건물의 바닥면적당 개략 난방부하이다.

표 2.16 개략 난방부하

건물의 종류	규모	개략난방부하[W/m²]
사무실 빌딩	15,000 m² 이상	95 ~ 160
	3,000 m² 이상	140 ~ 170
호텔		100 ~ 150
병원	대	155
	중	160
공동주택	대형 평형	43 ~ 57
	소형 평형	56 ~ 62
관람시설		185 ~ 230

* 서울, 경기 지역 기준 ** 난방부하가 발생하는 실바닥면적당임

2.11 난방에너지 사용량 평가

난방설비를 가동하기 위하여 소요되는 에너지의 양을 예측하기 위하여 다음과 같은 에너지 사용량 평가방법을 이용할 수 있다. 최근에는 전산프로그램의 발달로 인하여 비교적 정확한 에너지 사용량의 예측이 가능하다.

2.11.1 도일법

도일법(Degree Day Method)은 난방 기간 동안 건물에서 필요로 하는 에너지량을 평가하는 간단한 방법으로 그 지역의 일평균기온과 난방설정온도와의 차이를 난방 전 기간에 걸쳐 더한 것을 말한다.

난방 도일 $DD_h(t_{bal})$는 아래와 같으며, 단위는 *K-days*이다.

$$DD_h(t_{bal}) = (1day)\sum_{days}(t_{bal} - t_o)^+ \tag{2.19}$$

여기에서 t_{bal} : 건물의 평형점 온도로 명시가 없는 경우 18.3℃를 기준으로 한다.

t_o : 일평균 외기온도[℃]

연간에너지 소비량을 도일로 나타내면

$$Q_{h,yr} = \frac{K_{tot}}{\eta_h} DD_h(t_{bal}) \tag{2.20}$$

여기에서 K_{tot} : 건물의 총괄열손실계수[W/K]

η_h : 난방시스템의 효율(연간연료 사용효율 AFUE로 표시)

국내 지역별 연간 난방도일은 표 2.17과 같다.

도일법은 적용이 쉽고, 신속하며 간편한 장점을 가지고 있으나 실제 에너지 소비량과 큰 차이를 나타내는 단점이 있다. 이를 보완하기 위하여 가변 기준 도일법이 제안되었다.

표 2.17 국내 지역별 난방도일

지역구분	해당시도	기준연간난방도일(K · d/yr)
I	서울, 경기 인천, 충북, 강원	3,250
II	충남, 전남 · 북, 경남 · 북, 대구, 부산	2,500
III	제주	1,750

2.11.2 빈법(Bin Method)

여러 경우에서 총 열손실계수 K_{tot}, 설비 시스템의 효율 η_h, 건물의 평형점 온도 t_{bal}는 일정하지 않아 도일법의 적용이 어렵다. 예를 들어 열펌프를 이용하여 난방을 하는 경우 설비시스템의 효율은 외기온도에 큰 영향을 받는다. 그리고 시스템의 효율이 부하에 따라 변하고 외기온도에 간접적 영향을 받는다. 외기온도를 빈이라 부르는 여러 개의 온도 간격으로 나누거나 하루 중 여러 시간대로 세분화하여 1년 동안 발생한 빈도수를 곱하여 연간부하를 계산하는 방법이다. 난방부하의 경우는 일사 등의 영향을 무시하여 실제 발생하는 열 부하보다 훨씬 높은 값이 계산되는 경향이 있다. 이러한 결점을 보완하기 위하여 수정 빈법(Bin Method)이 제안되었다. 에너지 소비는 여러 개의 외기온도에 대하여 계산되며, 각 빈에서의 에너지 소비는 아래 식과 같이 그 온도를 중심으로 한 온도간격에서 시간수인 N_{bin}을 곱하여 구한다. 그리고 총에너지 소비량은 각 빈 에너지 소비량 Q_{bin}의 합이다.

$$Q_{bin} = N_{bin} \frac{K_{tot}}{\eta_h} [t_{bal} - t_o]^+ \tag{2.21}$$

2.11.3 시뮬레이션법

건물의 에너지 소비량은 비선형, 적이고 동적이며 복잡하므로 컴퓨터와 소프트웨어를 이용하여 건물의 열적성능을 모사하여 시간별 부하량까지 예측하는 방법이 시뮬레이션법(Simulation Method)으로 다양한 소프트웨어의 개발과 컴퓨터의 속도 증가로 많이 이용되고 있다.

【예제 2.4】

다음 건물에 대한 난방부하를 계산하라.

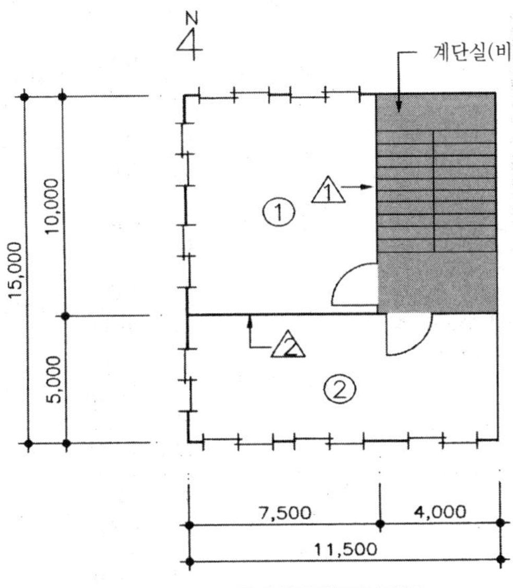

평 면 도

【계산조건】

유리창문 : W 1,800×H 1,200(유리두께 5mm), 층고 : 3.3m

문 : W 900×H 2,000

실 용 도 : 사무실(아래층은 난방실로 한다), 층 위치 : 최상층

지 역 : 서 울

계 단 실 : 비난방

풀이 설계조건을 다음과 같이 정한다.

- 외기설계온도 : -11.3℃(서울 건구온도 기준), 표 2.1 참조
- 실내설계온도 : 22℃(사무실 기준), 표 2.2 참조
- 환기횟수 : 0.5회/h
- 비난방실과의 온도차 : 11.1℃

$$\Delta t = \frac{t_r - t_o}{3} = \frac{22-(-11.3)}{3} \fallingdotseq 11.1℃$$

아래 표와 같이 각 부위에 대한 열관류율을 구한다.

종류	구 조 및 재 료	열 저 항	열관류율 [W/m²·K]
외벽	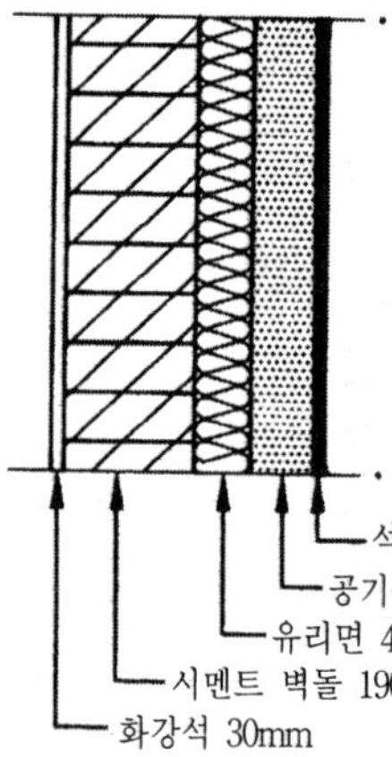	외 표 면 : $\frac{1}{a_o}=\frac{1}{23}=0.043$ 화 강 석 : $\frac{l_1}{\kappa_1}=\frac{0.03}{3.3}=0.014$ 벽 돌 : $\frac{l_2}{\kappa_2}=\frac{0.19}{0.6}=0.264$ 유 리 면 : $\frac{l_3}{\kappa_3}=\frac{0.04}{0.04}=1$ 공 기 층 : $\frac{1}{C}=0.08$ 석고보드 : $\frac{l_4}{\kappa_4}=\frac{0.012}{0.17}=0.071$ 내 표 면 : $\frac{1}{a_i}=\frac{1}{8.29}=0.121$	$U=\frac{1}{1.641}$
		$R_t=1.641$	0.609
내벽-1	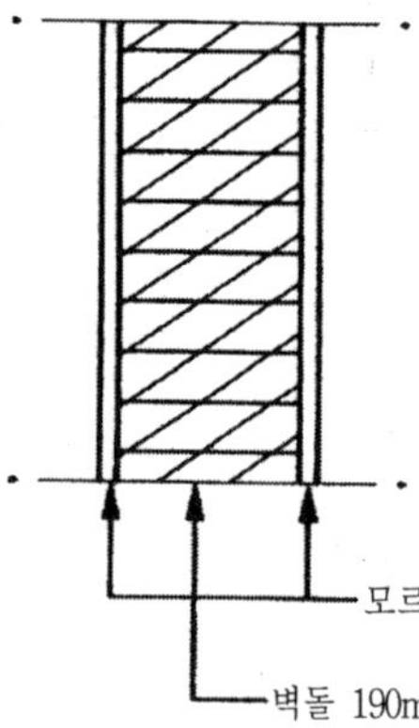	내 표 면 : $\frac{1}{a_i}=\frac{1}{8.29}=0.121$ 모르타르 : $\frac{l_1}{\kappa_1}=\frac{0.018}{1.4}=0.013$ 벽 돌 : $\frac{l_2}{\kappa_2}=\frac{0.19}{0.6}=0.317$ 모르타르 : $\frac{l_3}{\kappa_3}=\frac{0.018}{1.4}=0.013$ 내 표 면 : $\frac{1}{a_i}=\frac{1}{8.29}=0.121$	$U=\frac{1}{0.585}$
		$R_t=0.585$	1.709

종류	구 조 및 재 료	열 저 항	열관류율 [W/m² · K]
내벽-2	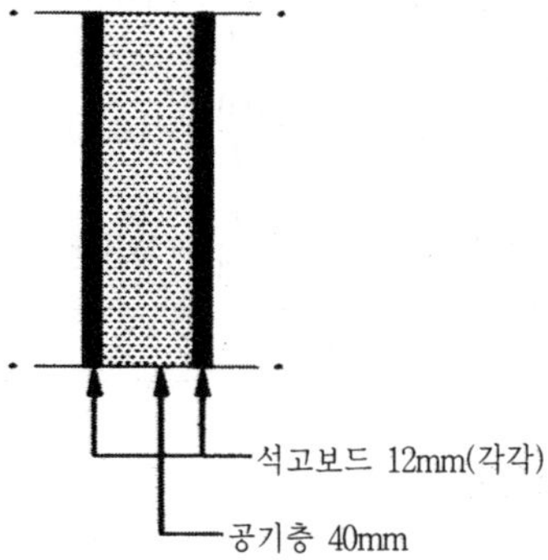	내 표 면 : $\frac{1}{a_i}=\frac{1}{8.29}=0.121$ 석고보드 : $\frac{l_1}{\kappa_1}=\frac{0.012}{0.17}=0.071$ 공 기 층 : $\frac{1}{C}=0.08$ 석고보드 : $\frac{l_2}{\kappa_2}=\frac{0.012}{0.17}=0.121$ 내 표 면 : $\frac{1}{a_i}=\frac{1}{8.29}=0.121$	$U=\frac{1}{0.463}$
		$R_t=0.463$	2.159
문	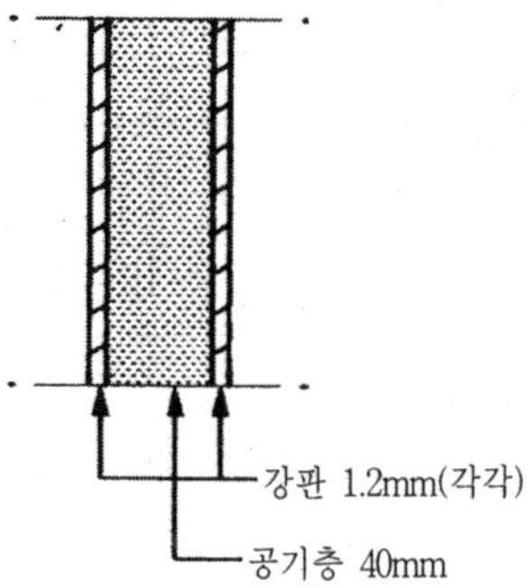	내 표 면 : $\frac{1}{a_i}=\frac{1}{8.29}=0.121$ 강 판 : $\frac{l_1}{\kappa_1}=\frac{0.0012}{45}=0.00003$ 공 기 층 : $\frac{1}{C}=0.183$ 강 판 : $\frac{l_1}{\kappa_1}=\frac{0.0012}{45}=0.00003$ 내 표 면 : $\frac{1}{a_i}=\frac{1}{8.29}=0.121$	$U=\frac{1}{0.425}$
		$R_t=0.425$	2.353
지붕	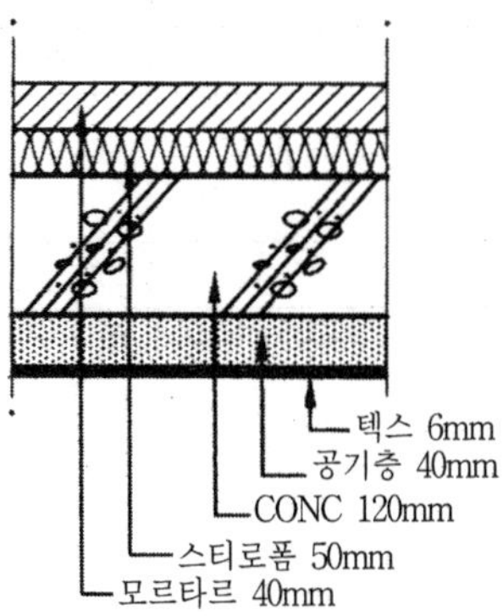	외 표 면 : $\frac{1}{a_o}=\frac{1}{35}=0.029$ 모르타르 : $\frac{l_1}{\kappa_1}=\frac{0.04}{1.4}=0.029$ 스티로폼 : $\frac{l_2}{\kappa_2}=\frac{0.05}{0.047}=1.064$ 콘크리트 : $\frac{l_3}{\kappa_3}=\frac{0.12}{1.6}=0.075$ 공 기 층 : $\frac{1}{C}=0.05$ 텍 스 : $\frac{l_4}{\kappa_4}=\frac{0.006}{0.15}=0.04$ 내 표 면 : $\frac{1}{a_i}=\frac{1}{9.26}=0.108$	$U=\frac{1}{1.395}$
		$R_t=1.395$	0.717

종류	구조 및 재료	열 저 항	열관류율 [W/m²·K]
유리창		외표면 : $\frac{1}{a_o}=\frac{1}{35}=0.029$ 유리 : $\frac{l_1}{\kappa_1}=\frac{0.005}{1.0}=0.005$ 내표면 : $\frac{1}{a_i}=\frac{1}{9.26}=0.108$	$U=\frac{1}{0.142}$
		$R_t=0.142$	7.042

난방부하계산표

실명	①	층	최상층		실내온도	22℃
층고	3.3m	면적	75m²	용적 247.5m³	외기온도	-11.3℃

	방위	구 조	면 적 [m²]		열관류율 [W/m²·K]	온도차 [℃]	방 위 계 수	손실열량 [kcal/h]
구조체에 의한 손실열량	북	창 문	1.8×1.2×2	4.32	7.042	33.3	1.2	1215.6
	북	외 벽	7.5×3.3-4.32	20.43	0.609	33.3	1.2	497.2
	서	창 문	1.8×1.2×2	4.32	7.042	33.3	1.15	1164.9
	서	외 벽	10×3.3-4.32	28.68	0.609	33.3	1.15	668.9
		내벽2	7.5×3.3	24.75	2.159	0		0
		문	0.9×2	1.8	2.353	11.1		47.0
		내벽1	10×3.3-1.8	31.2	1.707	11.1		591.2
		지 붕	10×7.5	75	0.717	33.3		1790.7
							소계	5975.5
외기 손실 열량	외기량 $Q=0.28\times0.5\times247.5$ $=34.7\ l/s$			1.2×34.7×33.3				1,386.6
							합 계	7362.1[W]

실명	②	층	최상층				실내온도	22℃
층고	3.3m	면적	57.5m^2	용적	189.8m^3		외기온도	-11.3℃
	방위	구 조	면 적 [m^2]		열관류율 [W/m^2·K]	온도차 [℃]	방 위 계 수	손실열량 [kcal/h]
구조체에 의한 손실열량	서	창 문	1.8×1.2	2.16	7.042	33.3	1.15	582.5
		외 벽	5×3.3-2.16	14.34	0.609	33.3	1.15	334.4
	남	창 문	1.8×1.2×3	6.48	7.042	33.3		1519.6
		외 벽	11.5×3.3-6.48	31.47	0.609	33.3		638.2
		내벽2	4×3.3-1.8	11.4	2.159	11.1		273.2
	동	외 벽	5×3.3	16.5	0.609	33.3	1.1	368.1
		지 붕	5×11.5	57.5	0.717	33.3		1372.9
		문	0.9×2	1.8	2.353	11.1		47.0
							소계	5135.9
외기 손실 열량	외기량 $Q = 0.28 \times 0.5 \times 189.8 = 26.6\ l/s$			1.2×26.6×33.3				1062.9
비 고						합 계		6198.8[W]

※ 총 난방부하=①+②=7362.1+6198.8+13560.9[W]

【연습문제】

1. 다음과 같은 건물에 중앙식 온수난방을 하고자 한다. 계단실과 전실은 비 난방으로 하고 지하층은 외부창이 없는 것으로 한다. 이 건물의 난방부하를 계산하라.

조건 지 역 : 수원

건물용도 : 사무실

환기회수 : 0.5회/h

유 리 창 : 4,000W×1,500H(복층유리 12mm)

문 : 900W×2,000H(구조는 예제와 동일)

지하층 바닥면은 U = 0.67일 때를 기준으로 하고, 내벽은 예제 2.4의 내벽 1로 하며, 벽체의 공기층은 반 밀폐를 기준으로 한다.

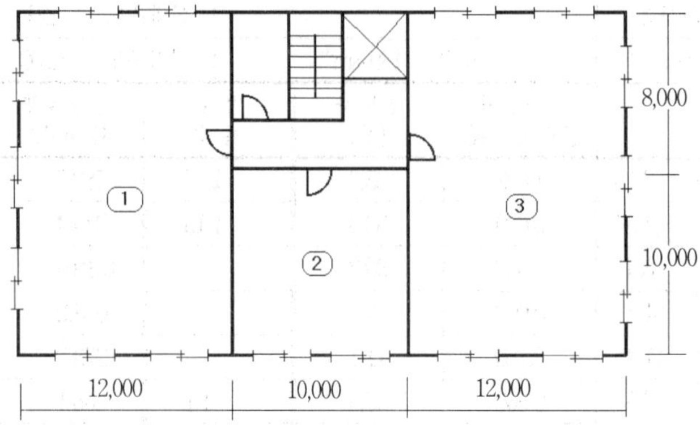

평면도

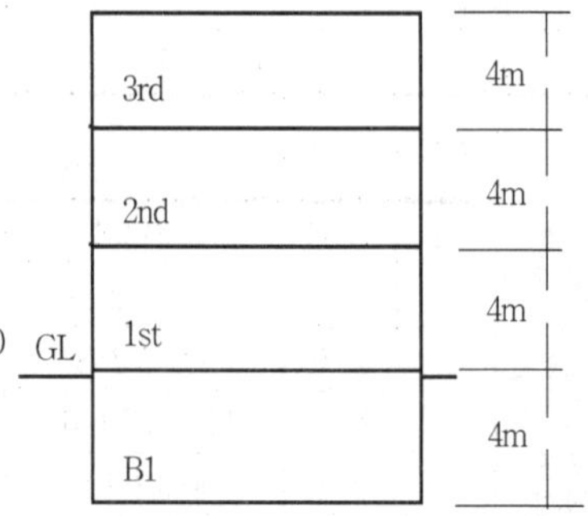

단면도

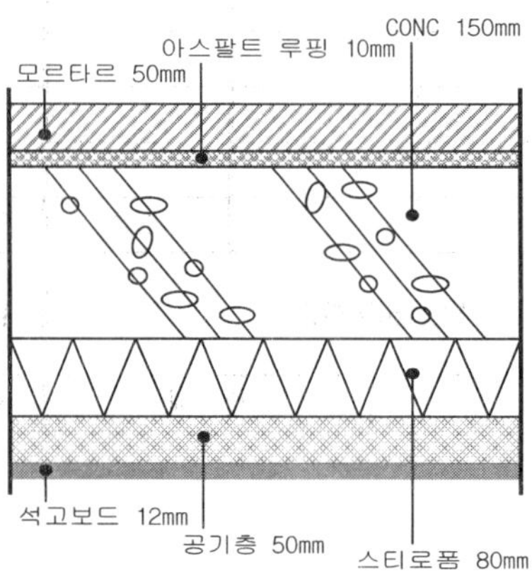

천장

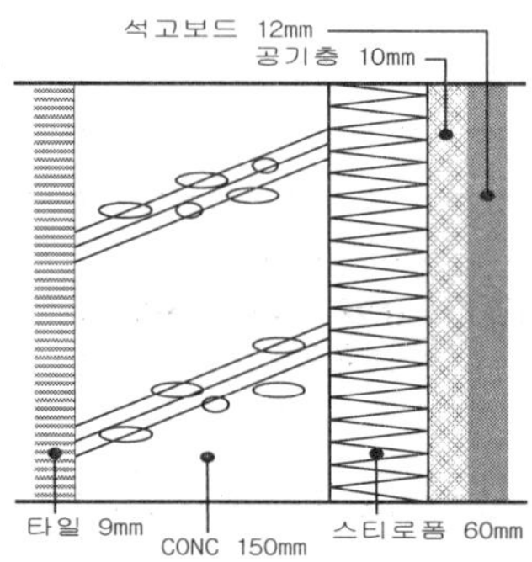

외벽

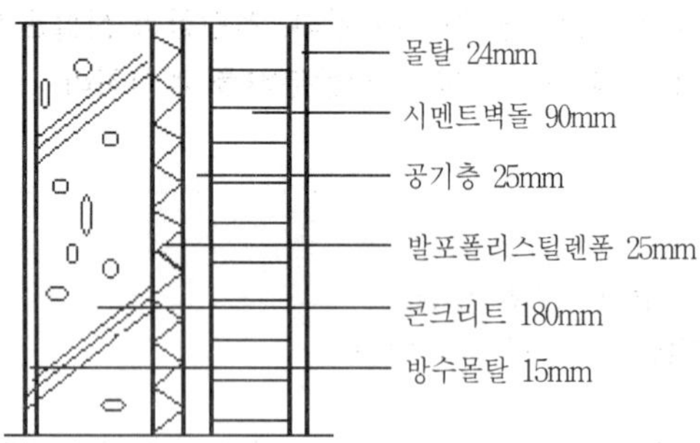

지중벽

제3장 열원기기

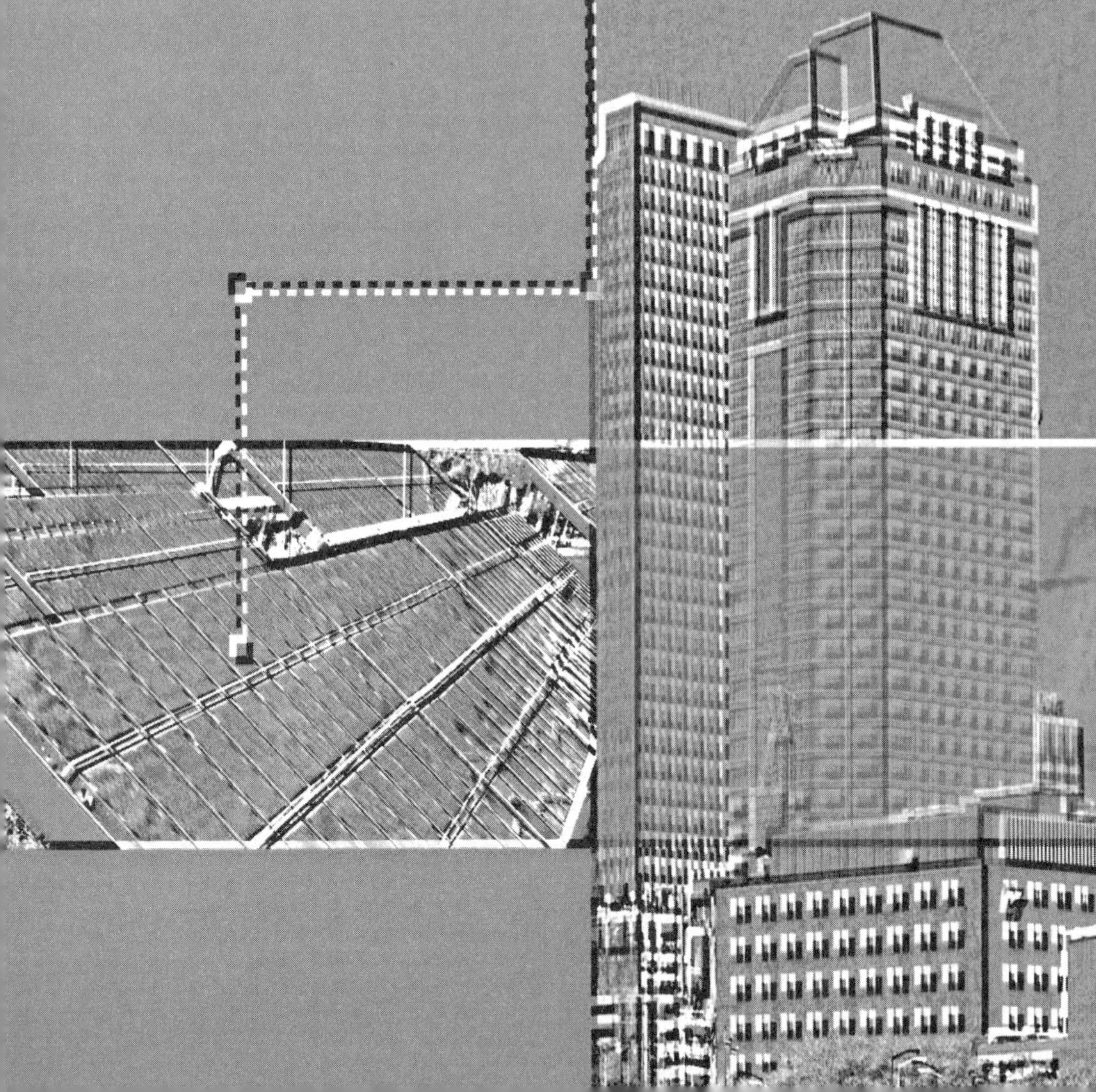

제3장 열원기기

3.1 보일러

3.1.1 보일러의 구성

보일러는 연료를 연소시켜 밀폐된 용기 내의 물을 가열하여 증기나 온수를 발생시키는 장치로서 수실과 연소실 및 복사·접촉 전열면으로 구성된 보일러 본체와 연소장치, 급수장치, 자동제어장치 등의 부속장치 그리고 부속기기로 구성되어 있다.

(1) 보일러 본체

연소실에서 발생한 연소열을 복사와 고온가스의 접촉으로 용기 내로 전열시켜 수부에 있는 물을 가열 또는 증발시키는 부분으로, 주로 강판으로 만들어진 원통형 드럼과 소구경 강관의 조합으로 이루어진다.

연소실은 가스나 기름을 연소시키는 공간인 동시에 주로 화염복사에 의한 열을 흡수하는 부분이며, 이때 화염복사에 의하여 열이 전달되는 부분을 복사전열면 또는 직접전열면이라 한다. 연소실의 외주는 보일러 물로 가득 찬 수냉벽 구조로 된 것이 많다.

연소실의 분류는 연소실 위치에 따라 내분식과 외분식으로, 연소실 벽의 종류에 따라 내화벽, 공냉벽, 수냉벽으로 나뉜다.

내분식은 본체 내부에 연소실을 설치하여 연료를 연소시키는 방식이며, 외분식은 본체 외부에 연소실을 설치하여 연료를 연소시키는 방식이다. 일반적으로 원통형 보일러는 대부분 내분식을 택하고 수관식 보일러는 외분식을 택한다. 내분식의 특징은 설치면적을 좁게 차지하지만 보일러 형식에 따라 연소실이 고정되고 복사열의 흡수가 크며 노벽에 의한 전열손실이 적다. 반면에 연소실면의 온도가 다소 낮으므로 완전연소가 어렵다.

그리고 외분식의 특징은 사용연료의 종류에 따라 연소실의 크기 및 위치를 자유롭게 변형할 수 있고 내화재 등으로 연소실을 형성함으로써 연소실면의 온도가 높아 저질연료의 사용이 가능한 장점이 있으나 설치면적을 많이 차지하고 노벽에 의한 복사열의 전열손실이 크다.

(2) 부속장치

보일러의 기능을 발휘하기 위한 부속장치로는 연료를 연소시키기 위한 연소장치류와 보일러 내로 보급수를 공급하기 위한 급수장치, 보일러를 가동하면서 운전조건에 따라 여러 가지 사항을 제어하기 위한 자동제어장치 등이 있다.

연소장치에는 연료의 종류에 따라 고체연료용 미분탄 연소장치, 액체연료용 유연소장치, 기체연료용 가스연소장치를 들 수 있으며, 연료를 연소시키기 위하여 공기를 공급하는 송풍장치와 연소된 가스를 외부로 배출시키는 연도와 굴뚝 그리고 공해방지시설들을 부대시설로 한다.

보일러 급수장치는 물을 가압하여 송수하는 급수펌프 또는 인젝터가 있고 응축수를 회수하여 저장하는 환수탱크 또는 응축수탱크가 있으며, 보일러 내로 공급되는 물을 처리하기 위한 경수연화장치 등이 있다.

자동제어장치로는 증기의 압력 제어, 온수의 온도 제어, 수면의 제어, 고저수위 경보장치 등이 있다.

(3) 부속기기

부속기기에는 안전밸브, 수면계, 압력계, 주증기밸브, 급수밸브, 취출밸브 등이 있다.

3.1.2 보일러의 종류

난방용 보일러는 구성재료, 사용압력, 본체의 구조, 축심방향, 발생열매의 종류에 따라 표 3.1과 같이 분류한다. 표 3.2는 보일러 종류에 따른 특성과 용도이다.

표 3.1 보일러의 분류

구 분	분 류
구성 재료	주 철 제 보 일 러 강 제 보 일 러 동 제 보 일 러
동체의 축심방향	횡 형 보 일 러 입 형 보 일 러
본체의 구조	원 통 보 일 러 수 관 보 일 러 노 통 보 일 러 관 류 보 일 러 연 관 보 일 러 섹 셔 널 보 일 러 노통연관 보 일 러
발생 열매	증 기 보 일 러 온 수 보 일 러

표 3.2 보일러의 종류와 특성

보일러의 종 류	열매의 종 류	증기압력 또는 온 수 온 도	정 격 출 력	효율 [%]	주 용 도
노통연관 보 일 러	증 기	1.6 MPa이하	0.5~20 t/h	85~90	중·대형 빌딩 급탕난방
	중고온수	170℃ 이하	135 ~ 9300 kW		대단지, 지역난방
수 관 보 일 러	증 기	0.7 MPa 이상	5 t/h 이상	85~90	난방, 공업용
소형관류 보 일 러	증 기	1 MPa 이하	0.1~ 2 t/h	75~90	중·소형 빌딩 난방, 공조가습
주 철 제 보 일 러	증 기	0.1 MPa 이하	0.3~4 t/h	80~86	저층건물의 급탕 난방용
	저 온 수	120℃ 이하	29 ~ 230 kW		
입 형 보 일 러	온 수	80℃ 이하	11 ~ 120 kW	60~80	주택, 소형 빌딩 급탕난방용
열 매 체 보 일 러	액상기상	200~350℃	1.1 ~ 2300 kW	80~85	공업용
소 형 가스보일러	저 온 수	80℃ 이하	7 ~ 60 kW	60~80	가정용 급탕난방
진공온수 가열장치	저 온 수	85℃ 이하	120 ~ 1800 kW	85~90	급탕난방

3.1.3 보일러의 구조와 특징

(1) 노통연관식 보일러(Flue and Smoke Tube Boiler)

그림 3.1(위)과 같이 횡형의 원통형 몸체 내부에 노통(Flue Tube)과 직관의 연관군(Smoke Tube)을 조합하여 만든 보일러이다.

구조를 살펴보면 연소실로 사용되는 노통이 몸체 속 하부 쪽에 위치하여 보일러 수중에 잠기게 되어 있다. 노통은 소형일 때는 평활한 원통형이 사용되나 중대형으로 되면 열에 의한 신축을 흡수하고 외압강도를 증대시키기 위하여 그의 일부분 또는 전장을 파형으로 설계한다. 파형 노통은 평판의 금속판을 원형으로 성형하여 프레스 또는 롤러로 눌러 파형으로 제작한 것으로, 외압에 대한 강도가 크고 열에 대한 신축성이 좋으며 전열면적이 크지만, 스케일 등 부착물에 대한 내부 청소가 곤란하고 제작비가 비싸진다.

연관은 노통의 좌우와 상부에 위치하고 평활관을 사용하는 것과 평활관을 나선형으로 교축가공한 특수관을 사용하여 전열성능 향상과 열팽창을 흡수하는 것이 있다. 최근에는 나선형의 연관을 사용하는 것이 많다. 노통을 나온 연소가스는 노통의 좌우와 상부에 위치한 연관군으로 흐르게 되며 연소가스의 흐름 형태에 따라 노통 후부의 후부연실에서 연관군을 통하여 전면으로 되돌아와 굴뚝으로 나가는 2패스식과 다시 180도 반전하여 전부연실을 거쳐 제2의 연관군으로 들어가 후부연실의 굴뚝으로 나가는 3패스식, 그리고 그림 3.1(아래)과 같이 막혀 있는 노통 내에서 연소한 후 노통 내를 반전하고 전면의 연실을 거쳐 연관군으로 들어가 후부연실을 통하여 굴뚝으로 나가는 반전연소식이 있다.

■ 노통연관식 보일러의 장점으로는

① 크기에 비하여 전열면적이 넓다.

② 동일 용량의 수관식 보일러보다 가격이 싸다.

③ 부하변동에 따른 압력변동이 적다.

④ 패키지형으로 제작되어 설치와 이동이 용이하다.

⑤ 비교적 고압의 대용량까지 제작이 가능하다.

⑥ 효율이 높다.

■ 단점으로는

① 다른 원통형에 비하여 구조가 복잡하다.

② 보유수량이 크므로 기동시간이 약간 길다.

③ 내분식이므로 연소실 크기가 제한을 받는다.

④ 분할반입이 불가능하다.

구조상 1.6 MPa 이상의 고압이나 20 t/h 이상의 대용량에는 부적당하여 주로 0.7 ~1.0 MPa의 압력범위와 환산증발량 1~12 t/h 정도가 사용된다. 용도는 건축설비용 고압 증기보일러나 저온수 보일러, 중온수 보일러 등으로 많이 사용되고 있다.

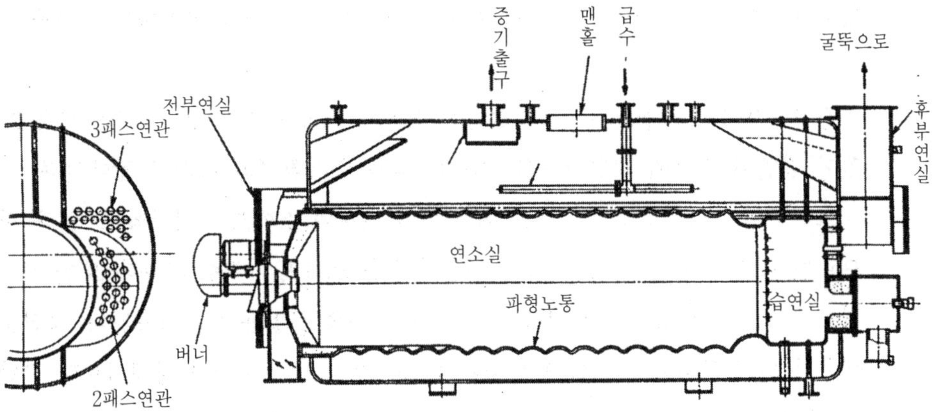

그림 3.1 3패스식 노통연관 보일러

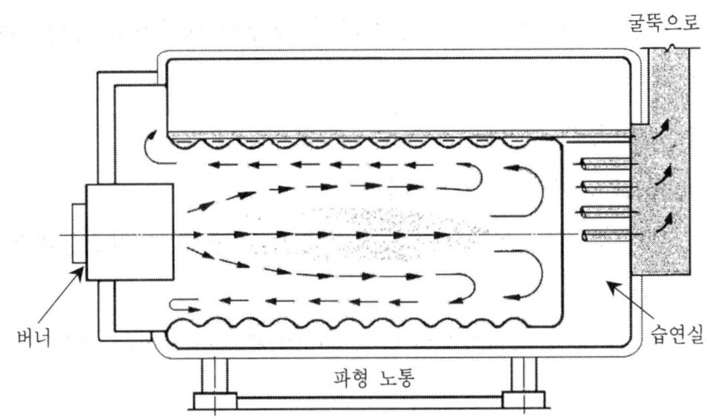

그림 3.2 반전연소식 노통연관 보일러

(2) 수관식 보일러(Water Tube Boiler)

다수의 수관을 직관 또는 곡관의 형태로 상부의 증기드럼과 하부의 수드럼 또는 헤더 사이에 병렬로 배치하여 연소실과 대류전열면을 구성하고, 보일러수가 가열에 의하여 수드럼→증발관→증기드럼→강수관→수드럼의 순서로 증발량의 수십 배나 순환하는 구조로 되어 있다.

종류로는 물의 순환방식에 따라 강제순환식과 자연순환식, 관류순환식으로 구분된다.

강제순환식은 증기의 압력이 높아질수록 증기와 물의 밀도 차이가 작아지므로 순환력의 한계가 있어 순환펌프를 보일러 물순환 회로 중에 설치하여 순환을 촉진시킨다.

강제순환식의 장점은 수관의 직경이 작아도 되고 두께가 얇은 관을 사용할 수 있어 전열이 좋으며 보일러수의 순환이 높아 증기발생의 시간이 짧아진다.

그리고 수관의 배치가 자유로우며 용량에 비하여 소형으로 제작할 수 있다. 단점으로는 고압 대용량이므로 취급에 높은 기술을 요하며 가격이 비싸다. 또한 소비동력이 크고 유지관리비용이 많이 들어 주로 초대형 산업용으로 이용된다. 자연순환식은 물의 밀도차이를 이용하여 순환시키는 방식으로, 구조가 강제식보다 간단하여 난방용에 많이 사용된다.

그림 3.2와 같은 수관식 보일러에 있어서 연소가스의 흐름은 전면의 연소장치에서 분사된 연료가 연소실 내에서 연소된 후 후부의 대류전열면으로 유입되어 전면으로 환류되고 연도로 배출된다.

▣ 수관식 보일러의 장점은

① 구조상 고압 대용량에 적당하다.

② 연소실의 형상 및 크기를 자유롭게 설계할 수 있어 연소상태가 좋고 연소효율이 높다.

③ 보유수량이 작고 전열면적이 넓어 증기발생시간이 짧아 부하에 대한 추종성이 좋다.

④ 분할하여 제작이 가능하므로 반입이 용이하다.

▣ 단점으로는

① 전열면적에 비하여 보유수량이 적으므로 부하변동에 대한 압력변동이 크다.

② 스케일로 인한 국부과열의 우려가 있어 수질관리에 철저를 요한다.

③ 유지비가 많이 들고, 구조가 복잡하여 청소와 보수가 어렵다.

④ 가격이 비싸다.

용량은 보통 5~500 t/h, 압력은 1.0~15 MPa의 범위로서 난방용은 대규모 병원이나 호텔 등에서 고압의 증기를 필요로 하는 곳에서 사용하고, 지역난방용 증기터빈의 열원으로 이용되기도 한다.

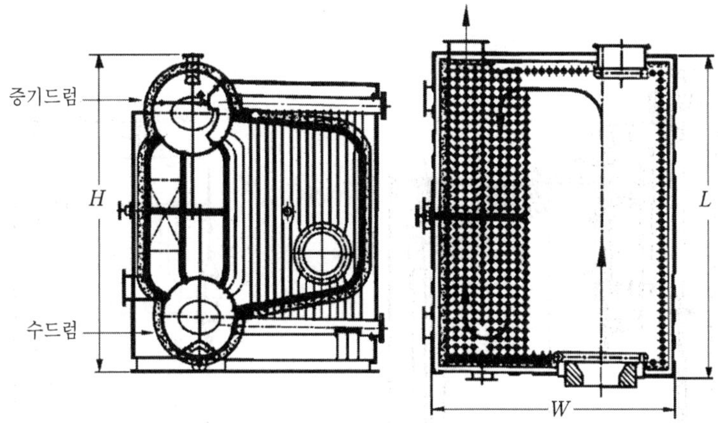

그림 3.3 수관식 보일러의 구조

(3) 관류보일러

관류보일러는 수관벽으로 둘러싸인 연소실 및 수관군으로 되어 있는 대류전열면으로 구성되고 커다란 드럼이 없는 것이 특징이다. 물은 급수펌프에 의하여 압입되고 순차적으로 가열되면서 유동하고 끝단에서 증기나 온수가 되어 나오게 된다. 구조적으로 소용량과 대용량은 아주 다르며 건축설비용으로 사용되는 것은 주로 소용량이며, 1개 또는 몇 개의 수관을 코일상으로 감은 구조와 짧은 수관을 상하 헤더간에 다수 병렬배치한 구조로 대별되며 환산증발량 100 kg/h의 아주 작은 소용량에서 15 t/h 정도까지의 큰 것이 있고 압력은 3 MPa까지가 보통이다. 이 보일러의 장점은 기동시간이 대단히 짧고, 일정 용량까지 취급자격이 없이 취급할 수 있으며 설치면적이 작은 것이다. 그러나 수처리를 철저하게 하여야 하므로 경수연화장치를 필요로 하고 값이 비싸다. 난방설비용으로는 소용량의 고압증기를 필요로 하는 곳이나 자격소지자가 없는 소규모 건물에 사용되고 있다.

(4) 입형 보일러(Vertical Type Boiler)

수직의 원통형 드럼 내부에 연소실을 구성하고 연관 또는 수관으로 대류 전열면을 조합하여 만든 구조이며, 연소가스는 대류 전열면 사이를 통하면서 상향으로 흐르고 상부연실을 통하여 굴뚝으로 배출되는 1패스식이 일반적이다. 입형의 구조이므로 바닥설치면적이 작고 구조도 간단하지만 효율이 낮게 된다. 증발량 500 kg/h 정도까지의 소용량 저압증기보일러나 온수보일러에 사용된다.

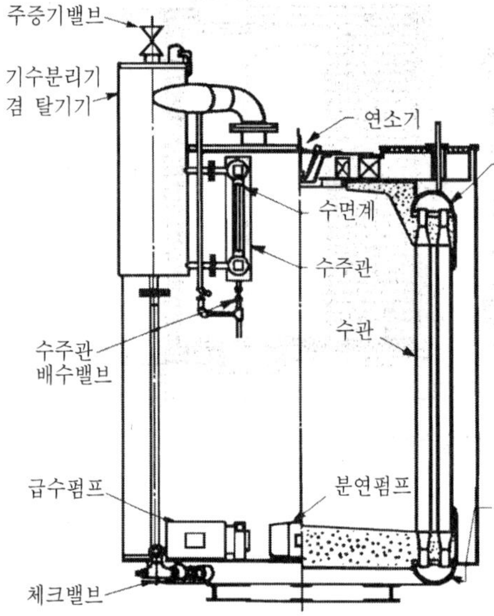

그림 3.4 관류보일러

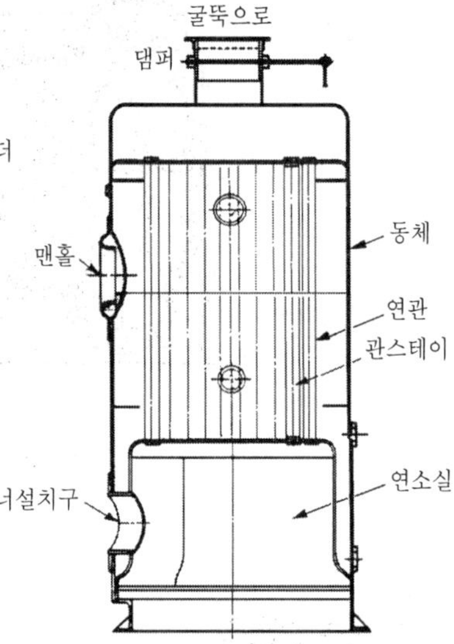

그림 3.5 입형보일러

(5) 주철제 보일러

주철로 만든 사각형 모양의 섹션(Section)을 앞뒤로 여러 매 조립하여 만드는 보일러로서 섹션의 상부와 하부에 있는 연결구멍에 테파형 니플을 압입하여 일체화하고 외부에서 볼트로 체결한 구조로서 섹션의 매수는 3~20매 정도이고 보일러 출력은 섹션 수에 비례한다. 맨 뒤를 제외한 각 섹션의 중앙 하부에는 장방형의 커다란 개구부가 있고 서로 조합된 상태에서 수냉벽구조의 연소실을 형성하며 상부의 개구부는 대류전열면으로 되어 있다.

연소가스가 흐르는 통로에 따라 횡연도식과 입연도식이 있다. 횡연도식은 연소실에서 연소된 연소가스가 후면에서 상부에 있는 개구부 쪽으로 반전하여 수평방향으로 각 섹션에 설치된 구멍 속을 왕복하면서 굴뚝으로 빠지는 방법이고, 입연도식은 각 섹션간을 수직방향으로 흐르며 굴뚝으로 빠져나가는 구조이다.

온수보일러일 경우에는 물의 체적팽창이 거의 없지만 증기보일러일 경우에는 물이 저압증기가 되어 1,000배 이상으로 팽창되므로 섹션 3~4매마다 증기를 배출하여 보일러 상부에 설치된 증기헤더에 집합된 후 배관에 접속된다.

주철제 보일러는 재료의 제약상 고온, 고압, 대용량의 제작이 불가능하여 증기보일러일 경우에는 0.1 MPa 이하, 온수보일러일 경우에는 온수온도 120℃, 수두압 50 m까지 제한되며 용량은 환산증발량 4 t/h 정도가 한계이다. 또한 강제 보일러에 비하여 급격한 온도변화에 약한 성질이 있으므로 보일러의 입출구 온도차를 5~10℃ 정도가 되게 온수순환펌프의 순환량을 결정한다. 주철제 보일러는 강제 보일러보다 내식성이 우수하여 수명이 길고, 섹션을 분할하여 반입하므로 현장설치의 제한이 적으며, 섹션을 증가시켜 간단하게 출력을 증가시킬 수 있어 건물 증축에 따른 부하변동에 대응할 수 있으나, 내부 청소가 불편하고 사용압력과 용량의 제한이 있어 중·소규모 건물에 일부 쓰이고 있다. 그림 3.5는 횡연도식 주철제 보일러를 보여준다.

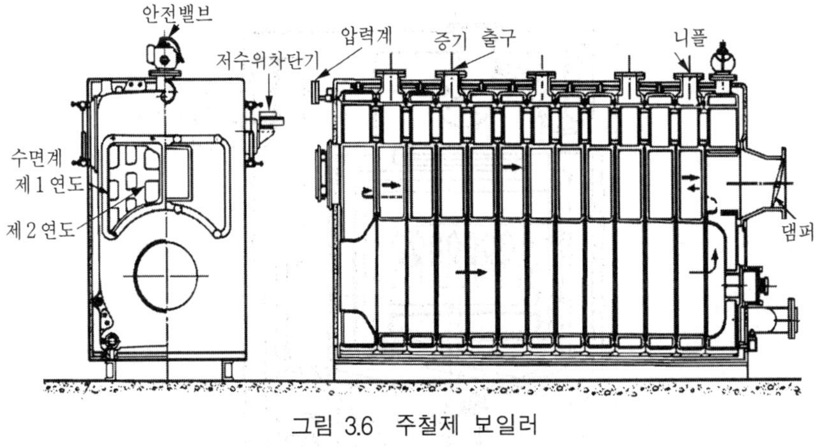

그림 3.6 주철제 보일러

(6) 열매체 보일러

300℃ 정도의 열원이 필요한 경우에 포화증기를 사용하면 압력은 약 8.5 MPa이 되어 고가의 설비가 필요하게 되고 응축잠열만 이용한다면 증기가 보유한 엔탈피의 절반밖에 이용할 수 없어 효율이 극단적으로 저하한다. 이러한 경우에 비등점이

높고 증기압이 낮은 전열매체를 사용하면 저압으로 용이하게 200~350℃의 열매를 얻을 수 있다. 열매체로는 광유계와 유기합성계로 대별되며 가열방식은 물의 경우와 같이 액상, 기상 모두 가능하다. 열매체유의 구비조건은 수명이 길고 독성과 냄새, 인화성이 없어야 한다.

이 방식의 특징으로는 증기보일러에 비하여 수명이 길고 압력이 낮으므로 안전성이 높으며 시설비나 연료비, 관리비 등이 낮다.

(7) 벽부착형 가스보일러

도시가스의 사용이 확대됨에 따라 주택과 같은 소규모 건물에는 벽부착형 가스보일러의 보급이 확산되고 있다. 소규모 건물에는 대부분 설치공간이 협소하여 다른 보일러의 설치가 곤란하므로 설치공간을 작게 차지하는 벽부형 가스보일러가 유리하다. 구조를 살펴보면 가스를 분출하여 연소를 일으키는 버너와 연소가스의 열을 회수하는 열교환기, 배기가스를 배출시키는 팬, 온도조절장치, 팽창탱크, 온수순환펌프 및 각종 안전장치 등이 일체로 내장되어 있다. 소형이고 일체형으로 제작되므로 취급과 설치가 용이하다.

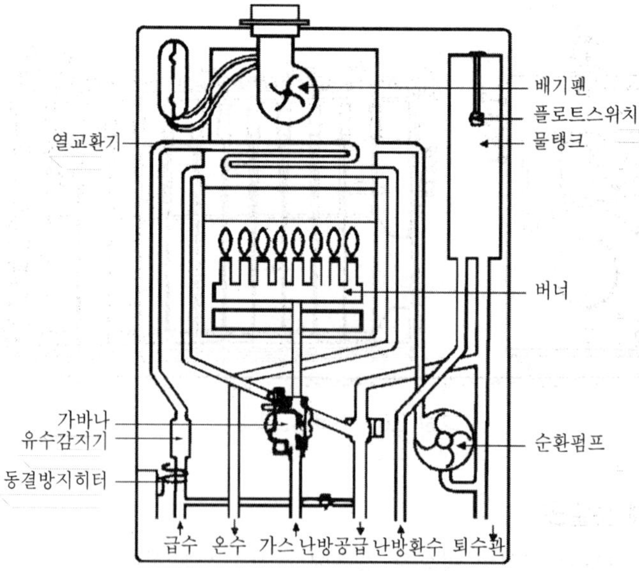

그림 3.7 벽부착형 가스보일러의 구조

(8) 진공온수 가열장치

진공온수 가열장치(Vacuum Heater)는 진공상태의 용기에서 발생된 증기로 내장된 열교환기를 통하여 난방용 또는 급탕용 온수를 간접가열하는 방식의 온수발생장치로서 여러 가지 장점이 많아 이웃 일본에서는 많이 보급되어 사용되고 있으나 국내에서는 아직 미미한 실정이다. 구조는 하부에 일반 보일러와 같이 연소장치가 부착되어 있는 연소실과 전열면으로 구성되고 전열부의 내부에는 열매수가 충수되어 있다. 상부에는 빈 용기 속에 온수 및 급탕용 열교환기가 부착되어 있고 이 부분은 거의 진공인 상태로 되어 있다. 그러므로 일반 보일러가 내압을 받는 것과는 달리 외압을 받는 상태에 있다. 용기 내부를 진공상태로 유지시키기 위하여 진공펌프를 설치하고 진공도가 떨어지면 내부의 공기나 비응축성 가스를 외부로 방출시키도록 한다. 버너를 점화하여 연소가 시작되면 고온의 연소가스는 전열면을 통하여 열매수에 전달되고 열매수의 온도가 오르면서 증발하기 시작하면 감압증기가 되어 열교환기 상부로 이동하고, 열교환기와 접촉하여 증발잠열을 전달한 후 응축되어 열매수로 회수되고 하부로 내려간다. 용기 내부의 진공상태는 초기에 약 -760 mmHg이고 가열되어 증발이 계속되면 약 -150 mmHg가 되며, 이때의 온도는 물의 포화온도인 93.9 ℃가 된다. 따라서 난방용 온수는 85℃, 급탕용 온수는 80℃ 정도까지 공급이 가능하다.

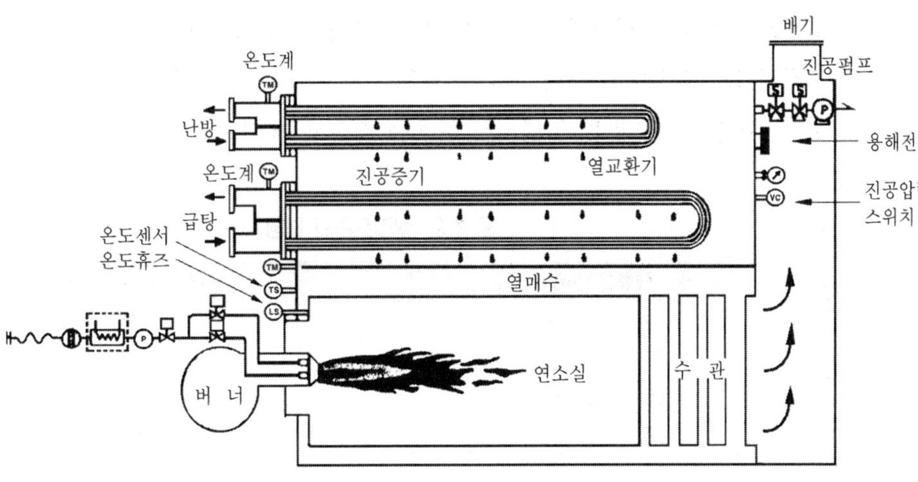

그림 3.8 진공온수 가열장치

이 진공온수 가열장치의 특징은 거의 탈기된 연수를 사용하므로 부식 및 스케일 발생이 적어 열효율 저하가 발생하지 않아 열효율이 높고 기기의 수명도 길게 된다. 그리고 용기 내의 압력이 대기압보다 낮으므로 폭발 등으로 인한 대형 사고를 방지할 수 있어 안전성이 우수하고, 고압용기가 아니므로 취급면허가 불필요하게 되며, 열교환기 부분의 구조를 보강하면 수두압이 높은 건물에도 사용이 가능하다. 그림 3.7은 진공온수 가열장치의 내부구조이다.

3.1.4 부속기기

(1) 안전밸브(Safety Valve)

증기보일러 및 온수온도가 120℃를 넘는 온수보일러에는 보일러의 최대 연속증발량(온수보일러일 때는 최고 사용압력의 110%를 초과하지 않는 양) 이상의 취출량을 갖는 안전밸브를 설치하여야 한다. 취출량은 밸브리프트의 대소에 따라 계산식이 주어진다. 안전밸브의 구조는 레버식과 스프링식의 2종류가 있지만 최근에는 거의 스프링식이 이용된다. 구조는 5.5절을 참조한다.

(2) 릴리프밸브(Relief Valve) 및 릴리프관

온수온도 120℃ 이하의 온수보일러에는 팽창으로 인한 위험을 방지하기 위하여 릴리프밸브 또는 릴리프관을 설치하여야 한다. 릴리프관의 경우에는 관을 개방형 팽창탱크로 접속하고 관의 내경은 보일러 전열면적에 따라 표 3.3과 같이 되도록 한다. 또한 릴리프관은 동결되지 않도록 주의를 요한다.

표 3.3 릴리프관의 내경

전열면적[m²]	릴리프관의 내경[mm]
10 미만	25 이상
10 ~ 15 미만	30 이상
15 ~ 20 미만	40 이상
20 이상	50 이상

(3) 압력계 · 수고계

압력계는 보통 부르동관(Bourdon Tube)식이 이용된다. 눈금판의 지름은 100mm 이상으로 보일러 최고 사용압력의 1.5~3배의 눈금을 가진 것을 사용한다. 최고 사용압력의 눈금에는 적색선 등으로 표시하여 사용한다. 보일러와 압력계 사이에는 사이폰관을 설치하고 물을 채워서 압력계 내부를 80℃ 이하로 유지한다.

수고계는 보일러 내의 압력을 수두로 나타내는 계기를 말하며 지시눈금은 m로 나타낸다. 온수보일러에는 수고계를 볼 수 있는 위치에 보일러온도를 나타내는 온도계를 같이 부착한다.

(4) 수면계

증기보일러에는 그림 3.9와 같은 2조 이상의 유리수면계를 부착하여야 한다. 단, 주철제 보일러에 저수 위차단장치 또는 자동수위 제어장치를 가진 것에는 1조로 하는 것이 가능하다. 유리수면계에는 유리관식 · 반사식 · 투시식 등의 종류가 있지만 난방용으로는 유리관식이나 반사식이 주로 이용된다. 수면계는 보이는 부분의 최하단이 안전 저수위면을 지시하는 위치에 부착된다.

(5) 수량계, 유량계

보일러에 공급되는 급수량과 연료의 양을 측정하기 위하여 설치되는 계기로서 주로 회전 익차식이나 용적식이 이용된다. 그림 3.10은 수량계, 유량계의 예이다.

그림 3.9 수면계

그림 3.10 수량계, 유량계

3.1.5 자동제어장치

보일러에서 자동제어의 대상이 되는 것은 급수량 제어, 연소량 제어, 연소 풍량 제어, 증기압력 제어, 온수 출구온도 제어 등이 있다. 보일러 자동제어의 목적은 일정한 압력의 증기나 일정한 온도의 온수를 얻고 자동화에 의한 인건비의 절약, 그리고 안전운전을 하기 위함이다. 자동제어장치에는 여러 제품이 개발되어 각종 보일러에 부착되어 설치되며 대표적인 것에 대하여 살펴본다.

(1) 급수량 제어

급수량 제어에는 ON-OFF 제어와 비례 제어 방식이 있다. ON-OFF 제어는 보일러 용량이 비교적 크고 넓은 증발수면이 있는 원형 보일러나 주철제 보일러에 많이 사용되는 방법으로, 보일러 수위의 상하변동에 따라 보일러 급수펌프를 ON-OFF시켜 보일러 수위를 일정한 범위 내에서 유지시키는 가장 간단한 제어방법이다. 보일러 수위의 검출은 플로트 스위치 또는 전극봉을 이용한다. 그림 3.11은 플로트식 수위조절기의 구조이며, 스케일 등으로 고착되지 않도록 가동부분의 구조를 고려하고 보일러에 설치할 때에는 보일러의 수면 위와 수면 아래를 각각 연결하여 보일러의 수위가 전달되는 구조로 한다.

내부에는 급수펌프 ON-OFF용 스위치 이외에 저수위차단용 스위치도 내장되어 있다. 그림 3.12는 전극식의 구조이며, 공통접점용 전극이 수중에 잠겨 있고 수위조절용 전극봉들이 수중에 접촉함에 따라 ON-OFF 제어가 동작된다. 전극봉은 수질에 의한 스케일이 형성되어 오동작을 일으킬 수 있으므로 유지관리에 주의하여야 한다.

비례 제어는 보일러 부하에 따라 급수제어밸브를 비례적으로 조정하여 드럼 내 수위를 소정의 범위로 유지하는 방식이며, 주로 보일러 수용량이 적은 수관보일러에 사용된다. 이 장치에는 드럼수위차만으로 조정하는 1요소식, 증기유량을 검출하고 이것으로 우선 급수량을 조정하며 드럼수위에 따라 재조정하는 2요소식 이외에 증기유량과 급수유량차로 급수량을 조정하고 드럼수위편차에 따라 최종 조정을 하는 3요소식이 있다. 공조용의 경우는 보일러 용량이 그렇게 크지 않고 보유수량도 많으므로 1요소식의 경우가 많다.

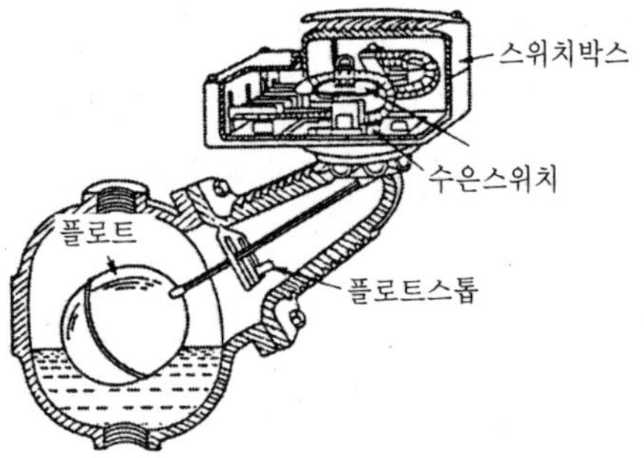

그림 3.11 플로트식 수위조절기

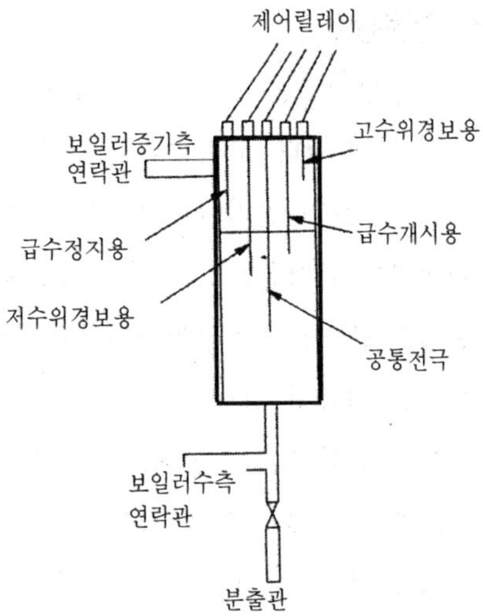

그림 3.12 전극식 수위조절기

(2) 연소량 제어

1) ON-OFF 제어

보일러의 부하변동에 따라 연소량을 ON-OFF의 2단계, 또는 ON-OFF의 중간에 50~60% 연소량의 위치를 설정한 3단계로 제어하여 증기압력 또는 온수온도를 소정의 범위로 유지하는 아주 간단한 방법으로, 2위치 또는 3위치 제어라고 불린다. 1750kW 정도까지의 보일러에 많이 사용된다. 압력검출은 벨로즈형 압력스위치가 이용되고 ON과 OFF의 압력차를 조절할 수 있는 기구를 1개 사용하여 2위치 제어를 하고, 3위치 제어에서는 2개를 결합하여 사용한다.

2) 비례 제어

부하변동에 따른 증기의 압력변화 또는 온수온도에 비례하여 연료의 공급량과 연소용 공기량을 제어하는 방식이다. 증기의 압력이나 온수온도의 검출은 압력감지기 또는 온도조절기를 이용한다. 검출된 신호를 조작부에 전달하는 것은 전기적 또는 전자적인 방법이 주로 사용된다.

각종 연소장치에는 기기의 특성에 따라 연소량 조절범위가 있으므로 보일러의 부하가 크게 줄어들 때에는 비례 제어만으로는 조절이 불가능하므로 앞의 방식인 ON-OFF 제어방식을 병용하는 경우도 있다.

(3) 안전장치

안전장치로는 고저수위 경보와 차단 장치, 압력이나 온도의 제한경보, 연소안전장치 등이 있다. 고저수위 경보장치는 수위감지기를 이용하여 보일러 내의 수위가 제한수위보다 높거나 낮은 경우 경보를 울리고 급수장치와 연소장치를 제어한다. 이상압이나 제한온도를 넘는 경우에는 압력스위치나 온도감지기를 이용하여 경보를 울리고 연소장치를 제어한다. 연소안전장치는 자동보일러의 필수적인 것이며 주요 목적은 아래와 같다.

1) 연료를 미연소상태로 연소실로 유입시키지 않고
2) 버너 점화시의 안전성을 높이며
3) 운전 중 실화와 같은 이상 발생시 즉시 정지함과 동시에 경보를 발하는 것이다.

연소 안전장치의 기능은 연소량의 대소, 연료의 종류, 버너의 제어방법 등에 따라 달라지나 버너의 운전 순서에 따라 제어를 하게 하는 것이다. 즉 보일러 수위, 압력 또는 온도, 송풍기 운전, 저연소점화 등의 각종 인터록을 설치하여 이들이 정상적인 경우에만 버너가 운전되도록 하여 프리퍼지(Pre-purge), 착화용 버너 점화, 주 버너점화, 자동발정 등 일련의 동작을 미리 정해진 순서와 시간에 따라 정확하게 할 수 있게 하는 것이다. 이 장치에는 보호 릴레이와 화염검출기가 이용된다.

3.1.6 보일러의 출력과 성능

(1) 정격출력

보일러의 용량은 정격출력, 즉 최대 연속부하에 있어서 매시출력에 의하여 나타내며, 증기보일러일 때는 환산증발량 또는 실제증발량, 온수보일러일 때는 열출력으로 나타내는 것이 일반적이다. 환산증발량은 대기압상태에서 100℃의 포화수를 100℃의 건포화증기로 증발시키는 것을 기준으로 한 보일러의 증발량을 말한다. 그림 3.13에서 증기발생에 이용된 열량을 Q[kW]라고 하면 열평형식은 식 (3.1)과 같다.

$$Q = \frac{G_s h_2 - G_w h_1}{3600} \qquad (3.1)$$

여기에서 h_1 : 보일러 급수의 엔탈피[kJ/kg]

h_2 : 발생증기의 엔탈피[kJ/kg]

G_s : 증기발생량[kg/h]

G_w : 보일러 보급수량[kg/h]

위 식에서 $G_s = G_w$이므로 실제증발량 G [kg/h]는 식 (3.2)와 같이 된다.

$$G = \frac{3600\,Q}{h_2 - h_1} \tag{3.2}$$

이에 따라 환산증발량 G_e [kg/h]는 식 (3.3)과 같다.

$$G_e = \frac{G \times (h_2 - h_1)}{2257} \tag{3.3}$$

온수보일러에서의 열출력은 실제로 온수에 주어진 열량[kW]으로 표시한다.

$$Q = \frac{G_w \times (h_2 - h_1)}{3600} \tag{3.4}$$

여기에서 G_w : 온수순환량[kg/h]

h_2 : 온수의 출구 엔탈피[kJ/kg]

h_1 : 온수의 입구 엔탈피[kJ/kg]

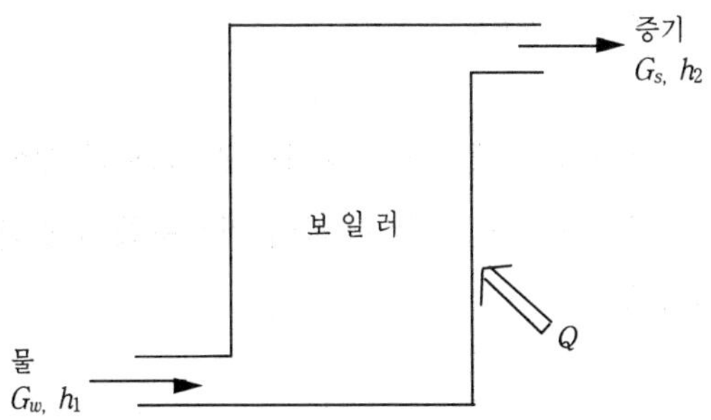

그림 3.13 보일러의 열평형

(2) 전열면적

보일러를 구성하고 있는 판 또는 관의 한쪽 면이 물에 접하고 그 반대쪽에 연소가스가 접촉하여 열을 물에 전달하는 면적을 전열면적이라 한다. 전열면적당 매시 증발률은 보일러의 종류에 따라 다르며 개략 값은 표 3.4와 같다.

표 3.4 전열면적당 증발률

보일러의 종류	증발량[kg/m²hr]
노 통 보 일 러	20～40
연 관 보 일 러	30～65
노 통 연 관 보 일 러	30～60
입 형 보 일 러	15～20
수 관 보 일 러 (소)	25～60
수관보일러(중, 대)	50～150

(3) 증발률

증발률이란 보일러의 전열면적당 평균증발량을 말하며, 보일러 본체 전열면의 증발성능을 나타내기 위하여 사용되며 식 (3.5)와 같다.

$$\text{증발률} = \frac{G_e}{A}\,[\mathrm{kg/m^2h}] \tag{3.5}$$

여기에서 A : 전열면적[m²]

증발률의 값은 보일러의 종류나 설계개념에 따라 다르며 표 3.3에서 보는 바와 같이 20～150[kg/m²h]이며, 이 수치의 값이 커질수록 보일러의 급수 및 물의 관리를 엄밀하게 하여야 한다.

(4) 효 율

보일러의 효율은 연료의 저위발열량을 기준으로 하여 공급된 열량에서 보일러에 이용된 열량의 비율로, 식 (3.6)과 같이 나타낸다.

$$\eta_B = \frac{G(h_2 - h_1)}{G_f \cdot H_l} \times 100 \tag{3.6}$$

여기에서 G : 실제증발량 또는 온수 순환량[kg/h]

h_2 : 증기 또는 온수의 출구 엔탈피[kJ/kg]

h_1 : 입구급수의 엔탈피[kJ/kg]

G_f : 연료소비량[kg/h or Nm^3/h]

H_l : 연료의 저위발열량[kJ/kg or kJ/Nm^3]

보일러의 효율은 보일러의 종류나 구조 또는 설계방향에 따라 다르지만 대략 표 3.2와 같다. 보일러에서 생기는 열손실은 연소에 있어서의 손실, 즉 미연소손실, 배기가스 중의 보유열량에 의한 손실, 보일러 본체 표면에서의 복사·대류에 의한 손실 등으로 대별되지만 가장 큰 것은 배기가스의 보유열에 의한 것으로 이것을 낮추기 위해서는 배기가스 온도를 낮추고 과잉공기를 적게 하는 것이 유효하며, 공기예열기나 절탄기 등과 같은 폐열회수장치를 갖추는 경우도 있다. 배기가스 온도에 따른 열손실은 그림 3.14와 같다.

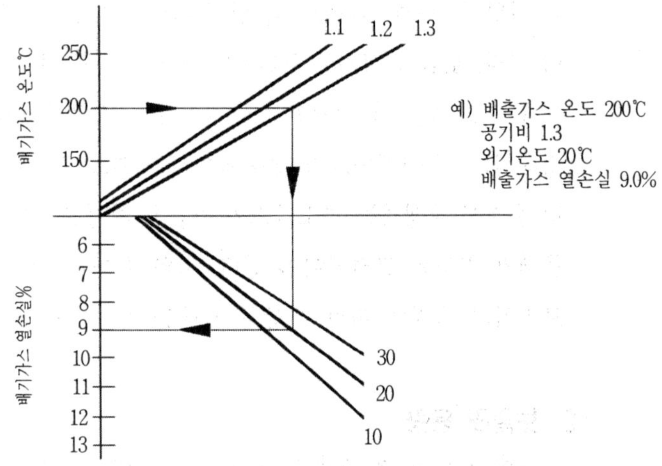

그림 3.14 배기가스 온도와 열손실

(5) 보일러 부하율

실제증발량을 보일러의 연속증발량으로 나누어 나타낸 값으로 식 (3.7)과 같다.

$$\text{부하율} = \frac{\text{매시 실제증발량}}{\text{최대 연속증발량}} \times 100(\%) \tag{3.7}$$

3.1.7 보일러의 선정

(1) 선정상의 고려사항

건물의 규모가 주어지면 난방부하의 값이 구해지므로 여기에 맞는 열원설비인 보일러를 선정하여야 한다. 선정 단계에서 단지 용량만을 결정하는 것이 아니라 어떤 종류의 보일러를 사용할 것인가도 결정하여야 한다. 이때 고려하여야 할 사항들을 살펴보면 열매조건, 감가상각 기간, 에너지비, 유지관리비, 신뢰성, 건축관련 사항, 관련법규 등이다.

열매조건은 사용 장소에 효과적인 열매가 무엇인가는 물론 부하위치까지 경제적, 효과적인 수송열매가 무엇인가를 고려하여야 하며, 사용연료에 따라서는 저온부식이 발생하는 경우도 있으므로 이를 고려하고, 감가상각 비용은 건물의 수명과 제 조건을 고려한다. 에너지 비용은 정격효율과 부분부하 효율 등을 감안하며 유지관리비는 인건비의 비중이 크므로 유지관리 인원이 얼마인가를 고려한다. 건축 관련 사항 중 특히 실내공간과 반입구의 문제가 대두되는 경우가 있으므로 유의하여야 한다. 보일러 설비는 「에너지이용합리화법」에 의하여 제작, 설치, 운전 등에 규제를 받고, 연료가 액체연료일 경우에는 소방법상에 저장시설에 대한 설치기준이 정해 있으며 기체연료일 경우에는 고압가스 안전관계법규에 규제를 받는다. 보일러 운전시 발생하는 연소가스와 소음은 환경관계법규에 규제를 받으므로 법규상의 문제가 없도록 고려되어야 한다. 위와 같은 사항을 고려하여 앞에서 살펴본 각종 보일러의 특징에 따라 적합한 기종을 선정하게 된다.

(2) 보일러 용량

보일러 크기, 즉 용량은 부하에 대한 열을 공급하기 위하여 적합한 보일러 출력을 말한다. 이 용량 $G.O.$[kW]는 아래와 같은 식으로 구해진다.

$$G.O. = H_1 + H_2 + H_3 + H_4 \tag{3.8}$$

여기에서 H_1 : 난방부하[kW]

H_2 : 급탕부하[kW]

H_3 : 배관 열손실부하[kW]

H_4 : 예열부하[kW]

난방부하 H_1은 식 (2.1)에서 구한 구조체를 통하여 발생된 손실열량과 외기인입으로 인한 손실열량의 합이며, 급탕부하 H_2는 화장실이나 욕실 등에 공급되는 온수의 가열열량이고, 배관열손실부하 H_3는 배관이나 장비가 비난방구간에서 외부로 손실되는 열량으로 시스템의 규모나 조건에 따라 다르지만 일반적으로 H_1+H_2의 15~25% 정도로 한다. 예열부하 H_4는 운전을 시작하여 정상운전상태까지 가기 위하여 시스템을 예열하는 데 소요되는 열량으로 H_1+H_2의 20~25% 정도를 고려하고 있으나 운전방식과 예열비율에 따라 예열에 소요되는 시간이 다르므로 선정시 주의를 요한다.

(3) 대수분할

건물의 부하에 따라 총 보일러의 용량이 결정되면 몇 대의 보일러를 설치할 것인가를 결정하여야 한다. 보일러의 설치 대수는 시공비나 건물공간만을 고려하면 적은 쪽이 유리하나 운전비나 보수점검 등의 운영상 문제점을 고려하면 적절한 대수분할 쪽이 바람직하다. 대수분할에 있어서는 부하의 종류와 그에 따른 용량 그리고 운전시간대 및 보일러의 부분부하 특성, 보수점검, 사고분산, 제어방식, 설치 공간, 경제성 등을 고려하여 종합적으로 검토하고 분할대수를 결정한다. 생산공장이나 난방중지로 인한 손실이 큰 장소에는 예비 대수를 고려하여야 하는 경우도 있다. 보일러의 부분부하 효율에 대하여 그림 3.15에 나타낸다.

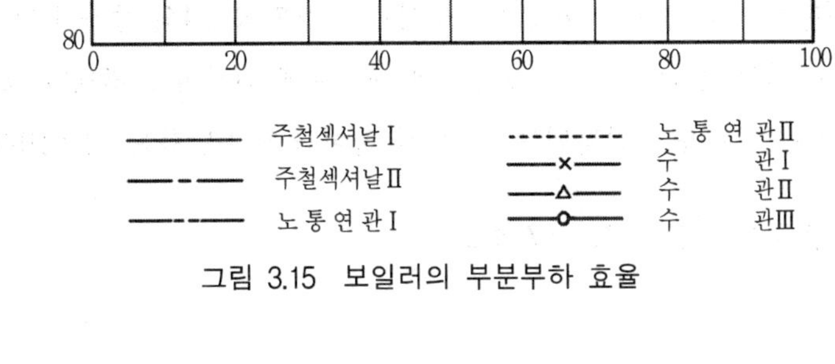

그림 3.15 보일러의 부분부하 효율

【예제 3.1】

저압증기난방을 하는 연면적 10,000m²의 학교건물이 있다. 이 건물의 난방부하를 1m²당 130W라 하고, 급탕량을 6,000 *l*/h라 할 때 증기보일러의 대수와 환산증발량을 구하라.

풀이 난방부하 $H_1=10{,}000\times130=1{,}300{,}000\text{W} = 1300\,\text{kW}$

급탕부하에서 급수온도를 5℃, 급탕온도를 60℃로 하면

$$H_2=\frac{4.184\times6{,}000\times(60-5)}{3600}=383.5\text{kW}$$

부하합계 $H_1+H_2=1{,}683.5\,\text{kW}$

배관손실 H_3 및 예열부하H_4를 각각 20%로 고려하면

$$H_3+H_4=1{,}683.5\times0.4 = 673.4\,\text{kW}$$

보일러 총출력은 식 (3.8)에 의하여

$$G.O.=2{,}356\,\text{kW}$$

환산증발량으로 환산하면 2,356×3,600÷2,257=3,759 kg/h로 되어 약 4 ton/h가 된다.
총 용량 중 급탕용을 구분하여 3대로 분할하면 1 ton/h 1대, 1.5 ton/h 2대로 된다.

3.2 열교환기

난방설비의 열교환기는 1차측 열매가 고압증기나 중온수 또는 고온수일 때 2차측 열매를 저온수로 바꾸어 주기 위하여 사용되며 셀 앤드 튜브형이나 판형이 주로 이용된다. 열교환기를 선정할 때는 열매의 종류와 전열조건을 고려하여 오염되었을 때에 청소가 용이하고 열응력에 충분한 강도를 가지고 있으며 부식에 대한 내식성과 열교환 효율이 우수한 것으로 한다.

열교환기의 전열해석을 위하여, 외부에 다른 유체가 흐르는 동안 가운데 관을 통하여 또 하나의 유체가 흐르는 가장 간단한 이중관의 예를 고려하여 보자. 이때 두 유체의 입구와 출구가 같아 두 유체의 흐름이 나란히 흐르는 경우를 병행류(Parallel Flow)라 하며, 반대일 경우를 대향류(Counter Flow)라 한다. 병행류와 대향류의 개념은 열교환기의 설계에 있어서 대단히 중요하다. 입구에서 출구까지 미소면적 dA의 증가에 따라 전열면에 있어서 온도 T와 면적 A와의 선도를 병행류와 대향류에 대하여 그려보면 그림 3.16, 3.17과 같다. 이때 표면을 통하여 전달되는 두 유체 사이의 열전달률은 식 (3.9)와 같다.

$$Q=UA\overline{(T_h-T_c)}=UA\overline{\Delta T} \tag{3.9}$$

여기에서 U : 총열관류율[kJ/(m² · K)]

A : 전열면적[m²]

ΔT_1 : 1차측 열매의 입구쪽 온도차

ΔT_2 : 1차측 열매의 출구쪽 온도차

ΔT : 대수평균온도차 $= \dfrac{\Delta T_2 - \Delta T_1}{\ln(\Delta T_2/\Delta T_1)}$

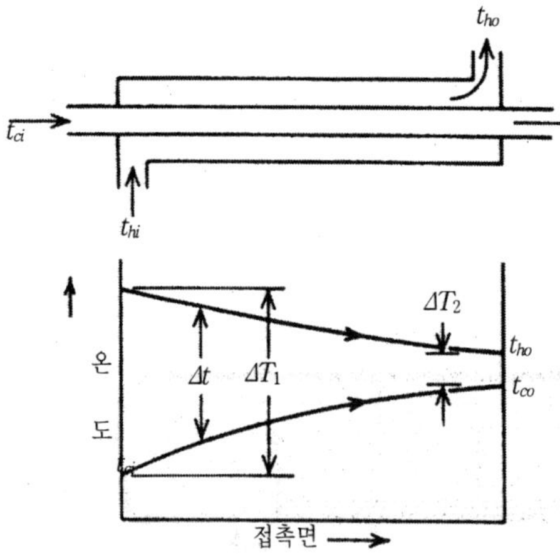

그림 3.16 병행류형 열교환기

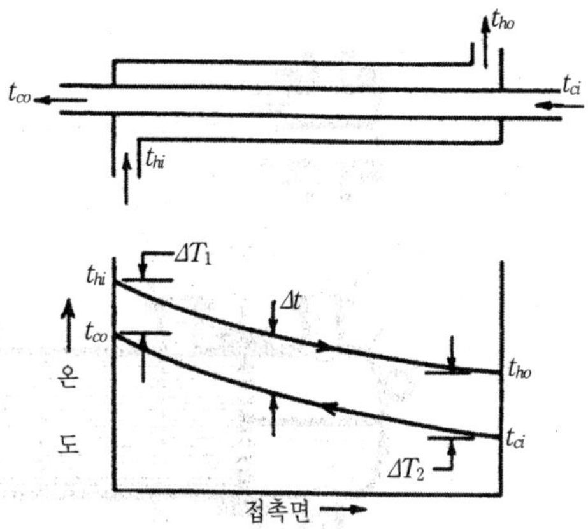

그림 3.17 대향류형 열교환기

3.2.1 셀 앤드 튜브형 열교환기(Shell & Tube Type Heat Exchanger)

이 열교환기는 헤드, 동체, 동체뚜껑, 관판 그리고 전열관의 조합으로 구성되며 헤드, 동체, 관판 그리고 동체뚜껑은 강판을 가공하여 제작하고, 전열관은 19~25mm 직경의 동관을 사용하는 경우가 많지만 사용조건이나 수질에 따라서는 강관이나 스테인리스 강관 또는 동합금관 등을 사용한다. 동관을 사용할 때 고온일 경우에는 강도가 저하되므로 주의를 요한다.

셀 앤드 튜브형 열교환기에 사용되는 구조는 동체 내에 있는 전열관의 설치방법에 따라 전고정식, U자관식, 유동헤드식이 있다.

전고정식은 관판이 동체에 용접 또는 그 이외의 방법으로 고정되고 전열관은 관판에 확관 등의 방법으로 취부된다. 이 방식의 열교환기는 동체와 전열관의 유체온도차가 클 때에는 열팽창에 의한 신축량의 차에 따라 파손이 일어날 수가 있으므로 주의해야 한다. 구조상 관 내측의 검사나 청소는 가능하나 동체 측은 불가능하다. 전열관은 열팽창 흡수와 전열성능 향상을 위하여 나선형으로 가공된 관을 사용하는 경우도 있다.

그림 3.18은 U자관식으로 U자형으로 가공된 전열관을 관판에 고정하여 동체 내에 설치한 구조로서, 열팽창에 안전하고 구조가 간단하므로 U자관 다발을 인출하여 전열관의 외면 청소가 가능하고 동체 내부의 상태도 점검할 수 있다. 그러나 전열관 내부의 청소는 기계적인 방법은 곤란하고 전열관 손상시 튜브의 교체가 어려운 점 등으로 인해 대형에는 별로 사용하지 않는다.

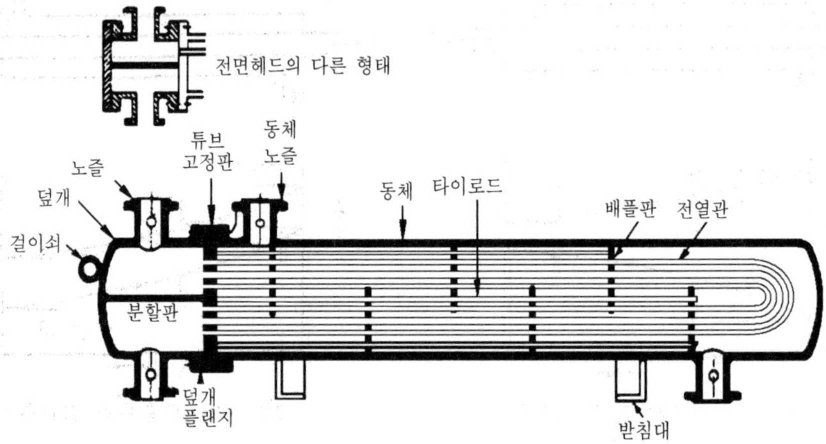

그림 3.18 셸 앤드 튜브형 열교환기

유동헤드식은 한쪽의 관판이 뚜껑과 함께 동체내면을 미끄러지면서 움직이는 형태로써 열팽창을 흡수한다. 전열관이나 동체내부도 점검이나 청소가 가능하고 전열관의 교체도 가능하나, 구조가 복잡하여 가격이 높다.

고온수나 고압증기를 이용하여 저온수를 만들 때 청소를 용이하게 하기 위하여 동체에 1차측 열매를 넣는 경우가 많다. 동체 쪽에 물이 흐를 경우에는 여러 매의 수류조절판을 설치하여 관 외측에 흐르는 물에 적당한 속도를 주어 전열관을 가로지르는 구조로 하여 전열계수를 높게 하는 것이 일반적이다. 그리고 사용압력이 높은 쪽을 관 내측으로 하는 것이 유리하고 관 내측의 물은 유량이나 압력손실을 고려하여 1패스 또는 2패스로 한다. 증기 대 온수일 경우의 열관류율 및 온수측 압력손실은 그림 3.19와 그림 3.20과 같다. 또한 U자형 열교환기에서 온수 대 온수일 경우의 제원과 압력손실의 예를 표 3.5, 그림 3.21, 3.22에서 보여주고 있다.

한편 일정한 규격 이상에 있어서는 압력용기 설치 및 검사기준에 따라 검사를 받아야 하므로 전열관군을 꺼낼 수 있는 공간을 고려하고, 1차측 열매가 증기일 경우에는 증기해머나 가열능력 감소를 가져오지 않도록 응축수관의 관경과 트랩 선정시 유의하여야 한다. 고온수나 고압증기를 사용할 때에는 동체 전체의 신축에 따라 동체와 연결된 배관접속부가 무리한 힘을 받을 수 있으므로 신축을 고려한 배관방법으로 시공한다.

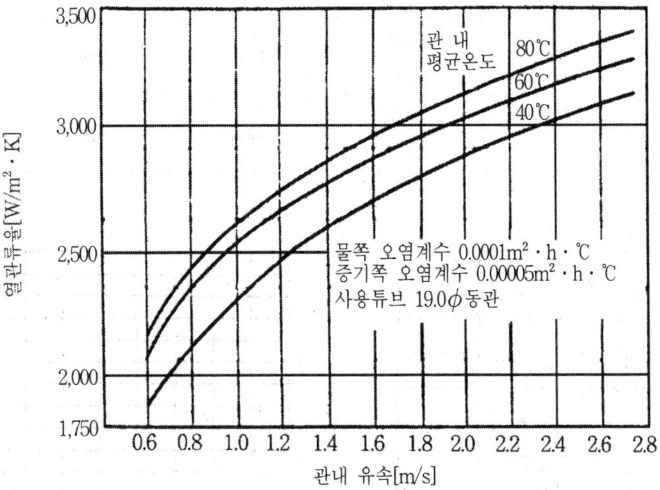

그림 3.19 증기·온수 열교환기의 열관류율 예

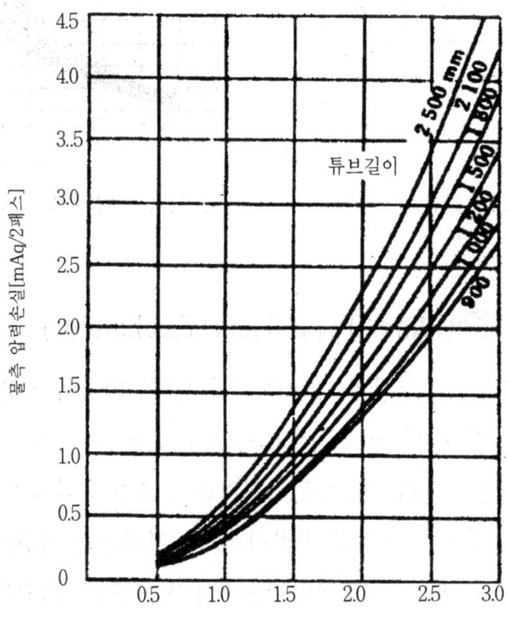

그림 3.20 온수측의 압력손실 예(19mm 동관)

표 3.5 U자관형 물대물 열교환기 제원(19mm 동관일 때)

동체지름[mm]	전열관길이[mm]	전길이[mm]	최대 허용유량[l/min]		
			동체쪽	전열관쪽(2패스)	전열관쪽(4패스)
300	1500 2100	2050 2650	1350	1550	780
400	2100 3000	2830 3730	2400	3260	1630
500	2500 3600	3300 4400	3750	5580	2790
600	3000 4200	3860 5060	5400	8210	4100

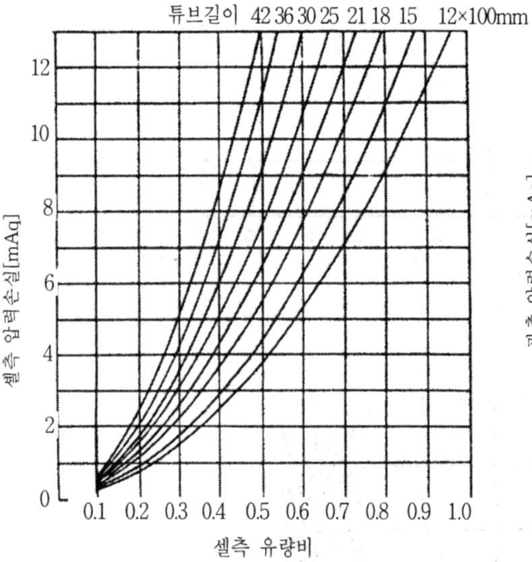

그림 3.21 동체측 압력손실 예(19mm 동관)

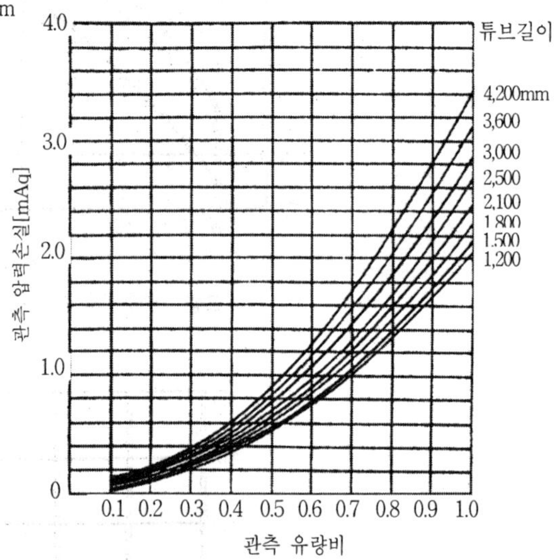

그림 3.22 전열관측 압력손실 예(19mm 동관)

3.2.2 판형 열교환기(Plate Type Heat Exchanger)

판형 열교환기는 지역난방의 보급에 따라 지역난방용과 저온수 열교환용으로 점차 사용이 늘어나고 있다. 이 열교환기의 종류를 보면 두 가지로 나뉘어진다. 전열판을 조합하여 접합부분을 브레이징으로 용접하는 구조인 용접식과 전열판 사이를 개스킷에 의하여 밀착조립하는 개스킷 방식이 있다. 전열판은 박판(0.6~1.5mm)으로서 내식성이 우수한 스테인리스 스틸의 STS 304 또는 STS 316이 보편적으로 쓰여지고 해수와 같은 열교환 매체를 사용하는 산업용에서는 티타늄 등의 재질이 사용된다. 판의 형태는 헤링본무늬를 가진 파형으로 성형 제작하고 각 전열판은 V자 모양의 무늬가 상하 교대로 조립되어 각 전열판의 정점이 격자를 이루며 유로를 지지·형성하도록 되어 있다. 개스킷 방식에 있어서 중요한 부분의 하나인 개스킷은 NBR, EPDM 등이 사용된다. 판과 판 사이 가장자리와 노즐 주위의 홈에 개스킷을 넣은 후 프레임에 연결된 고장력 볼트로서 압축조립하여 기밀을 유지시킨다. 프레임은 일반적으로 강제로 제작하지만 연결부분은 내식성 재질로 하거나 전체를 스테인리스강으로 하는 경우도 있다. 이 열교환기의 특징은 높은 전열성능(3,500~7,000 $W/m^2 \cdot K$)을 가지고 있으며 바닥 설치면적이 좁고, 두 유체 사이의 온도차가 작아도 열교환이 가능하고, 분해조립이 쉬우므로 전열면의 청소와 용량증설이 용이하다.

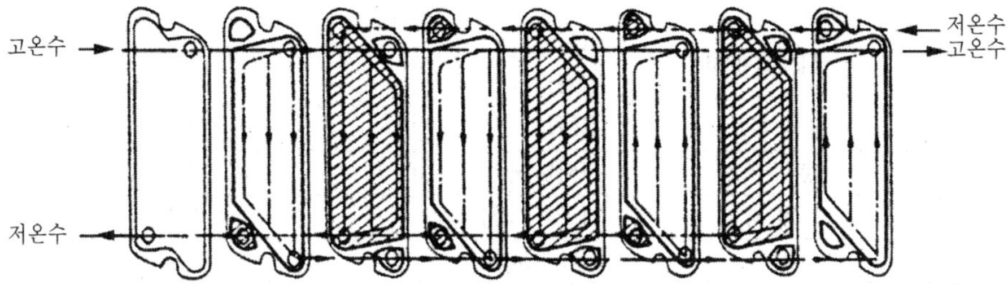

그림 3.23 판형 열교환기

3.3 연료 및 연소장치

3.3.1 연료의 종류

연료는 형상에 따라 고체연료, 액체연료, 기체연료로 구분되고 있다. 연료의 형태에 따라 연소장치는 각각 다른 형태를 필요로 하게 된다. 난방용 연료로써 주로 사용되고 있는 것은 액체연료와 기체연료이며 최근에는 환경오염문제로 인하여 대도시에서는 기체연료의 사용이 확대되고 있다.

(1) 기체연료

기체연료로 이용되는 것은 천연가스(Liquefied Natural Gas)와 액화석유가스(Liquefied Petroleum Gas)가 있다. 천연가스는 색과 냄새가 거의 없는 가스로서 주 성분은 메탄(CH_4, 70~96%), 에탄(C_2H_6, 1~14%), 프로판(C_3H_8, 0~4%) 등으로

되어 있다. 천연가스의 성분은 지리적인 지역에 따라 달라지며 우리나라에 수입되고 있는 인도네시아산 천연가스는 메탄이 약 90%, 에탄 5%, 프로판 2%가 포함되어 있다. 주요 성상은 표 3.6과 같다. 액화석유가스는 일반적으로 원유정제과정에서의 부산물이나 천연가스의 분류과정에서 얻어지는 프로판이나 부탄으로 구성된다. 프로판이나 부탄은 대기상태에서는 기체이나, 상온에서 적당한 압력을 가하여 액화할 수 있다. 도시가스로 공급되는 기체연료에는 안전을 위하여 방향제가 첨가되기도 한다.

표 3.6 천연가스의 성상

구	분	성 질
성분(부피%)	CH_4	91.3
	C_2H_6	5.4
	C_3H_8	2.1
	C_4H_{10}	0.5
총 발열량	$[MJ/Nm^3]$	고위 43.5/저위 39.3
비 중	[공기 : 1]	0.617
밀 도	$[kg/Nm^3]$	0.7976
이론공기량	$[Nm^3/Nm^3]$	10.5
연소 한계	[Vol %]	4.3~15

(2) 액체연료

난방용 연료로서 주로 사용되는 액체연료는 원유를 정제하여 나오는 경유, 등유, 중유 등이며, 주 성분은 표 3.7과 같이 탄소와 수소이고 약간의 유황과 불순물이 섞여 있다. 액체 연료의 종류와 성질은 표 3.8과 같다.

표 3.7 액체연료의 성분

성분비(중량%) \ 종 류	등 유	경 유	중 유
C	85~86	85~86	85~87
H	14	12~14	10~12
S	0.08	~1	1~3.5
N		~0.5	0.3~1
O	~1	~2	1~2

표 3.8 액체연료의 종류와 성질

종 류	고위발열량 [MJ/kg]	저위발열량 [MJ/kg]	밀 도 [kg/m³]	이론공기량 [Nm³/kg]	이론연소가스량 [Nm³/kg]
등 유	46.47	43.54	790	10.8	11.5
경 유	46.05	43.12	830	10.8	11.5
A 중 유	45.22	42.71	860	10.6	11.3
B 중 유	43.96	41.45	930	10.4	11.0
C 중 유	43.54	41.03	950	10.3	10.9

3.3.2 발 열 량

연료는 연소에 의하여 열에너지나 열을 발산한다. 단위체적이나 단위질량의 연료를 완전히 연소시켰을 때 발생하는 열량을 발열량(Heating Value or Calorific Value)이라 한다. 고체연료나 액체연료는 단위질량당의 발열량으로, kJ/kg로 표시하고, 기체연료는 단위체적당의 발열량으로, kJ/Nm³로 표시한다. Nm³는 표준상태인 기압 760mmHg, 온도 0℃에서의 단위체적을 말한다.

발열량에는 저위발열량과 고위발열량이 있다. 연료 속의 수분이나 또는 성분 중의 수소가 연소하여 생성된 수분이 수증기가 되어 대기중으로 방출될 때 수증기가 가지고 나가는 열량만큼 실제발열량이 감소하며 이 감소한 열량만큼을 제외한 나머지 발열량을 저위발열량(Lower Heating Value)이라 말한다. 보일러의 연료소비량을 계산할 때에는 콘덴싱 보일러를 제외하고는 연소가스 중에 포함된 증기는 방출되므로 저위발열량을 사용하여 계산한다. 연료의 저위발열량은 표 3.9를 이용하며, 아래와 같은 식으로 근사값을 구할 수 있다.

$$H_l = 32.78C + 120(H - O/8) + 9.26S - 2.5W[MJ/kg] \quad (3.10)$$

여기에서 C, H, O, S, W는 연료 1kg 중의 탄소, 수소, 산소, 황, 수분의 질량이다.

표 3.9 일반연료의 발열량

연 료 명	분 자 식	고위발열량 [MJ/kg]	저위발열량 [MJ/kg]	점화온도 [℃]	밀 도 [kg/m³]	이론공기량 [Nm³/Nm³]
탄소 (CO로)	C	9.188	9.188	660		*5.75
탄소(CO_2로)	C	32.78	32.78	660		*11.51
일산화탄소	CO	10.111	10.111	609	1.187	2.39
수 소	H_2	142.107	120.075	520	0.085	2.39
메 탄	CH_4	55.533	40.997	705	0.679	9.57
에 탄	$C2H_6$	51.923	47.492	520~630	1.28	16.75
프 로 판	C_3H_8	50.402	46.373	466	1.92	23.95
부 탄	C_4H_{10}	49.593	45.771	405	2.53	31.14
아 세 틸 렌	C_2H_2	50.014	48.309	406~440	1.12	11.96
황 (SO_2로)	S	9.257	9.257	190		*4.31

* kg/kg

저위발열량에 수증기가 가지고 나가는 열량을 합한 값을 고위발열량이라 하며 아래와 같은 식으로 구해질 수 있다.

$$H_h = H_l + 2.5(W + 9H)\ [\mathrm{MJ/kg}] \qquad (3.11)$$

3.3.3 연소이론

연소는 연료가 산소와 급격히 반응하여 높은 온도의 가스체와 같은 형태로 열에너지를 방출하는 화학적 과정이다. 또한 작은 양이기는 하지만 빛에너지, 전자에너지, 소음과 같은 기계적 에너지를 연소가 진행되는 동안 같이 방출한다. 특별한 경우를 제외하고는 연소에 필요한 산화제는 공기 중의 산소이며 공기와 접촉하여 생성되는 연소가스는 완전연소 또는 불완전한 연소에 따른 생성물이다. 실제 과정에 있어서 완전연소는 불가능하고, 연료의 연소율은 산소와 가연성 연료성분의 화학적 반응률 그리고 공기와 연료의 혼합 상태, 연소구역의 온도 등에 따라 달라진다. 각 연료성분에 따른 연소반응과정을 보면 아래와 같다.

(1) 탄소의 완전연소

연소반응식 $C + O_2 = CO_2$

질량비율 $12\mathrm{kg} + (2\times16)\mathrm{kg} = 44\mathrm{kg}$

탄소 1kg당 질량비	1kg + 2.67kg = 3.67kg + 32.78MJ
탄소 1kg당 체적비	1kg, 1.867Nm^3 1.867Nm^3

(2) 탄소의 불완전연소

연소반응식	$C + \frac{1}{2}O_2 = CO$
질량비율	12kg + 16kg = 28kg
탄소 1kg당 질량비	1kg + 1.33kg = 2.33kg + 9.19MJ
탄소 1kg당 체적비	1kg, 0.933Nm^3 1.867Nm^3

(3) 수소의 연소

연소반응식	$H_2 + \frac{1}{2}O_2 = H_2O$
질량비율	(2×1)kg + 16kg = 18kg
수소 1kg당 질량비	1kg + 8kg = 9kg + 120MJ
체적비	1 1/2 1
수소 1kg당 체적비	1kg, 5.6Nm^3 11.2Nm^3

(4) 유황의 연소

연소반응식	$S + O_2 = SO_2$
질량비율	32kg + (2×16)kg = 64kg
유황 1kg당 질량비	1kg + 1kg = 2kg + 9.26MJ
유황 1kg당 체적비	1kg, 0.7Nm^3 0.7Nm^3

(5) 탄화수소의 연소

연소반응식	$C_mH_n + (m+n/4)O_2 = mCO_2 + \frac{n}{2}H_2O$
질량비율	$(12m+n)kg + (m+n/4)32kg$
	$= (m \times 44) + (\frac{n}{2} \times 18)$
탄화수소 1kg당 질량비	$1kg + \frac{32m+8n}{12m+n}kg = \frac{44m}{12m+n}kg + \frac{9n}{12m+n}kg$
단위체적에 대한 체적비	1 : (m+n/4) = m : n/2

(6) 연소공기량

연소장치에 있어서 연소에 필요한 산소는 공기를 공급하여 해결한다. 공기 중의 산소 양은 체적비로 20.95%이고 질량비로는 23.15%이다. 연소에 필요한 공기량을 구하기 위하여 우선 필요산소량을 구한다. 연료 1kg을 완전히 연소시키는 데 필요한 이론산소량 O_o는 연소반응식에 의하여 아래와 같다.

$$O_o = 2.67C + (8H - O) + S \ \ [kg/kg] \tag{3.12}$$

$$O_o = 1.867C + 5.6(H - O/8) + 0.7S \ \ [Nm^3/kg] \tag{3.13}$$

위 식에서 C, H, O, S는 연료 1 kg 중의 탄소, 수소, 산소, 유황 성분의 양이다.

여기에서 산소 1 kg을 공기 중에서 얻기 위해서는 약 4.32 kg의 공기가 필요하고, 1 Nm^3을 얻기 위해서는 약 4.77 Nm^3의 공기가 필요하다. 그러므로 연료 1 kg을 완전 연소시키는 데 필요한 이론공기량 A_0는 아래와 같은 식으로부터 구할 수 있다.

$$A_o = \frac{100}{23.15} O_o = 4.32\{2.67C + (8H - O) + S\} \ \ [kg/kg] \tag{3.14}$$

$$A_o = \frac{100}{20.95} O_o = 4.77\{1.867C + 5.6(H - O/8) + 0.7S\} [Nm^3/kg] \tag{3.15}$$

기체연료일 경우의 $A_0[Nm^3/Nm^3]$는

$$\begin{aligned} A_o &= \frac{100}{20.95} O_o \\ &= 4.77(0.5CO + 0.5H_2 + 2CH_4 + 3.5C_2H_6 + 5C_3H_8 + 6.5C_4H_{10}) \end{aligned} \tag{3.16}$$

실제로 연료를 연소시키기 위해서는 이론공기량 이상의 과잉공기를 필요로 하며, 이론공기량에 대한 실제공기량의 비를 공기과잉계수 또는 공기비라 한다.

$$\text{공기과잉계수 } m = \text{실제공기량}/\text{이론공기량} \tag{3.17}$$

위의 공기과잉계수를 이용하여 보일러 송풍장치의 송풍량을 구하면 송풍량 Q $[m^3/h]$는

$$Q = m \cdot A_O \cdot G_f \qquad (3.18)$$

여기에서 A_O : 이론공기량[Nm^3/kg, Nm^3/Nm^3]

G_f : 연료소비량[kg/h, Nm^3/h]

공기과잉계수는 연료의 종류나 연소장치에 따라 다르지만 대개 표 3.10과 같으며, 공기과잉계수가 너무 크면 연소상태는 좋아지나 폐가스의 열손실이 많아지고, 작으면 불완전연소의 원인이 되므로 완전연소 범위 내에서는 작을수록 바람직하다. 현장에서는 간편한 방법으로 연소가스중의 산소 또는 탄산가스의 양을 측정하여 다음과 같은 계산식으로 공기과잉계수를 구하는 경우가 많다.

$$\text{공기비과잉계수 } m \fallingdotseq \frac{21}{21 - O_2} \fallingdotseq \frac{(CO_2)_{max}}{(CO_2)} \qquad (3.19)$$

여기에서 $(CO_2)_{max}$는 연료에 따라 결정되는 연소가스중의 탄산가스 함유량의 이론 최대값이고, CO_2와 O_2는 측정값이다.

표 3.10 보일러의 공기과잉계수

연료의 종류	공기과잉계수
고 체 연 료	1.4 ~1.6
미분탄연소장치	1.2 ~1.3
액체연소장치	1.1 ~1.3
기체연소장치	1.05~1.2

(7) 연소가스량

연소가스량도 연소반응식으로 계산하여 구할 수 있으며, 실용상으로 표 3.8을 이용하여 구해도 차이는 없다. 건연소가스량 V는 이론연소가스량에 과잉공기량을 더하여 구하며 아래 식과 같다.

$$V = 1.867C + 0.7S + \left(\frac{100}{21}m - 1\right) O_o [Nm^3/kg] \qquad (3.20)$$

$$V = (CH_4) + 2(C_2H_4) + 2(C_2H_6) [Nm^3/Nm^3] \qquad (3.21)$$

【예제 3.2】

어떤 가스연료의 체적성분이 CH_4 88%, C_2H_6 8%, C_3H_8 4%로 되어 있다. 이 연료 $1Nm^3$을 연소시키기 위한 이론공기량과 수증기의 양을 구하라.

풀이 $A_o = 4.77(2CH_4 + 3.5C_2H_6 + 5C_3H_8)$에서

이론공기량 $A_o = 4.77(2\times0.88 + 3.5\times0.08 + 5\times0.04) = 10.68Nm^3/Nm^3$

수증기의 양 H_2O는

메탄에서 $(0.88CH_4)\times2.0 = 1.76$

에탄에서 $(0.08C_2H_6)\times3.5 = 0.28$

프로판에서$(0.04C_3H_8)\times5.0 = 0.2$이므로 $24m^3$

3.3.4 연소장치

(1) 유연소장치

유연소장치는 오일버너라고도 하며 연소를 위하여 조절된 공기와 같이 연료를 공급하는 기계적 장치이다. 연소용 공기는 일반적으로 송풍기로 공급되지만 자연통풍이나 기계적으로 유도된 통풍을 이용할 수도 있다. 점화방법은 주로 전기불꽃을 이용하지만 점화용 가스불꽃이나 점화용 기름불꽃, 열면점화기가 이용되기도 한다.

표 3.11 유연소장치의 분류

분류	방식	종류	주연료
연소방식	증발식	포트식	등유
		회전식입형	등유
	분무식	저압공기분무식	등유
		고압공기분무식	경유
		유압분무식	경유
		회전분무식	등유
외형	포트식		등유
	회전식	입형, 수평형	중유
	건타입		경유
	분무식	메커니컬, 증기, 공기	중유, 경유

오일버너의 종류는 외형이나 동작방법에 따라 여러 가지가 있지만 연소방식에 따라 유류가 가열되면서 증발하여 연소가 일어나는 증발식과 연료유를 분무시켜

공기와의 접촉을 좋게 하여 연소시키는 분무식으로 대별되며, 외형에 따라 건타입 · 포트식 · 회전식 등으로 나뉘어진다. 표 3.11은 주로 사용되고 있는 유연소장치의 분류이다.

1) 건타입 버너(Gun Type Oil Burner)

그림 3.24와 같이 전동기 구동의 유압펌프와 팬을 중심으로 점화용 변압기, 전자밸브, 노즐 등으로 구성되어 있다. 연료는 대개 등유 또는 A중유와 같은 경질유가 적합하며, 팬을 그다지 크게 할 수 없으므로 연소유량은 2~200 l/h 정도의 소용량에 적합하다. 유압펌프에서 가압된 연료는 노즐에 공급되어 노즐에서 원추상으로 분무된다. 이 분무된 연료에 송풍기의 연소용 공기를 충돌시켜 연료와 공기를 혼합시킨다. 공기와 혼합된 연료는 노즐 선단에 있는 전극봉의 방전에 의하여 점화된다. 연소량을 변화시키는 방법은 크게 두 가지로 나뉘어진다. 첫째는 비순환노즐을 복수로 사용하여 연소기 내에 설치하고 착화시 하나의 노즐을 분무시켜 연소하며 일정 시간 후 다른 노즐의 분무로 연소량을 조절한다. 연소량은 단계적으로밖에 조절할 수 없지만 노내압이 높은 보일러 착화시 충격완화에 사용된다.

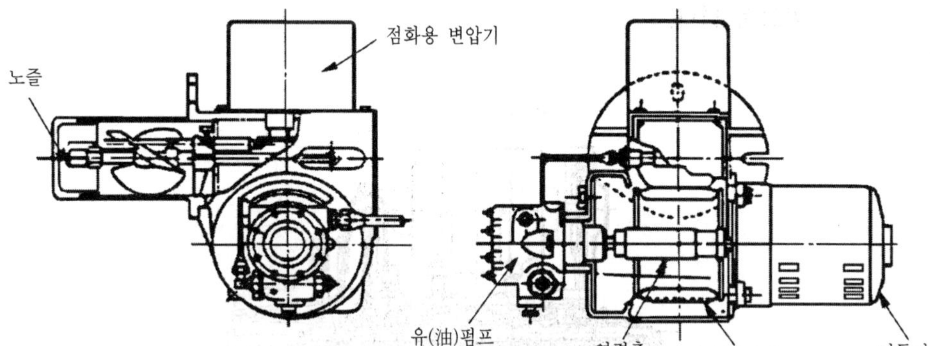

그림 3.24 건타입 버너

또 하나의 방법은 순환형 노즐을 사용하여 노즐의 와류실 배면에서 유입유량의 일부를 유량조절밸브로 귀환시켜 분무유량을 조절한다. 공기량은 유량조절밸브와 연동하여 비례제어를 한다. 이 버너는 입형 보일러, 소형 노통 온수보일러 등에 사용되고 있다.

2) 유압분무식 버너(Pressure Atomizing Oil Burner)

동작 원리는 건타입 버너와 동일하지만 기름펌프와 송풍기를 별도로 설치하여 강력하게 한 것으로, 기름은 0.7~2 MPa 정도의 압력으로 노즐의 오리피스를 통하여 분무되고, 노내압이 높고 연소유량이 큰 100~1,200 l/h 정도의 보일러에 적용된다. 유량조절은 건타입 버너와 같은 방법이 있다.

3) 회전식 오일버너(Rotary Oil Burner)

이 버너의 본체는 그림 3.25와 같이 모터, 주축, 1차 공기팬, 오일펌프 등으로 구성되어 보일러 전면에 부착 설치되고 연소실 내를 쉽게 열어 볼 수 있도록 힌지가 설치되어 있다. 연료유는 3,000~6,000 rpm 정도의 고속으로 회전하는 원뿔상의 분무컵 내면으로 얇은 막 상태로 공급되어 원심력으로 컵 선단에서 비산되고, 컵 선단을 떠나는 순간 고속의 1차 공기와 충돌하여 미세한 입자 상태로 분무된다. 버너와 같이 설치된 소형 송풍기는 1차 공기를 공급하고 대부분의 2차 공기는 별도로 설치된 송풍기에서 공급된다. 점화는 가스나 오일의 점화용 버너로 이루어지고, 연소조절은 대개 자동조절장치에 의하여 이루어지며 연료의 양에 따라 댐퍼를 연동조절하여 연소용 공기를 조절한다. 연소유량은 2,000 l/h 정도까지의 중대형 난방용 보일러에 많이 이용되고 있으며 제어범위도 1/5 정도로 비교적 넓다.

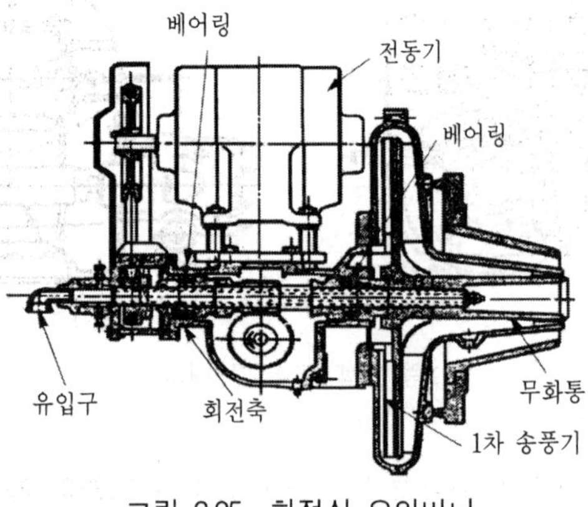

그림 3.25 회전식 오일버너

4) 증기분무버너(Steam Atomizing Oil Burner)

0.2~1 MPa의 증기(또는 공기)를 사용하고 증기의 에너지를 이용하여 기름을 무화시키는 방법으로, 유압분무식이나 회전식에 비하여 양호한 무화효과를 얻을 수 있어, 중질유(B, C 중유)를 연료로 하는 산업용 보일러나 대형 보일러에 이용되고 있다. 무화에 필요한 증기량은 분출유량 1l당 0.12~0.6 kg으로 보일러 발생 증기량의 0.5~3% 정도이다. 기름과 증기는 버너의 노즐까지 버너건을 통하여 분리된 통로로 흐르고 연소실 속으로 분출되기 전 오리피스를 통하면서 혼합된다.

강제 압입송풍기에 의하여 공급되는 연소공기는 버너의 베인을 지나 와류작용으로 기름과 혼합되어 연소를 돕는다. 버너 입구의 기름압력은 일반적으로 증기 압력보다 약간 낮은 0.15 MPa 정도가 된다. 이 형식의 버너에는 매체와 기름이 혼합하는 장소에 따라 버너 본체 내부에서 무화시키는 내부혼합식과 버너 본체 선단의 오리피스 밖에서 혼합되는 외부혼합식이 있다. 분사유량은 외부혼합식이 3~500 l/h, 내부혼합식이 10~1,200 l/h 정도이다.

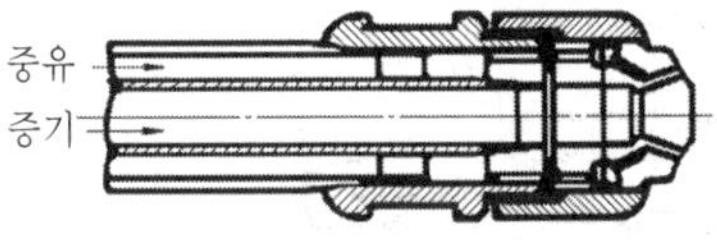

그림 3.26 내부혼합식 버너

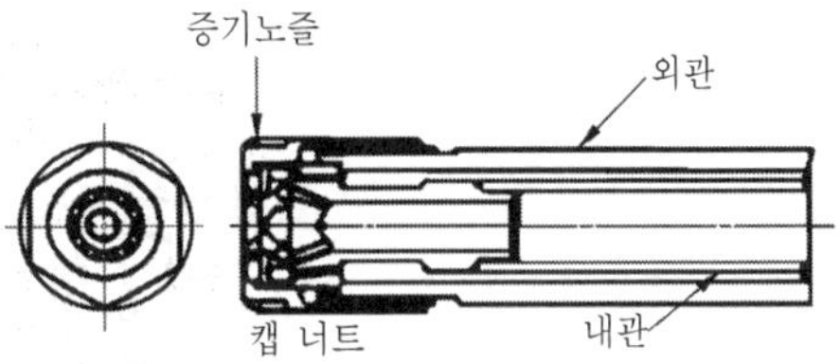

그림 3.27 외부혼합식 버너

5) 초음파 버너(Supersonic Wave Oil Burner)

소형의 가정용 유류보일러에 사용되고 있는 것으로, 초음파 에너지를 이용하여 기름의 표면장력을 깨뜨려 무화시키는 방법으로, 2~400 l 정도의 연소유량을 가지고 있다.

(2) 가스연소장치

가스연소장치의 주 연료인 기체연료는 연료의 가격이 높아 사용상 제약이 있었으나 대도시의 대기오염을 줄이기 위하여 액체연료의 사용이 제한됨으로써 점차 확산되고 있다. 가스연소장치는 대형에서 소형까지 광범위하게 사용되고 있으며 종류와 특성에 따라 연소장치의 종류도 다양하나 연소가스와 공기의 혼합구조에 따라 아래와 같이 분류된다.

1) 반혼합식
2) 내부혼합식
3) 외부혼합식
4) 유가스병용식

1) 반혼합식 버너

연소용 공기의 일부와 가스를 연소실에 분출하기 전에 혼합하여 연소기 노즐에 공급하고, 노즐 밖에서 2차 연소공기를 보충하여 연소시키는 형식으로, 공기의 사전혼합은 벤투리관에 공급되는 가스의 동압에너지를 이용하여 공기를 흡입 혼합한다. 중소형 가스연소기에 많으며 가스압력은 50~300 mmAq의 저압이 이용되고, 사전 혼합공기량은 전 공기량의 20~70 %이다.

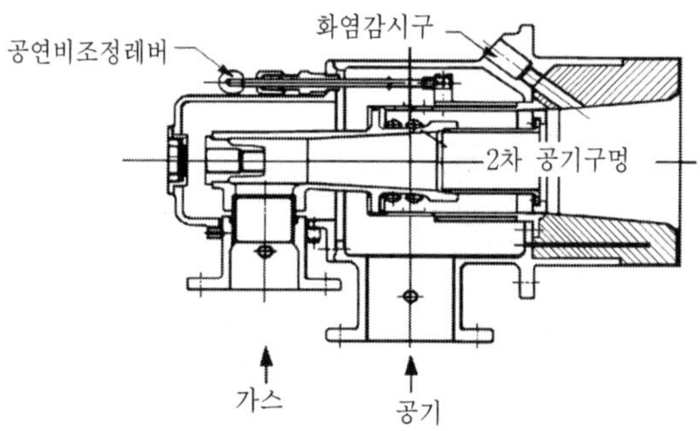

그림 3.28 반혼합식 버너

2) 내부혼합식 버너

연소에 필요한 공기의 전량을 노즐의 내부에서 혼합하여 버너노즐에서 분출 연소시키는 방법으로, 공기와 가스의 혼합이 좋고 화염이 짧다. 이 버너의 문제점으로는 역화가 있다. 버너 내에서 가스와 공기의 혼합기체가 연소한계 내에 있어 혼합가스의 유출속도가 그의 연소속도보다 낮게 될 때에는 역화를 일으킨다. 이를 방지하기 위하여 어느 정도 높은 압력으로 하여 유출속도를 빠르게 하여야 한다. 부하의 범위가 넓은 공조용에는 그다지 사용되지 않는다.

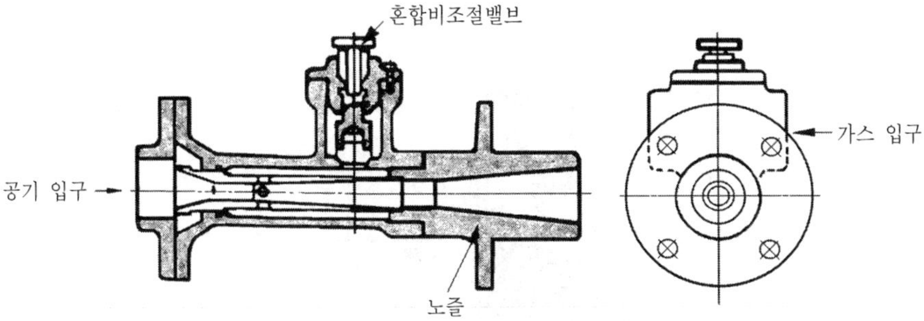

그림 3.29 내부혼합식 버너

3) 외부혼합식 버너

유연소장치와 같이 연소에 필요한 공기의 전량을 버너 외부에서 혼합시키는 형식으로, 역화는 일어나지 않는다. 가스는 링이나 건형의 선단에 가공된 다수의 작은 구멍에서 분출되고 그 주위에서 연소용 공기를 불어넣어 혼합하고 연소시킨다.

구조에 따라서는 1차 공기로 선회성을 주어 혼합상태를 양호하게 하는 구조도 있으며 연소용 공기는 댐퍼에 의하여 조절된다. 난방용으로 널리 사용되고 있다.

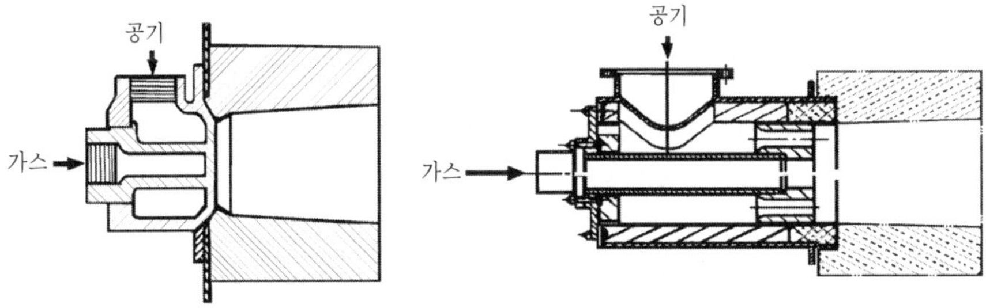

그림 3.30 외부혼합식 버너

4) 유가스병용 버너식

외형상으로는 단일 연소기이나 내부는 기름과 가스를 사용할 수 있는 구조로 기름분무장치와 가스분출노즐이 설치되어 있고 연소용 공기보급통로가 있다. 이 방식에는 가스 또는 기름을 전환해서 연소하는 전환방식과 동시에 혼용하는 혼합연소방식이 있다.

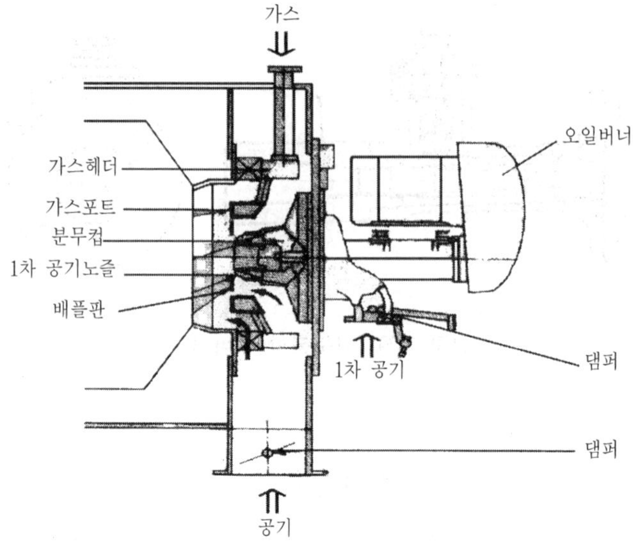

그림 3.31 유가스병용식 버너

(3) 연소장치의 용량

연소장치는 연료를 연소시켜 보일러에서 필요한 열을 공급하는 장치이므로, 식 3.22의 연료소비량 G_f[kg/h, Nm³/h]가 용량이 된다.

$$G_f = \frac{3600Q}{\eta_B H_l} = \frac{G(h_2 - h_1)}{\eta_B H_l} \tag{3.22}$$

여기에서 Q : 보일러 최대열출력[kW]

G : 보일러 온수순환량 또는 실제증발량[kg/h]

η_B : 보일러 효율[백분율]

H_l : 연료의 저위발열량[kJ/kg, kJ/Nm³]

h_2 : 온수나 증기의 출구 엔탈피[kJ/kg]

h_1 : 온수나 증기의 입구 엔탈피[kJ/kg]

3.3.5 연료공급설비

(1) 급유설비

보일러에 필요한 연료를 액체연료로 공급하기 위한 급유설비는 그림 3.32와 같이 저장탱크, 송유펌프, 서비스탱크와 유류를 이송하는 배관 그리고 유량계 등으로 구성된다. 앞의 저장시설들은 위험물 관계법규에 적용을 받으므로 법규기준에 따라 제작, 설치되어야 한다.

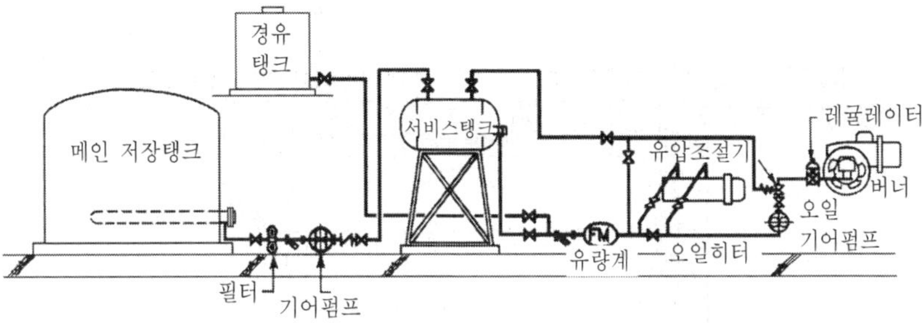

그림 3.32 연료흐름도

1) 저장탱크

저장탱크의 크기는 일반적으로 7~10일분 정도의 사용량을 저장하는 크기로 하지만, 주위의 입지조건에 따라 크기를 결정한다. 입지조건이 공급지에서 멀리 떨어져 있어 공급횟수를 줄여야 하는 경우에는 15~30일분의 저유량으로 한다.

저장탱크에는 옥내저장탱크, 옥외저장탱크, 지하저장탱크 등이 있으며, 저장방법에 따라 시설기준이 관계법규에 규정되어 있으므로 그를 준용한다. 탱크의 저장 용량은 당해 탱크의 내용적에서 공간용적을 뺀 용적으로 계산하며 공간용적은 탱크용적의 100분의 5 이상 100분의 10 이하로 한다. 탱크의 재질은 주로 강철판을 사용하고 두께 3.2mm 이상으로 하여 압력탱크일 때에는 상용압력의 1.5배 이상의 수압시험에 견디어야 한다. 압력탱크 이외에는 충수시험으로 하고 일정 용량 이상일 경우에는 비파괴시험을 실시하여야 한다. 탱크의 외면에는 부식을 방지하기 위한 방식도장을 하여야 하며 특히 지면과 접촉하는 저판에는 아스팔트 도장 등의 방식조치를 한다. 그림 3.33에 지하저장탱크의 설치기준 예를 보여주고 있다.

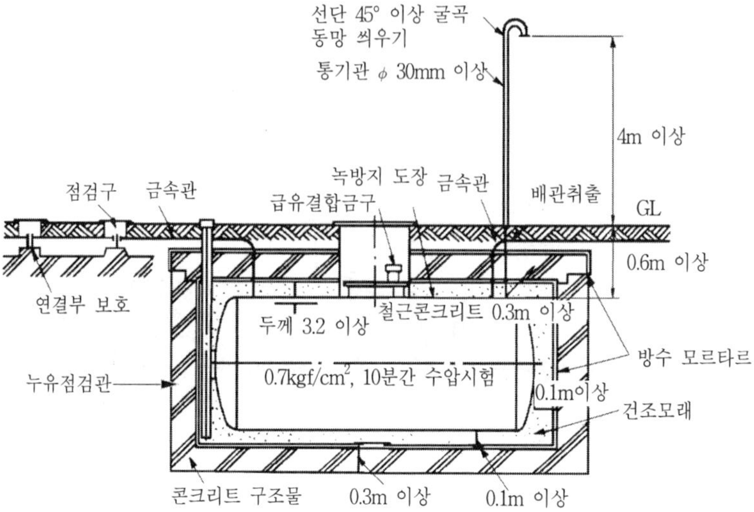

그림 3.33 지하저장탱크의 설치기준

2) 서비스탱크

서비스탱크(Service Tank)는 저장탱크와 오일버너 사이에 위치하고, 사용량의 확인, 공기나 수분의 분리 또는 예열을 행하며, 버너에 중력공급을 위하여 보일러실 인근에 설치한다. 탱크의 크기는 버너 최대 연소량의 2시간 정도분으로 하며, 관계법규에 의한 시설 등을 고려하여 지정 수량 이하로 한다. 점도가 낮은 등유나 경유일 때는 생략하는 경우도 있다. 점도가 높은 연료일 때는 탱크 내부에 가열코일을 설치하여 연료의 점도를 낮추고, 탱크의 유면은 오일버너의 중심보다 1.0~2.5m 정도 높게 하여 버너로 중력급유가 가능하도록 한다. 표 3.12는 중유의 예열온도를 나타낸다.

표 3.12 중유의 예열온도

종 류	예열최종온도 [℃]	전열용량 [watt, 1l/h당]	증기가열코일의 표면적 [m², 1,000l/h당]
A 중유	20 이상	6	0.3
B 중유	40~50	27	1.5
C 중유	75~90	55	4.0

탱크의 재질은 주로 강판을 사용하며 원통형의 형상으로 제작한다. 가열코일이 있는 경우에는 열손실을 방지하기 위하여 탱크외표면에 보온을 하고 탱크에

서 발생된 가스가 빠져 나갈 수 있는 통기관을 연결하여야 한다. 탱크에서의 넘침을 대비하기 위하여 넘침관을 설치하는 경우에는 저장탱크로 반환되도록 하고, 탱크 둘레의 바닥에는 탱크 저장수량을 저장할 수 있는 높이 20 cm 이상의 방유둑을 만든다.

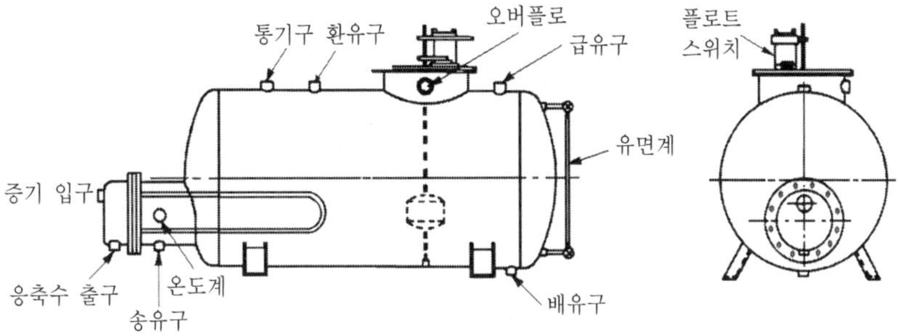

그림 3.34 서비스탱크의 구조

3) 송유펌프

송유펌프는 저장탱크에서 서비스탱크로 기름을 압송하기 위하여 저장탱크 인근에 설치한다. 송유펌프는 주로 기어펌프를 사용하고, 펌프의 유량 Q[m^3/h]는 다음 식으로 구하며, 양정은 탱크유면의 높이차와 배관마찰 저항 그리고 탱크 내 토출 양정을 합한 값으로 한다.

$$Q = \frac{kG_f}{\rho} \tag{3.23}$$

여기에서 k : 계수(1.5~2.0), G_f : 연료소비량[kg/h]

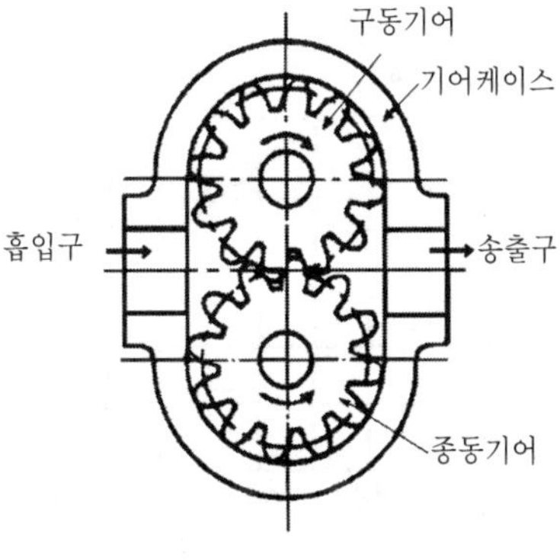

그림 3.35 기어펌프

4) 급유배관

연료의 배관방식에는 1본 배관식(One Pipe System)과 2본 배관식(Two Pipe System)이 있고, 1본 배관방식은 연료탱크를 버너보다 높은 곳에 설치하고 탱크를 비우지 않도록 주의하여야 한다. 2본 배관방식은 연료탱크를 버너보다 위에 설치하거나 아래에 설치하여도 좋으나 가능한 위쪽이 유리하다. 배관 내에 공기가 들어가도 용이하게 제거된다.

배관의 재질은 주로 흑강관을 사용하며 이음방법은 소구경을 제외하고는 나사접합을 피하고 용접이음을 한다. 플랜지나 나사로 연결할 경우에는 내유성이 있는 씰제를 사용한다. 밸브가 사용되는 곳에는 볼밸브나 게이트밸브를 사용하고, 엘보는 가능한 밴드를 사용하여 저항을 작게 하며, 배관은 공기가 정체되지 않는 구조로 한다. 저장탱크나 서비스탱크의 연결부분에는 스테인리스강제 후레시블 이음을 설치한다. 점도가 높은 유류는 이중관 속에 설치하고 외부에서 증기나 온수로 가열함으로 점도를 낮추어 원활한 유동이 되도록 한다. 중유의 동점도는 온도에 따라 크게 변화한다. 그림 3.36에 중유의 점도와 온도와의 관계를 보여준다. 중유나 경유배관의 마찰손실은 달시-바이스바하(Darcy Weisbach)의 공식을 이용하여 구하고, 마찰손실계수 f는 무디의 선도에서 구해진다.

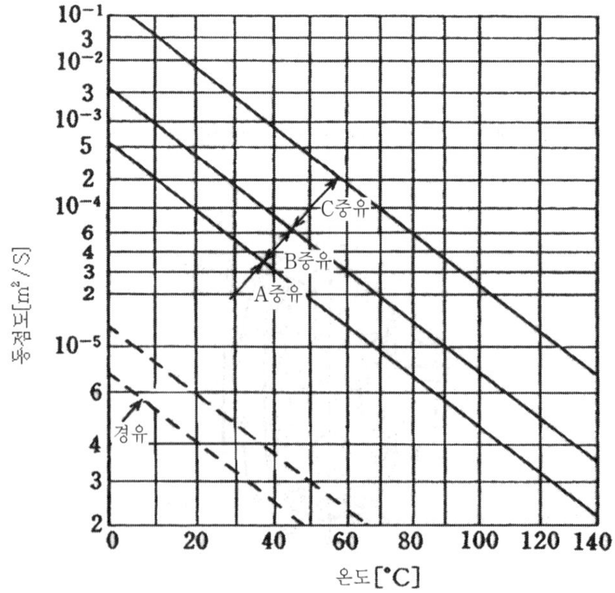

그림 3.36 중유의 점도

유배관의 관경은 유속에 따라 결정한다. 일반적으로 쓰이는 유속은 낮은 점도의 기름일 때 1.5~3 m/s, 높은 점도의 기름일 때 0.5~2 m/s 정도가 사용되지만 관경과 관내유속 값은 표 3.13과 같다. 부록Ⅳ의 그림1은 급유관에 대한 관경결정선도이다. 그리고 표 3.14와 표 3.15는 탱크와 펌프사이의 흡입 배관에 대한 추천 지름을 나타낸다.

표 3.13 유배관의 관내유속(m/s)

절대점도 Pa·s	25A	50A	100A	200A
0.05	0.5~0.9	0.7~1.0	1.0~1.6	
0.1	0.3~0.6	0.5~0.7	0.7~1.0	1.2~1.6
1.0	0.1~0.2	0.16~0.35	0.25~0.30	0.35~0.55

표 3.14 오일 흡입배관 규격(B중유, C중유)

l/h \ 길이 m	10	20	30	40	50	60	70	80	90	100
50	40	40	40	50	50	50	65	65	65	80
100	40	40	50	50	65	65	65	65	80	80
200	40	50	50	50	65	65	65	80	80	80
300	50	50	65	65	65	80	80	80	80	80
400	50	50	65	65	80	80	80	80	80	100
500	50	65	65	65	80	80	80	80	100	100
600	65	65	65	80	80	80	100	100	100	100
700	65	65	65	80	80	100	100	100	100	100
800	65	65	80	80	100	100	100	100	100	100

* 1. 최소 25 mm 이상의 규격을 추천

2. 펌프토출에서 버너나 탱크환유 이송배관은 배관길이나 압력손실에 따라 한두 단계 작게 할 수 있다.

3. 길이는 4.5 kPa의 최대흡입높이일 때의 기준

표 3.15 오일 흡입배관 규격(등유, 경유)

l/h \ 길이 m	10	20	30	40	50	60	70	80	90	100
50	15	15	15	15	15	20	20	20	25	25
100	15	15	15	15	20	20	20	20	25	25
200	15	20	20	20	20	20	25	25	25	25
300	15	20	20	20	20	25	25	25	25	32
400	20	20	25	20	25	25	25	25	32	32

길이 m / l/h	10	20	30	40	50	60	70	80	90	100
500	20	25	25	25	25	25	32	32	32	32
600	20	25	25	25	25	32	32	32	32	50
700	20	25	25	25	25	32	32	32	50	50
800	20	25	25	25	25	32	32	32	50	50

*1. 길이는 9 kPa의 최대흡입높이 때의 기준

(2) 가스 공급설비

가스를 공급하는 방법으로는 가스공급 제조소에서 가스의 형상으로 관로망을 따라 공급하는 도시가스방식과 LP가스 저장탱크에서 기화시켜 공급하는 LP가스방식이 있으나 대부분의 지역은 도시가스의 공급이 가능하다. 도시가스는 대부분 천연가스를 주성분으로 하고 있다. 가스공급 압력에 따라 고압, 중압, 저압으로 구분되며, 가스사업법 시행규칙에 따르면 사용압력 1 Mpa 이상의 압력을 고압, 0.1 MPa 이상 1 MPa 이하를 중압, 0.1 MPa 미만을 저압으로 구분하고 있다. 도시가스 공급방식은 가스사업자나 지역에 따라 조금씩 차이가 있지만 그림 3.38과 같은 방법으로 이루어지고, 인입 관로에 있어서는 부지경계까지의 시공을 주로 공급업체에서 해주고 부지 내는 사업시행자가 하는 경우가 많으므로 시공한계, 필요용량 및 인입위치 등을 가스 공급업체와 미리 협의하여 확인한다.

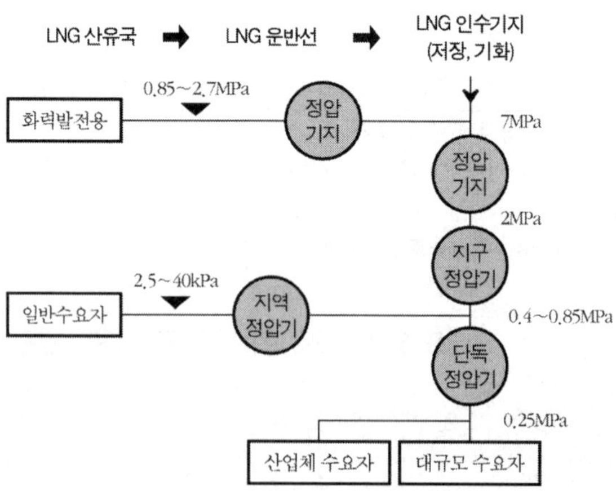

그림 3.37 가스 공급과정

건물에 대한 가스공급은 일반적으로 저압으로 공급되고, 이 압력의 배관계에서 최대 허용압력강하는 125Pa 정도이다. 고압에서의 허용압력강하는 초기압력의 10%

정도이다.

가스 배관재로 지하에 매설되는 것은 부식에 문제가 없는 재료를 선택하여야 하며 주로 폴리에틸렌 코팅강관을 이용하나 저압에서는 합성수지관을 사용하고 있으며, 건물 내의 노출배관은 아연도금강관 또는 동관을 사용하고, 이음은 주로 용접이음으로 하고 있다. 연소장치에 공급되는 가스의 흐름도는 그림 3.39와 같다.

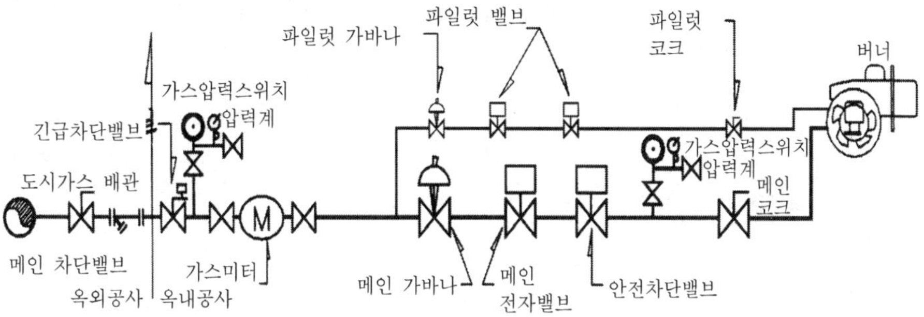

그림 3.38 가스의 흐름도

가스 배관은 가스용 장비에 대하여 적합한 규격이어야 하고 공급지점과 장비 사이의 과도한 압력손실 없이 최대 부하에 필요한 충분한 가스를 공급하도록 설치하여야 한다. 가스공급관에서 과도한 압력손실로 인한 부족한 가스유량은 가스연소장치의 비효율적 운전의 원인이 될 수 있으며, 때때로 위험한 운전을 일으킨다. 요구되는 가스관의 규격은 최대 가스소비량, 파이프의 길이와 연결부속의 수량, 미터의 출구에서 장비까지의 허용압력손실, 가스의 밀도에 의하여 결정된다.

표 3.16은 비중이 0.64인 가스 배관에서 길이에 따른 유량을 나타낸다. 저압에서의 관로 가스 수송량은 다음 식으로 구할 수 있다.

$$Q = 0.2253\sqrt{\frac{D^5 \cdot \Delta P}{SL}} \tag{3.24}$$

여기에서 Q : 가스유량 [m^3/h]

D : 관의 안지름[mm]

Δp : 압력차[Pa]

S : 15℃, 101[kPa]의 공기밀도에 대한 가스밀도의 비

L : 배관길이[m]

표 3.16 가스관의 최대 용량[m^3/h]

관지름 mm	배관 길이[m]											
	5	10	20	30	40	50	80	100	200	500	800	1000
20	6.0	4.2	3.0	2.4	2.1	1.9	1.3	1.3				
25	11.1	7.8	5.5	4.5	3.9	3.4	2.7	2.4				
32	21.2	15.0	10.6	8.6	7.5	6.7	5.3	4.7				
40	31.1	22.0	15.6	12.7	11.0	9.8	7.7	6.9				
50	56.8	40.1	38.4	23.2	20.1	18.0	14.2	12.7				
80						70.0	53.4	51.6	36.5	23.1	18.2	16.3
100						142	113	100	70.9	44.9	35.5	31.7
150						373	300	264	186	118	93.2	83.4
200						748	596	529	374	236	187	167
250						1,280	1,030	908	642	406	321	287

※ 50mm 이하는 50Pa, 80mm 이상은 100Pa의 압력차를 기준

3.4 통풍장치

3.4.1 개 요

보일러 운전에 필요한 연소용 공기의 공급, 연소가스의 보일러 내 유동, 배기가스의 대기배출을 목적으로 통풍장치가 설치된다. 여기서 통풍장치로는 보일러 부속의 기계식 통풍장치와 연도 그리고 연돌을 말한다. 보일러 통풍방식은 자연통풍식과 기계통풍식으로 나뉘어지고, 기계통풍식은 다시 가압통풍식과 평형통풍식으로 구분된다.

자연통풍식은 보일러 내의 가스유동을 연돌 통풍력에 의존하는 관계로 구조가 간단하여 통풍저항이 작은 소형에 한한다. 운전중의 연소실 안은 대기압보다 좀 낮게 된다. 기계통풍식은 팬에 의한 강제통풍력을 이용하여 보일러 내의 연소가스 유동을 도모하고 출구 배기가스 압력이 대기압 가까이 되도록 설계하는 경우가 많다. 가압통풍식은 압입송풍기에 의하여 연소실 내 압력이 대기압보다 수십 내지 수백 mmAq 높게 된다. 평형통풍식은 압입송풍기와 유인통풍기를 같이 설치하고, 연소실 내 압력은 대기압보다 수십 mmAq 낮게 된다. 난방용 보일러에서는 거의 가압통풍식이 이용된다.

연도는 보일러에서 배출되는 연소가스를 연돌까지 유도하는 통로이고, 연돌은 연소에 필요한 통풍력을 주고 연소장치에 의하여 발생하는 배기가스를 원활히 옥외로 방출하기 위하여 설치한다.

3.4.2 연돌 계획시의 주의사항

연돌 계획과 관련되는 보일러 배기가스 온도는 보일러 형식, 통풍방식, 연료, 공기비 및 열회수 장치의 유무에 따라 크게 다르게 되므로 제조자의 설계자료를 이용하여 결정한다.

일반적으로 난방용 연돌 내의 배기가스 속도는 자연통풍식 보일러에서 2~5 m/s이고 기계통풍식 보일러에서는 3~10 m/s로 연도 내 속도와 비슷하다. 연돌 및 연도의 계산은 정격 운전시의 배기가스량, 온도 등의 조건으로 통풍력과 통풍저항을 구하고 그 차이를 3 mmAq 정도로 한다. 건물의 총 높이로 인하여 연돌이 높게 되어 통풍력이 통풍저항에 비하여 아주 크게 될 때에는 적당한 제어장치를 설치하여 과대한 통풍력을 조절한다.

건물 주위에 바람이 불게 되면 그림 3.40과 같이 바람의 하류 쪽에는 와류나 하강기류가 발생하여 재순환영역이 형성되므로 그림의 A와 같이 돌출 높이가 낮은 경우 연돌에서의 배기가스가 냉각탑이나 외기취입구 등으로 혼입되는 경우가 발생한다. 이를 방지하기 위해서는 B 이상의 충분한 연돌높이와 배출속도를 필요로 하게 된다. 연돌에서의 높은 배출가스 속도는 부유물을 상승시켜 대기 중으로 희석시키기는 하나 연돌의 높이조정보다는 불충분한 대처방법이다. 배출속도는 응축된 수분이 굴뚝으로 흘러내리는 것과 굴뚝 안으로 들어오는 비를 방지하기 위하여 약 13 m/s 정도가 적당하나 부유물의 상승과 대기와의 희석을 위해서는 10 m/s 정도는 유지되어야 한다. 이를 조절하기 위하여 연돌 끝에 콘 형상과 같은 굴뚝팁을 부착하기도 한다. 특히 부분부하시에는 배기가스의 배출속도나 온도가 낮게 되므로 대기중으로의 확산이 불충분하여 연돌부분의 농도가 높게 되므로 충분한 주의를 기울여야 한다.

연돌과 보일러의 배치는 가능한 가깝게 되도록 계획하고 연도길이는 짧게 되도록 하여야 한다. 또한 연도가 보일러의 배기가스 출구보다 낮게 되는 경우가 없도록 주의한다.

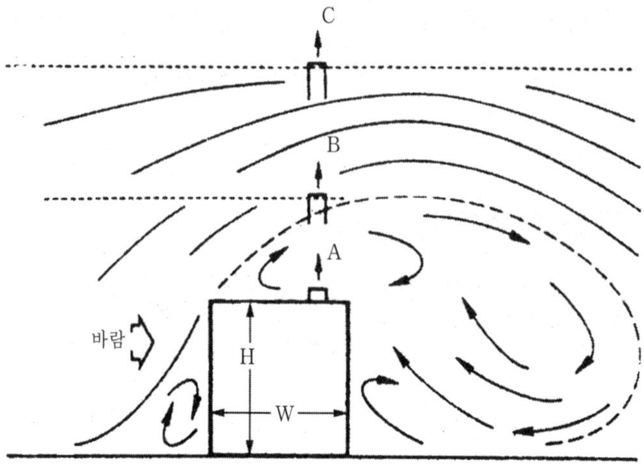

그림 3.39 건물 주위의 바람유동과 굴뚝위치

3.4.3 연돌의 계산

(1) 통 풍 력

통풍력은 보일러의 공기흡입구에서 연돌출구까지 발생하는 통풍저항을 이길 수 있는 값이어야 하며 주로 송풍장치와 연돌에 의하여 형성된다. 연돌에서 발생하는 이론통풍력 Z[Pa]는

$$Z = (\rho_a - \rho_g) g \cdot H \tag{3.25}$$

여기에서 H : 연돌의 높이[m]

ρ_g : 외기의 밀도[kg/m³]

ρ_g : 배기가스의 밀도[kg/m³]

외기와 배기가스의 밀도는 다음 식에 의하여 구한다.

$$\rho_a = \frac{353}{273 + t_a} \tag{3.26}$$

$$\rho_g = \frac{C_g}{273 + t_g} \tag{3.27}$$

여기에서 t_a : 외기온도[℃]

t_g : 연돌 내 배기가스 평균온도[℃]

C_g : 유류일 때 358, 가스일 때 342

연돌의 높이 H는 연도접속구 중심에서 연돌 정상부까지의 수직높이를 적용하고 외기온도는 난방전용일 때에는 10℃, 하절기에도 사용할 때에는 35℃로 한다. 연돌 내의 평균 배기가스 온도는 보일러출구 배기가스 온도에서 연도 내에서의 온도강하를 뺀 연돌입구 온도 t_{g1}을 구하고 연돌출구온도 t_{g2}를 구하여 식 (3.28)에 의하여 계산한다.

$$t_g = t_{g1} - 0.6(t_{g1} - t_{g2}) \tag{3.28}$$

연도 내에서 배기가스의 온도강하는 일반적인 단열을 하였을 때 1℃/m 정도를 기준으로 하고, 연돌출구온도 t_{g2}는 식 (3.29)에 의하여 구한다.

$$t_{g2} \fallingdotseq t_{g1} - \frac{UAH}{0.384 G_f V_g}(t_{g1} - t_g) \tag{3.29}$$

여기에서 U : 연돌 벽체의 열관류율 [W/(m^2 · K)]

A : 연돌 1m당 내표면적[m^2]

G_f : 보일러의 연료소비량[kg/h 또는 Nm^3/h]

V_g : 단위연료당 배기가스량[Nm^3/kg 또는 Nm^3/Nm^3]

단위연료당 배기가스량은 연료의 종류, 발열량, 공기비 등에 따라 다르지만 기준으로 표 3.17의 값을 이용하고, 연돌 벽체의 열관류율은 독립 굴뚝일 때 3.1, 건물과 벽체를 공유할 때 2.9, 금속제일 때 11.6을 이용한다.

표 3.17 단위연료당 배기가스량

연　　료	V_g[Nm³/kg]	연　　료	V_g[Nm³/kg]
A중유	15.0	도시가스 6C	6.2
B중유	14.4	도시가스 6B	6.9
C중유	14.1	도시가스13A	14.7
등　유	15.3	프　로　판	33.0
경　유	15.2		

(2) 통풍저항

보일러의 공기흡입구에서 연도를 거쳐 연돌의 배출구까지 연소가스가 흐르는 동안 발생하는 마찰저항이 통풍저항이 되며, 이 통풍저항을 이기고 원활한 배출을 위하여 필요한 소요통풍력 Z_N[Pa]는 다음과 같다.

$$Z_N = h_b + h_f + h_c + \rho_g v_c^2/2 \qquad (3.30)$$

여기에서 h_b : 보일러에서의 통풍저항[Pa]
h_f : 연도에서의 통풍저항[Pa]
h_c : 굴뚝에서의 통풍저항[Pa]
ρ_g : 굴뚝 내 연소가스의 평균 밀도[kg/m³]
v_c : 굴뚝 내 연소가스의 유속[m/s]

여기에서 보일러에서의 통풍저항은 보일러의 종류나 제조업체에 따른 보일러 고유저항으로 수백에서 수천 Pa 정도로서 기계식 통풍방식일 경우에는 송풍기의 가압력으로 이 저항을 극복하여 보일러출구의 배기가스압력이 거의 대기압으로 유지되는 경우가 많으므로 보일러 내의 통풍저항은 연돌계산시 고려대상에서 제외하여도 좋다.

1) 연도에서의 통풍저항

연도에서의 통풍저항 h_f[Pa]는 연도 내의 마찰저항 h_{f1}과 흐름의 방향전환, 단면변화, 합류, 댐퍼 등에 의한 부차적 손실 h_{f2}의 합계로 구해진다.

$$h_{f1} = f\frac{L}{d}\frac{\rho_g v^2}{2} \tag{3.31}$$

$$h_{f2} = \zeta\rho_g \frac{v^2}{2} \tag{3.32}$$

여기에서 f : 마찰계수

L : 연도길이[m]

v : 연도 내 배기가스속도[m/s]

ρ_g : 배기가스 밀도[kg/m^3]

ζ : 국부손실계수

마찰계수 f는 금속판일 때 0.03, 콘크리트 또는 내화벽돌일 때는 0.06을 사용한다. 국부손실계수 ζ는 덕트공사와 관련된 자료를 이용한다. 연도의 단면이 원형 이외일 때에는 연도는 아래와 같은 상당직경 d_e[m]를 이용한다.

$$d_e = 4\frac{A_c}{P} \tag{3.33}$$

여기에서 A_c : 연도의 단면적[m^2]

P : 연도 내면의 둘레길이[m]

2) 굴뚝의 통풍저항

굴뚝의 통풍저항 h_c[Pa]는 굴뚝 내의 마찰저항과 곡부 등의 국부저항, 굴뚝배출부의 통풍저항 등으로 구성된다. 굴뚝 내의 마찰저항 h_c는

$$h_c = f\frac{H}{d}\frac{\rho_g v_c^2}{2} \tag{3.34}$$

여기에서 f : 마찰계수

H : 굴뚝의 높이[m]

d : 굴뚝의 직경[m]

v_c : 배기가스의 평균 속도[m/s]

굴뚝에 곡부가 있을 때는 배기가스의 통로를 포함한 길이를 높이로 계산한다. 마찰계수 f와 국부저항에 대하여는 연도의 항을 참조하고, 굴뚝의 단면이 원형 이외일 때는 식 (3.33)에 의한 상당직경으로 계산한다.

굴뚝 정상부에 설치되는 부속물들로 인하여 저항이 증가하는 경우도 있으므로 이에 대한 고려도 때에 따라 필요하다. 굴뚝의 단면이 변화할 때에는 최소 단면적을 식 (3.33)의 A_c로 이용한다. 단, 배출속도를 높이기 위한 굴뚝 캡부분은 제외한다. 굴뚝 내 배기가스의 속도 v는 다음 식에 의하여 구한다.

$$v = \frac{G_f V_g}{3,600 A_c}\left(\frac{273+t_g}{273}\right) \tag{3.35}$$

【예제 3.3】

정격 환산증발량이 5,000kg/h이고, 연료소비량이 C중유 300kg/h인 연관식 보일러 1대가 그림 3.41과 같이 설치되어 있다. 이때의 굴뚝을 설계하라. 단, 연도는 강판제로서 길이가 10m이고 굴뚝은 콘크리트제 독립굴뚝으로 높이는 그림과 같고, 강제통풍식으로 보일러 출구압력은 대기압과 거의 같이 유지되고 출구가스온도는 250℃로 한다.

풀이 먼저 굴뚝의 통풍력을 구한다.

연도 내 온도강하를 1℃/m로 하면,

굴뚝입구온도$t_{g1} = 250 - 10 = 240$℃

연도 내 평균 배기가스온도 t = 250 + 240/2 = 245℃로 된다.

굴뚝 내 배기가스의 속도 v를 7m/s, 평균온도t_g = 220℃로 가정하면 굴뚝의 단면적 A_c는 식 (3.35)에 의하여

$$A_c = \frac{300 \times 14.1}{3{,}600 \times 7}\left(\frac{273+220}{273}\right) = 0.30\text{m}^2$$

굴뚝의 안치수를 0.55m×0.55m로 하면 굴뚝출구의 배기가스온도 t_{g2}를 식 (3.29)에 의하여 구하면

$$t_{g2} = 240 - \frac{3.1 \times 4 \times 0.55 \times 35}{0.384 \times 300 \times 14.1} \times (240-10) \fallingdotseq 206℃ \text{ 로 된다.}$$

굴뚝 내 배기가스온도t_g는 식 (3.28)에 의하여

$$t_g = 240 - 0.6(240-206) = 219.6℃ \fallingdotseq 220[℃]$$

여기에서 구한 t_g가 가정한 값과 차이가 있을 때는 새로운 t_g를 가정하여 계산하고 일치할 때까지 반복한다.

굴뚝의 이론통풍력 Z_1은 식 (3.25)~(3.27)를 이용하여 구한다.

$$Z = \left(\frac{353}{273+10} - \frac{358}{273+220}\right) \times 9.81 \times 35 = 178.9 \text{ Pa}$$

연도와 굴뚝의 접속구는 보일러출구보다 상향으로 되지만 이로 인한 통풍력은 작기 때문에 무시하기로 한다.

굴뚝의 통풍저항을 구하면

$$h_c = 0.06 \times \frac{35}{0.55} \times \frac{7^2}{2} \times \left(\frac{358}{273+220}\right) = 67.9\ \text{Pa}$$

연도의 단면을 굴뚝과 동일하다고 하면 연도 내의 배기가스속도는 식 (3.35)에 의하여

$$v = \frac{300 \times 14.1}{3{,}600 \times 0.55^2}\left(\frac{273+245}{273}\right) = 7.3\ \text{m/s}$$

연도 내의 마찰저항은 식 (3.31)에 의하여

$$h_{f1} = 0.03 \times \frac{10 \times 7.3^2}{0.55 \times 2}\left(\frac{358}{273+245}\right) = 10.0\ \text{Pa}$$

연도 내 유로의 부차적 손실저항은 곡부 2개소, 굴뚝접속부 1개소에 대한 것으로 곡부 및 접속구에 대한 저항계수는 각 1.2이며, 식 (3.32)에 의하여

$$h_{f2} = (1.2 \times 2 + 1.2)\frac{7.3^2}{2}\left(\frac{358}{273+245}\right) = 66.3\ \text{Pa}$$

굴뚝배출부를 축소하여 배출속도를 높여 10m/s로 하면 배출속도압 h_v는

$$h_v = \frac{10^2}{2}\left(\frac{358}{273+206}\right) = 37.4\ \text{Pa}$$

여기에서 소요통풍력 Z는

$$Z = 67.9 + 10.0 + 66.3 + 37.4 = 181.6\ \text{Pa}$$

이론통풍력이 178.9 Pa이므로 소요통풍력보다 2.7 Pa 작다. 안전율을 고려하여 굴뚝의 높이를 조정하여 높인다. 만약 차이가 클 경우에는 반복하여 조정한다.

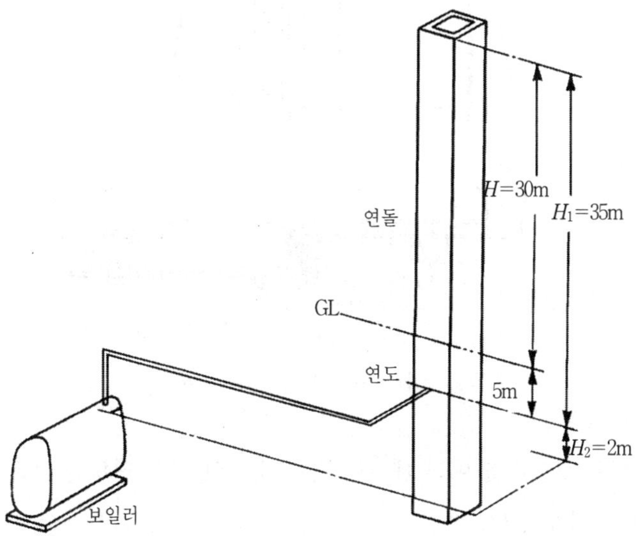

그림 3.40 연도 · 연돌

3.4.4 연도와 굴뚝의 구조

연도는 건물 내를 통과하여 굴뚝과 접속하는 곳까지의 배기가스통로로서 주로 철판을 이용하여 각형 또는 원형으로 제작 설치한다. 철판은 일반적으로 4.5~6mm의 두께를 사용하며 용접에 의하여 연결한다.

보일러가 여러 대 설치될 경우 접속부는 흐름저항이 적게 되도록 하고 확대부는 급격한 변화가 없도록 10° 정도 이내로 한다. 연도의 길이가 길 경우에는 적당한 간격으로 그림 3.42와 같은 로라형이나 벨로즈형 신축이음을 사용하여 열팽창에 대비한다. 또한 연도 내를 청소할 수 있도록 소제구를 설치한다.

연도의 외부에는 배기가스온도의 저하를 막기 위하여 보온을 하고, 보온재는 고온에 견딜 수 있는 재질을 선정한다. 최근에는 내식성 재질인 스테인리스 스틸을 이용한 이중구조의 공기층 보온구조로 된 제품을 사용하기도 한다.

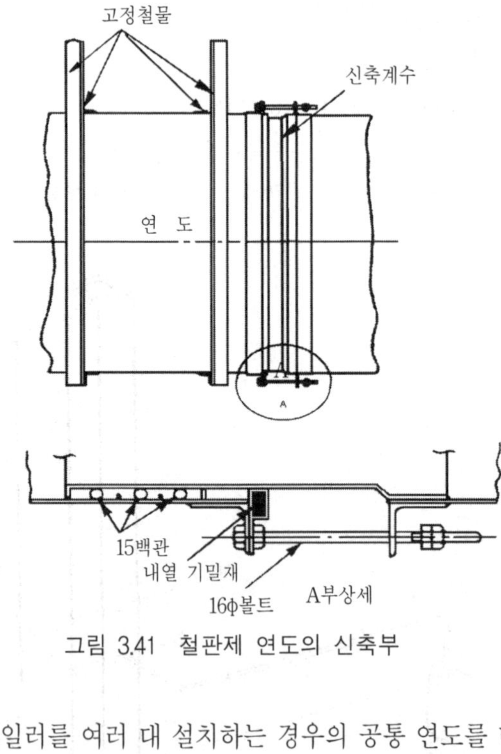

그림 3.41 철판제 연도의 신축부

그림 3.43은 보일러를 여러 대 설치하는 경우의 공통 연도를 나타내며, 이때 연도의 크기는 표 3.18과 같다.

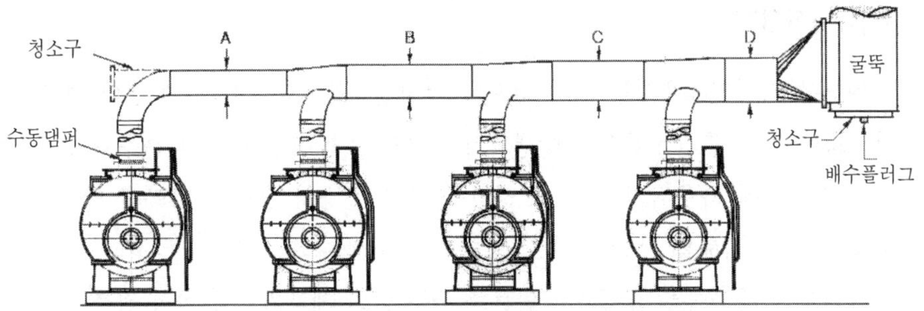

그림 3.42 공통 연도

표 3.18 공통 연도의 크기

보일러 출력[kW]	최소 연결 직경[mm]			
	A 1번 보일러	B 2번 보일러	C 3번 보일러	D 4번 보일러
150~200	150	200	230	230
250~400, 500A	200	250	280	300
500~600	250	300	360	380
700~1000, 1200A	300	380	430	460
1200~2000	410	510	560	610
2500~3400	510	640	710	750
4000~6000	610	760	840	910

굴뚝은 철근콘크리트나 강판으로 구축되는 경우가 많다. 건물 내를 관통하는 강판제 굴뚝은 단열 시공을 하고 주위에 공기층을 둔다. 철근콘크리트일 경우에는 내부에 내화벽돌을 쌓아 열손실과 부식을 방지하며 내화벽돌과 철근콘크리트 사이에는 일정한 공간을 둔다. 또한 굴뚝 정상부는 찬 공기와 접촉하므로 결로로 인한 침식의 우려가 있어 주철제 덮개를 씌울 때도 있다.

3.5 공해방지기기

연료를 연소시키면 불완전연소에 따른 매연과 연료성분에 따른 유황산화물, 질소산화물이 발생한다. 이러한 것들이 대기를 오염시키므로 이에 대한 방지설비를 하여야 한다. 매연에 대하여는 집진장치가, 유황산화물에 대하여는 탈유황장치가, 그리고 질소산화물에 대하여는 저 NO_X 연소장치가 사용되고 있다.

3.5.1 집진장치

매연은 기체연료에서는 거의 없으나 액체연료에서는 발생하게 된다. 매연은 잔류 탄소량이 많은 중질유일수록 발생되기 쉬우며 기름 연소장치의 분무특성 및 공기와의 혼합특성에 좌우되기 쉽다. 그리고 연도나 굴뚝의 상태에 따라서 낙진의 형태로 굴뚝 인근에 피해를 주는 경우도 있다.

매연의 발생상태를 감시하기 위하여 굴뚝 끝의 배출가스를 항상 관측할 수 없으므로 이에 대한 감시장치가 필요하다. 매연 감시장치는 연도의 양 측면에 투광기와 수광기를 설치하여 매연의 상태를 감시실에서 알 수 있도록 지시경보계를 설치하는 것이 일반적이며 투수광기는 매연에 의한 오염을 방지하기 위하여 팬이 내장된 공기밀폐 구조를 채용한다.

매연을 제거하기 위하여 원심력을 이용한 사이클론형이 많이 이용된다. 최악의 경우에는 전기집진장치를 필요로 하는 경우도 있지만 공조용에서는 가스나 경질유를 사용하는 경우가 많으므로 문제는 적다.

사이클론 형식에는 접선유입식과 축류식이 있다. 보일러에 사용되고 있는 것은 그림 3.43과 같은 반전축류식이 많다. 입구가스유속은 10~15 m/s로 하고 압력손실은 보통 0.8~1 kPa이다. 사이클론 1개당의 가스처리량은 500 Nm^3/h 정도로서 가스량이 많을 때는 소형의 사이클론을 여러 개 병렬로 사용하며 이것을 멀티사이클론이라 한다. 중유연소 보일러에서 매연의 주체는 유리탄소이며 그 양과 입자경은 산소량에 따라 현저하게 달리 형성되지만 보통 양은 0.2 g/Nm^3 이하, 입자경은 10 μm 이하가 많으므로 멀티사이클론만으로는 큰 효과를 기대하기 어렵다.

전기집진장치로는 많은 종류가 있지만 보일러용으로는 건식 평판형이 이용되고 있다. 그림 3.44에 보여진 것처럼 방전극과 집진극 사이에 직류 고전압을 가하고 그 사이로 가스를 흐르게 하여 매연에 음전하를 주어 집진극에 흡착되도록 한다. 처리가스의 속도는 일반적으로 1~2 m/s로 낮게 하며, 압력손실은 10 mmAq 정도로 낮다. 장치가 복잡하고 고가이므로 동력 발생용 대규모 보일러나 도시 쓰레기 소각설비에 사용되는 것이 일반적이다.

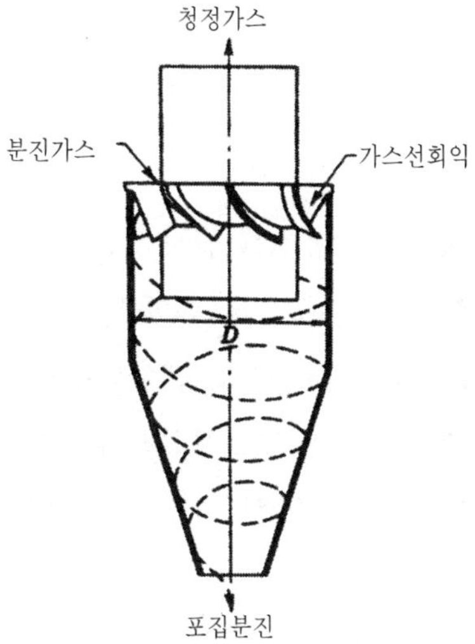

그림 3.43 반전축류식 사이클론 집진기

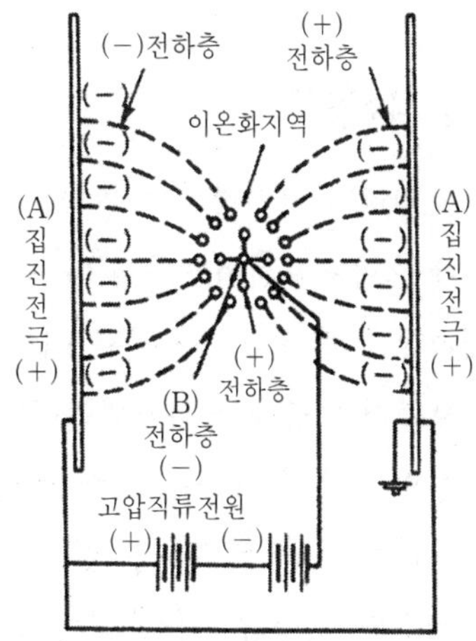

그림 3.44 전기집진기

3.5.2 탈유황장치

유황산화물은 유황을 함유한 유류연소의 경우에 그 함유량에 따라 발생된다. 대도시에서는 환경관계법에 의하여 유황이 거의 없는 도시가스나 등유를 사용하므로 문제가 없지만 그 이외에는 발생량을 검토하여야 한다. 탈유황장치는 흡수탑 내에서 배기가스와 알칼리액인 흡수액을 접촉시켜 중화반응에 의하여 유황산화물을 제거한다. 흡수액은 현재 수산화나트륨이 가장 많이 사용된다. 대형 장치일 경우에는 부산물을 회수하거나 배출액을 무공해처리하는 후속공정이 필요하게 된다.

3.5.3 저 NO_X 버너

질소산화물은 연료에 함유된 질소화합물에 의한 것과 연소열에 의하여 공기중의 질소가 산화하는 것 두 종류가 있다. 전자는 질소화합물이 없는 가스 및 등유에서는 거의 없다. 저감대책으로는 저 NO_X 연소기 사용, 증기분사, 보일러의 연소실 열부하 저감, 배가스혼합, 2단연소, 에멀전연소 등이 단독 또는 병용으로 사용되고 있다.

3.6 보일러 급수설비

3.6.1 급수장치

보일러의 급수장치는 증기보일러일 경우에는 보급수펌프가 되고 온수보일러일 경우에는 온수순환펌프가 된다. 여기에서는 주로 증기보일러에 사용되는 보급수펌프에 대하여 논하고 온수순환펌프는 온수난방에서 다루기로 한다. 급수장치의 고장은 증기보일러의 중대한 사고원인이나 운전이 불가능하게 되므로 보일러에는 최대 증발량 이상의 급수가 가능한 급수장치를 2조 설치한다. 단, 전열면적이 $12\,m^2$ 이하의 증기보일러에는 1조로 할 수 있다.

펌프의 토출량 $Q\,[m^3/s]$는 보일러 최대 증발량의 1.5~2배로 하고, 양정 H는 식(3.37)에서 구한다. 전동기의 소요규격 P_m[kW]는 펌프의 효율과 전동기의 효율을 고려하여 식(3.38)과 같이 구한다.

$$Q = \frac{G \times (1.5 \sim 2)}{3{,}600\rho} \tag{3.36}$$

$$H = (H_B + H_w + H_f) \times 1.2 \tag{3.37}$$

$$P_m = \frac{\rho\, g\, QH}{1{,}000\eta_p \eta_m} \tag{3.38}$$

여기에서 H_B : 보일러의 압력수두[m]
H_W : 응축수탱크와 보일러 수면의 수두차[m]
H_f : 배관의 마찰손실수두[m]
ρ : 물의 밀도[kg/m^3]
Q : 펌프의 토출량[m^3/s]
H : 펌프의 전양정[m]
η_p : 펌프의 효율
η_m : 전동기의 효율
G : 보일러 실제 증발량[kg/h]

급수장치로는 웨스코펌프, 단단 또는 다단 원심펌프가 주로 사용되고, 증기의 에너지를 이용한 인젝터(Injector)가 예비용으로 설치되는 경우가 있다. 응축수를 회수 저장한 후 급수하는 응축수펌프(Condensation Pump)와 진공환수식에서 진공도를 이용하여 흡입기능을 이용할 수 있는 진공환수펌프(Vacuum Pump)도 있다.

(1) 웨스코펌프

웨스코펌프(Westco Pump)는 제작회사의 이름을 따서 불리는 것으로, 와류펌프 또는 재생펌프(Regenerative Pump) 등으로도 불리고 있다. 그림 3.45에 이 펌프를 보여준다. 구조를 보면, 원 주변에 반지름 방향으로 짧은 부채꼴 홈을 판 원판상의 회전차가 케이싱 안에 들어 있어 임페라를 고속회전시켜 임페라와 케이싱 사이의 물에 압력에너지를 부여하여 양수작용을 시키며 한 단으로 터빈펌프에 상당하는 높은 양정을 낸다. 운전특성을 보면 그림 3.46과 같이 양정이 닫힘상태에서 최대가 되고 유량의 증가와 함께 거의 직선적으로 하강하며 축동력도 닫힘상태에서 최대가 되므로 원동기의 과부를 방지하기 위하여 릴리프밸브를 설치하거나 체절운전이 되지 않도록 유의하여야 한다. 이 펌프는 흐름손실이 커서 펌프의 효율이 낮다. 대유량에는 적합하지 않고 소유량 고양정에 사용된다.

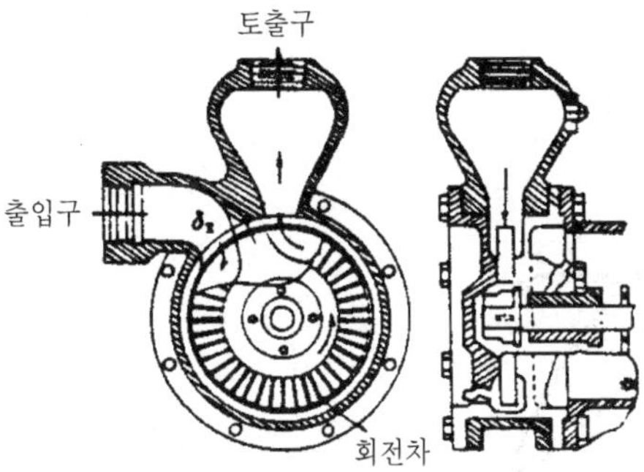

그림 3.45 웨스코펌프

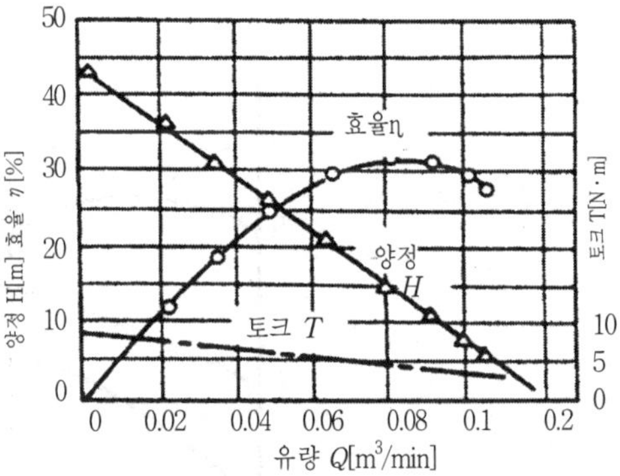

그림 3.46 웨스코펌프의 특성곡선

(2) 원심펌프

회전차의 회전으로 속도와 압력에너지를 물에 공급하고, 물이 와류실로 모이면서 속도를 감소시키며 압력을 높여 송출관으로 유출된다. 이 펌프의 종류로는 그림 3.47과 3.48과 같이 안내깃의 유무에 따라 안내깃이 없는 벌류트펌프(Volute Pump)와 안내깃이 있는 터빈펌프(Turbine) 또는 디퓨저펌프(Diffuser Pump)가 있다. 기본 구성은 와류실을 구성하는 펌프 본체, 회전차(Impeller), 주축과 축이음, 패킹상자, 베어링 본체와 베어링으로 되어 있고 터빈형에는 안내깃(Guide Vane or Diffuser Vane)이 회전차 외부에 부착된다. 한 단, 즉 단단의 펌프는 양정에 한도가 있으므로 고양정용으로는 다단원심펌프가 이용된다. 이 펌프는 토출성능이 우수하고 고장이 거의 없으며 성능이 보일러 급수용으로 적합하여 가장 많이 사용되고 있다. 이 펌프의 성능곡선은 그림 3.49와 같다. 급수펌프의 축이 통과하는 스터핑 박스에서는 누수를 막기 위하여 패킹보다는 미캐니칼 씰을 장착한다. 이때 미캐니칼 씰은 사용온도에 견딜 수 있는 것이어야 한다.

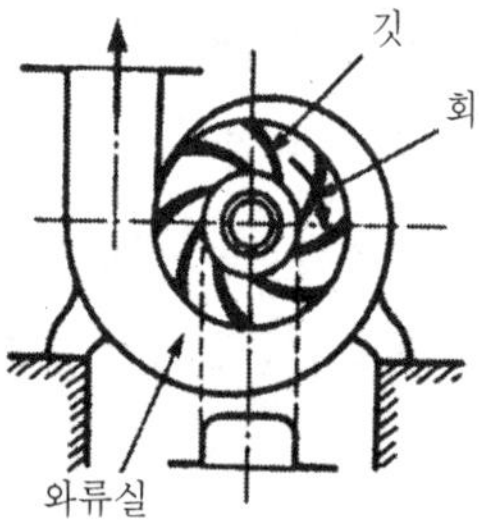

그림 3.47 벌류트펌프

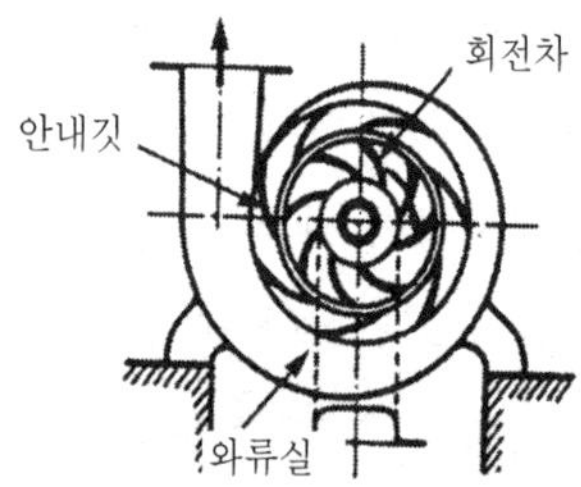

그림 3.48 터빈펌프

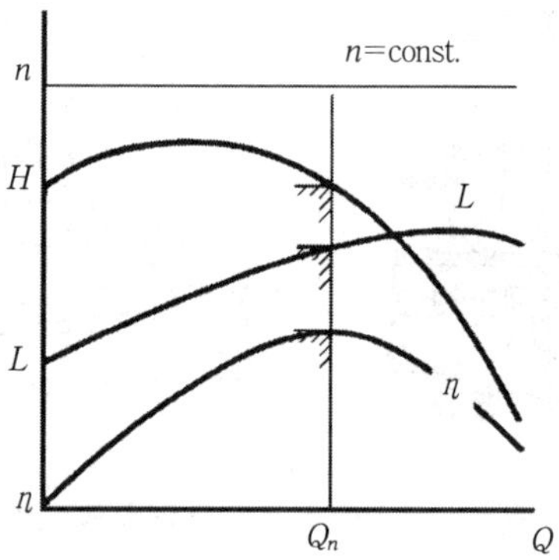

그림 3.49 터빈펌프의 성능곡선

(3) 인젝터

인젝터는 분출하는 증기의 운동에너지를 이용하여 급수하는 장치로서, 그림 3.50과 같이 증기노즐, 혼합노즐과 디퓨저로 구성된다.

인젝터와 연결된 증기배관의 밸브를 열어 증기를 공급하면 증기노즐로부터의 고속증기분류에 의하여 물을 흡상하고 혼합노즐 내에서 증기와 물이 혼합하여 증기는 응축되고 운동에너지를 물에 전달하여 물을 가속한다. 디퓨저에서는 물의 속도수두를 압력수두로 바꾸어 보일러에 급수하는 장치이다.

인젝터는 소형이고 전력이 필요 없으며 구조가 간단하여 취급이 용이한 이점이 있으나 양수효율이 낮고 급수량 조절이 곤란하며 흡입수온이 높을 때에는 급수기능이 저하하는 등의 결점이 있어 증발량 15 t/h, 압력 0.2~1 MPa까지의 보일러 예비용으로 사용되며, 흡입되는 급수의 허용온도는 60℃ 이하이다.

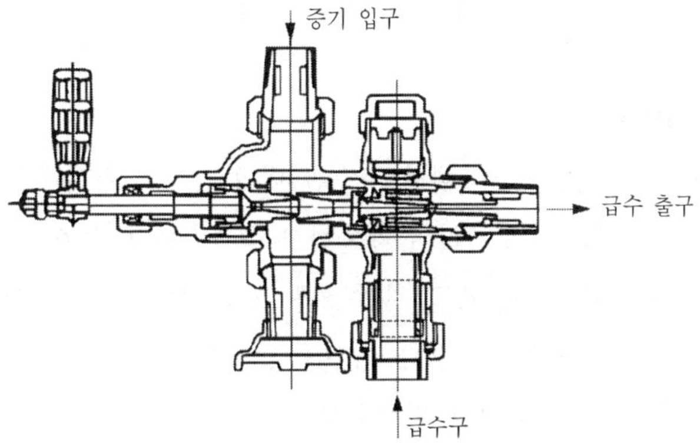

그림 3.50 인 젝 터

(4) 응축수펌프

기계식 환수방식에 사용되는 펌프로서 트랩을 통하여 환수관으로 흐르는 응축수를 펌프에 부착된 탱크로 모이도록 하고 일정 수위에 다다르면 플로트 스위치(Float Switch)에 의하여 펌프가 작동하고 보일러로 환수되도록 한다.

수위 변화에 따라 펌프가 정지하는 사이의 저장용량은 분당 돌아오는 응축수량의 약 1.5배 정도가 되도록 하고 펌프의 송출량은 응축량의 2배 내지 3배 정도로 한다.

펌프의 수두는 다른 보일러 급수펌프의 송출수두와 같이 선정하면 된다. 보일러 급수용 이외에 보일러실까지 중력환수가 곤란할 때 응축수 송출용으로도 일부 사용되고 있다.

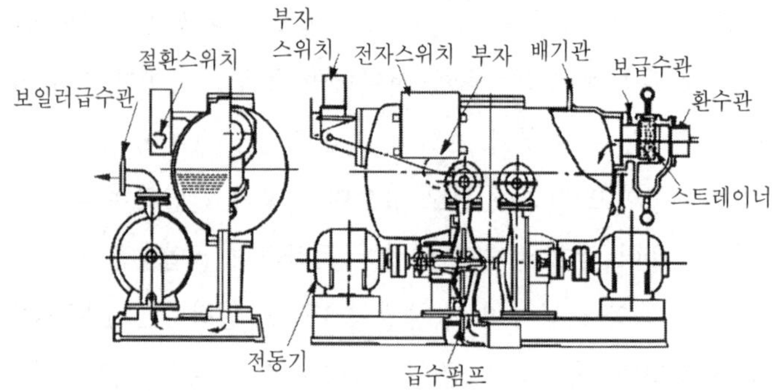

그림 3.51 응축수펌프

(5) 진공급수펌프

진공환수식 증기난방방식에서 환수관 내의 공기와 응축수를 펌프에 부착된 저장탱크에 모아 공기는 분리하여 배출하고 응축수는 환수조로 송수하는 펌프이다. 펌프는 진공펌프와 급수펌프 및 수수조를 조합하여 구성하고 진공개폐기의 동작으로 탱크 내를 75 mmHg에서 200 mmHg 정도의 진공으로 유지시킨다. 환수온도가 높으면 재증발을 일으키므로 환수온도를 70℃ 이하로 유지할 필요가 있다.

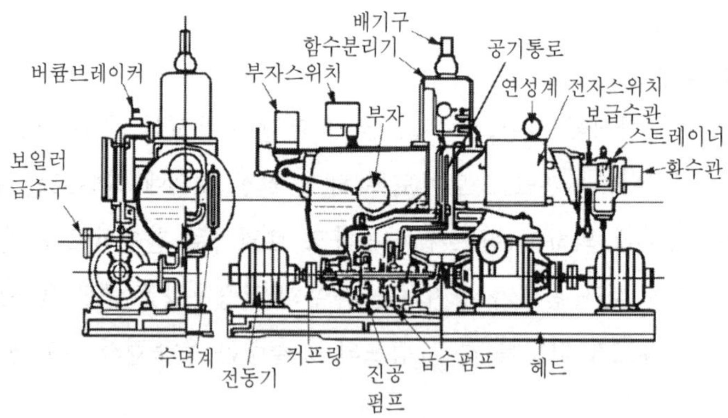

그림 3.52 진공급수펌프

3.6.2 급수처리

보일러 내의 물이나 급수되는 물 또는 환수되는 물의 수질이 불량한 상태에서 운전을 계속하게 되면 보일러와 부속장치, 배관 등에 여러 가지 장애를 일으키고 장해 정도에 따라서는 보일러의 운전을 중지하고 복구와 세정작업을 하여야 할 최악의 경우도 일어난다. 물에 의한 장해로는 스케일 장해, 부식 장해, 캐리오버가 있으며 발생원인은 표 3.18과 같다.

표 3.9 수질에 따른 장해원인

장해원인 \ 장해 종류	스케일	부 식	케리오버
pH		★	○
경 도	◎		
용존산소		◎	
유 지	○		◎
알칼리도			○
전고형물	○	○	◎
실 리 카	○		◎

★ : 적정범위를 벗어나면 부식의 정도가 크게 된다.
○ : 원인물질의 농도가 높으면 장해 정도가 크다.
◎ : 특히 장해가 일어나기 쉽다.

(1) 물에 의한 보일러 장해

1) 스케일 장해

수중의 경도 성분이나 실리카 등이 석출하여 스케일이나 슬러지가 형성되고, 이것이 전열면이나 배관에 축적되므로 가열면의 열효율 저하나 과열에 의한 재료의 열화나 파열이 발생하고 배관계에는 순환 장해를 일으킨다.

스케일은 연강에 비하여 열전도성이 나쁘고 그 전도도는 연강의 약 1/15~1/100이다. 물속의 $Ca(HCO_3)_2$, $Mg(HCO_3)_2$는 고온에서 탄산가스를 분리하여 $CaCO_3$, $MgCO_3$의 침전을 일으켜 연질의 스케일을 형성하고, 이것은 다시 경질의 스케일로 형성된다.

2) 부식 장해

용존산소나 pH 등과 관련된 산화촉진물질 또는 스케일에 의한 2차적 원인으로 보일러나 급수계통 등에 부식이 발생되어 설비의 내용연수를 저하시킨다. 이러한 부식을 적게 하려면 보일러 수는 약알칼리성이어야 한다. 그리고 특히 국부적으로 깊게 부식되는 경우가 있는데 이것을 점식이라 한다. 점식을 적게 하려면 수중의 용존산소의 농도를 저하시키면 효과가 있다. 그림 3.53과 3.54는 용존산소와 pH에 따른 부식의 영향을 나타낸다.

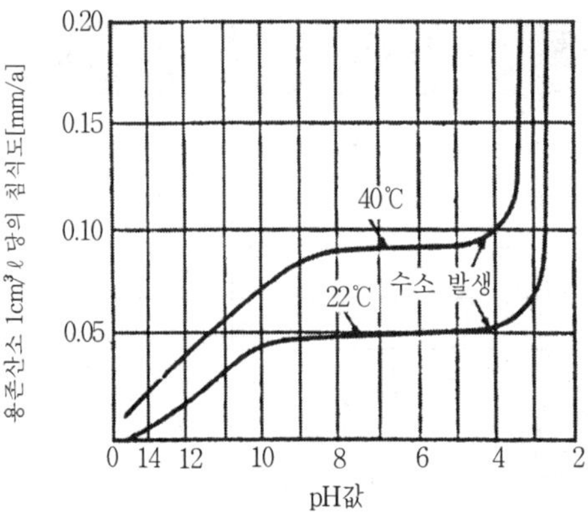

그림 3.53 물의 pH와 연강의 부식

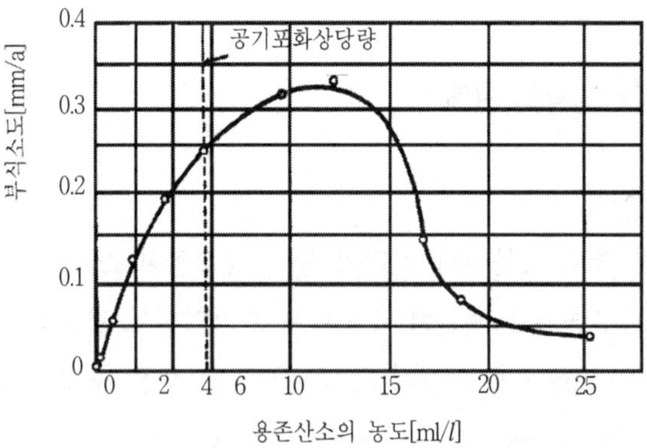

그림 3.54 산소농도와 연강의 부식영향

3) 캐리오버(Carry Over)

보일러의 연속적인 가동으로 보일러 내의 순수한 물은 증기로 발생되어 배관계로 나가고 물중에 남아 있는 알칼리 성분, 유지 등이 점차 농축되어 농도가 높게 되면 보일러 수면 위로 거품과 같이 형성되어 배관계로 기수가 혼합되어 보내지게 된다. 이 현상을 캐리오버라 하며 캐리오버되면 증기배관 계통에 여러 가지 장해가 발생한다.

(2) 보일러 보급수 처리

보일러용수로서 사용하는 원수는 주로 상수도에 의한 것이며 이 경우 탁도나 제철 등이 이미 처리된 상태로 공급되나 수질의 악화로 지역에 따라서는 문제가 되는 경우도 있을 수 있다. 원수에는 분진, 토사, 미생물 등의 부유물질과 용존산소나 탄산가스와 같은 가스체 그리고 탄산칼슘과 같은 무기물 외에 유기물이나 유지류와 같은 것이 혼합되어 있다. 난방용 보일러용수는 산업용과 같이 엄격한 수질을 요구하지는 않으나 적정한 관리는 필요하다. 특히 지하수 등을 사용하는 경우에는 수질을 분석하여 수질에 적합한 처리를 하여야 한다.

물의 처리방법으로는 물 속의 부유물질이나 고형물을 제거하기 위한 여과의 방법과 용존가스체를 제거하기 위한 탈기법, 무기물 등을 제거하기 위한 경수연화법 등이 사용되고 있다.

1) 여과법

여과법은 물 속의 불용성 물질이나 유류를 제거하기 위한 가장 간단한 처리법으로 모래 또는 활성탄층을 통과시켜 제거한다. 여과방법에는 중력식 여과와 압력식 여과가 있다.

2) 탈기법

보일러 및 그 부속기기 부식의 근본원인은 급수 중의 용존산소이며 부식의 방지를 위하여 탈기기로 용존산소를 제거한 후 탈기 후 남은 소량의 산소는 아류산소다, 히드라진 등의 탈산소제를 첨가하여 화학적으로 환원하는 2단 처리를 하는 것이 가장 좋은 방법이다. 탈기기에는 진공펌프에 의한 진공형 탈기기와 증기를 사용하는 가열형 탈기기가 있다. 진공에 의한 방법은 고진공 용기 내에 급수를 살포하여 탈기를 행하고, 증기에 의한 법은 증기로 급수를 가열살수하여 공기를 분리하는 것으로 진공법과 병용되고 있다. 순수한 물에 대한 산소의 용해도와 압력 및 온도와의 관계는 그림 3.55와 같다.

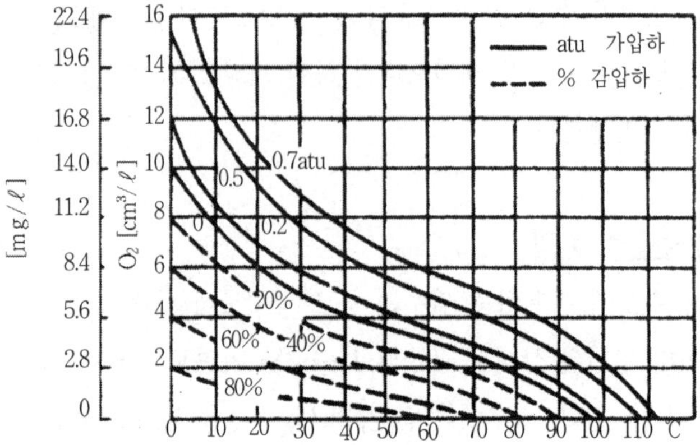

그림 3.55 산소의 용행도

3) 경수연화장치

원수에 용해된 경도성분을 제거하여 물을 연화하는 장치로서 대량의 증기를 발생하는 증기보일러에서는 필수적인 장치이다. 연화의 방법에는 여러 가지가 있지만 강산성 양이온 교환수지를 충진한 연화장치를 사용하는 것이 일반적이다.

원리를 보면 수지교환기에 사전에 나트륨을 결합시켜 두고 이것에 원수를 접촉시켜 칼슘·마그네슘 등의 경도성분을 나트륨과 이온교환시키는 것이며 수중에 용해된 염은 거의 나트륨염이 되어 물이 연화된다. 이 과정을 연화과정 또는 흡착과정이라 한다. 한편 수지교환기는 점차 칼슘·마그네슘형으로 변화하고 능력이 저하되므로 고농도의 식염수와 접촉시켜 다시 나트륨형으로 바꾸고 다시 원래의 상태로 환원시킨다. 이 과정을 재생과정이라 한다. 이와 같은 과정은 아래와 같이 이루어진다.

연화과정 $R(-SO_3Na)_2 + Ca(HCO_3)_2 \Rightarrow R(-SO_3)_2Ca + 2NaHCO_3$

$R(-SO_3Na)_2 + MgSO_4 \Rightarrow R(-SO_3)Mg + Na_2SO_4$

재생과정 $R(-SO_3)_2Ca + 2NaCl \Rightarrow R(-SO_3Na)_2 + CaCl_2$

$R(-SO_3)_2Mg + 2NaCl \Rightarrow R(-SO_3Na)_2 + MgCl_2$

수지는 직경이 0.3~1.2 mm의 구상으로, 수지조 하부에 스트레너를 설치하여 수지를 0.4~1 m 두께로 충진하고, 아랫방향으로 20~50 m/h의 속도로 통수한다. 1의 수지는 $CaCO_3$의 경도성분을 약 55 g 흡착하고 이것의 재생에는 약 150 g의 소금이 사용된다. 이 장치의 구성은 그림 3.53과 같고, 급수와 재생의 조작이 간편한 조작밸브를 부착하여 자동조작이 되도록 조립된 제품이 생산되고 있다. 원수에 철분이 있으면 수지가 산화철로 피복되어 현저하게 능력이 저하되므로 유의한다.

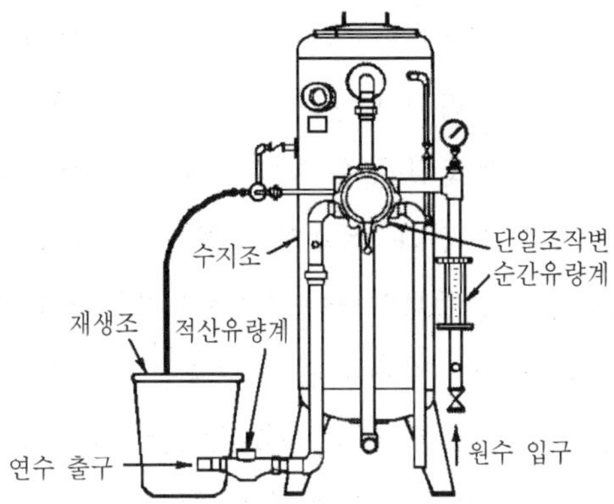

그림 3.56 경수연화장치

(3) 보일러수 처리

보일러 내의 물 처리는 취출(Blow Down)이나 약품주입으로 하며 약품주입은 스케일방지, 방식, pH 조정의 목적에 따라 선정된다. 표 3.19는 한국 산업규격에서 정해진 보일러 급수와 보급수의 수질기준이다.

표 3.20 보일러 급수 및 보일러수의 수질

구분	보일러 종류	원통보일러		수관보일러	
구분	전열면증발률(kg/m²h)	30 이하	30~60	50 이하	50 이상
구분	보급수 종류	원수	연화수	연화수	연화수
급수	pH(25℃ 기준)	7~9	7~9	7~9	7~9
급수	경도(mg $CaCO_3$/L)	60 이하	2 이하	1 이하	1 이하
급수	용존산소(mg O_2/L)	낮게 유지	낮게 유지	낮게 유지	낮게 유지
보일러수	pH(25℃ 기준)	11.0~11.8	11.0~11.8	11.0~11.8	11.0~11.8
보일러수	M-알카리도(mg $CaCO_3$/L)	100~800	100~800	100~800	100~800
보일러수	P-알카리도(mg $CaCO_3$/L)	80~600	80~600	80~600	80~600
보일러수	전증발잔류물(mg/L)	4000 이하	3000 이하	3000 이하	2500 이하
보일러수	인산이온(mg PO_4^{3-}/L)	20~40	20~40	20~40	20~40
보일러수	히드라진(mg PO_4^{3-}/L)	0.1~0.5	0.1~0.5	0.1~0.5	0.1~0.5

* 1) KS B 6209에 규정된 기준으로, 최고사용압력 1MPa 이하인 경우
2) 보일러수는 알칼리처리일 경우
3) M-알칼리도는 산소비량(pH 4.8), P-알칼리도는 산소비량(pH 8.3)을 말한다.

1) 취 출

장시간 증기보일러를 운전하면 보일러수 중의 용해고형물이 점점 농축되어 장해의 원인으로 될 뿐 아니라 부유고형물이 유리되어 침전물을 생성한다. 또한 급수중의 잔류경도의 처리나 부식방지를 위하여 첨가된 약품에 의하여 보일러는 더욱더 농축된다. 따라서 보일러수를 정상으로 유지하고 장해를 방지하기 위하여는 보일러 내의 농축된 물을 보일러 외부로 가끔 분출시켜야 한다. 이것을 취출(Blow Down)이라 한다. 취출의 방법으로는 간헐취출과 연속취출 두 가지가 있다. 간헐취출은 원형보일러나 소형수관보일러에 많이 사용되고 있는 방식으로, 일반적으로 보일러 저부에 있는 취출밸브를 수동으로 개폐하여 시행한다. 취출은 열손실이나 약품손실을 동반하므로 꼭 필요시에 시행하고 이를 위하여 보일러수의 농도가 가장 높은 보일러 수면 근처에서 연속적으로 취출하기 위한 장치를 부착하는 경우가 있다. 취출량은 보일러 수질관리의 항목 중 가장 빨리 제한값에 다다르는 항목으로 결정하는 경우가 많지만 취출량이 많을 때는 간단한 열교환기를 설치하여 열량회수를 고려하는 것이 바람직하다.

2) 약품주입

약품주입은 보일러에 부속된 간이주입장치에서 간헐적으로 하지만 고압의 수관식 보일러에서는 급수펌프와 연동된 약품주입전용 펌프(Chemical Feeder)에 의한 반연속주입을 하는 경우가 많다. 보일러수만을 목적으로 하는 경우에는 되도록 보일러 가까이 주입구를 설치하고 히드라진과 같은 pH조정용이나 방식용은 보일러급수 계통의 시작점 근처에 설치하여 주입한다.

보일러 수에 사용되는 수처리제의 종류와 효과는 표 3.20과 같다.

표 3.21 보일러 수처리제의 종류

분 류	약 품 명	작 용 효 과
pH 조정	탄산나트륨 제3인산나트륨	강한 알칼리제로 저압보일러의 pH를 높게 한다. 고압 보일러에는 불가
	제1인산나트륨 중합인산나트륨	알칼리 약제로서 보일러수와 반응하여 제 3인산나트륨이 된다.
	암모니아 히드라진	특히 고압용 보일러에 사용되며 고형물을 남기지 않고 방식에도 유효
연 화	탄산나트륨	저압보일러수 처리에 주제 스케일 완전방지는 곤란
	인산나트륨류 중합인산나트륨	저·중압 보일러수의 처리·스케일 방지
슬러지 조정	텍스트린 타닌 리그닌	침전의 결정성장을 방해하여 스케일 생성 방지
탈산소	타닌	저·중압 보일러에 유효
	아황산나트륨	저압용에 사용
	히드라진	고압 보일러에 적합, 고형 생성물이 생기지 않는다.
포밍 방지	고급지방산의 에스테르, 폴리아미류	증기포의 안정화를 파괴하여 기포수명을 단축, 저압에 유효

① 스케일 방지제

스케일이 되는 물질, 즉 칼슘, 마그네슘, 철, 실리카 등을 응고성이 없는 슬러지로 변화시키거나 보일러 수에 용해시켜 스케일을 방지하나 이들의 반응은 적정한 pH 범위 내가 아니면 이루어지지 않는다. 이에 사용되는 약제는 인산나트륨, 중합인산나트륨, 탄산나트륨, 수산화나트륨 등의 무기약제가 주가 되며, 적량 첨가에 의하여 pH조정과 칼슘과 마그네슘의 슬러지화 그리고 실리카의 용해를 한다. 또한 타닌, 리그닌(Lignin)산 소다, 전분, 피로갈롤(Pyrogallol) 등의 유기약제에 의하여 발생한 슬러지의 분산, 과잉알칼리 억제에 의한 비철금속밸브 등의 보호, 강표면에 형성된 방식피막을 보호한다.

② 방식제

방식은 탈산소와 pH 조정에 의하며 탈산소제로는 주로 히드라진(Hydrazine, N_2H_4) 또는 아황산나트륨(Na_2SO_3) 등이 쓰인다. 사용량은 용존산소량이나 보일러 내의 급수분산방식에 따라 다르나 어느 경우든 보일러수 중에 히드라진 0.2 ppm 이상 또는 아황산나트륨 10 ppm 이상이 잔류해 있으면 충분하다. 이 약품의 탈산소과정은 식 (3.39)와 같다.

$$N_2H_4 + O_2 \Rightarrow N_2 + 2H_2O$$

$$2Na_2SO_3 + O_2 \Rightarrow 2Na_2SO_4 \qquad (3.39)$$

제4장 방열기기

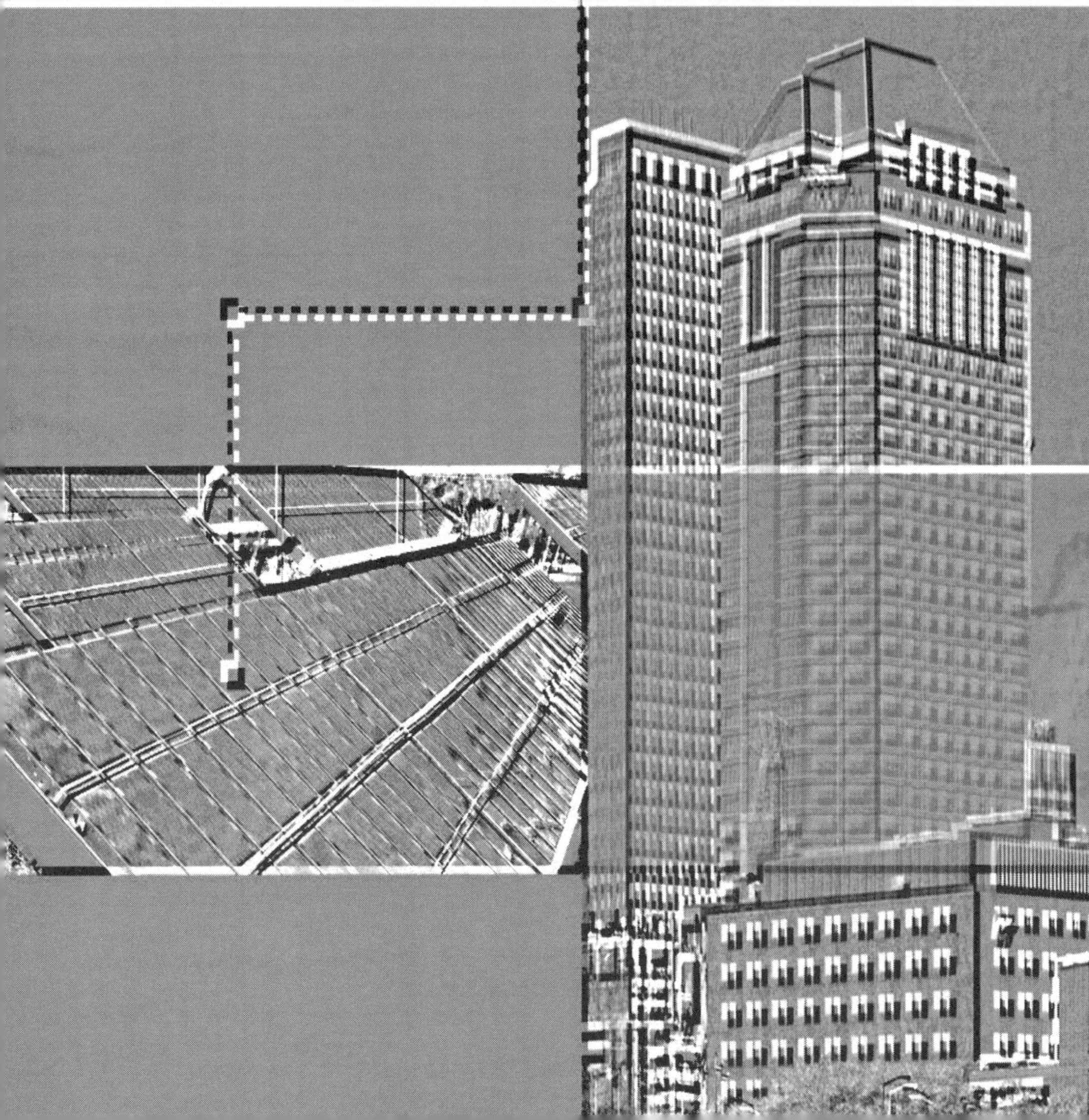

제4장 방열기기

방열기기는 열의 전달방법에 따라 자연대류·복사식 방열기, 강제대류식 방열기, 자연대류식 방열기, 복사식 방열기로 분류되고 방열기의 종류와 방열특성은 표 4.1과 같다.

표 4.1 방열기 종류와 방열특성

열의 전달방법	방열기 종류	복사 방열비율[%]	대류 방열비율[%]
자연대류·복사식	주철제 방열기 강판제 방열기(패널형) 알루미늄 방열기 길드 방열기	30~40 40~50	60~70 50~60
자연대류식	컨벡터 핀 튜브 베이스보드 방열기	10~20 5 이하	80~90 95 이상
강제대류식	팬컨벡터 유닛히터	거의 없음	대부분
복사식	바다패널(저온) 천정패널(고온) 벽패널	55 전후 70 전후	45 전후 30 전후

4.1 자연대류·복사식 방열기

4.1.1 개　요

방열면과 주위 공기와의 온도차에 의하여 자연대류가 일어나고 방열면과 주위 벽면과의 온도차에 의하여 복사 열전달이 일어나 실내를 난방하는 방열기를 말하며, 방열기 내부에는 보일러 등의 열원장치에서 공급되는 증기나 온수 등의 열매를 공급한다.

이 방열기의 특징은 실내에 발생하는 기류의 속도가 낮고 상하의 온도차이도 낮으므로 쾌적성이 높으며, 특히 복사열의 비율이 높은 방열기는 실내 평균복사온도가 높게 되어 실내공기온도가 낮아도 좋은 난방효과를 얻을 수 있다.

자연대류・복사식방열기는 복사열과 자연대류 사이의 명확한 경계 값이 나뉘어지지는 않는다. 방열기의 방열량 Q[W]의 관계식은 다음과 같다.

$$Q = C \cdot A(t_w - t_a)^n \tag{4.1}$$

여기에서 C : 방열기 형상 계수[W/m² · K]

A : 방열면적[m²]

t_w : 열매 평균 온도[℃]

t_a : 주위 평균 온도[℃]

n : 방열기 형상에 의한 지수(1.2~1.45)

주철제 방열기 1.2, 베이스보드 방열기 1.31

컨벡터 1.42, 바닥패널 1.1

4.1.2 주철제 방열기

주철제 방열기(Cast Iron Radiator)는 대류・복사식 방열기로서 가장 오랫동안 사용되어 왔고 주물로 제작되며, 속이 빈 쪽을 필요한 수만큼 니플로 조립하여 서로 연결한다. 조립된 상하좌우에는 연결용 나사가 절삭되어 있어 부싱이나 플러그 등을 사용하여 필요한 연결규격으로 만든다. 중공 내부에는 온수나 증기를 공급하여 주위 공기로 방열하며, 방열량의 1/3은 복사에 의하고 나머지 2/3는 대류에 의한다.

종류로는 그림 4.1, 4.2와 같이 주형, 세주형, 벽걸이형 등이 있으며, 높이와 기둥의 수에 따라 표 4.2와 같은 여러 규격이 있다.

사용압력이 낮으므로 저압증기 또는 0.5 MPa 이하의 온수에 사용하고, 설치는 외벽쪽 창 아래에 놓아 냉기나 침입외기의 하강을 방지한다. 벽면에서 50 mm 정도를 이격시키는 것이 공기순환에 좋으며 설치조건에 따른 방열량의 변화는 그림 4.13과 같다.

이 방열기는 재질이 주철이므로 다른 방열기에 비하여 무겁고, 설치면적 또한 많이 차지하나 견고성과 내식성이 우수하여 학교와 같은 공용의 장소에 많이 사용된다.

표 4.2 주철제 방열기 규격

형		식			방열면적 [m²]	내용적 [리터]	중량 [kg]
주	높이	상폭	하폭	길이			
2 기둥형	950	187	203	64	0.35	3.60	12.3
	800				0.29	2.85	11.3
	700				0.25	2.50	8.7
	650				0.23	2.30	8.2
	600				0.21	2.10	7.7
	500				0.17	1.73	7.0
3 기둥형	950	228	244	65	0.42	2.40	15.8
	800				0.35	2.20	12.6
	700				0.30	2.00	11.1
	650				0.27	1.80	10.3
	600				0.25	1.65	9.2
	500				0.20	1.50	7.7
3 세주형	800	117	127	50	0.19	0.80	6.0
	700				0.16	0.73	5.5
	650				0.15	0.70	5.0
	600				0.13	0.60	4.5
	500				0.11	0.54	3.7
5 세주형	950	203	213	50	0.40	1.30	11.9
	800				0.33	1.20	10.0
	700				0.28	1.10	9.1
	650				0.26	1.00	8.3
	600				0.23	0.90	7.2
	500				0.19	0.85	6.9
벽걸이형 횡형	360	76	76	540	0.60	5.70	18.9
입 형	540			360	0.60	5.10	19.6

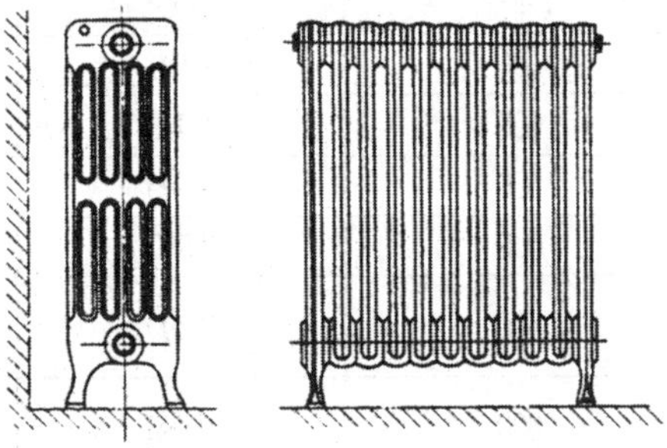

그림 4.1 주철제 세주형 방열기

구분 \ 모양		가로형	세로형
주 수		9	9
주요 치수 mm	H	360	540
	b	76	76
	l	540	360
	c	286	466
	f	37	37
표 면 적		0.60	0.60

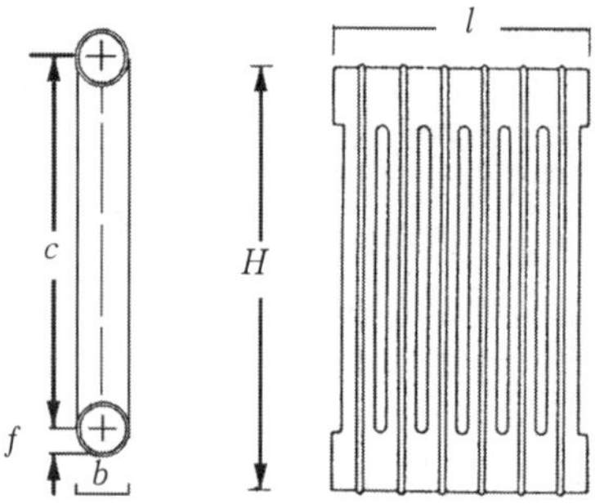

그림 4.2 주철제 벽걸이형 방열기

4.1.3 강판제 방열기

강판제 방열기는 그림 4.3, 4.4와 같이 박강판을 파형으로 프레스 가공한 후 2매를 용접으로 맞붙여 두께 12~17mm 정도인 중공형의 박형 패널모양과 주형으로 성형한다. 패널형은 패널 안에 온수를 순환시켜 표면의 방사열과 대류에 의하여 열이 전달되도록 하며, 주로 주택의 화장실, 탈의실, 세면장 등 좁은 공간에 설치시 사용하고, 주형은 세주형 주철제방열기와 비슷한 용도로 사용된다.

형상과 치수는 제조업체에 따라 다소 다르지만 패널형은 높이 500~600 mm 정도가 많고, 길이는 600~1,700 mm까지 100 mm 단위로 가능하며, 주형은 높이가 600 mm이고 3주형과 4주형이 생산된다. 방열량은 표면적에 따라 결정되며 표 4.3과 같다. 패널형은 패널 겹수에 따라 한 겹인 싱글형과 두 겹인 더블형이 있으며 설치방법은 벽걸이식이 많고 주형은 상치형이 많다.

표 4.3 강판제 방열기 규격

구 분	높 이 [mm]	방열면적 [m²]	방열량 [W]	내용적 [Lit]
싱글 패널형 (1m당)	500	1.197	756	5.08
	600	1.432	907	5.9
더블 패널형 (1m당)	500	2.395	1270	10.15
	600	2.865	1510	11.8
3세주형 (매당)	600	0.205	102	1.18
4세주형 (매당)	600	0.285	135	1.57

* 실내온도 : 18℃ 기준

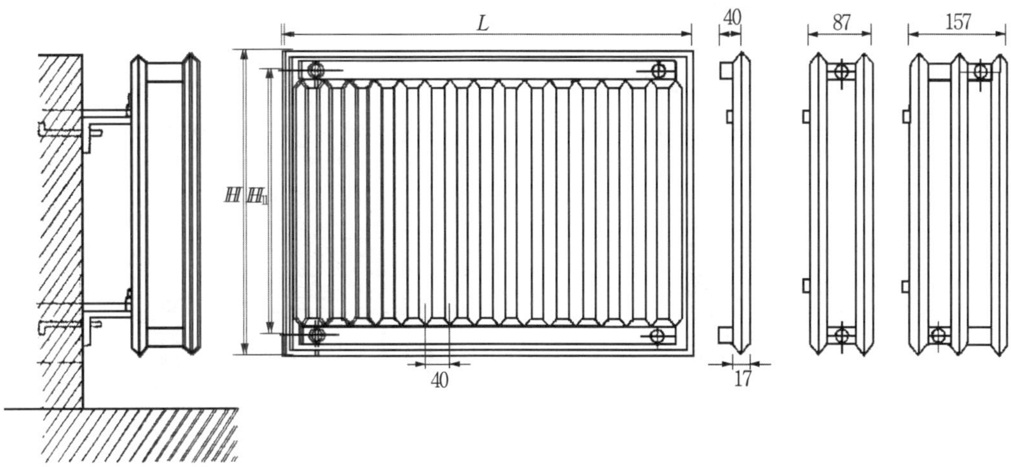

그림 4.3 강판제 방열기(패널형)

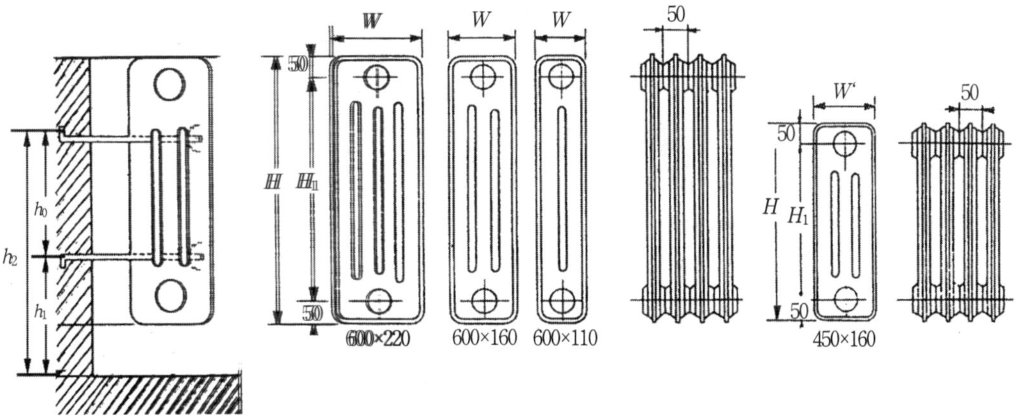

행거(Hanger)

H	600m/m	450m/m
h_0	300	150
h_1	220	220
h_2	520	370

그림 4.4 강판제 방열기(세주형)

4.1.4 알루미늄 방열기

알루미늄 방열기는 알루미늄을 압출하여 제작하는 것으로 제조업체에 따라 세주형, 주형 등 다양한 형태를 가지고 있다. 표 4.4는 방열량과 사용압력의 예이다.

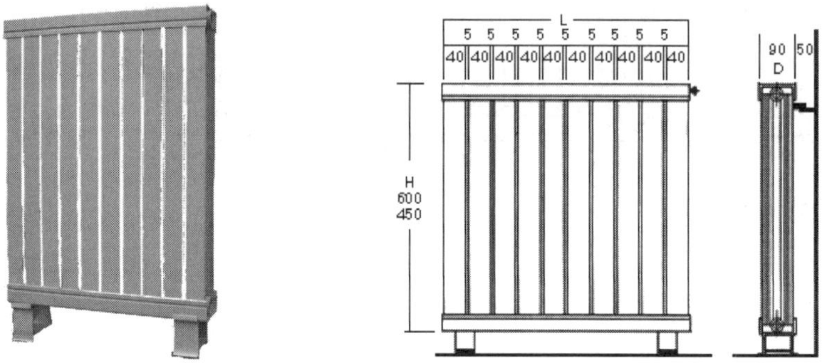

그림 4.5 알루미늄 방열기

표 4.4 알루미늄 방열기 규격

높이(mm)	넓이×폭(mm)	정격방열량(W/주)	내용적(lit)	최고사용압력(MPa)
600	40×90	98	0.13	0.6
	80×150	214	0.30	
450	40×90	77	0.11	0.6
	80×150	166	0.22	

* 실내온도 20℃ 기준

4.1.5 길드 방열기

길드 방열기(Gilled Radiator) 주철제로 제작되고 원주 주위에 핀이 부착되어 있는 긴 형상을 가지고 있으며, 온실과 같이 내식성을 요하고 설치높이에 제약이 있는 긴 건물에 설치한다.

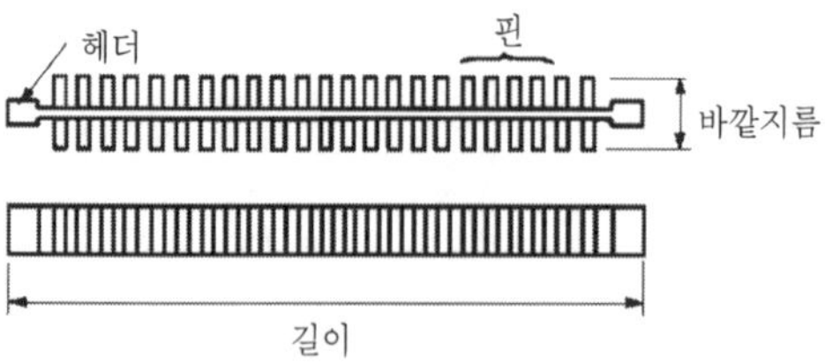

그림 4.6 길드 방열기

4.2 자연대류식 방열기

4.2.1 대류 방열기

대류 방열기(Convector)는 그림 4.7과 같이 피복된 강판제 케이싱 속에 동관 주위에 알루미늄핀이 압입된 가열코일을 설치한 것으로, 온수 또는 증기를 공급하면 가열코일을 통과하는 공기가 가열되어 실내공기가 케이싱 하부로 유인되고 자연대류 작용으로 케이싱 상부의 출구를 통하여 배출되며 실내를 난방하는 방열기기이다.

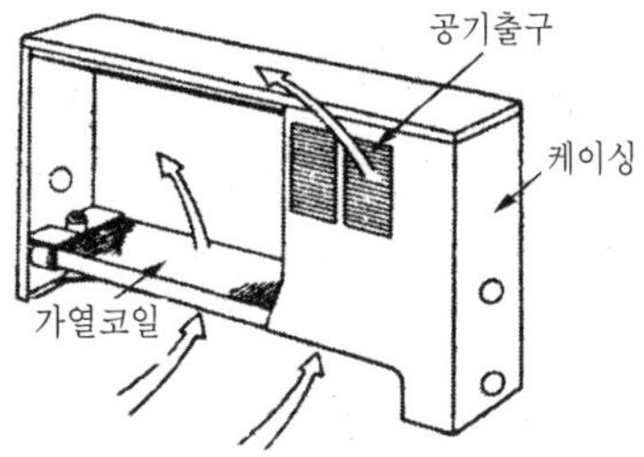

그림 4.7 대류형 방열기

표 4.5 대류 방열기의 방열량(W)

	높이	폭[mm] \ 케이싱 길이[mm]	500	600	700	800	900	1,000	1,200	1,400	1,600	1,800
온수용	700	175	750	940	1,130	1,320	1,510	1,690	2,060	2,440	2,820	3,190
		225	950	1,170	1,390	1,620	1,860	2,090	2,540	3,000	3,460	3,910
		270	1,040	1,270	1,510	1,760	2,000	2,250	2,730	3,220	3,690	4,180
	600	175	600	760	910	1,060	1,220	1,380	1,680	2,000	2,300	2,610
		225	790	970	1,170	1,360	1,550	1,750	2,130	2,520	2,900	3,300
		270	870	1,070	1,270	1,480	1,680	1,890	2,300	2,700	3,120	3,530
	500	175	460	590	700	830	960	1,080	1,330	1,580	1,820	2,080
		225	640	790	950	1,100	1,260	1,430	1,740	2,050	2,380	2,690
		270	690	870	1,030	1,200	1,370	1,540	1,880	2,220	2,550	2,890
증기용	700	175	840	1,090	1,330	1,590	1,830	2,080	2,580	3,090	3,580	4,080
		225	1,030	1,330	1,660	1,970	2,290	2,610	3,250	3,890	4,540	5,180
		270	1,110	1,470	1,840	2,190	2,550	2,900	3,620	4,340	5,060	5,770
	600	175	750	940	1,130	1,330	1,520	1,720	2,100	2,500	2,880	3,270
		225	1,020	1,250	1,510	1,,760	2,020	2,270	2,790	3,290	3,800	4,300
		270	1,090	1,380	1,680	1,970	2,260	2,560	3,150	3,740	4,330	4,930
	500	175	670	810	950	1,090	1,230	1,370	1,650	1,910	2,190	2,470
		225	1,010	1,190	1,380	1,560	1,750	1,940	2,310	2,680	3,050	3,430
		270	1,060	1,250	1,450	1,630	1,830	2,023	2,400	2,320	3,160	3,540

* 방열량은 표준상태에서의 기준

케이싱이 높을수록 굴뚝효과에 의하여 방열량이 커지며, 종류로는 바닥설치형과 벽부형이 있고, 용량은 가열부의 길이에 따라 정해지며, 압력 0.2 MPa 이하의 증기나 100℃ 이하의 온수를 주로 사용한다.

4.2.2 베이스보드 방열기

실내 벽체 아래의 걸레받이 부분에 설치할 수 있도록 제작된 대류방열기를 총칭하는 것으로, 방열원리는 컨벡터와 동일하다. 베이스보드 방열기의 하나인 핀튜브형은 내부의 방열체 구조는 방열효과를 높이기 위하여 호칭경 32A 또는 50A인 강관이나 동관 외주에 108 mm 크기의 사각형 얇은 핀을 132개/m 또는 165개/m를 부착시켜 제작한다. 상하 배열에 따라 1단, 2단, 3단식이 있다. 핀의 재질은 관의 재질과 같이 하나 동관일 경우에는 알루미늄핀을 사용하기도 한다.

방열체 외부에는 그림 4.8과 같이 강판제 케이싱을 설치하고 케이싱의 하단을 바닥에서 150 mm 정도 띄우고 설치하여 실내공기를 이곳에서 흡입하도록 하면 자연대류에 의하여 상부에 있는 공기출구로 배출되며 실내공기를 가열한다.

높이가 낮고 긴 형상을 가지고 있으므로 외벽 창문 아랫부분이나 벽면의 폭만큼 설치하면 균일한 난방효과를 기대할 수 있다. 케이싱에는 뒷판이 없으므로 벽체가 열손실이 많은 구조일 때에는 보온을 고려하여야 한다.

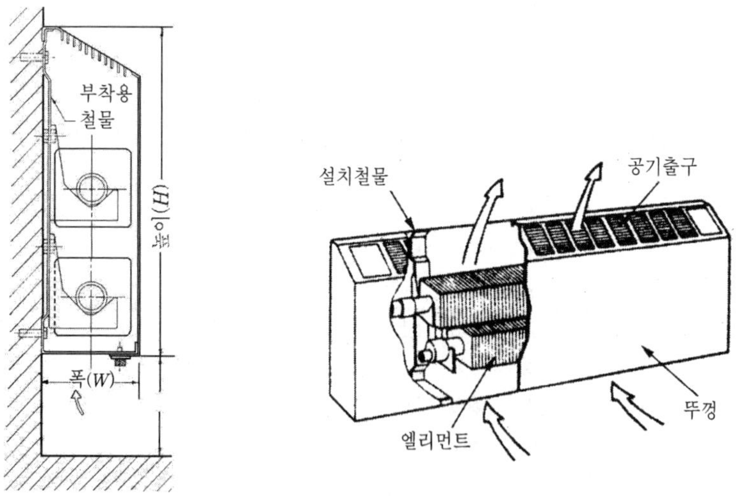

그림 4.8 베이스보드 방열기

베이스보드 방열기의 형식에는 벽걸이형과 바닥설치형이 있고 크기는 표 4.6과 같은 것이 주로 사용된다. 방열량은 방열체의 단수와 길이에 따라 정해지며, 표 4.7에는 증기압 10 kPa일 때와 온수온도가 80℃일 때의 방열량을 보여주고 있는데, 입구공기 온도와 증기압 또는 온수온도가 다를 경우에는 방열량이 변하므로 4.6 제2절의 보정계수를 이용하여 보정한다.

표 4.6 베이스보드 방열기 규격(단위 : mm)

폭	160
높 이	1열-300, 2열-450, 3열-600
방열체의 길이	400, 600, 800, 1,000 1,200 1,400 1,600 1,800 2,000 2,400 2,800 3,200 3,600 4,000

표 4.7 베이스보드 방열기(w/m)

엘리먼트			증기일 때[10kPa]	온수일 때[80℃]
관 경	핀 수[개/m]	열 수		
32	132	1 2 3	1,300 2,110 2,790	860 1,380 1,820
	165	1 2 3	1,410 2,200 2,880	920 1,450 1,890
50	132	1 2 3	1,370 2,320 3,020	890 1,530 1,990
	165	1 2 3	1,470 2,430 3,120	960 1,590 2,050

* 핀의 크기는 108×108mm, 강관제
* 실내온도 18.5℃일 때 기준

4.3 강제대류식 방열기

강제대류식 방열기는 가열코일과 송풍기를 조합하여 만들고, 가열코일에 온수나 증기를 공급하고 가열코일 표면에 송풍기로 공기를 불어넣어 강제대류에 의한 열교환으로 가열된 온풍을 실내로 공급하는 방열기기이다.

자연대류식에 비하여 단위면적당 난방능력이 크게 되므로 작게 만들 수 있고 설치위치도 비교적 자유롭게 선정할 수 있는 장점이 있다. 종류로는 팬컨벡터, 유닛히터 등이 있다.

4.3.1 팬컨벡터

팬컨벡터는 그림 4.9와 같이 송풍기, 가열코일, 전동기, 흡입구, 토출구, 에어필터 및 케이싱으로 구성되어 있다. 일반적으로 80℃ 이하의 온수나 150 kPa 이하의 증기를 가열코일에 공급하여 사용한다. 가열코일은 동관에 알루미늄박판을 압입한 크로스핀코일로서 제작되고, 송풍기는 다익형을 주로 사용하며 전동기 직결로서 구동한다.

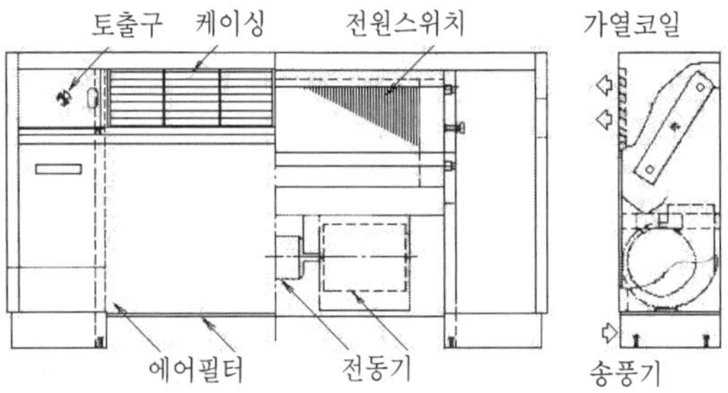

그림 4.9 팬컨벡터

형식에는 설치위치에 따라 바닥설치형과 천장설치형이 있고, 토출방향에 따라 전면토출형과 상부토출형이 있다. 바닥설치형의 설치위치는 열손실이 가장 큰 외벽측 창 아래 중앙부에 설치하여 콜드드래프트를 방지한다. 난방능력은 표 4.8과 같이 보통 3,000~22,000[W]이다.

실내온도 제어는 팬속도 제어에 의한 풍량조절식과 밸브의 개도조절에 의한 수량조절식이 있다. 용도는 사무실 등과 같은 큰 공간의 난방용으로 사용되며 저소음형으로 생산된다.

표 4.8 팬컨벡터의 용량(증기용)

컨벡터 규격	외형길이[mm]	난방능력[W]	증기소모량[kg/h]	송풍기풍량[m³/min]	소비전력[W]
2R×0.5M	925	5,800	9.4	5.6	25
2R×0.6M	1,050	8,100	13	8.3	35
2R×0.75M	1,175	10,400	16.8	11.2	45
2R×1.0M	1,425	14,000	22.5	17	65
2R×1.5M	1,930	22,000	33.6	22.4	45×2

* 사용증기압력 : 0.35kg/cm², 입구공기온도 : 18℃

표 4.9 팬컨벡터 용량(온수용)

항목		FC-2	FC-3	FC-4	FC-6	FC-8
난방능력 [W]	A	5610	7660	10620	13680	20740
	B	3430	4740	6540	8720	12790
유량 [l/min]	A	8	10	14	17	28
	B	6	8	11	15.5	22
송풍기풍량[m³/min]		5.6	8.5	11.3	17.0	22.6
소비전력[W]		25	35	45	65	45×2

* 1. 능력 A : 입구온수온도 80℃, 입구공기온도 20℃ 기준(국내 L사 제품)
2. 능력 B : 입구온수온도 60℃, 입구공기온도 21℃ 기준

4.3.2 유닛히터

유닛히터(Unit Heater)는 공장이나 창고 등과 같이 높고 넓은 공간에 주로 사용되는 강제대류식 방열기로서 그림 4.10과 같이 팬, 가열코일, 케이싱으로 구성되어 있다. 가열코일은 동관에 알루미늄박판을 다수 압입한 크로스핀코일형으로 하향흡출형은 원통형의 곡면으로 가공한 것이고 횡흡출형은 판상으로 가공한 것이다. 팬은 프로펠러형을 전동기로 직결하여 사용하는 것이 많다. 종류에는 천장걸이 하향흡출형과 횡흡출형이 있다. 하향흡출형은 천장 부근에 정체하고 있는 높은 온도의 공기도 유닛을 통하여 흡출 하강시키므로 실내온도 분포를 균일화하는 역할을 한다. 횡형 흡출형은 천장이 낮은 부분의 난방이나 국부난방에 적합하다. 열매로는 증기나 온수가 사용되고 용량은 난방능력 7,000~80,000[W] 정도이다. 난방능력은 크지만 소음이 크므로 설치장소 선정시 유의하여야 한다.

유닛히터를 설치할 때에는 다음과 같은 점에 주의하여야 한다.

1) 온풍의 도달거리나 확산직경은 천장고나 흡출공기온도에 따라 변하므로 설치위치를 충분히 고려하여야 한다.
2) 토출공기온도는 너무 높지 않도록 하고, 송풍량을 증가시켜 고온공기가 상층부에 모이지 않도록 한다.
3) 열손실이 가장 많은 곳에 설치한다.
4) 온풍이 직접 인체에 닿지 않도록 통로 등과 같이 사람이 없는 장소로 흡출하여야 한다.

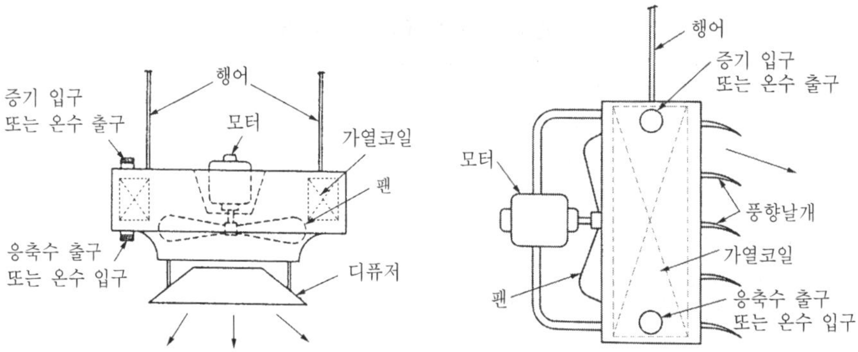

그림 4.10 유닛히터

4.4 복사식 방열기

복사식은 설치위치에 따라 천장패널, 벽패널, 바닥패널 등으로 나뉘어지며 패널의 표면온도에 따라 저온식, 고온식, 적외선식 등이 있다. 온수나 증기 등이 통과하는 가열관이 복사판과 일체화된 모양으로 되어 있어 패널 표면에서 복사열에 의하여 난방하는 방법으로 이는 제9장에서 다루기로 한다.

4.5 방열기의 난방효과

4.5.1 배치와 난방효과

복사·대류형 방열기의 난방효과는 배치에 따라 영향이 크다. 가장 좋은 방법은 외벽쪽 창 아래나 개구부 등 부하가 많은 장소에 배치하는 것이다. 그림 4.11(a)와 같이 외벽쪽 창 아래에 설치하면 유리면에서 발생하는 콜드드래프트를 방지하고 실내의 온도 분포를 양호하게 하지만 안쪽에 배치하면 콜드드래프트가 실내를 횡단하고 실내온도 분포가 아주 나쁘게 될 뿐 아니라 유리창면에서의 결로도 일어나기 쉽다. 복사를 고려하면 그림 4.11(a)일 때에는 유리창면의 냉복사가 방열기에서의 복사열로 상쇄되어 유리창 근처에서의 불쾌감을 줄여준다. 그러나 그림 4.11(b)와 같이 안쪽에 설치할 때에는 창쪽이 춥고 안쪽이 덥게 되어 쾌적감을 얻을 수 있는 면적이 줄어든다.

동일한 방열량에 있어서도 방열기 외형치수의 종횡비에 따라 그림 4.12와 같이 온열환경이 다르게 되며 일반적으로 방열면은 가능한 한 연속적으로 그리고 길게 하는 것이 난방효과를 높일 수 있게 된다.

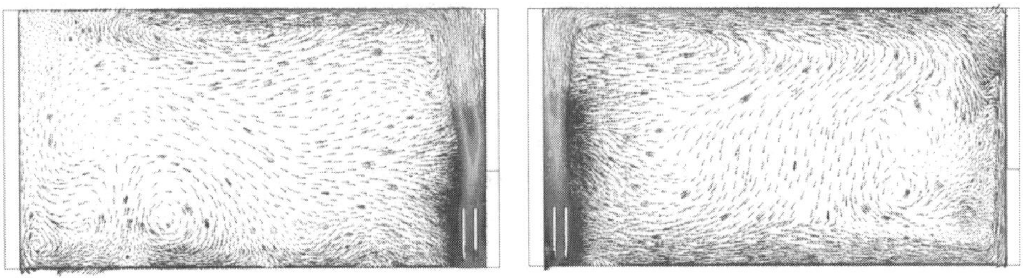

(a) 외측 배치 (b) 내측 배치

그림 4.11 방열기 배치와 실내기류

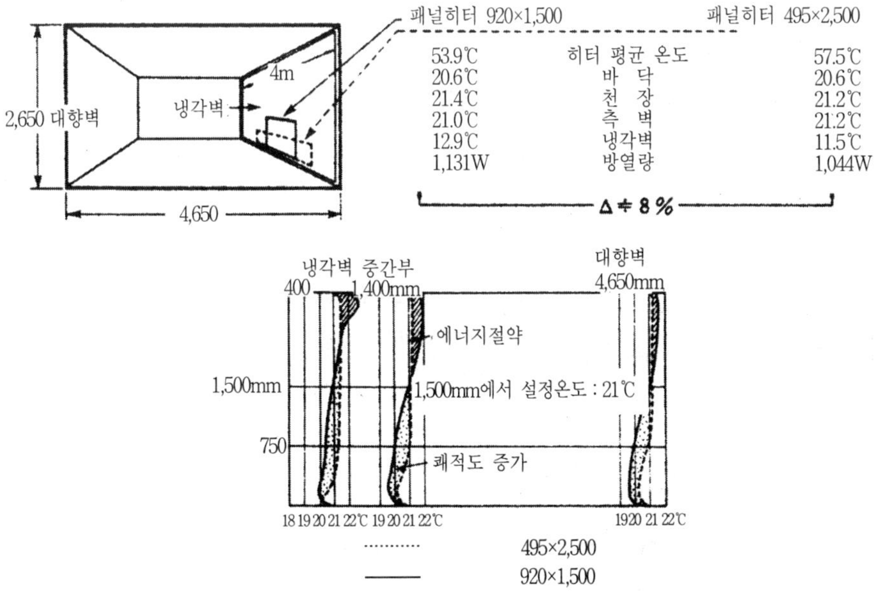

그림 4.12 방열기 종횡비와 난방효과

4.5.2 설치조건과 방열효과

일반적으로 대류 방열방식은 아래에서 공기를 흡입하여 상부에서 배출된다. 이때 방열기 주위에 가구나 수납공간이 있을 경우 방열효과는 그림 4.13과 같이 변화를 가져오게 되므로 방열기 규격 선정 시 고려하여야 한다.

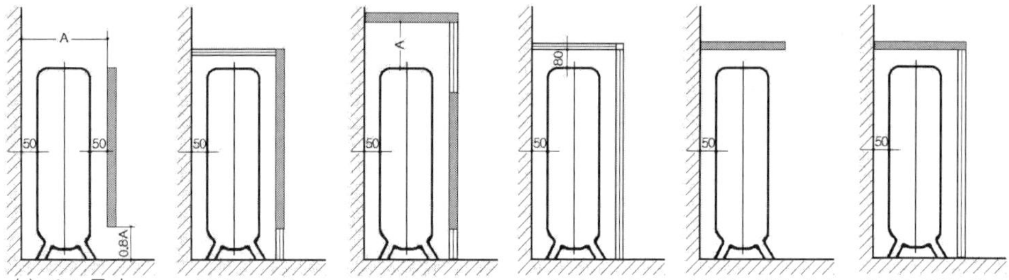

그림 4.13 설치조건과 방열효과

4.6 방열기의 방열능력

4.6.1 방열량

방열기의 방열능력은 열매의 종류, 온도, 유량, 및 방열면의 구조나 크기, 실내공기 온도조건 등에 의하여 달라진다. 따라서 조건이 다른 경우에는 보정을 하여 이용한다. 각종 방열기의 방열능력 측정에 대한 표준상태는 KS B 6391에 규정되어 있다. 이 규격에서 방열기의 정격방열능력 측정을 위한 기준은 표 4.10과 같다.

표 4.10 정격방열능력 측정표준

열매종류	열매조건	온도강하	입구공기온도
온수용	평균온수온도 70℃	주철제, 패널형 방열기류 20℃ 컨벡터 10℃	20℃
증기용	증기압력 5 kPa		20℃

방열능력 시험상태에서의 온수용 방열기의 방열량 Q[W]는 식 (4.2)를 이용하여 구한다.

$$Q = Cm_w(t_i - t_o) \tag{4.2}$$

여기에서 C : 평균온수온도의 비열[kJ/kg · K]
m_w : 온수순환량[kg/s]
t_i : 온수입구온도[℃]
t_o : 온수출구온도[℃]

시험조건이 다른 경우 표준상태에서의 방열량 Q_o[W]는 아래 식을 이용하여 환산한다.

$$Q_o = Q(\frac{t_{ws} - t_{as}}{t_w - t_a})^n \tag{4.3}$$

여기에서 t_{ws} : 표준상태 온수온도[℃]
t_{as} : 표준상태 입구공기온도[℃]
t_w : 시험시 평균온수온도 $(t_i - t_o)/2$[℃]
t_a : 시험시 평균 공기온도[℃]
n : 주철제방열기 1.3, 컨벡터 1.5, 베이스보드 1.4

증기를 열매로 하는 경우의 방열능력은 식 (4.4)를 이용하여 구한다.

$$Q = m_s \gamma \tag{4.4}$$

여기에서 m_s : 응축수량[kg/s]
γ : 방열기 압력에서의 응축잠열[kJ/kg]

시험조건이 다른 경우 표준상태에서의 방열량 Q_o[W]는 아래 식을 이용하여 환산한다.

$$Q_o = Q\left(\frac{t_{ss} - t_{as}}{t_s - t_a}\right)^n \tag{4.5}$$

여기에서 t_{ss} : 표준상태 증기온도[℃]
t_{as} : 표준상태 입구공기온도[℃]
t_s : 시험시 증기포화온도[℃]
t_a : 시험시 평균 공기온도[℃]
n : 주철제방열기 1.3, 컨벡터 1.5, 베이스보드 1.4

4.6.2 보정계수

실내온도나 열매의 온도가 변화하였을 때에는 방열량이 변하므로 표준상태에서의 방열량에 아래와 같이 보정계수 C_R을 이용하여 실제 방열량을 계산한다.

$$Q = C_R \cdot Q_o = \left(\frac{t - t_a}{t_s - t_{as}} \right)^n \cdot Q_o \tag{4.6}$$

여기에서 t : 사용 열매의 평균온도[℃]

t_a : 실내 평균 공기온도[℃]

t_s : 표준상태의 열매온도[℃]

t_{as} : 표준상태 입구공기온도[℃]

4.6.3 상당방열면적

방열기의 전방열량을 표 4.11의 표준방열량으로 나눈 값으로 EDR(Equivalent Direct Radiation)m²로 나타내며 다음 식과 같다.

$$EDR = \frac{Q}{Q_o} \tag{4.7}$$

여기에서 Q : 방열기의 전방열량[W]

Q_o : 방열기의 표준방열량[W/m²]

표 4.11 표준방열량

열　　매	표준방열량 [kcal/m²h]	열매온도 [℃]	실내온도 [℃]
증　　기	650(755.8W/m²)	102	18.5
온　　수	450(523.3W/m²)	80	18.5

4.6.4 열매 온도변화와 방열능력

유량이 일정한 상태에서 열매 온도조건이 바뀌면 방열량은 방열기내 열매평균온도와 공기온도의 평균온도차가 증가할수록 그림 4.14와 같이 크게 증가하는 경향을 보여준다. 그림에서 (a)는 유량 200 l/h, 190×50 mm, 1단 4패스, 피치4 mm의 핀튜브를 이용하고, 토출구 개구비율 0.2, 개구부까지의 높이 H가 150, 250, 550 mm인 경우 컨벡터의 방열능력 특성이고, (b)는 유량 50 l/h일 때 높이 1500 mm, 원관형 수직방열관 20개로 구성된 방열기의 방열특성으로 점선은 대류방열량이고 일점쇄선은 복사방열량을 나타내며 실선은 전방열량을 나타낸다.

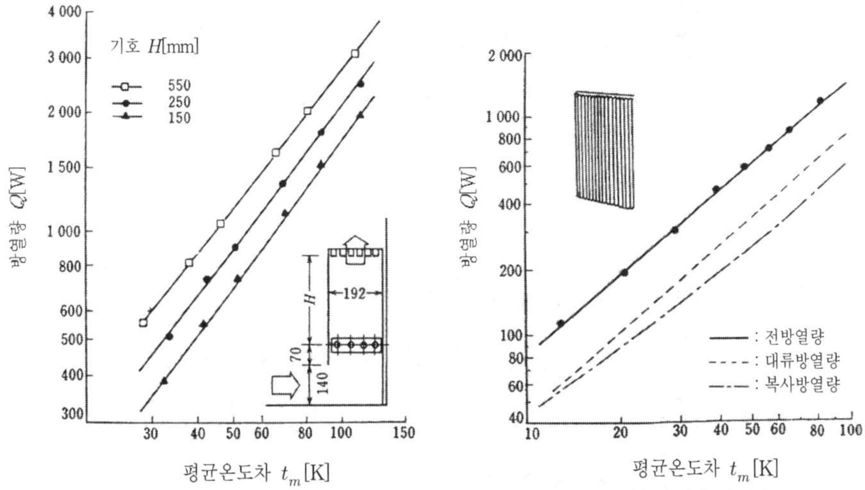

(a) 컨벡터 (b) 원관형 방열기

그림 4.14 평균 온도차와 방열량

4.6.5 열매 유량변화와 방열능력

열매온도는 일정하게 하고 유량을 감소하면 방열량은 감소한다. 이것은 방열기내 평균온도가 바뀌지 않는다 하더라도 관내 열전달률이 낮아지기 때문이며, 입구온도가 일정할 때 방열기내 평균온도도 내려가기 때문이다. 그림 4.15는 방열기 입구온도를 일정하게 할 때 유량변화에 의한 방열능력 변화를 나타내며, (a)는 앞항의 컨벡터와 같은 것으로 높이 500mm, 입구온도 100℃, 공기온도 20℃일 때이며, (b)는 길이 1,500mm, 높이 210mm인 패널형 방열기의 경우, 공기온도 20℃일 때이다. 컨벡터의 경우 어떤 유량 이하로 되면 방열능력이 급격히 떨어지지만, 패널형 방열기의 경우는 저유량일 경우에도 방열능력이 그다지 감소하지 않는 것을 볼 수 있다.

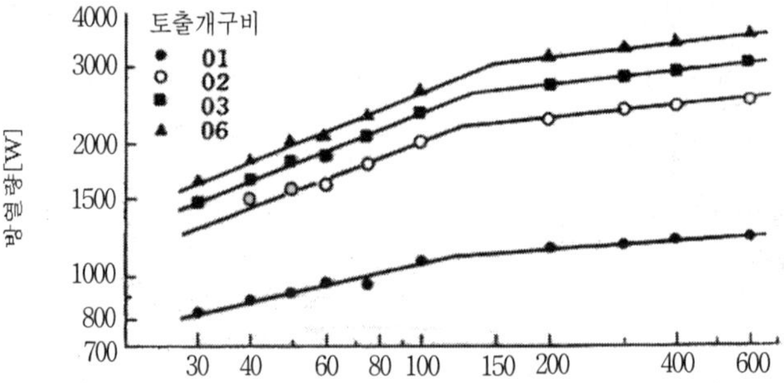

(a) 컨벡터

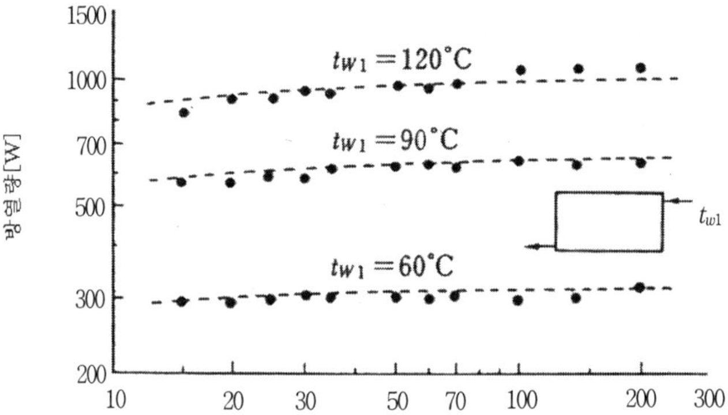

(b) 패널형 방열기

그림 4.15 온수유량과 방열량

4.7 방열기의 선정

실내에 설치할 방열기기를 선정할 때에는 다음과 같은 사항을 고려하여 종류를 결정한다.

1) 사용하는 열매 종류에 적합할 것

2) 설치장소에 적합한 디자인과 견고성을 가질 것

3) 난방 사용목적에 적합한 방열능력을 가질 것

4) 실내온도 분포가 균일하게 되는 것

5) 설치가 용이한 형태일 것

방열기기의 종류를 결정하고 나면 다음과 같은 순서로 규격과 설치 대수를 결정한다.

1) 난방하는 실의 손실열량을 구한다.
2) 손실열량을 선정된 방열기의 쪽이나 단위 규격 당 방열량으로 나누어 쪽수나 길이를 구한다. 이때 열매온도나 실내온도 조건에 따른 보정계수를 고려한다.
3) 창문의 수나 외벽의 길이를 고려하여 설치개소를 결정한다.
4) 1대당의 규격을 결정한다.

방열기의 규격을 선정할 때 방열기의 방열량은 연속난방을 기준으로 하여 실외와 실내온도가 항상 일정한 값인 상태에서 구하여진 손실열량이다. 건물의 사용용도에 따라서는 간헐운전을 하는 경우도 있다. 이때 건물의 내부에 있는 구조체나 실내가구 등의 냉각된 열용량이 아주 큰 경우에는 난방 시작시 예열시간이 길게 되는 경우도 있다. 따라서 간헐운전일 경우에는 정상부하에 예열부하를 고려한 방열기 용량을 선정할 필요가 있는 경우도 있다.

【예제 4.1】

저압증기난방을 하고자 하는 실의 난방부하가 15,000 W일 때 실에 설치하는 방열기의 규격을 결정하라. 단 실내온도 조건은 18.5℃로 주철제 5세주형 높이 650 mm 제품을 사용하고 창문은 3개소에 있다.

풀이

① EDR = 15,000÷755.8=19.8 m^2

② 설치개소는 창문이 3개소에 있으므로 창문마다 방열기를 설치하는 것으로 하면 3개소로 된다.

③ 1개소 당 방열기의 상당방열면적은 19.8÷3= 6.6 m^2이 된다.

④ 주철제 방열기의 쪽수를 구하기 위하여 1쪽의 방열면적을 표 4.2에서 찾으면 0.26 m^2/쪽이므로 방열기 매수=6.6÷0.26≒25.4

그러므로 1조당 26쪽인 방열기로 선정한다.

【예제 4.2】

앞의 문제와 같은 조건일 때 베이스보드 방열기를 설치하고자 한다. 베이스보드 히터의 규격을 선정하라. 단, 베이스보드의 엘리먼트 규격을 50A×108×132핀으로 선정하고, 증기압력은 10 kPa이며 2열 형식으로 한다.

풀이

1 m당의 방열량은 2,320 W이므로 전체 소요길이를 구하면

15,000÷2,320≒6.5[m]

3개소에 설치한다면 1대의 길이는 약 2.2 m가 된다.

그러므로 50A×108×132핀의 2열×2.2 m인 베이스보드 방열기를 3개소에 설치하면 된다.

4.8 방열기의 증기공급량, 온수공급량

증기난방의 경우 방열기에서 발생하는 열량은 대부분 잠열이다. 그러므로 방열기로 공급하는 증기의 양 G_s[kg/s]는 식 (4.8)과 같이 구한다. 이때 방열기 내에서 발생하는 응축수의 양은 증기공급량과 같아진다.

$$G_s = \frac{Q}{r} \tag{4.8}$$

여기에서 Q : 방열기의 방열량[W]

γ : 사용증기 압력에서 물의 증발잠열[J]

온수난방의 경우 방열기에서 발생하는 열량은 물의 현열이므로 방열기에 공급하는 온수의 양 Q_w[l/min]는 식 (4.9)와 같이 구한다. 이때 온수공급량이 온수순환량으로 된다.

$$Q_w = \frac{60Q}{C \cdot \rho \cdot (t_1 - t_2)} \tag{4.9}$$

여기에서 C : 평균온수온도의 비열[kJ/(kg · K)]

ρ : 평균온수온도의 밀도[kg/m^3]

t_1 : 방열기 입구에서의 온수온도[℃]

t_2 : 방열기 출구에서의 온수온도[℃]

【예제 4.3】

난방부하가 15,000 W인 실에 베이스보드 방열기를 설치하고자 한다. 방열량을 보정하여 베이스보드의 규격을 선정하고 온수공급량을 구하라. 단 실내온도 22℃, 온수 공급온도 80℃, 환수온도 70℃이다. 베이스보드의 엘리먼트 규격을 50A×108×132핀으로 하고 2열형식으로 한다.

풀이 표준 상태에서 발열량은 1 m당 1,530 W이다. 먼저 평균 온수온도는 75℃, 입구공기온도 22℃에서의 방열량을 보정하기 위하여 식 (4.6)을 적용하면,

$$Q = \left(\frac{75-22}{80-18.5}\right)^{1.4} \times 1530 = 0.942 \times 1530 = 1{,}441[W]$$

전체 소요길이를 구하면 15,000÷1,441 = 10.4[m]

4개소에 설치한다면 1대의 길이는 2.6 m가 된다.

그러므로 표 4.6에서 50A×108×132핀의 2열×2.8 m인 베이스보드 방열기를 4개소에 설치한다.

베이스보드방열기 1대 당의 온수공급량 Q_w는

$$Q_w = \frac{60 \times Q}{C \cdot \ \rho \cdot \ (t_1 - t_2)} = \frac{60 \times 15{,}000}{4 \times 4.198 \times 974.8 \times (80-70)} \fallingdotseq 5.5[\ell/\text{min}]$$

제5장 배관재료와 시공

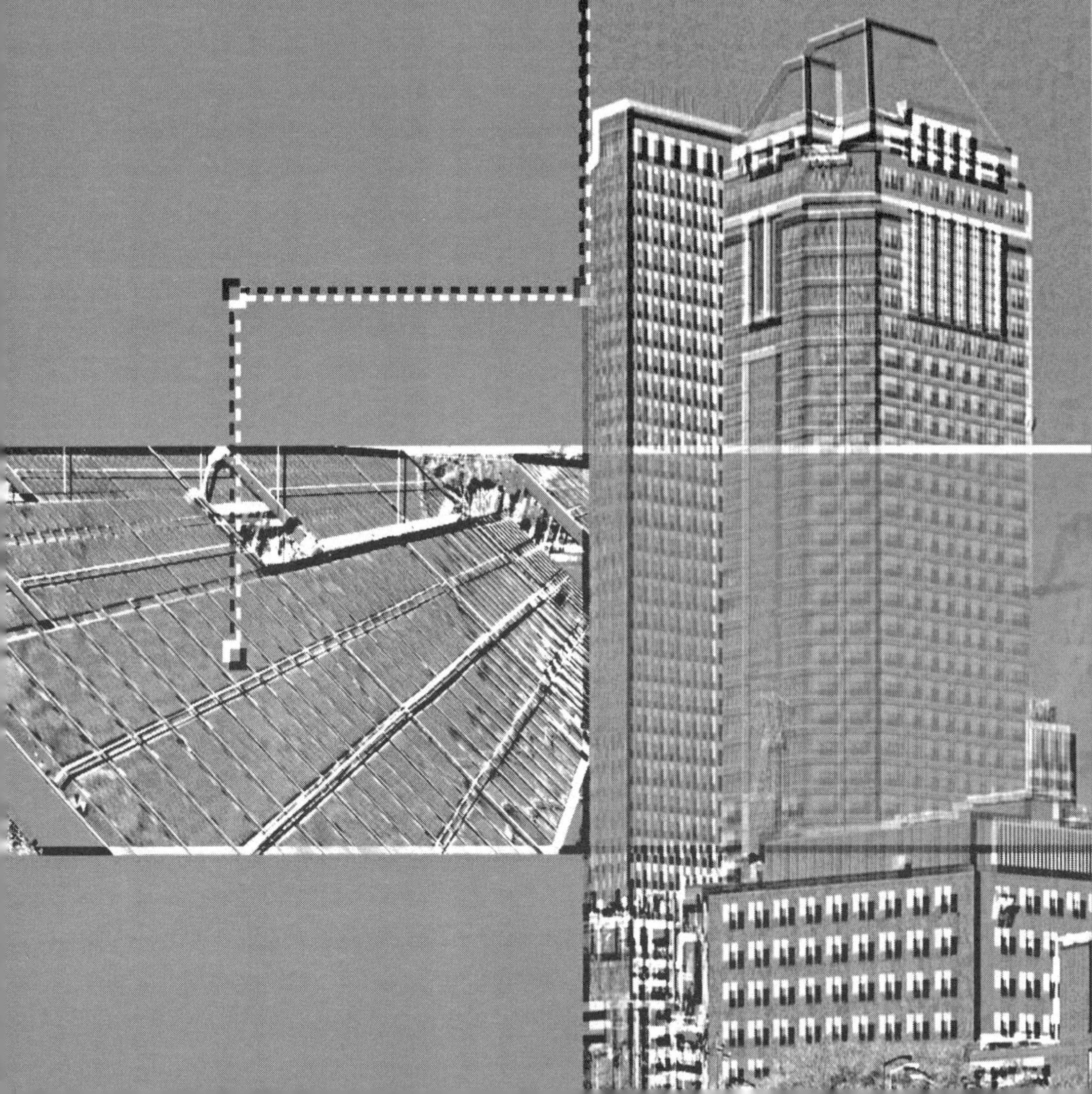

제5장 배관재료와 시공

5.1 탄소강 강관

5.1.1 탄소강 강관의 종류와 규격

건축설비용으로 가장 많이 사용하는 것이 탄소강 강관이다. 강관은 제조방법에 따라 단접강관(Welded Steel Pipe), 전기저항용접강관(Electric Resistance Welded Pipe), 이음매 없는 강관(Seamless Steel Pipe) 등으로 구분하며, 아연도금을 하지 않은 강관을 흑관, 아연도금을 한 강관을 백관이라 한다.

용도에 따라 일반배관용 탄소강관, 압력배관용 탄소강관, 열전달용 탄소강관, 구조용 강관 등이 있다. 표 5.1에 건축설비용으로 사용되는 강관의 종류를, 그리고 표 5.2에는 화학성분과 기계적 성질을 나타낸다.

KS규격에는 강관의 호칭지름은 mm 또는 A와 inch 또는 B로 나타내며, 제품의 표면에는 그림 5.1과 같이 규격을 표시한다.

표 5.1 강관의 종류 및 주요 용도

종류	기호	KS 규격	주요 용도
일반배관용 탄소강관	SPP	KS D 3507	사용압력이 낮은(1 MPa) 배관에 사용 흑관과 백관이 있으며 호칭지름은 6~500A
압력배관용 탄소강관	SPPS	KS D 3562	350℃ 이하의 온도에서 압력 1~10 MPa까지의 배관에 사용
보일러열교환기용 탄소강관	STH	KS D 3563	관의 내외면에 열의 접촉을 하는 곳에 사용
일반구조용 탄소강관	SPS	KS D 3566	토목, 건축 등 구조물에 사용

표 5.2 탄소강관의 화학성분과 기계적 성질

종 류	기 호	화학성분[%]					인장강도 [N/mm²] (kgf/mm²)
		C	Si	Mn	P	S	
일반배관용 탄소 강관	SPP				0.04 이하	0.04 이하	294(30) 이상
압력배관용 탄소 강관	SPPS38	0.25 이하	0.35 이하	0.3~0.9	0.04 이하	0.04 이하	373(38) 이상
	SPPS42	0.30 이하	0.35 이하	0.3~1.0	0.04 이하	0.04 이하	412(42) 이상

표 5.3 강의 물리적 성질

성 질	값
융 점	1,520℃
비 중	7.85
열 전 도 계 수	51.49 W/(m·K)
열팽창계수(25~100℃)	11.5×10^{-6} m/m℃
비 열(20℃)	0.469 kJ/(kg·K)

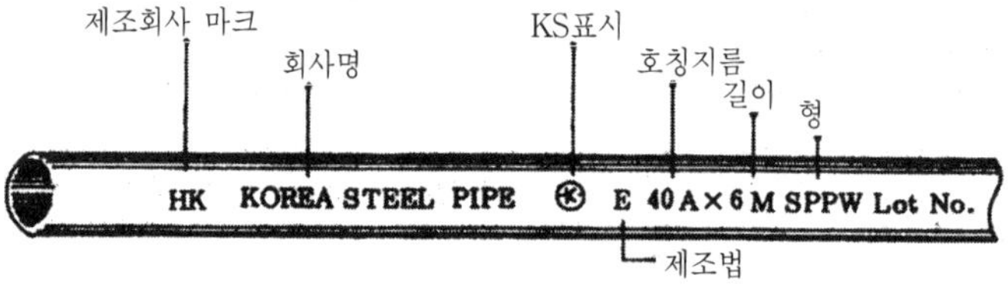

그림 5.1 강관규격표기법

(1) 일반배관용 탄소강관(Carbon Steel Pipe for Ordinary Piping, SPP)

건축설비용으로 가장 많이 쓰이는 관으로, 일반적으로 사용온도 220℃의 경우 압력 1 MPa 정도까지 사용한다. 나관인 상태의 관을 흑관, 강관표면에 아연도금한 것을 백관이라 하며, 흑강관은 유배관, 증기배관, 온수배관 등에 사용되고, 백강관은 냉온수배관 등에 사용된다. 백관의 경우 대기중 또는 물속에서 그 표면에 염기성 탄산아연 혹은 수산화아연의 피막이 형성되어 방식의 역할을 하나 물이 중성이 아니거나 수온이 높을 때 또는 살균을 위한 투입염소량이 많을 때는 그림 5.2, 그림 5.3과 같이 비교적 단기간에 부식되어 녹물이 발생한다.

1개의 표준길이는 6 m이며 2.5 MPa의 수압시험에 이상이 없어야 한다. 치수와 중량 등은 표 5.4와 같다.

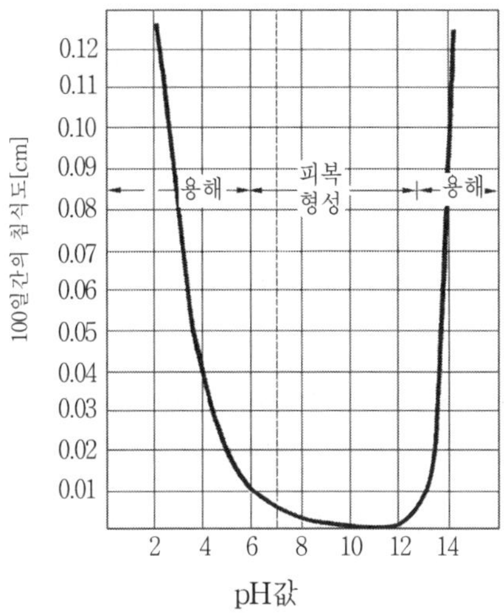

그림 5.2 아연부식도와 pH와의 관계

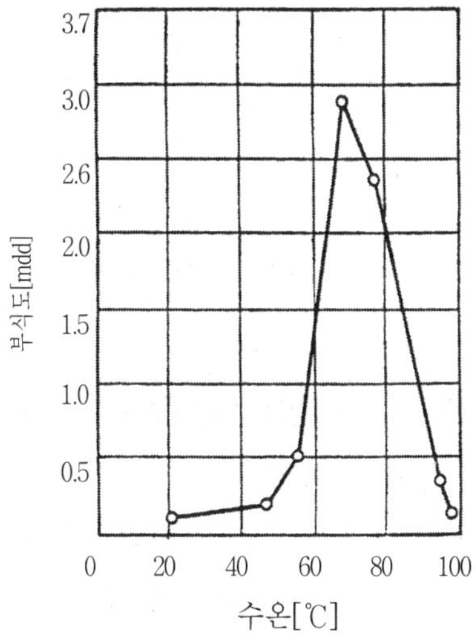

그림 5.3 아연부식도와 온도와의 관계

표 5.4 일반배관용 탄소강관의 치수 및 중량

호칭 지름		바깥지름 [mm]	바깥지름 허용차	두 께 [mm]	두께의 허용차	질 량 [kg/m]
A	B					
6	1/8	10.5	±0.5mm	2.0	+규정하지 않음 −12.5%	0.419
8	1/4	13.8	±0.5mm	2.35		0.664
10	3/8	17.3	±0.5mm	2.35		0.866
15	1/2	21.7	±0.5mm	2.65		1.25
20	3/4	27.2	±0.5mm	2.65		1.60
25	1	34.0	±0.5mm	3.25		2.46
32	11/4	42.7	±0.5mm	3.25		3.16
40	11/2	48.6	±0.5mm	3.25		3.63
50	2	60.5	±0.5mm ±1%	3.65		5.12
65	21/2	76.3	±0.7mm ±1%	3.65		6.34
80	3	89.1	±0.8mm ±1%	4.05		8.49
90	31/2	101.6	±0.8mm ±1%	4.05		9.74
100	4	114.3	±0.8mm ±1%	4.5		12.2
125	5	129.8	±0.8mm ±1%	4.85		16.1
150	6	165.2	±0.8mm ±1%	4.85		19.2
175	7	190.7	±0.9mm ±1%	5.3		24.2
200	8	216.5	±1.0mm ±1%	5.85		30.4
225	9	241.8	±1.2mm ±1%	6.2		36.0
250	10	267.4	±1.3mm ±1%	6.40		41.2
300	12	318.5	±1.5mm ±1%	7.00		53.8

호칭 지름		바깥지름 [mm]	바깥지름 허용차	두 께 [mm]	두께의 허용차	질 량 [kg/m]
A	B					
350	14	355.6	±1%	7.60		65.2
400	16	406.4	_ ±1%	7.9		77.6
450	18	457.2	_ ±1%	7.9		87.5
500	20	508.0	_ ±1%	.9		97.4

(2) 압력배관용 탄소강관(Carbon Steel Pipes for Pressure Service, SPPS)

압력배관용 탄소강관은 온도 350℃ 이하로 압력 1 MPa에서 10 MPa까지 작용하는 증기관, 유압관, 수압관 등에 사용된다. 관의 제조방법에 따라 이음매 없는 관과 전기저항 용접관이 있다.

관의 바깥지름은 일반배관용 탄소강관의 바깥지름과 같으나 관의 호칭은 호칭지름 및 두께를 나타내는 스케줄 번호(Schedule Number)로 나타낸다. 호칭지름은 6~650A까지 25종이 있으며 스케줄 번호는 10, 20, 30, 40, 60, 80 등이 있으며 이 번호가 커질수록 관의 두께가 두꺼워진다. 스케줄 번호와 관의 두께는 다음 식으로 구한다.

$$\text{스케줄 번호(SCH NO)} = \frac{P}{S} \tag{5.1}$$

$$\text{관의 두께} \quad t = \left(\frac{PD}{175S}\right) + 2.54 \tag{5.2}$$

여기에서 t : 관의 살 두께[mm]

P : 사용압력[kPa]

S : 허용응력(인장강도/안전율)[N/mm^2]

D : 관의 바깥지름[mm]

압력배관용 강관의 규격은 표 5.5와 같다.

표 5.5 압력배관용 탄소강관의 규격

호칭지름		바깥지름[mm]	두께[mm], 질량[kg/m]									
			SCH20		SCH30		SCH40		SCH60		SCH80	
A	B		두께	무게	두께	무게	두께	무게	두께	무게	두께	무게
10	3/8	17.3	-	-	-	-	2.3	0.85	2.8	1.00	3.2	1.11
15	1/2	21.7	-	-	-	-	2.8	1.31	32	1.46	3.7	1.64
20	3/4	27.2	-	-	-	-	2.9	1.74	3.4	2.00	3.9	2.24
25	1	34.0	-	-	-	-	3.4	2.57	3.9	2.89	4.5	3.27
32	11/4	42.7	-	-	-	-	3.6	3.47	4.5	4.24	4.9	4.57
40	11/2	48.6	-	-	-	-	3.7	4.10	4.5	4.89	5.1	5.47
50	2	60.5	3.2	4.52	-	-	3.9	5.44	4.9	6.72	5.5	7.40
65	21/2	76.3	4.5	7.97	-	-	5.2	9.12	6.0	10.4	7.0	12.0
80	3	89.1	4.5	9.39	-	-	5.5	11.3	6.6	13.4	7.6	15.3
90	31/2	101.6	4.5	10.8	-	-	5.7	13.5	7.0	16.3	8.1	18.7
100	4	114.3	4.9	13.2	-	-	6.0	16.0	7.1	18.8	8.6	22.4
125	5	139.8	5.1	16.9	-	-	6.6	21.7	8.1	26.3	9.5	30.5
150	6	165.1	5.5	21.7	-	-	7.1	27.7	9.3	35.8	11.0	41.8
200	8	216.3	6.4	33.7	7.0	36.1	8.2	42.1	10.3	52.3	12.7	63.8
250	10	267.4	6.4	41.2	7.89	49.9	9.3	59.2	12.7	79.8	15.1	93.9
300	12	318.5	6.4	49.3	8.4	64.2	10.3	78.3	14.3	107	17.4	129
350	14	355.6	7.9	67.7	9.5	81.1	11.1	94.3	15.1	127	19.0	158
400	16	406.4	7.9	77.6	9.5	93.0	12.7	123	16.7	160	21.4	203
450	18	457.2	7.9	87.5	11.1	122	14.3	155	19.0	205	23.8	254
500	20	508.0	9.5	117	12.7	155	15.1	184	20.6	248	26.3	311
550	22	558.8	9.5	129	12.7	171	15.9	213	-	-	-	-
600	24	609.6	9.5	141	14.3	228	-	-	-	-	-	-

5.1.2 관이음쇠

강관을 서로 접속하여 하나의 관로를 형성하기 위하여 여러 가지 종류의 관이음쇠가 필요하다. 이음쇠는 용도·사용조건·시공조건·유지관리조건 등을 고려하여 이음쇠의 종류를 결정한다. 이음쇠는 이음방법에 따라 나사식·용접식·플랜지식·메커니컬식이 있다.

(1) 나사식 관이음쇠

물, 증기, 공기 등의 저압용 일반배관에 사용하며 진동이나 충격 등이 작용할 우려가 있는 곳에는 사용하지 않는 것이 좋다. 일반적으로 관지름 50 mm 이하의 저압배관에 사용된다. 한국산업규격에는 가단주철제(KS B 1531), 강관제(KS B 5133)가 있다. 그림 5.4에 이음쇠의 종류를 보여준다.

그림 5.4

(2) 용접식 관이음쇠

용접식 관이음쇠는 접속부의 모양에 따라 맞대기 용접용과 삽입 용접용으로 구분되나 건축설비용으로는 주로 맞대기용접용이 이용된다. 맞대기 용접용에는 일반배관용과 특수 배관용의 2가지가 있으며 일반 배관용은 사용압력이 비교적 낮은 일반 배관용 탄소강관에 사용되며 이음쇠의 재질은 SPP와 같은 것으로 한다. 특수배관용은 고압배관 등에 사용되는 것으로 이음쇠의 재질은 배관 재질과 같은 것으로 한다. 일반적으로 호칭지름 65A 이상의 배관에 사용되며 가스나 기름배관인 경우에는 소구경에도 이용된다. 일반 배관용 맞대기용접식 관이음쇠의 한국산업규격은 KS B 1522에 규정되어 있다.

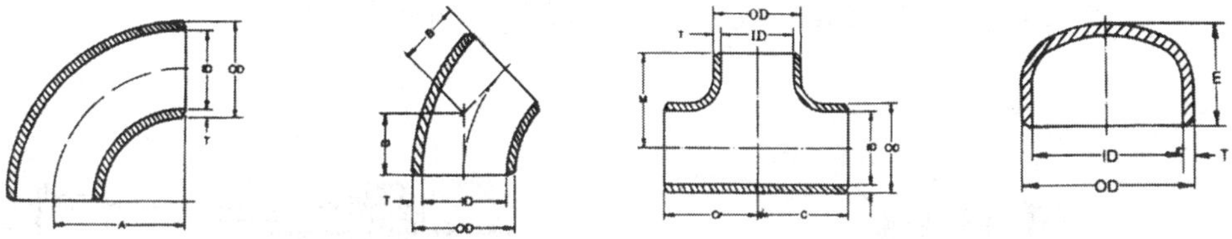

(a) 90°엘보 (b) 45°엘보 (c) 티 (d) 캡

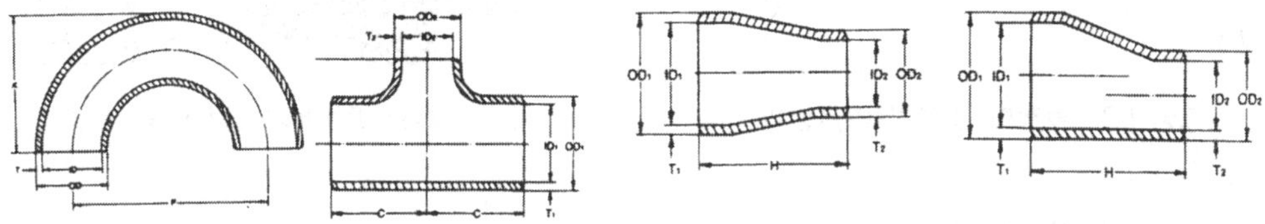

(e) 180°엘보 (f) 위경티 (g) 리듀서 (h) 편심리듀서

그림 5.5 강관 맞대기 용접식 관이음쇠

(3) 플랜지 관이음쇠

플랜지 관이음쇠는 밸브, 펌프, 각종 기기 등과 연결하거나 자주 해체 또는 교환을 필요로 하는 배관에 사용한다. 플랜지 관이음은 플랜지 사이에 개스킷을 넣고 볼트와 너트를 이용하여 접속시키는데, 재료로는 강, 주철, 주강 등이 이용된다. 또 사용압력에 따라 5K, 10K, 16K, 20K, 30K용 등이 있으며, 플랜지의 이음방법은 그림 5.6과 같다.

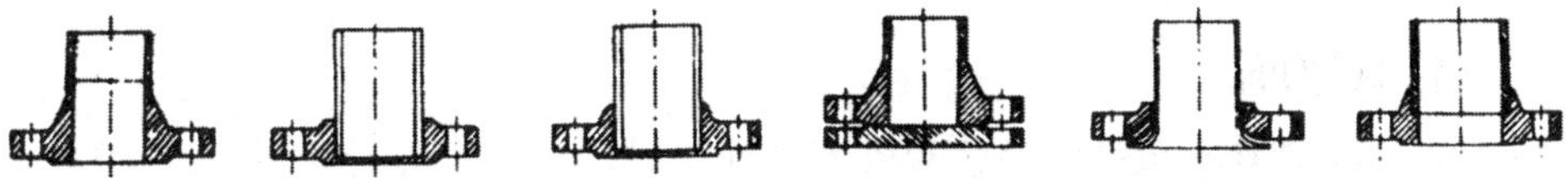

(a) 맞대기용접 플랜지 (b) 나이이음 플랜지 (c) 슬리브용접 플랜지 (d) 블라인드 플랜지 (e) 유합플랜지 (랩조인트) (f) 소켓용접 플랜지

그림 5.6 플랜지 이음방법

플랜지 연결면의 기밀을 유지하기 위하여 사용하는 개스킷에는 보통 석면제 개스킷이 사용되고, 볼트·너트의 재질은 사용유체의 온도가 400℃ 이하인 경우에는 SCM 3 및 S45C가 사용된다. 최근에는 그림 5.7과 같이 관의 단면을 플레어(Flare) 가공하고 루스플랜지(Loose Flange)를 이용하여 현장용접 없이 쉽게 체결하는 방법도 현장조립식 공법의 한 가지로 개발되어 사용되고 있다.

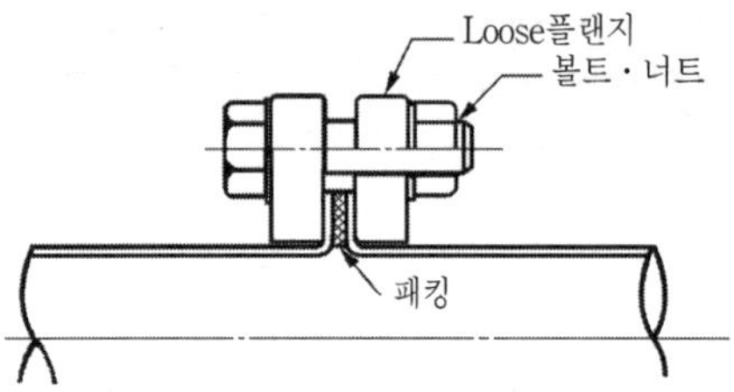

그림 5.7 플레어 플랜지 이음방법

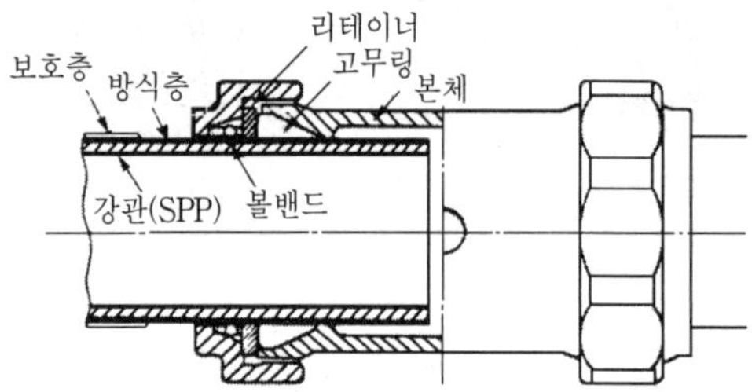

그림 5.8 메커니컬 이음

(4) 메커니컬 관이음쇠

관의 단면을 가공하거나 또는 가공하지 않고 시공할 수 있는 것으로 구분되며 현장에서 용이하게 조립할 수 있도록 개발된 것이다. 그림 5.8에 한 예를 보여주고 있다.

5.1.3 관의 이음

관과 관, 또는 관과 이음부속을 연결하는 방법으로 용접 이음방식과 나사 이음방식 또는 메커니컬 이음방식 등이 있다. 최근에는 현장 작업량을 줄이기 위하여 공장제작·현장조립의 방법으로 공법이 연구됨에 따라 새로운 조립식 이음방식들이 개발되고 있다.

(1) 용접이음

강관배관에 있어서 가장 많이 사용하고 있는 방법으로, 관과 관, 또는 관과 이음쇠를 용접이음하는 시공방법이다. 용접이란 2개의 금속을 고온의 용융상태로 하여 모재끼리 일체화시키는 방법으로, 주로 아크용접이 이용된다. 아크용접은 2개의 전극간에 발생하는 아크를 이용하여 금속을 용융·접합시키며, 교류방식과 직류방식이 있다.

아크용접은 심선에 피복재가 도장된 피복아크 용접봉을 사용하는 피복아크 용접법이 주로 사용되며, 용접봉은 5,000~6,000℃의 아크열에 의하여 녹으면서 용해된 모재 일부와 융합되어 모재의 접합부를 충진한다. 용접봉의 피복재는 용접시 공기와의 접촉을 막고 급랭을 방지하여 용접부의 품질을 유지하므로 현장작업시 용접봉에 습기가 침투하지 않도록 관리를 철저히 하여야 한다.

1) 용접홈의 형상

배관용접에서는 주로 맞대기 이음방식이 사용된다. 맞대기 이음시 접합부의 홈(Groove)형상은 그림 5.9와 같으며 가공치수는 표 5.6과 같다. 배관재의 용접부분에 홈을 가공하는 것을 홈가공이라 하며 공장에서는 전용가공기에 의하고 현장에서는 연삭기를 이용한다. 관의 두께가 4 mm 이하일 경우에는 I홈, 4~20 mm에서는 V홈이 많이 사용되며, 내외면에서 용접하는 경우는 X홈 및 기타가 사용된다. 플랜지의 용접부분은 그림 5.10과 같이 필릿용접 이음에 의한다.

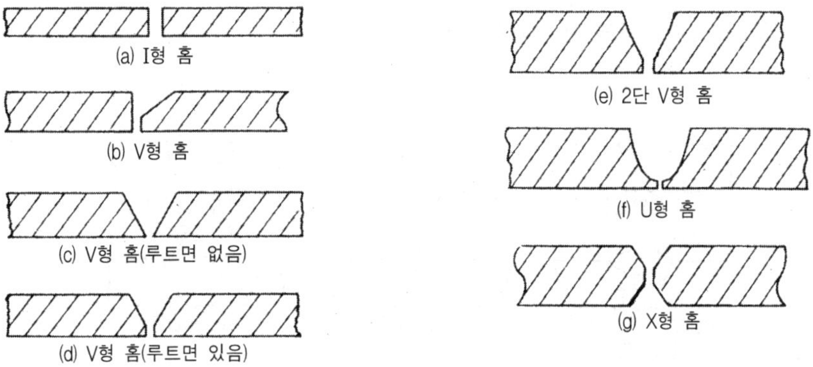

그림 5.9 홈의 형상

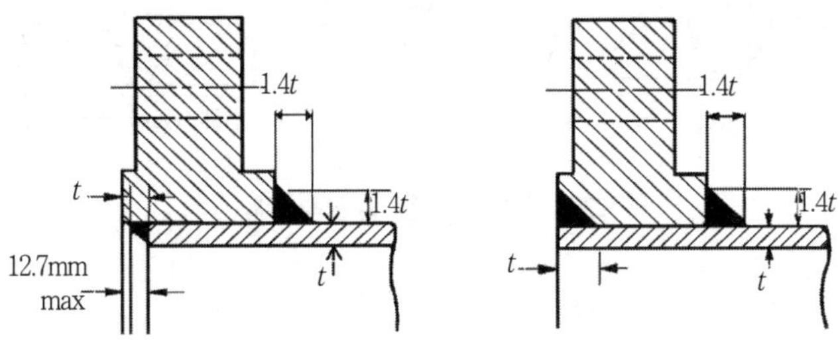

그림 5.10 플랜지의 필릿용접

표 5.6 홈의 형상

형상 \ 치수	I형	편면 V형	V형	2단 V형
	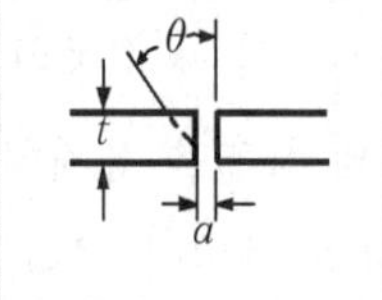	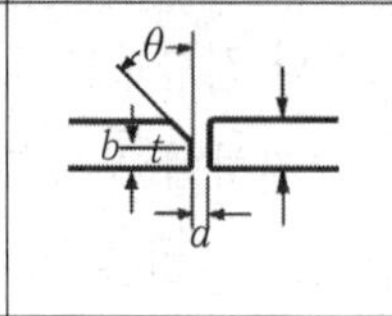	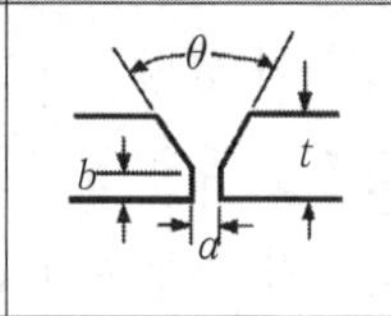	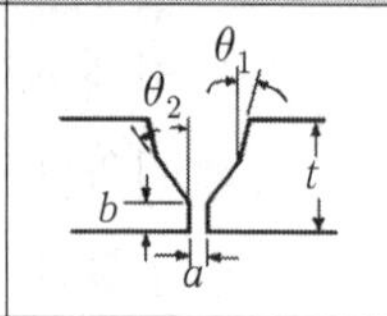
t	1.5~4.5	5.0	5.8~7.9	22 이상
a	1.5	1.5	1.5	3
b		2.0	2.0	2.0
θ		45°	70°	θ_1=10, θ_2=35~40°

2) 용접부의 형상

용접부에는 그림 5.11과 같이 여러 가지 결함이 발생할 수 있으므로 주의하여야 한다. 맞대기용접은 홈의 루트부에서 시작되며 최종 용접층의 용접 후 형상은 언더컷이나 오버랩이 되지 않게 그림 5.12와 같이 과잉용접의 높이가 외면에서는 3 mm 이하 정도, 내면에서는 2.4 mm 이하 정도로 한다. 용접부에 대한 검사로는 외관검사와 비파괴검사가 있다.

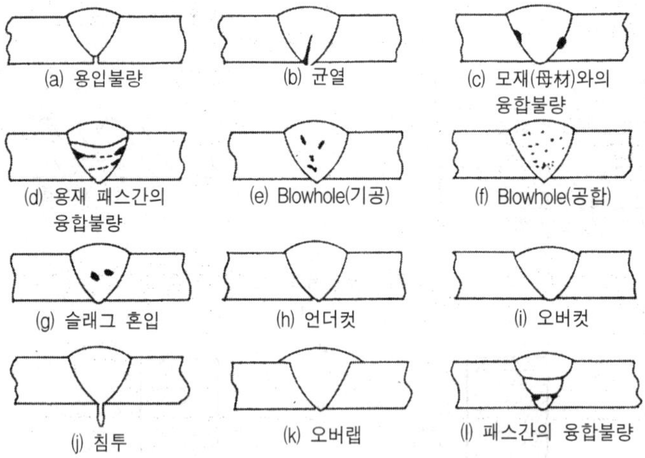

그림 5.11 용접 결함의 예

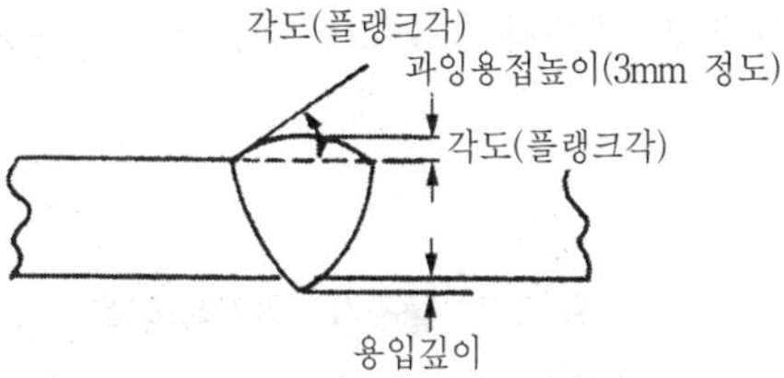

그림 5.12 정상적인 용접 형상

(2) 나사이음

강관의 양단을 오스터(Oster)나 동력 나사절삭기(Pipe Machine) 등을 사용하여 관용 테이퍼나사로 절삭하고 나사식 관이음쇠로 접합하는 시공방법이다. 접합시에는 패킹을 나사부에 감고 파이프렌치를 사용하여 체결한다. 패킹제는 실링테이프 또는 액상합성수지 등이 있다. 체결시 헐거운 상태로 되면 누수의 우려가 있고 꽉 조이면 이음쇠가 파손되므로 토크렌치 등을 사용하여 적정 체결이 되도록 주의하여야 한다.

5.2 동 관

5.2.1 동관의 종류와 규격

동은 열의 전도율이 높고 내식성이 우수할 뿐 아니라 전성·연성이 풍부하여 가공도 용이하므로 배관재료로 많이 이용되고 있다.

동의 소재에 따른 동관의 종류는 무산소동관, 타프피치동관, 인탈산동관으로 나뉘어지며, 건축설비용 동관에 주로 사용되는 소재는 인탈산동으로 전기동을 인으로 탈산처리한 주괴를 냉간인발 또는 가열압출에 의하여 만든 것이며, 수소취화가 없고 굽힘성·드로잉성·용접성·내식성·열전도성 등이 좋으므로 각종 배관재로 많이 사용된다. 한국산업규격은 KSD 5301에 규정되어 있다.

동의 물리적·기계적 성질은 표 5.7과 같으며, 기계적 성질은 냉간가공에 의하여 가공경화된 동관을 가열가공하면 금속조직의 재결정이 일어나서 기계적 성질도 변한다. 따라서 동관을 가공할 때에는 450~550℃가 적당하다. 순도가 높은 동은 연성이 높아 기계적 성질이 강하지 못한 연질이므로 경질 또는 반경질로 가공경화시켜 사용하기도 한다. 배관용 동관은 사용압력에 따라 적정한 두께를 선택 사용할 수 있도록

K, L, M의 3가지 종류로 구분하고 있다. 표 5.8에 배관용 동관의 규격을 보여주고 있다.

표 5.7 물리적 · 기계적 성질

성질	값
융점	1,083℃
비중	8.94
열전도계수	386 W/(m · K)
열팽창계수(25~100℃)	16.6×10^{-6} m/m℃
비열(20℃)	0.385 kJ/(kg · K)
인장강도	연질 206 N/mm^2, 경질 313 N/mm^2

표 5.8 동관의 규격

호칭지름		바깥지름 [mm]	두께[mm]		
(A)	(B)		K	L	M
8	1/4	9.52	0.89	0.76	-
10	3/8	12.70	1.24	0.89	0.64
15	1/2	15.88	1.24	1.02	0.71
-	5/8	19.05	1.24	1.07	-
20	3/4	22.22	1.65	1.14	0.81
25	1	28.58	1.65	1.27	0.89
32	1.1/4	34.92	1.65	1.40	1.07
40	1.1/2	41.28	1.83	1.52	1.24
50	2	53.98	2.11	1.78	1.47
65	2.1/2	66.68	2.41	2.03	1.65
80	3	79.38	2.77	2.29	1.83
90	3.1/2	92.08	3.05	2.54	2.11
100	4	104.79	3.40	2.79	2.41
125	5	130.18	4.06	318	2.77
150	6	155.58	4.88	3.56	3.10
200	8	206.38	6.88	5.08	4.32

5.2.2 관이음쇠

(1) 순동이음쇠

순동이음쇠는 동관을 성형하여 가공시킨 것으로, 엘보, 티, 소켓, 리듀서 등이 있으며, 그림 5.13에 형상을 보여준다. 순동이음쇠는 용접에 의하여 연결하는 것으로, 건축배관에 널리 사용되고 있으며, 다음과 같은 특징이 있다.

① 용접시 가열시간이 짧아 작업공수의 절감을 가져온다.
② 두께가 균일하므로 취약부분이 적다.
③ 재료가 관류와 같으므로 내식성이 같다.
④ 내면이 동관과 같아 압력손실이 적다.
⑤ 외관이 크지 않으므로 배관공간이 적다.

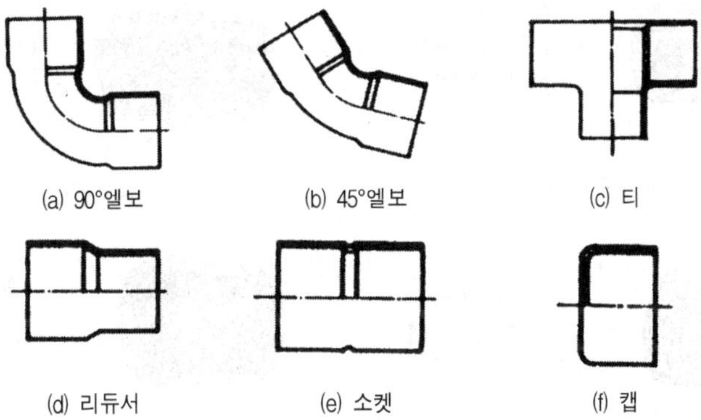

(a) 90°엘보 (b) 45°엘보 (c) 티
(d) 리듀서 (e) 소켓 (f) 캡

그림 5.13 순동이음쇠

(2) 동합금이음쇠

동합금이음쇠는 나팔관식 접합용(Flared Fittings)과 한쪽은 나사식, 다른 한쪽은 경납땜 등의 납땜접합용 이음쇠로 대별할 수 있다. 이음쇠에 대한 한국산업규격은 KS B 1544에 규정되어 있다.

그림 5.14와 같은 나팔관이음쇠는 동관의 끝을 나팔관으로 확대하여 접합하며 분해와 재결합이 용이하다. 용도는 사용 도중 분해결합이 필요한 곳이나 용접접합이 어려울 때 이용된다.

그림 5.15와 같은 납땜접합용 동합금이음쇠는 한쪽은 경납땜이나 연납땜에 의하

여 납땜접합하고 다른 한쪽은 나사 또는 나팔관식 접합을 필요로 하는 곳에 사용된다. 밸브의 체결, 유니온 설치 등에 이용되며 납땜접합부분은 동관과 이음재의 두께 차이로 온도편차에 의한 용접불량이 일어날 수 있으므로 주의하여야 한다. 그림 5.15에는 동합금이음쇠의 종류를 보여준다.

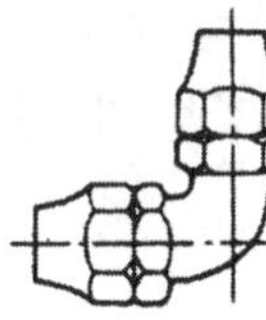

엘 보

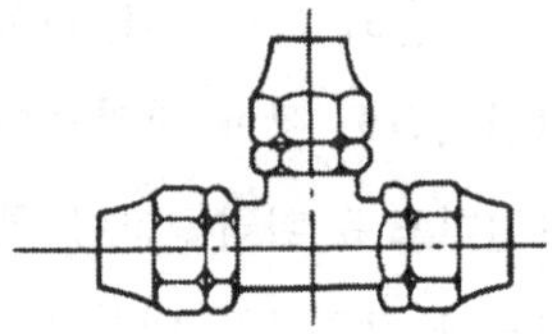

티

그림 5.14 나팔관이음쇠

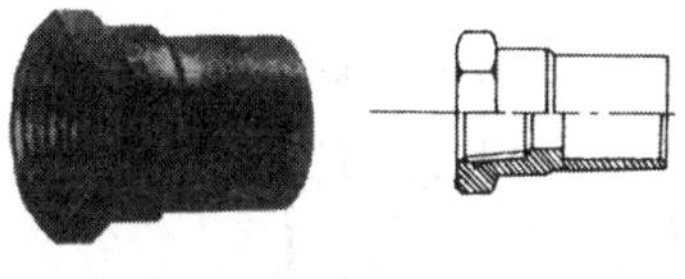

(a) C×F 어댑터

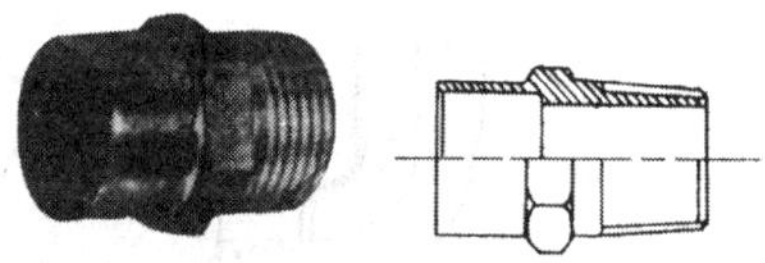

(b) C×M 어댑터

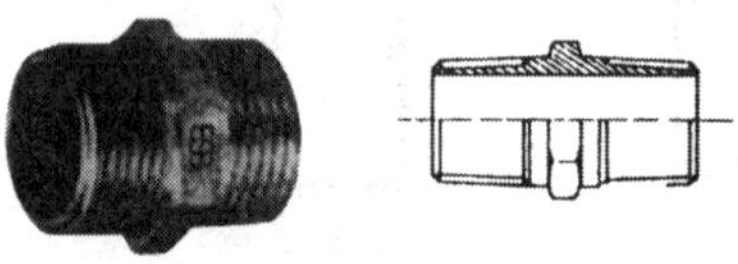

(c) 니 플

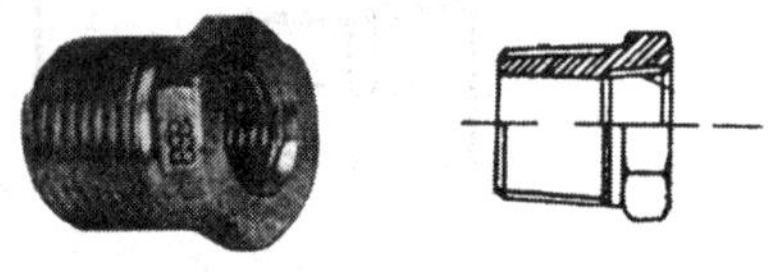

(d) 부 싱

그림 5.15 동합금이음쇠

5.2.3 동관이음

동관을 이음하는 방법에는 납땜접합, 플레어접합 등이 있다.

(1) 납땜접합(Soldering & Brazing)

동관의 납땜은 주석-납-안티몬-은 등의 합금을 사용하여 450℃ 이하에서 용융되는 용접재를 사용하는 연납땜(Soldering)과 구리-인-은 등의 합금을 사용하여

450℃ 이상에서 용융되는 용접재를 사용하는 경납땜(Brazing)으로 나뉘어지며 모두 모세관현상을 이용한 겹침용접이다.

건축설비용으로는 사용압력이 높은 편이므로 주로 경납땜이 이용된다. 경납땜은 납 자체의 강도가 강하므로 견고한 용접이 이루어진다. 경납의 용융온도범위는 재질에 따라 다르나 보통 600℃ 이상의 고온이다. 일반적인 동배관에 사용하는 용접재는 BCup그룹이며 표 5.9에 구성성분을 보여준다. 용제(Flux)는 납땜을 할 때 금속산화물의 생성을 억제하고 용접재의 흐름을 좋게 하며 용접재가 이음부로 잘 빨려들어갈 수 있도록 도와준다. 경납용 용제에는 붕산과 붕산염이 있다.

그림 5.16과 같이 관의 이음이나 확관된 관을 적당한 온도로 가열한 후 용접재를 틈새에 대면 용융되어 모세관현상으로 빨려들어 간다. 일반적으로 틈새간격은 1/10mm 전후가 적당하다. 그림 5.17에는 경납땜 작업 후의 상태를 보여준다.

표 5.9 BCup 용접재의 성분

구 분	P	Ag	Cu	기타 원소
BCup-1	4.8~5.2	-	나머지	0.15
BCup-2	7.0~7.5	-	〃	0.15
BCup-3	5.8~6.2	4.8~5.2	〃	0.15
BCup-4	7.0~7.5	5.8~6.2	〃	0.15
BCup-5	4.8~5.2	14.5~15.5	〃	0.15
BCup-6	6.8~7.2	1.8~2.2	〃	0.15
BCup-7	6.5~7.0	4.8~5.2	〃	0.15

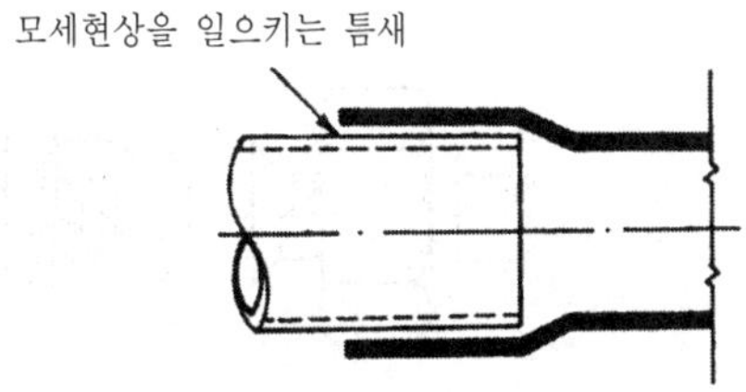

그림 5.16 납땜의 틈새

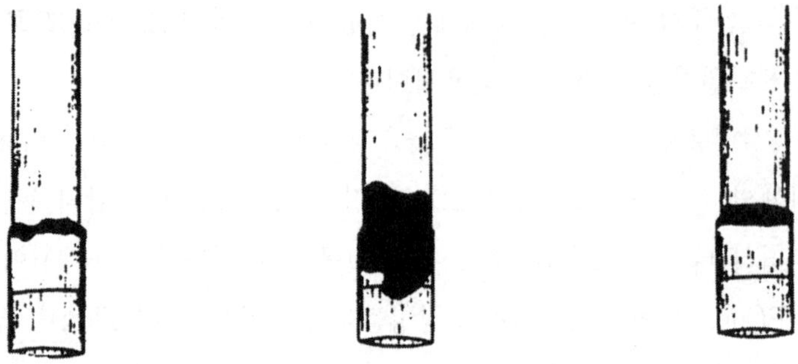

(a) 가열부족상태 (b) 과열상태 (c) 적정가열상태

그림 5.17 경납땜의 상태

(2) **플레어접합**(Flare Joint)

동관의 끝을 확관하여 확관면의 끝을 플레어 어댑터(Flare Adapter)의 접촉면에 밀착시키고 너트를 조여 접합하는 방식으로, 확관은 나팔기(Flaring Tool)를 사용한다. 접촉면이 매끄럽지 못하거나 굴곡이 있거나 이물질이 끼어 있으면 누수의 염려가 있으며 연질의 동관을 사용하여야 한다. 가공면의 벌림각도는 45도인 것과 37도인 것의 두 종류가 있으나 일반적으로 45도인 것이 표준이다. 확관의 작업순서는 가공하고자 하는 관의 끝을 플레어링 바(Flaring Bar)의 구멍에 끼우고 클램프스크류(Clamp Screw)를 돌려 요크(York)의 위치를 관의 중심에 고정시킨 후 핸들을 조이면 핸들 끝의 원추가 관의 끝을 나팔 모양으로 확관한다. 확관 작업시 확관면이 갈라지지 않도록 주의하여야 한다.

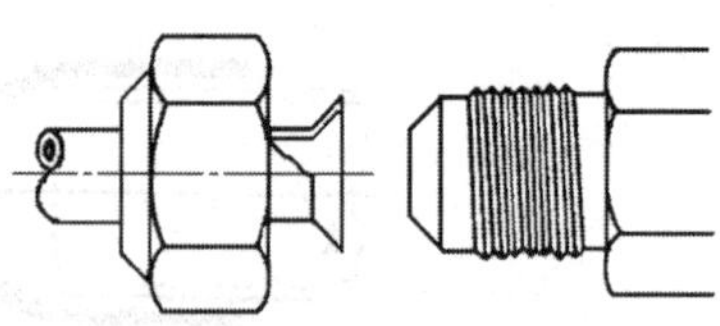

그림 5.18 플레어접합

(3) **굽힘**(Bending)

동관은 가공성이 좋아 굽은 부위를 이음부속을 사용하지 않고 굽힘에 의하여 시공할 수 있다. 공구는 간단한 수동식 벤더(Bender)와 벤딩 머신(Bending Machine)이 있다.

굽힘작업에는 굽힘부의 가열 여부에 따라 냉간굽힘과 열간굽힘이 있다. 소구경에서는 냉간굽힘이 용이하나 대구경에서는 어려우므로 열간굽힘을 하는 경우가 많다. 굽힘 후에 작업부위가 찌그러지지 않도록 유의하여야 한다.

(4) 이종금속 배관과의 접합

강관이나 스테인리스 강관과 같이 재질이 다른 배관재를 연결하면 각 재료의 전위차로 인하여 한쪽은 양극이 되고 다른 쪽은 음극이 되어 전지가 형성되므로 양극이 되는 금속이 부식된다. 그러므로 이질배관재 사이에는 전류의 흐름을 차단하기 위한 절연부속을 사용하여야 한다. 절연부속에는 그림 5.19와 같은 절연유니온과 절연플랜지가 있다.

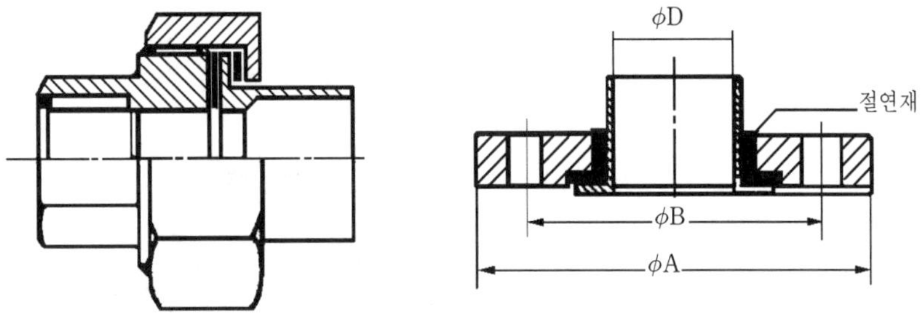

(a) 절연유니온　　(b) 절연플랜지

그림 5.19 절연부속

5.3 스테인리스 강관

5.3.1 스테인리스 강관의 종류와 규격

스테인리스 강관은 내식성이 우수하여 배관재의 수명을 길게 하고자 할 때 사용된다. 그러나 강관이나 동관에 비하여 가격이 높고 이음작업이 까다로우므로 재료선택시 제약을 많이 받기도 한다. 스테인리스 강관의 특성을 보면 아래와 같다.

1) 내식성이 우수하다.
2) 인장강도가 높아 관의 두께를 얇게 할 수 있다.
3) 내열, 내마모성이 우수하다.
4) 이음작업이 까다롭다.

스테인리스 강관의 종류를 용도별로 분류하면 배관용 스테인리스 강관(KS D 3576 : STS xxx TP), 보일러열교환기용 스테인리스 강관(KS D 3577 : STS xxx TB), 일반배관용 스테인리스 강관(KS D 3595 : STS xxx TPD), 위생용 스테인리스 강관(KS D 3585 : STS xxx TBS), 배관용 아크용접 대구경 스테인리스 강관(KS D 3588 : STS xxx TPY) 등이 있으며, 이 중에서 난방배관용으로는 배관용 스테인리스 강관이나 일반배관용 스테인리스 강관이 주로 사용되며 표 5.12와 표 5.13에 치수를 나타낸다.

그리고 스테인리스강은 철과 크롬(Cr), 니켈(Ni)의 합금으로서, 대표적인 것은 13Cr, 18Cr, 18-8 스테인리스강 등이 있으며 배관재로는 18-8 스테인리스강이 주로 쓰인다. 스테인리스 강관의 내식성은 표면에 화학적으로 안정한 얇은 산화막이 형성되어 유지되므로 이 산화피막을 파괴하지 않도록 사용하여야 한다. 관의 종류에 따른 화학성분은 표 5.10에 보여준다. 스테인리스 강관의 물리적 성질은 표 5.11에 보여준다.

표 5.10 스테인리스 강관의 화학성분

종 류	화 학 성 분[%]							
	C	Si	Mn	P	S	Ni	Cr	Mo
STS 304 TPD	0.08	1.00	2.00	0.04	0.03	8.0~10.5	18~20.0	-
STS 316 TPD	0.08	1.00	2.00	0.04	0.03	10~14.0	16~18.0	2.0~3.0

* 성분량은 이하

표 5.11 스테인리스강의 물리적 · 기계적 성질

성 질	값
비 중	STS 304-7.93, STS 316-7.98
열전도계수	16.33 W/(m · K)
열팽창계수(25~100℃)	16.7×10^{-6} m/m℃
비 열(20℃)	0.502 kJ/(kg · K)
인장 강도	588 N/mm^2

표 5.12 배관용 스테인리스 강관의 치수

호칭경		외 경 [mm]	두께[mm], 무게[kg/m]									
			SCH5S		SCH10S		SCH20S		SCH40S		SCH80S	
A	B		두 께	질 량	두 께	질 량	두 께	질 량	두 께	질 량	두 께	질 량
10	3/8	17.3	1.2	0.476	1.65	0.637	2.0	0.755	2.3	0.851	3.2	1.11
15	1/2	21.7	1.65	0.816	2.1	1.02	2.5	1.18	2.8Z2.	1.31	3.7	1.64
20	3/4	27.2	1.65	1.04	2.1	1.30	2.5	1.52	9	1.74	3.9	2.24
25	1	34.0	1.65	1.32	2.8	2.15	3.0	2.29	3.4	2.57	4.5	3.27
32	11/4	42.7	1.65	1.67	2.8	2.76	3.0	2.94	3.6	3.47	4.9	4.57
40	11/2	48.6	1.65	1.91	2.8	3.16	3.0	3.37	3.7	4.10	5.1	5.47
50	2	60.5	1.65	2.39	2.8	3.98	3.5	4.92	3.9	5.44	5.5	7.46
65	21/2	76.3	2.1	3.84	3.0	5.42	3.5	6.28	5.2	9.12	7.0	12.0
80	3	89.1	2.1	4.51	3.0	6.37	4.0	8.39	5.5	11.3	7.6	15.3
90	31/2	101.6	2.1	5.15	3.0	7.29	4.0	9.63	5.7	13.5	8.1	18.7
100	4	114.3	2.1	5.81	3.0	8.23	4.0	10.9	6.0	16.0	8.6	22.4
125	5	139.8	2.8	9.46	3.4	11.4	5.0	16.6	6.6	21.7	9.5	30.5
150	6	165.2	2.8	11.2	3.4	13.6	5.0	19.8	7.1	27.7	11.0	41.8
200	8	216.3	2.8	14.7	4.0	20.9	6.5	33.6	8.2	42.1	12.7	63.8
250	10	267.4	3.4	22.1	4.0	26.0	6.5	41.8	9.3	59.2	15.1	93.9
300	12	318.5	4.0	31.0	4.5	34.8	6.5	50.0	10.3	78.3	17.4	129
350	14	355.6	-	-	-	-	-	-	11.1	94.3	19.0	158
400	16	406.4	-	-	-	-	-	-	12.7	123	21.4	203
450	18	457.2	-	-	-	-	-	-	14.3	156	23.8	254
500	20	508.0	-	-	-	-	-	-	15.1	184	26.2	311

표 5.13 일반배관용 스테인리스 강관의 치수

호칭지름		바깥지름 [mm]	두께[mm]		질량[kg/m]			
					STS 304 TPD		STS 316 TPD	
Su	A.Su		K	L	K	L	K	L
8		9.52	0.7	0.5	0.154	0.112	0.155	0.113
10		12.7	0.8	0.6	0.237	0.181	0.239	0.182
13		15.88	0.8	0.6	0.301	0.228	0.303	0.230
17		19.05	0.8	0.6	0.364	0.276	0.366	0.278
20		22.22	1.0	0.7	0.529	0.375	0.532	0.378
25		28.58	1.0	0.8	0.687	0.554	0.691	0.557
30	25	34.0	1.2	1.0	0.980	0.822	0.986	0.827
40	32	42.7	1.2	1.0	1.24	1.04	1.25	1.05
50	40	48.6	1.2	1.0	1.42	1.19	1.43	1.19

호칭지름		바깥지름 [mm]	두께[mm]		질량[kg/m]			
					STS 304 TPD		STS 316 TPD	
Su	A.Su		K	L	K	L	K	L
60	50	60.5	1.5	1.2	2.20	1.77	2.21	1.78
75	65	76.3	1.5	1.2	2.79	2.24	2.81	2.26
80		89.1	2.0	1.5	4.34	3.27	4.37	3.29
90		101.6	2.0	1.5	4.96	3.74	4.99	3.76
100		114.3	2.0	1.5	5.59	4.21	5.63	4.24
125		139.8	2.0	1.5	6.87	5.17	6.91	5.20
150		165.2	3.0	2.0	12.1	8.13	12.2	8.18
200		216.3	3.0	2.0	15.9	10.7	16.0	10.7
250		267.4	3.0	2.0	19.8	13.2	19.9	13.3
300		318.5	3.0	2.0	23.6	15.8	23.8	15.9

5.3.2 스테인리스 강관 이음쇠

스테인리스 강관의 이음쇠는 이음방법에 따라 가압접합이음쇠와 용접이음쇠, 스냅링식 이음쇠 등 여러 방식이 있다. 용접이음쇠는 강관이음쇠와 같은 모양이다.

5.3.3 관이음

일반적으로 50 mm 이하의 소구경에 적용되고 있는 방법은 그림 5.20과 같은 가압접합이음쇠로서 이음부분을 성형한 이음부속에 고무링과 압입링을 넣고 가압 고정시키는 방식과 스냅링방식이 많이 이용된다. 스테인리스 강관의 용접이음에 있어서는 강관의 용접과는 달리 TIG 용접방식을 이용한다. TIG(Tungsten Inert Gas) 용접방식은 그림 5.21과 같이 아르곤이나 헬륨 등의 불활성 가스로 전극 주위의 대기와 치환하여 용착효율을 올리며 전극으로 비소모성인 텅스텐봉을 사용하는 방식이다. 용접의 시공방법은 강관의 이음시공법란을 참조한다.

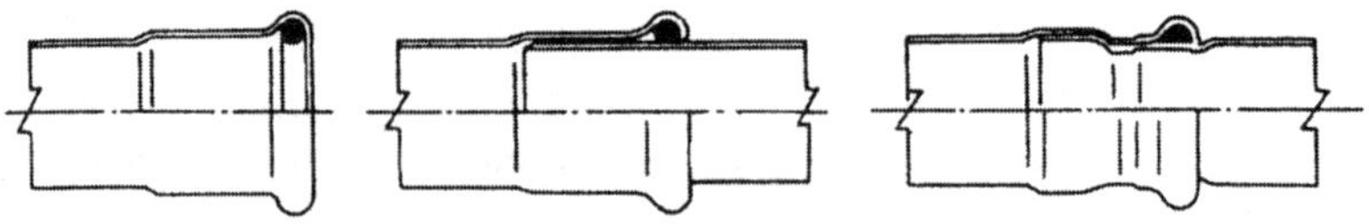

(a) 파이프 삽입 전　(b) 파이프 삽입 후　(c) 프레스 작업 후

그림 5.20 가압접합이음

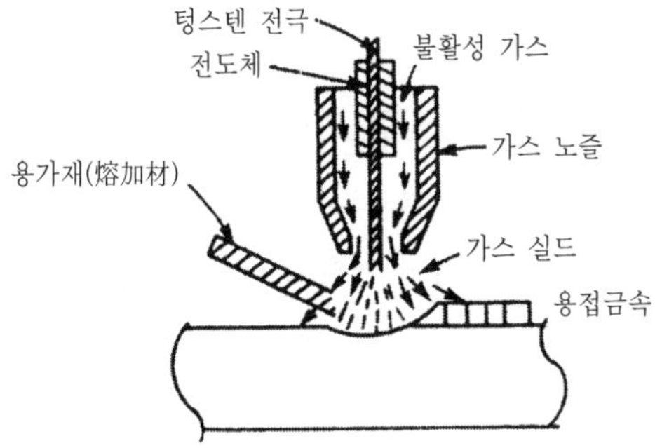

그림 5.21 TIG 용접

5.4 비금속관

5.4.1 폴리프로필렌 공중합체관(Polypropylen Co-Polymer Pipe)

플라스틱관의 일종으로 일명 PP-C파이프라고도 불리운다. 한국산업규격에서는 KS M 3362에 규정되어 있다. 시공시 동일한 재질끼리의 융착접합이 가능하므로 시공성이 좋고, 가공성이 용이하며 가격이 저렴하여 공동주택과 같은 바닥매립용 복사난방배관에 많이 쓰이고 있다. 내식성이 우수하고 내표면에 스케일이 생성되지 않으므로 수명이 길다. 그러나 온도가 높아지면 내압이 급격히 감소되므로 고온용으로는 적합하지 않다. 이 재질의 물성은 표 5.14와 같다.

표 5.14 폴리프로필렌 공중합체관의 물성

성질	값
비중	0.91
연화점	142℃
열변형온도	119℃
열전도율	0.372 W/(m · K)
선팽창계수	1.8×10^{-4} m/m℃

5.4.2 가교화 폴리에틸렌관

플라스틱관의 일종으로 일명 XL PE관이라고도 불리우며 한국산업규격에서는 KS M 3357에 규정되어 있다. 가교결합된 고분자구조의 재질로 내크립성 등이 우수하고 스케일의 생성이 적다. 또한 가격이 저렴하고 상온에서 유연하여 시공성이 우수하므로 온돌용 매립배관재로 이용된다. 그러나 모재끼리 용융접합이 안되므로 금속제 이음부속을 사용하여야 한다. 이 재질의 물성은 표 5.15와 같다.

표 5.15 가교화 폴리에틸렌관의 물성

성질	값
비중	0.91
연화점	142℃
열변형온도	119℃
열전도율	0.372 W/(m·K)
선팽창계수	1.8×10^{-4} m/m℃

5.5 밸브류

밸브는 장치 내에 흐르는 유체의 유량조절, 개폐 등을 하는 부속이며, 본체의 재료, 압력범위, 접속방법 및 구조에 따라 여러 종류로 나뉘어진다. 밸브의 구조는 흐름을 막는 밸브 디스크와 시트(Seat), 그리고 이것이 들어 있는 밸브 몸체와 이를 조정하는 핸들의 4부분으로 되어 있다. 스템에 붙어 움직이며 유량을 개폐하거나 조절하는 역할을 하는 디스크를 글러브밸브나 앵글밸브에서는 플러그(Plug), 게이트밸브나 체크밸브 등에서는 디스크(Disk), 볼밸브에서는 볼, 버터플라이밸브에서는 베인(Vane)이라 부른다.

한국산업규격에는 재질에 따라 주철제 밸브는 KS B 2350, 청동제 밸브는 KS B 2301, 주강제는 KS B 2361, 2362 등에 규정되어 있다.

5.5.1 일반밸브류

(1) 게이트밸브(Gate Valve)

슬루스밸브(Sluice Valve)라고도 하며 유체의 흐름을 차단하는 대표적인 밸브로서 가장 많이 사용된다. 밸브를 완전히 열면 유체흐름의 단면변화가 없어 마찰저항이 아주 작다. 그러나 일부를 개폐하면 와류가 발생하여 유체의 저항이 커진다. 그러므로 유량조절용으로는 적합하지 않다. 구조상 밸브를 열기 위하여는 디스크를 들어 올려야 하므로 리프트가 커서 개폐조작에 시간이 걸린다.

일반적으로 50 mm 이하의 소형 배관에는 청동제를 주로 사용하고, 65 mm 이상에는 사용압력에 따라 주철제 또는 주강제를 사용한다. 그림 5.22에 이 밸브를 보여준다.

(2) 글러브밸브(Globe Valve)

이 밸브는 스톱밸브(Stop Valve)라고도 하며 그림 5.23과 같이 디스크의 모양이 구형이며 유체가 밸브시트 아래에서 시트를 지나 위로 흐르므로 유체의 흐름방향이 갑자기 바뀌게 되어 유체저항이 크게 된다. 개폐가 쉽고 유량조절이 용이하나 전개하여도 유체 일부가 잔류하므로 설치시 주의를 필요로 한다.

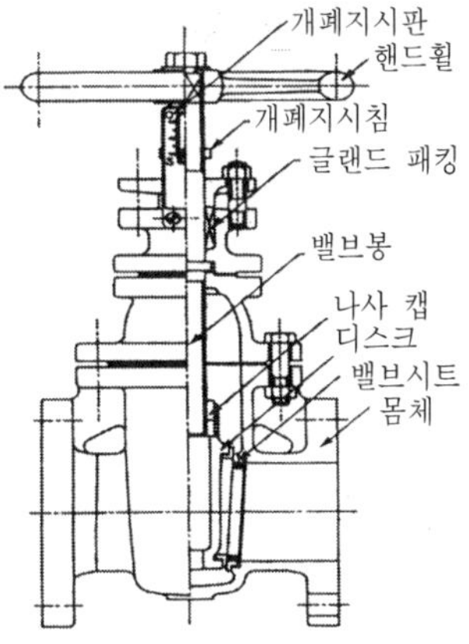

그림 5.22 게이트밸브

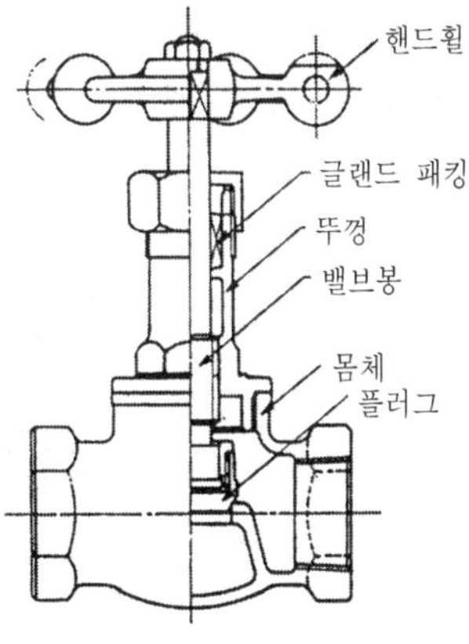

그림 5.23 글러브밸브

(3) 볼밸브(Ball Valve)

그림 5.24와 같이 구형의 형상을 가진 볼에 구멍이 뚫려 있어 구멍의 방향에 따라 개폐조작이 되는 밸브이며, 개폐시간이 짧고 조작도 용이하며 관로의 압력손실도 적다. 또한 개폐특성이 우수하며 보수도 용이하다.

(4) 버터플라이밸브(Butterfly Valve)

그림 5.25와 같이 원통형의 몸체 속에 밸브봉을 축으로 하여 원형 평판이 회전함

으로써 밸브가 개폐된다. 유체저항이 적고 조작도 간편하며 유량조정도 가능하다. 또한 경량이고 설치공간을 작게 차지하므로 설치가 용이하다. 작동방법에 따라 레버식, 웜기어식 등이 있다.

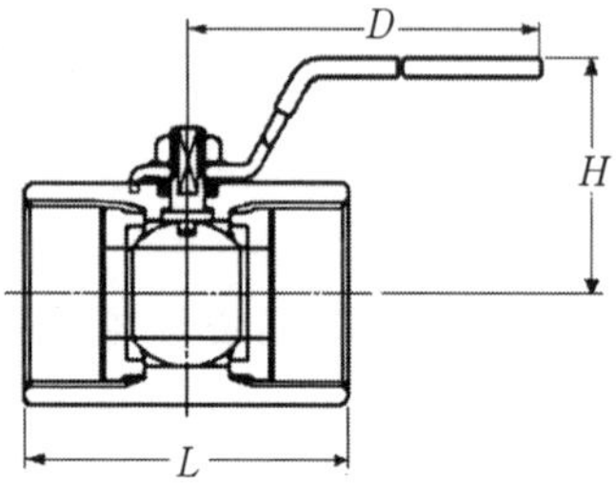

그림 5.24 볼밸브

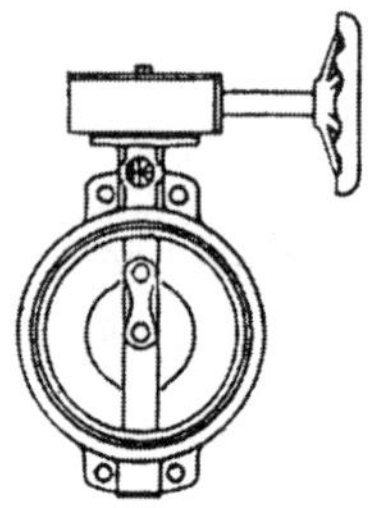
그림 5.25 버터플라이밸브

(5) **앵글밸브**(Angle Valve)

글러브 밸브의 일종으로 유체의 입구와 출구의 각이 90도로 되어 있는 것이며, 주로 방열기기 연결 밸브로서 사용된다.

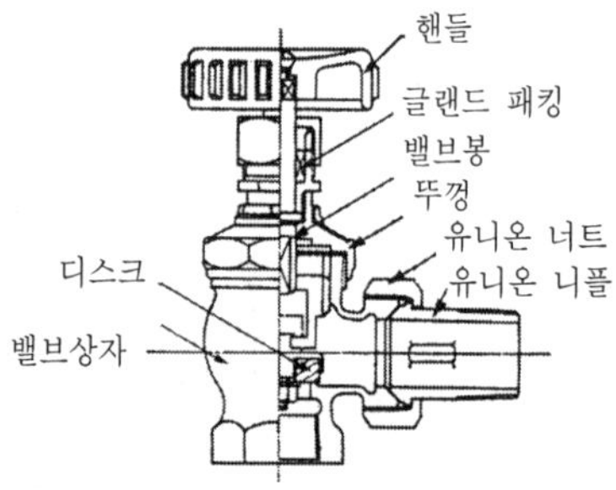

그림 5.26 앵글밸브

(6) **리턴콕**(Return Cock)

온수의 유량을 조절하기 위하여 온수방열기의 출구 쪽에 사용하는 콕으로서, 개폐조작시에는 콕의 캡을 열어 핸들을 조작한 후 캡을 씌운다.

(7) **체크밸브**(Check Valve)

유체를 한쪽 방향으로만 흐르게 하고 역류를 방지하는 데 사용한다. 밸브의 구조에 따라 스윙형(Swing Type), 리프트형(Lift Type), 볼형(Ball Type), 푸트형(Foot

Type)이 있으며 특수형으로 스모렌스키 체크밸브, 듀알프레이트 체크밸브 등이 있다. 수평주관에는 스윙형이나 리프트형 모두 사용할 수 있으나 리프트형은 입상배관에서는 사용할 수 없다. 푸트형은 개방식 배관의 펌프 흡입측 선단에 설치하여 흡입관 속을 만수상태로 유지한다.

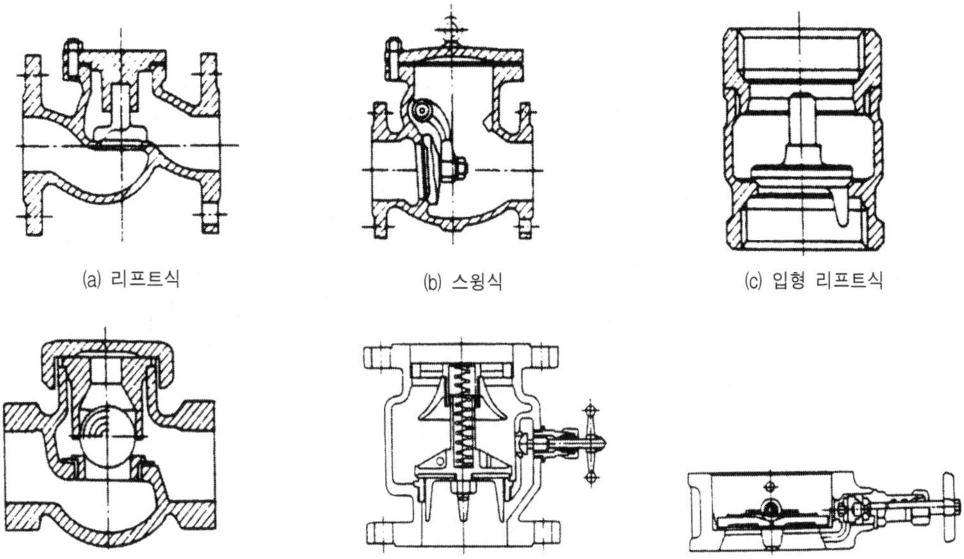

(a) 리프트식 (b) 스윙식 (c) 입형 리프트식

(d) 볼식 (e) 스모렌스키식 (f) 듀알플레이트식

그림 5.27 욕자밸브

(8) 스트레이너(Strainer)

배관에 설치하는 조절 밸브, 기기, 트랩 등의 앞에 설치하여 유체 속에 섞여 있는 이물질을 거르는 역할을 한다. 모양에 따라 Y형, U형 등이 있으며 그림 5.28과 같이 몸통의 내부에는 금속제 여과망이 설치되어 있다.

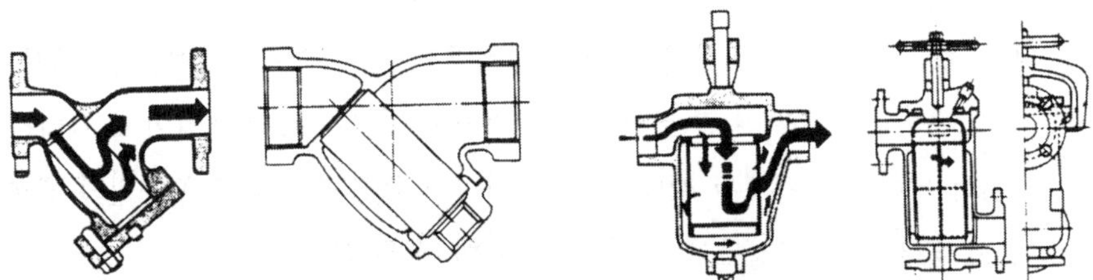

(a) Y형 (b) U형

그림 5.28 스트레이너

(9) 수동 밸런싱밸브(Manual Balancing Valve)

밸브의 개도에 따라 배관 내를 흐르는 유량을 측정하고 조절할 수 있는 밸브이다. 유량 측정은 밸런싱밸브의 전후 차압으로 측정하고 배관 내부의 물을 배수시킬 수 있는 콕과 관리자 이외에는 함부로 조절할 수 없도록 잠금장치를 갖추고 있으며 밸브의 개도를 확인할 수 있는 지시눈금이 있다. 그림 5.29는 밸런싱밸브를 보여준다.

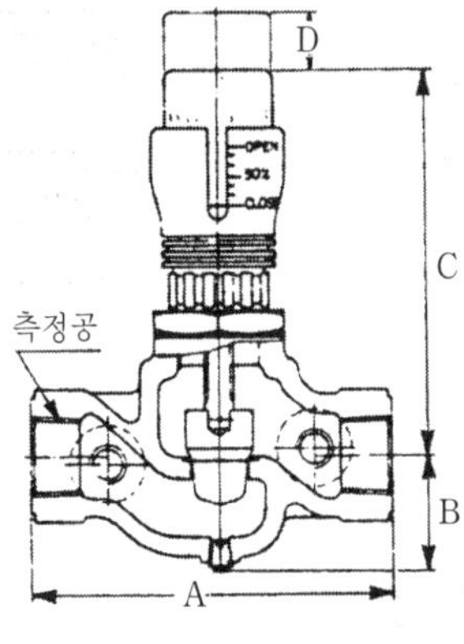

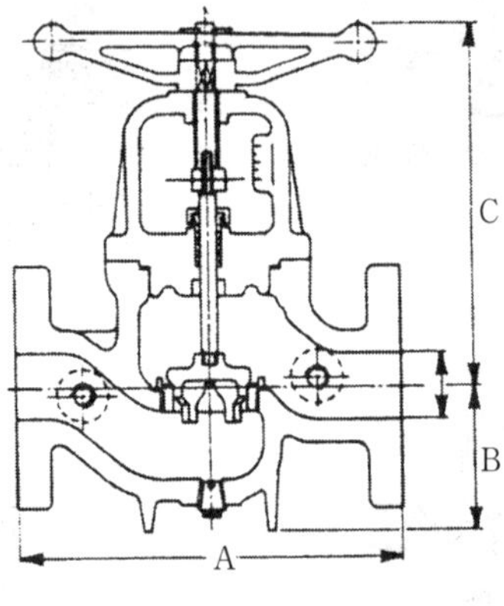

그림 5.29 밸런싱밸브

5.5.2 자동제어밸브(Automatic Control Valve)

(1) 종류와 특징

난방설비에 사용하는 자동제어 밸브류를 작동원리상으로 분류하면 조정밸브(Regulating Valve)와 조절밸브(Control Valve)로 나눌 수 있다.

조정밸브는 밸브의 개폐조작에 필요한 에너지를 관로의 유체에서 얻고 미리 설정한 값으로 조정하는 기능을 가진 자주식 밸브(Self Actuating Valve)이다. 이 밸브의 종류로는 온도 조절밸브, 압력 조절밸브, 정유량 조절밸브, 안전밸브 등이 있다. 특징으로는 자력으로 조정기능을 가지고 있으므로 경제적이고 편리하나 조절범위나 제어성능 면에서 제약이 많다. 따라서 부하변동 등 외부조건의 변화가 그다지 크지 않고 제어정도가 높지 않은 곳에 적용한다.

조절밸브는 밸브 개폐에 필요한 구동력을 외부로부터 전기나 공기압 등으로 공급받으며 외부로부터의 조절신호에 따라 자동으로 개폐조절을 하는 밸브이다. 조절밸브의 구성은 일반적으로 밸브 본체 부위(Valve Body Assembly)와 조작부(Actuator)로 되어 있다. 조절밸브는 제어방식에 따라 구분하면 2위치 제어밸브와 비례 제어밸브로 대별된다.

2위치 제어밸브는 외부에서의 On-Off 신호에 따라 밸브조작기가 구동하여 밸브 본체를 단순히 전개 또는 전폐하는 밸브로서 전자밸브 등이 있다.

비례조절변은 조절신호에 비례하여 밸브의 개도를 비례적으로 조절하는 밸브로서 2방향 밸브, 3방향 밸브 등이 있다.

(2) 밸브의 유량특성

밸브의 개도와 밸브포트를 통과하는 유량과의 관계를 밸브의 유량특성이라 하며, 고유특성과 유효특성의 두 가지가 있다. 고유특성은 밸브 전후의 압력을 일정하게 하고 비압축성 유체를 흐르게 하여 밸브개도와 유량과의 관계를 나타내는 특성이며, 유효특성은 밸브만이 아닌 계 전체의 압력강하를 고려한 특성을 말한다. 실제로 조절밸브를 사용한 배관계에서는 밸브만이 아니라 여러 부하가 가해지므로 특성곡선의 형태가 고유특성과는 다르게 나타나므로 유의하여야 한다.

대표적인 고유유량특성으로 그림 5.30과 같이 급속 개방(Quick Opening), 선형(Linear), 등비(Equal Percentage), 수정포물선(Modified Parabolic) 등이 있다. 건축설비용의 조절밸브로는 일반적으로 2방향 밸브는 등비 특성, 3방향 밸브로는 선형특성을 가진 것을 사용하나 관련 시스템의 특성을 고려하여야 한다. 예를 들어, 온수가열코일의 경우에는 가열열량이 온수의 유량과 비례하지 않고 20~30% 정도까지 유량이 줄어도 가열열량은 크게 줄지 않으므로 등비 특성을 가진 밸브가 적당하나, 증기가열의 경우에는 증기량과 가열량이 직접적으로 관계되므로 선형 특성을 가진 밸브가 적당하게 된다.

밸브의 통과유량을 나타내는 유량계수로서 A_V, K_V, C_V, 값이 사용되고 있다. 이 값들은 차원을 갖는 값이지만 사용할 때는 무차원으로 표시하는 것이 관례이다.

A_V값이란 국제단위계(S.I.)로 유량을 표시한 것으로, 밸브전후의 압력차가 1 Pa일 때 흐르는 유량을 [m^3/s]로 나타낸 값이다. C_V값과의 관계는 아래와 같다.

$$A\nu = Q\sqrt{\frac{\rho}{\Delta P}} \tag{5.3}$$

여기에서 Q : 유량[m^3/s]

ρ : 밀도[kg/m^3]

ΔP : 밸브에서의 압력강하[Pa]

K_V값이란 독일 등 미터법을 사용하는 국가에서 사용하는 것으로, 밸브 전후의 압력차가 1 bar일 때 5~40℃의 물을 흐르게 하여 흐른 유량을 m^3/h로 나타낸 값을 말하며,

$$K_V = Q\sqrt{\frac{\rho/\rho_o}{\Delta P}} \tag{5.4}$$

여기에서 Q : 유량[m^3/h]

ρ : 밀도[kg/m^3]

ρ_o : 기준액체의 밀도(1,000kg/m^3)

ΔP : 밸브에서의 압력강하[bar]

C_V값(Constant Value)이란 밸브 전후의 압력차가 1 PSI일 때 60°F의 맑은 물을 흐르게 하여 흐른 유량을 US gallon/min으로 표시한 값을 말하며, 밸브의 규격을 표시하기 위해서는 정격개도, 즉 100%에서의 유량계수를 C_V값으로 표시한다. C_V와 K_V의 관계는 아래와 같다.

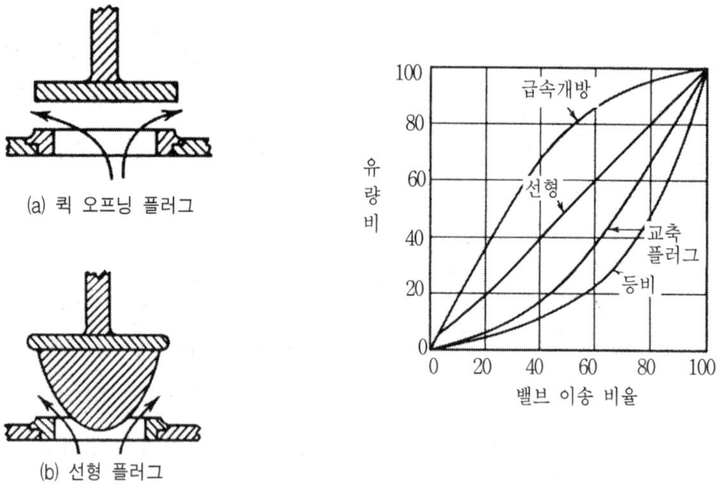

그림 5.30 밸브의 고유유량 특성

$$1C_V = 1.167K_V \tag{5.5}$$

배관계 조절밸브의 선정순서는 다음과 같다.

① 필요한 유량계수 계산

② 밸브종류 선정

③ 유량특성 선정

④ 밸브 및 포트크기 선정

(3) 온도조절밸브(Temperature Regulating Valve)

열교환기나 급탕조, 가열기기 등의 내부온도를 감지하여 피가열매체를 일정 온도로 유지시키기 위하여 공급되는 증기나 온수의 양을 자동적으로 조절하는 자동밸브이다. 그림 5.31과 같이 봉상의 감온통이 있어 이 감온통을 가열탱크 속에 삽입하고 탱크 내 온도가 변화하면 감온통 내의 팽창재가 체적변화를 일으키고 가는다란 관을 통하여 온도조절밸브에 압력을 전달한다. 전달된 압력은 벨로즈 또는 다이어프램에 작용하고, 연결되어 있는 스프링을 작동하여 밸브를 개폐한다.

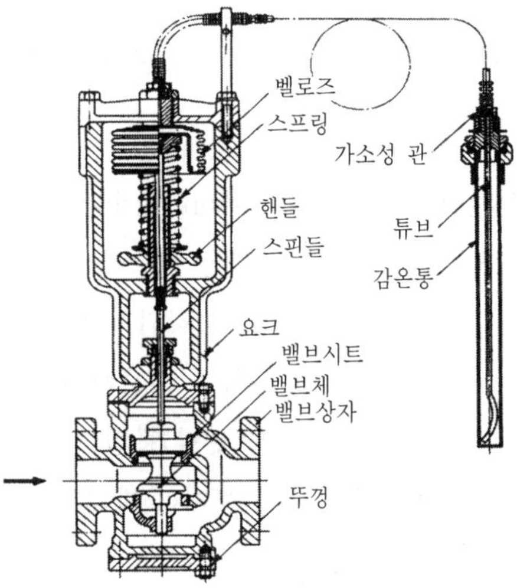

그림 5.31 온도조절밸브

(4) 차압조절밸브(Differential Pressure Control Valve)

그림 5.33과 같이 공급관과 환수관 사이에 설치하고 양측에 발생되는 압력을 감지하여 압력차를 일정하게 하여 주는 밸브로서, 순환수두가 높지 않은 중·고층 빌딩의 단일펌프 시스템에 주로 사용되며, 차압발생으로 인한 펌프의 과부하나 고장을 방지하기 위하여 차압에 따라 일정한 순환유량이 확보되도록 유지시킨다.

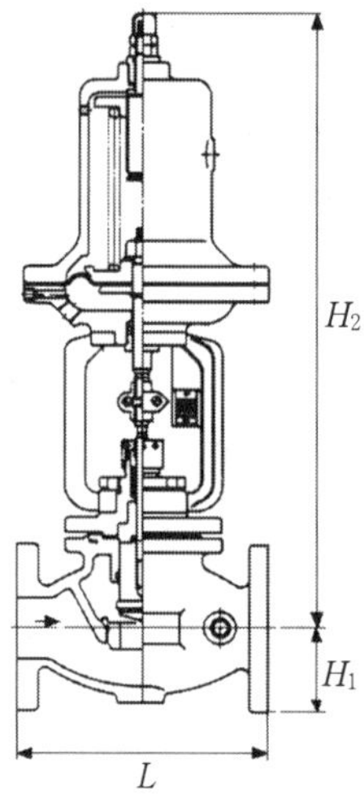

그림 5.32 차압밸브

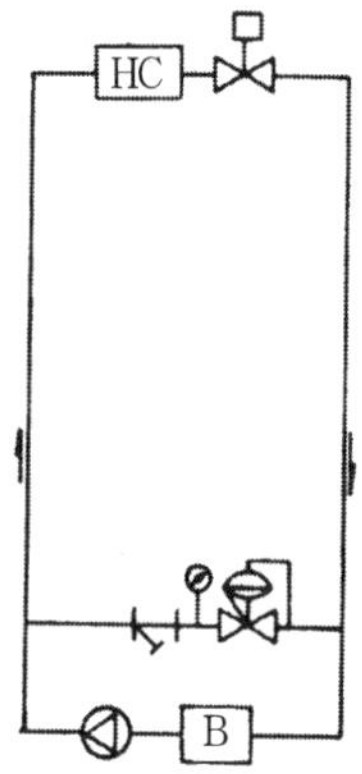

그림 5.33 차압밸브의 적용 예

(5) 차압유량조절밸브(Differential Pressure & Flow Control Valve)

지역난방이나 대규모 주거단지의 난방 시스템에서 하나의 대형 펌프로 각 부 기계실 또는 건물별로 온수를 공급할 때 공급위치나 부하변동에 따라 유량의 불균형이 발생한다. 이에 따라 밸런싱밸브 등을 사용하여 유량을 조절하여 놓아도 다른 곳의 유량변동으로 관내 압력분포의 변화가 일어나고 유량이 변화된다.

그러므로 차압이 과대하면 유량이 늘어나 관내 소음발생의 원인이 되고 과소하면 유량이 줄어 난방부족의 원인이 된다.

이를 조절하기 위하여 그림 5.35와 같이 공급관과 환수관의 차압을 감지하여 압력변화에 따른 유량변동을 일정하게 조절하는 차압유량조절밸브를 설치한다. 차압유량조절밸브의 구조는 다이어프램의 양면에 차압이 걸리도록 하고 스프링과의 관계에 의하여 밸브의 개도를 조절한다.

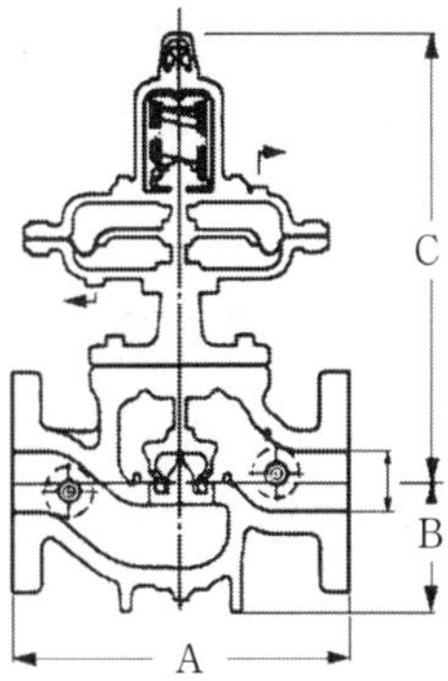

그림 5.34 차압유량조절밸브

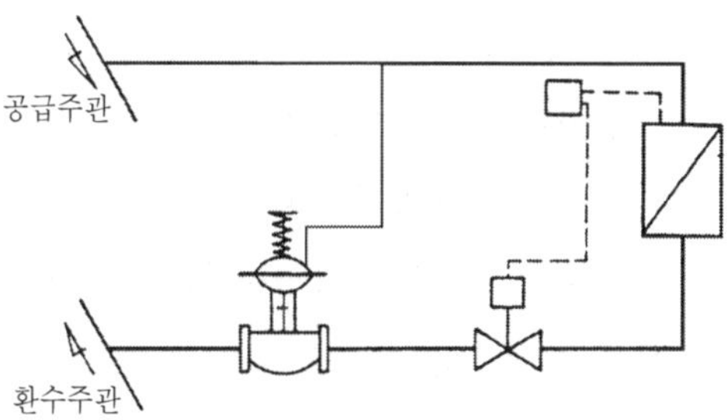

그림 5.35 차압유량조절밸브의 사용 예

(6) 정유량조절밸브

온수난방 시스템에서 팬코일유닛과 같은 방열기기에 온수를 공급하면 복잡한 배관계에서는 각 방열기기의 위치에 따라 압력수두가 변하므로 공급유량이 다르게 된다. 이에 따라 난방의 불균형이 일어난다.

정유량조절밸브는 각 방열기기로 공급되는 유량의 압력 변화가 일어나도 최대 유량을 일정 유량으로 자동조절하여 주는 밸브를 말한다. 작동원리는 그림 5.36과 같이 유체의 흐름에 따라 발생하는 디스크 전후의 차압변화에 따라 스프링의 변위로 오리피스 개구면적을 조절하여 유량을 조절한다. 차압이 커지면 유속이 증가하므로 개구면적을 작게 하고 차압이 작아지면 개구면적을 크게 자동조절하여 항상 일정한 유량이 흐르게 한다.

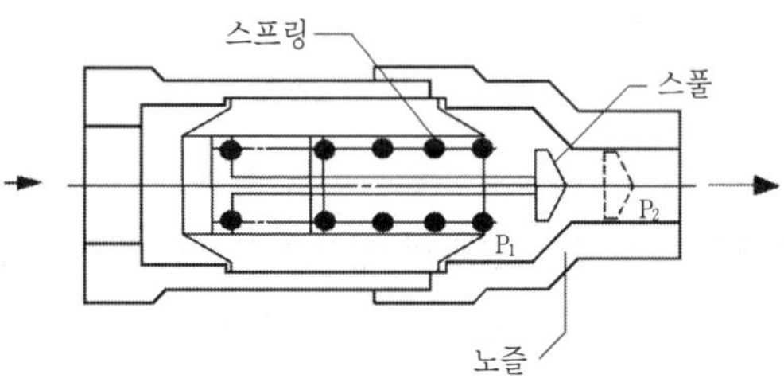

그림 5.36 정유량밸브

(7) 안전밸브(Safety Valve)

정해진 이상의 압력이 가해지면 순간적으로 동작하여 압력을 도피시키는 장치이다. 안전밸브의 종류로는 전양정식과 저양정식이 있다.

전양정식은 밸브시트의 구경이 노즐목부 지름의 1.15배 이상인 것으로, 밸브가 열렸을 때 밸브시트의 증기통로면적이 목부분면적의 1.05배 이상이고 밸브입구면적이 목부분면적의 1.7배 이상인 것을 말한다.

안전밸브의 일종인 릴리프(Relief)밸브는 압력용기나 배관계에 부착되어 제한압력이나 규정압력에 따라 자동적으로 유체를 방출하고 압력이 계속 상승하면 방출량이 증가되도록 작동하며 압력이 내려가면 닫히도록 되어 있다. 그림 5.37에 안전밸브를 보여준다.

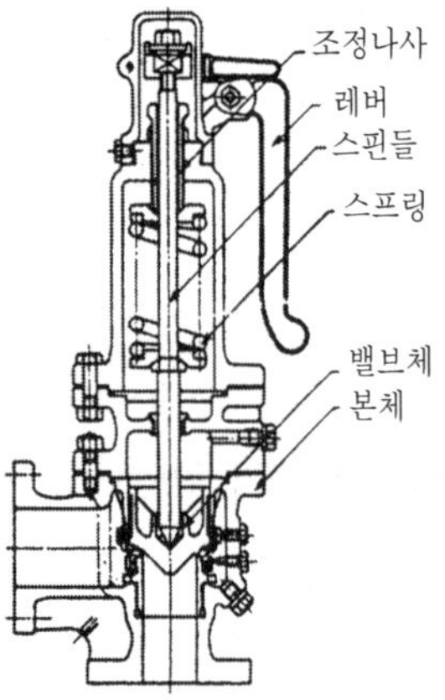

그림 5.37 안전밸브

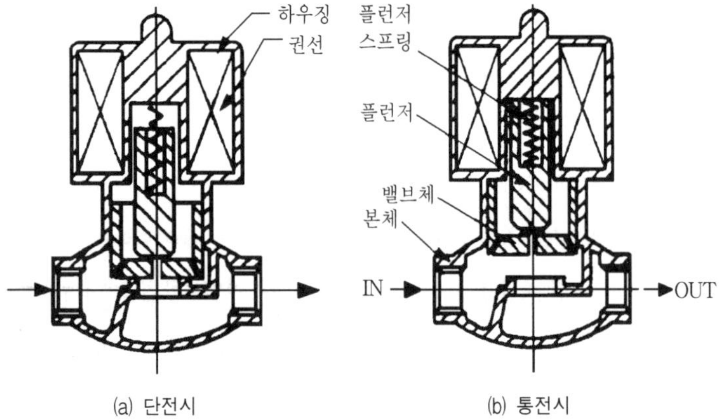

그림 5.38 전자밸브

(8) 전자밸브

전자밸브는 그림 5.38과 같이 전자석의 힘을 이용하여 밸브의 개폐동작을 함으로써 2위치제어를 하는 밸브이다. 일반적으로 15A 이하는 솔레노이드의 추력으로 직접 밸브플러그를 개폐하는 방식의 직동형 전자밸브가 사용되지만 유체의 차압이 큰 관로에는 유체의 차압을 이용하여 밸브플러그를 개폐하고 솔레노이드의 추력은 단지 유체를 작동 부위로 유도하는 안내기구 부분에 이용하는 파일럿식이 사용된다. 이 밸브의 원활한 작동을 유지하기 위하여 유체관로 중의 이물질이나 찌꺼기들을 스트레이너로 제거하고 정기적인 밸브 내의 청소를 필요로 한다. 그러므로 청결한 물이나 가습용 증기관과 같은 청결한 계통에 이용되는 경우가 많고 스케일의 생성이 쉬운 순환수 계통에는 사용하는 경우가 적다.

(9) 2-way 밸브

2-way 밸브에는 변체의 구조에 따라 단좌식과 복좌식이 있다.

단좌식은 밸브의 개폐기능을 하는 변좌가 1개인 것으로 일반적으로 밸브 본체는 글러브형이고 밸브플러그가 상하로 직선운동을 한다. 밸브 본체에 조립되어 밸브 개폐를 조작하는 밸브조작기의 축추력이 밸브 전후의 압력에 의하여 크게 발생하나 기밀성은 우수하다. 적용 분야로는 증기열교환기의 온도제어밸브, 증기가습밸브, 중소형 공기조화기의 냉온수코일밸브, 터미널유닛의 온도조절밸브 등에 사용된다.

복좌식은 밸브플러그에 작용하는 밸브차압에 의한 불평형 축추력을 가능한 한 작게 하기 위하여 그림 5.39와 같이 밸브시트의 구조를 복수로 한 밸브이다. 복좌형은 축추력이 양방향으로 상쇄되어 밸브조작기에 무리가 없으므로 송수관과 환수관의 차압이 큰 경우에 사용가능하나 기밀 성능은 단좌식보다 떨어진다. 적용 분야로는 대형 공조기, 보일러, 냉온수발생기 등의 유량 제어용, 주관의 압력 또는 차압 제어용, 고압 증기밸브용 등이 있다.

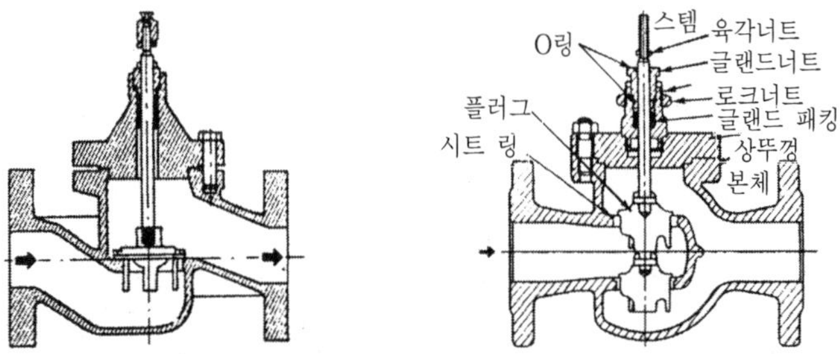

(a) 단 좌 형　　(b) 복 좌 형

그림 5.39　2-way 밸브

(10) 3-way 밸브

그림 5.40과 같이 2개의 관로와 제3의 관로로 접속하는 밸브로서 일반적으로 통과유량 사이의 합은 일정하게 된다. 3-way 밸브는 기능상 혼합형과 분류형이 있으나 혼합형 쪽이 구조가 간단하고 저렴하므로 대부분의 3-way 밸브는 혼합형이 사용된다.

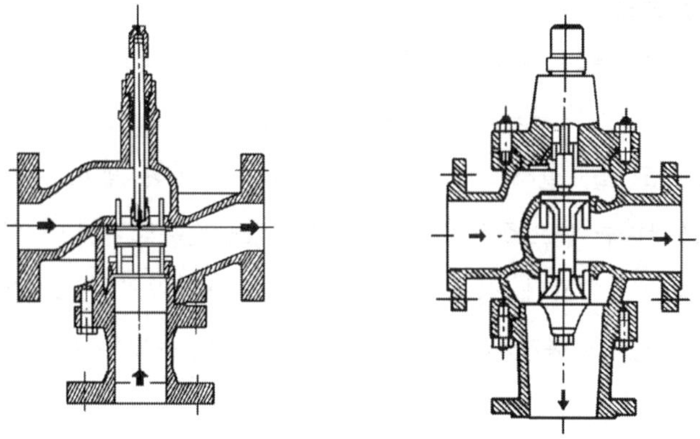

(a) 혼합형　　　　(b) 분류형

그림 5.40 3-way 밸브

3-way 밸브의 주된 용도는 공기조화기의 코일용 온도제어밸브로서 전체 관로를 정유량배관으로 할 때나 보일러·냉동기 등의 주관에서 송수온도제어밸브 또는 축열수조의 온도 제어용으로 사용된다. 3-way 밸브의 유량 특성상 2-way 밸브와 같은 등비 특성은 얻어지지 않으므로 정밀한 온도제어 계통에는 이용되지 않지만 2-way 밸브를 채용한 관로에서 필요한 주관 계통의 차압제어 등 높은 수준의 제어설비가 필요하지 않기 때문에, 사용이 용이하여 일반 빌딩 등에 많이 이용되고 있다.

5.6 신축이음

증기나 온수 등으로 배관이 가열되면 온도변화에 따라 축방향 신축이 발생하고 이를 흡수하기 위하여 사용하는 것이 신축이음이며, 신축이음이 없을 경우에는 신축억제에 따른 열응력이 발생하여 배관이나 지지철물의 파손, 이음부분의 누수, 연결장비에 무리한 응력작용, 구조물의 훼손 등을 가져오게 된다. 신축이음의 종류로는 슬리브형, 벨로즈형, 볼조인트형, 파이프밴드와 루프형을 이용한 것이 있다. 신축이음의 설치에 있어서는 사용환경 주변의 온도와 유체의 온도조건 및 배관재료 등에 따라 관의 신축량을 계산하고, 신축이음의 설치 개수 또는 조합방법을 선정한다. 관의 신축량 Δl[m]은 다음 식으로 구한다.

$$\Delta l = \alpha(t_2 - t_1)L \tag{5.6}$$

여기에서 α : 관의 선팽창계수[m/m℃]

t_2 : 최고 사용온도[℃]

t_1 : 최저 사용온도 또는 주변의 최저 온도[℃]

L : 관의 길이[m]

표 5.16 배관재료의 선팽창계수〔$\times 10^{-6}$m/m℃〕

재료 \ 온도범위	-100~0[℃]	0~100[℃]	100~200[℃]	200~300[℃]
탄소강(0.3~0.4%)	10.4	11.5	11.9	12.6
주철	8.3	10.4	11.0	11.7
동	15.7	16.6	16.9	17.3
스테인리스강(18-8)	16.2	16.7	17.2	17.6

신축이 억제될 경우에 발생하는 열응력 σ[Pa]와 열응력에 따라 발생되는 지지면에서의 작용하는 힘 F[N]은 다음 식으로부터 구한다.

$$\sigma = E\varepsilon = E\alpha(t_2 - t_1) \quad (5.7)$$

$$F = \sigma A \quad (5.8)$$

여기에서 E : 종탄성계수(Modulus of Elasticity)[Pa]
(탄소강 2.059×10^{11}, 스테인리스강 1.893×10^{11}, 동 1.098×10^{11})

ε : 변형률

α : 선팽창계수[m/m℃]

t_2 : 최고 사용온도[℃]

t_1 : 주변의 최저 온도[℃]

A : 관의 단면적[m^2]

【예제 5.1】

호칭지름 80 mm의 일반배관용 탄소강관을 사용한 길이 10 m의 배관에서 양단을 고정하였을 때 발생하는 열응력과 고정단에 작용하는 힘을 구하라.
단, 관내부의 온도는 120℃, 주위의 최저온도는 10℃이다.

풀이 위의 식 (5.7)을 이용하면

$$\sigma = E\varepsilon = E\alpha(t_2 - t_1)$$
$$= 2.059\times10^{11}\times11.5\times10^{-6}(120-10)$$
$$= 2.6406\times10^{8}\ \text{Pa} = 264.06\ \text{MPa}$$

$$P = \sigma A$$
$$= 2{,}6406\times10^{8}\,\frac{\pi(89.1^2 - 81^2)}{4}\times10^{-6}$$
$$= 2.857\times10^{5}\ \text{N}$$

5.6.1 슬리브형 신축이음

슬리브형 신축이음(Sleeve Type Expansion Joint)은 그림 5.41과 같이 외통과 내통 사이의 미끄럼을 이용하여 신축을 흡수하는 형식으로, 단식과 복식의 두 가지가 있다. 내통과 외통 사이에는 패킹제를 넣어 기밀과 미끄럼을 원활하게 하며 이 패킹제가 수명과 성능을 좌우한다. 최근에는 사용 예가 거의 없으며 저압증기 배관에 일부 이용되었다.

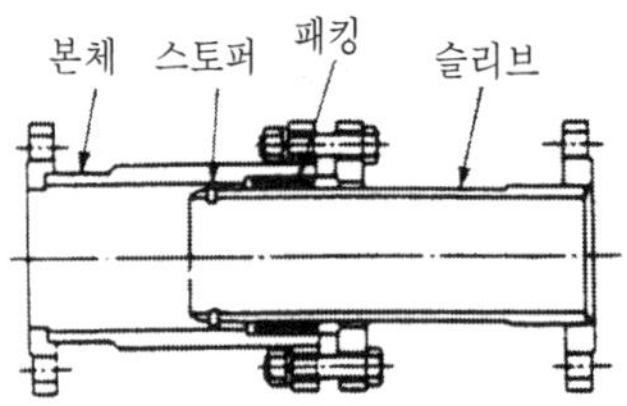

그림 5.41 슬리브형 신축이음

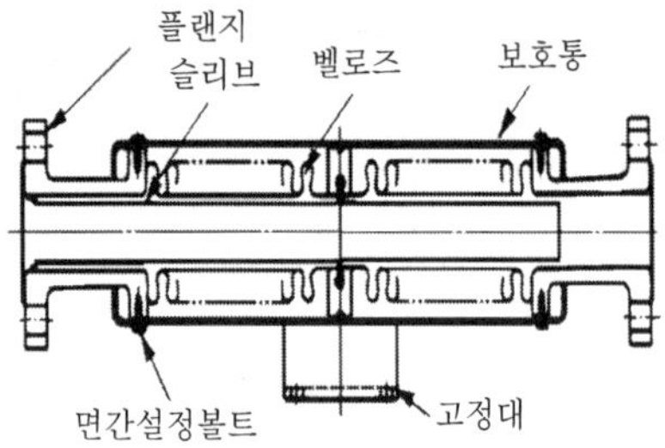

그림 5.42 벨로즈형 신축이음

5.6.2 벨로즈형 신축이음

벨로즈형 신축이음(Bellows Type Expansion Joint)은 그림 5.42와 같이 관의 신축을 주름모양의 벨로즈에서 흡수하도록 하고 벨로즈 외부에 보호통을 설치한 것으로, 복식과 단식이 있다. 신축량은 단식일 경우에 25mm, 복식일 경우에 50mm 정도이다. 벨로즈로써 기밀을 유지하므로 누설의 염려가 없고 비교적 높은 온도와 압력에도 견디므로 최근에 많이 사용되고 있으나 설치시에는 배관의 신축방향이 중심축과 일치하도록 유의하여야 한다. 벨로즈의 주 재료는 스테인리스강이나 인청동이 많다. 스테인리스강에 있어서는 용접, 열처리, 성형가공 등에 따라 일어날 수 있는 입간부식이나 응력부식 등에 주의하여야 하고 이종금속을 사용할 경우에는 접촉부식에 주의한다.

5.6.3 볼 조인트

볼 조인트(Ball Joint)는 그림 5.43과 같이 본체 내에 구형의 형상을 가진 내통으로 구성되고, 내통과 본체 사이의 기밀은 테프론계의 패킹제를 이용한다. 일반적으로 그림 5.44와 같이 2~4개를 조합하여 관의 신축이나 비틀림을 흡수한다. 비교적 작은 공간에서 큰 신축량을 흡수하므로 지역난방이나 대학, 공장, 초고층 빌딩 등의 긴 배관에 적용된다. 구조가 튼튼하고 내구성이 좋으므로 고온·고압용으로 사용되고 또한 지반침하 등에 의한 탱크·기기 등의 연결배관 변위를 흡수하는 데 적합하다.

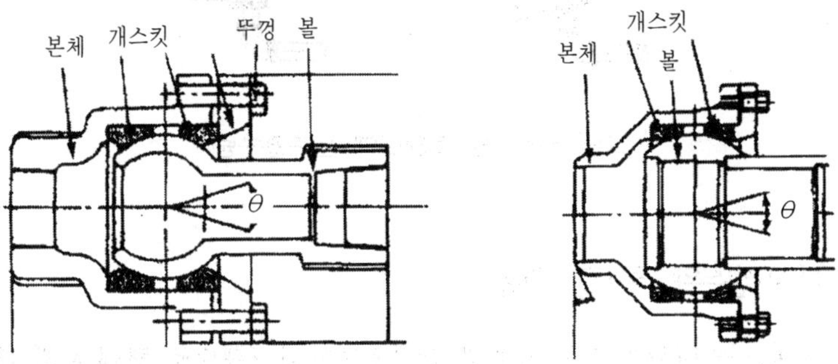

그림 5.43 볼 조인트

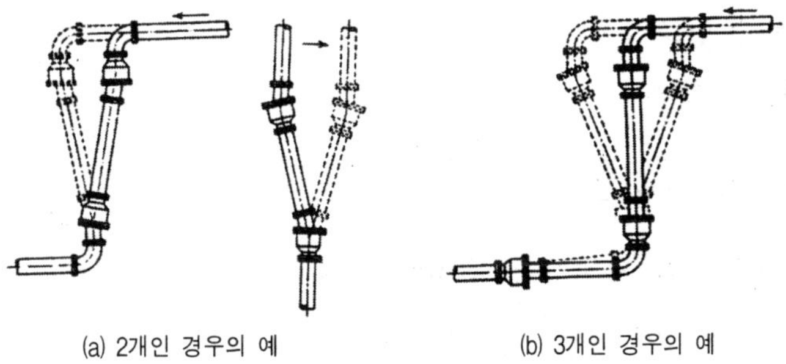

그림 5.44 볼 조인트의 사용 예

볼 조인트는 그림 5.45와 같이 관의 신축을 원호운동에 의하여 흡수한다. 볼 조인트의 흡수가능한 신축량 Δl[mm]은 다음과 같으며 최대 변화각도는 30도이며 이음 사이의 간격은 배관의 휨을 작게 하기 위하여 가능한 한 길게 하는 편이 좋다.

$$\Delta l = \frac{l\sin\theta}{1.5} \tag{5.9}$$

여기에서 l : 이음 사이의 간격[mm]

θ : 볼 조인트의 변위각

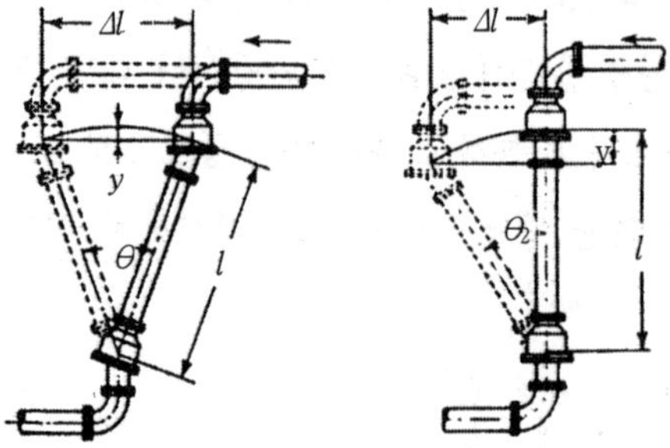

그림 5.45 볼 조인트의 신축흡수량

5.6.4 파이프밴드와 루프형 이음

파이프밴드는 배관을 그림 5.46과 같이 L형이나 Z형으로 하여 관의 팽창을 흡수하는 데 사용하며, 구조가 간단하고 신뢰성이 높으므로 난방배관 계통에서는 많이 이용된다. 이때 밴드의 길이 L[mm]은 가이드식 내다지보의 계산방법을 이용하여 다음과 같이 구할 수 있다.

L형 밴드의 경우

$$L = 75\sqrt{D \cdot \Delta l} \tag{5.10}$$

여기에서 D : 관의 바깥지름[mm]

Δl : 관의 신축량[mm]

Z형 밴드의 경우에는 L형 밴드를 구하는 값의 65%로 하여 설계한다.

$$L = 48.7\sqrt{D \cdot \Delta l} \tag{5.11}$$

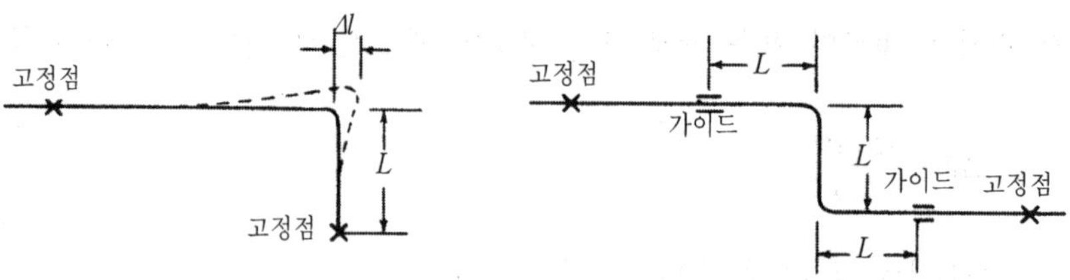

(a) L형 밴드 (b) Z형 밴드

그림 5.46 신축흡수용 밴드

U밴드와 루프는 배관재를 U형이나 루프형(Loop Type)으로 가공하여 직관중에 설치하고, 이 곡관의 가소성을 이용하여 직관의 신축을 흡수하게 한 것이다. 이것은 기계적인 부분이 없어 내압강도가 배관과 같으며 구조도 간단하므로 가격도 저렴하고 신뢰성이 높으나 설치공간을 많이 차지하는 결점이 있다. 이것의 치수는 앞에서 설명한 L형 밴드와 동일한 방법으로 구한다.

루프형 신축이음의 치수도 L형 밴드와 동일한 식 (5.11)로 밴드부의 전 길이를 구한다.

U형일 경우에는 $L=2H+W$ 로 되며 $W=L/S, H=2W$ 로 한다.

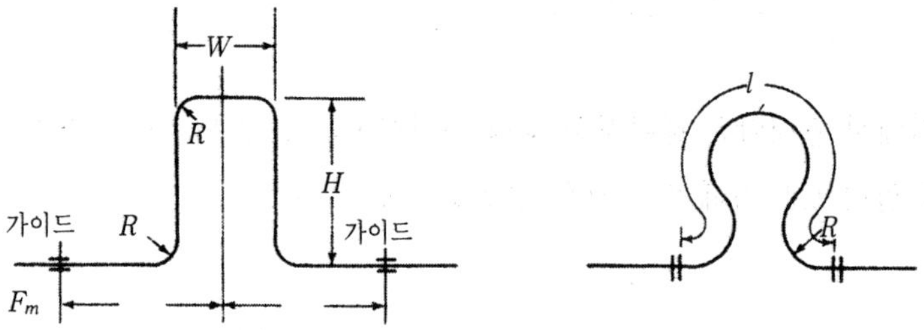

그림 5.47 곡관형 신축이음

5.6.5 신축이음에 의한 고정점 반력

신축이음은 양단을 고정한 배관 계통에서 관의 신축에 따른 열응력을 완화시키는 것이 목적이나 신축이음을 사용해도 신축이음을 움직이기 위한 반력과 관내압에 따른 추력 및 유체저항에 의한 반력 등이 고정점에 발생한다. 그러므로 고정점에 발생하는 추력에 따라 고정점의 견고성을 유지하여야 한다. 그림 5.48과 같은 배관계에서 벨로즈형 신축이음을 사용하였을 때에 고정점 A에 가해지는 추력 $F_m[N]$은 다음과 같이 구한다.

$$\begin{aligned} F_m &= F_p + F_s \\ &= p \cdot A_e + K \cdot \Delta l \end{aligned} \tag{5.12}$$

여기에서 F_p : 내압에 의한 추력[N]

F_s : 벨로즈 압축에 의한 추력[N]

p : 관내압[Pa]

A_e : 벨로즈의 유효면적[m^2]
K : 벨로즈의 스프링 상수[N/m]
Δl : 신축량[m]

그리고 곡관부의 고정점 B에 가해지는 추력 F_B[N]는 다음과 같이 구한다.

$$F_B = 2F_m \sin\frac{\theta}{2} + \frac{A_e \rho V^2}{2} sin\frac{\theta}{2} \tag{5.13}$$

여기에서 ρ : 액체의 밀도[kg/m3]
V : 액체의 속도[m/s]
θ : 곡관부의 각도

위 식에서 관내압은 배관시공 후에 수압시험을 하게 되므로 사용압력보다 높은 수압시험 압력으로 가해지는 것을 고려하여야 한다.

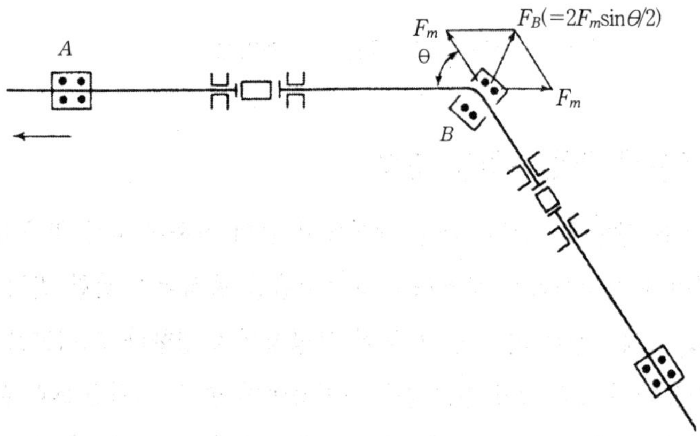

그림 5.48 고정점의 추력

【예제 5.2】

100A 강관에 게이지압력 0.5 MPa의 포화증기가 유속 25 m/s로 흐른다. 그림 5.48과 같은 경우 고정점의 지지간격이 30 m일 때 관의 팽창량과 고정점 B의 추력을 구하라. 단, 곡부의 각도는 90°이다.

풀이 관의 팽창량은 $\Delta l = \alpha(t_2 - t_1)L$에서, 증기의 포화온도는 158℃이고 난방정지시의 주위 온도는 5℃라 하면

$\Delta l = 11.5\times10^{-6}\times(158-5)\times30 \fallingdotseq 0.0528$ m

복식 벨로즈형 신축이음을 사용하면 한쪽의 $\Delta l=0.0264$ m이다.

신축이음의 $K=1.961\times10^5$ N/m, $A_e=0.0114$이다.

고정점 B에서의 추력은 식 (5.12)와 식 (5.13)에 의하여

$$F_m=F_p+F_s=p\cdot A_e+K\cdot\Delta l$$

$$=5\times10^5\times114\times10^{-4}+1.961\times10^5\times0.0264=5700+5178=10{,}878[\text{N}]$$

$$F_B=2F_m\sin\frac{\theta}{2}+\frac{A_e p V^2}{2}\sin\frac{\theta}{2}$$

$$=2\times10878\times\sin\frac{90}{2}+\frac{0.0114\times3.17\times25^2}{2}\sin\frac{90}{2}\fallingdotseq15{,}389[\text{N}]$$

5.7 헤더(Header)

헤더는 보일러에서 발생한 증기나 온수 또는 돌아오는 환수나 응축수를 한곳에 모아 각 계통별로 구분하여 보내거나 회수하고자 할 때 사용하는 것으로, 공급관 쪽에 설치하는 것을 공급헤더(Supply Header), 돌아오는 쪽에 설치하는 것을 리턴헤더(Return Header)라 하며 증기분배용으로 사용할 때에는 증기헤더(Steam Header), 온수분배용으로 사용할 때에는 온수헤더라 부른다. 이 외에도 패널의 코일을 이용한 복사난방방식에서 그림 7.30과 같은 다지관 형태의 소형 온수분배기를 이용하기도 한다.

헤더의 제작은 주로 무계목강관이 이용되고 양쪽에는 막힘플랜지의 형태로 제작하며 배수연결구와 압력계 또는 온도계 등을 부착할 수 있도록 하여 각 계통별 운전상태를 파악할 수 있도록 한다.

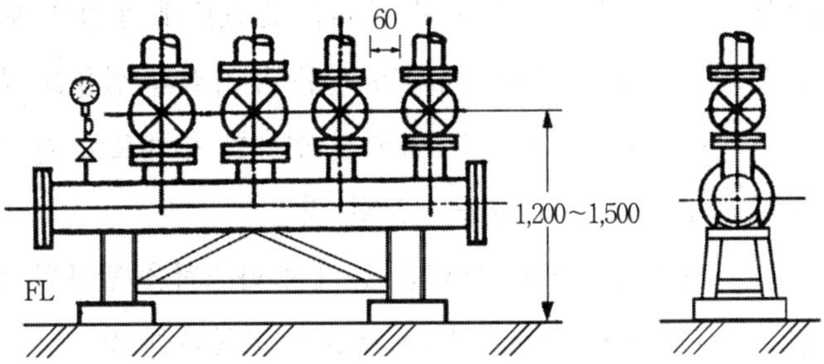

그림 5.49 헤 더

5.8 보온재

5.8.1 재료의 일반적 성질

우리 주변의 물질 중에서 열의 통과가 어려운 성질을 가지고 있는 것 중의 하나가 움직이지 않는 공기이다. 단열재는 섬유 사이나 플라스틱 내의 기포에 유동하지 않는 공기를 많이 가지고 있게 하고, 이 공기의 단열성을 이용하여 단열기능을 갖게 하는 것이며 공기 대신 특수한 가스를 이용하는 경우도 있다. 단열재의 단열 성능, 즉 열전도율의 값을 좌우하는 요소로는 밀도의 변화, 온도의 변화, 함수율에 의한 변화, 두께에 의한 변화 등이 있다.

일반적으로 밀도의 증가와 더불어 열전도율의 값은 증가한다. 이것은 단열재 중의 공기가 감소하여 단열성이 있는 공기가 줄고 전도에 의한 전열이 크게 되기 때문이다. 반대로 밀도가 너무 작게 되어도 역시 열전도율이 증가한다. 이것은 열전도율이 감소하는 이상으로 방사전열이 증가하기 때문이다. 건축용 단열재로 열전도율의 값이 가장 작게 되는 밀도는 재료의 종류에 따라 차이는 있지만 약 50 kg/m^3 부근이다.

온도에 따라서는 온도상승에 비례하여 열전도율은 증가한다. 함수율에 의해서는 단열재 중에 수분이 함유되면 열전도율은 현저히 증가한다. 두께에 따라서는 열전도율의 값은 변하지 않는다. 따라서 열저항은 두께 증가에 따라 직선적으로 증가한다.

5.8.2 재료의 종류와 특성

단열재의 종류는 다음과 같이 분류되며, 표 5.17에 성질을 보여준다.

- 섬유질 : 무기질—유리면, 암면과 같은 무기질의 섬유를 주재료로 한 것
  유기질—우모 등의 유기질 섬유를 주재료로 한 것
- 다공질 : 무기질—무기질을 발포한 것
  유기질—폴리스틸렌폼 등의 플라스틱을 발포한 것
- 분말질 : 규산칼슘, 규조토 등의 분말을 고형화한 것
- 적층질 : 알루미늄박의 적층이나 하니컴 등 열반사재와 공기층 등을 이용한 것

온수나 증기배관 등의 보온재로는 유리면이나 암면 등이 주로 사용되고 저온배관에는 발포폴리스틸렌 등의 발포플라스틱계 단열재가 많이 사용되고 있다. 300℃를 넘는 고온에는 규산칼슘 등의 보온재가 사용되고 있다.

표 5.17 단열재의 종류

분 류	종 류	밀 도[kg/m³]	열전도율[W/(m·K)]	최고 사용온도
무 기 섬유질계	유리면보온재	24, 32, 40, 48, 64, 80 등	24K 0.049 32K 0.046	300℃ 전후
	암면보온재	100, 160, 300 등	0.044	400~600℃
유 기 섬유질계	우 모 펠 트	1, 2호 130 이상, 3호 100 이상	0.041+0.0001θ	100℃
유 기 다 공 질	폴리스틸렌폼	1호 30, 2호 25, 3호 20, 4호 15 이상	1호 0.036, 2호 0.037 3호 0.040, 4호 0.043	70℃
	폴리에틸렌폼	40~110	0.039	70℃
무 기 다 공 질	규 산 칼 슘	1호 220 이하 2호 170 이하	0.0535+0.000116θ 0.0465+0.000116θ	650℃

(1) 유 리 면

유리를 용융하여 이것을 압축공기, 고압증기 또는 원심력을 이용하여 섬유화한 것으로, 접착제를 이용하여 판상이나 원통으로 성형하여 단열재로 이용한다. 한국산업규격에 단열성능과 규격이 규정되어 있다.

(2) 암 면

현무암, 화성암 등을 용융하여 이것을 압축공기, 고압증기 또는 원심력을 이용하여 섬유화한 것으로, 판상이나 원통으로 성형하여 단열재로 이용한다. 한국산업규격에 단열성능과 규격이 규정되어 있다.

(3) 규 산 칼 슘

규산칼슘은 광물질의 퇴적물로서, 좋은 것은 순백색이나, 불순물을 포함하고 있는 것은 황색이나 회녹색을 띠고 있다. 이것에 섬유질을 혼합하고 물을 가한 후 성형시켜 사용한다. 단열효과는 떨어지나 자유롭게 성형하기 쉬우므로 복잡한 형상을 가진 것을 보온하기에 적합하다.

(4) 폴리에틸렌폼

폴리에틸렌수지에 발포제를 이용하여 발포한 것으로, 주로 저온용으로 사용된다.

(5) 폴리스틸렌폼

입자상의 합성수지 원료를 가열하여 1차 발포하고 이것을 양생 건조시킨 후 판상 또는 원통형을 얻기 위하여 금형에 넣어 재가열하고 입자를 눌러 융착시켜 성형하거나 원료를 가열용융시켜 연속적으로 압출하여 발포시킨 제품이다.

5.8.3 보조재료

단열시공에는 단열재 이외에 단열재를 부착하거나 마감하기 위하여 여러 가지 보조재료가 필요하게 된다. 보조재료로는 원지, 아스팔트펠트, 루핑, 점착테프, 철선, 도금철망, 못, 접착제 등과 외장재로 사용되는 착색 아연도철판, 면포, 유리면포, 알루미늄박판, 은박지, 난연비닐테이프, 하드시멘트 등이 있다. 금속판류는 내구성 등을 고려하여 옥외용의 외장재로 적합하고, 옥내용은 색채나 주위와의 조화를 고려하여 적당한 재료를 선정하며, 미관을 필요로 하지 않는 은폐부분에는 은박지나 난연비닐테이프 등을 이용한다.

5.8.4 단열두께

단열두께를 두껍게 하면 방산열량은 감소하나 시공비는 증대한다. 그림 5.50은 경제적 단열두께의 선정곡선으로, 연간 방산열량에 해당되는 연료비와 단열두께와의 관계를 나타내는 곡선 A와 단열두께에 따른 단열공사비의 연간상각비, 금리 등 연간 비용의 관계인 곡선 B와의 합이 C곡선으로 된다. 이 곡선의 최저점이 단열두께가 가장 경제적 두께인 점으로 된다. 배관공사에 대한 표준시방서의 단열두께는 표 5.18과 같다.

표 5.18 난방배관 단열두께

관수온도[℃] \ 관지름	15~40	50~125	150 이상	비 고
61~90	25	40	50	미네랄울 보온통, 유리면 보온통, 규산칼슘 보온통
91~120	40	50	75	

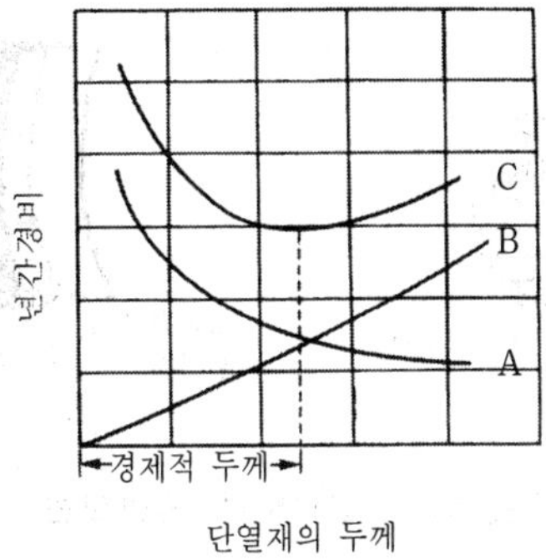

그림 5.50 경제적 단열두께

5.8.5 배관의 단열시공법

난방배관에서 보온을 필요로 하지 않는 부분은 난방하는 실내를 지나가는 배관, 실내에 노출되는 방열기 연결배관, 팽창조인트의 외면이며, 그 이외에는 보온을 한다. 배관의 단열시공을 그림 5.51에서 보여준다. 직관부분은 성형 보온통을 씌운 후 2개소 이상을 아연철선으로 고정하고 보조재료와 외장재를 이용하여 마감한다. 곡관이나 분지관 등에는 이형의 성형재를 사용하여 시공하는 것이 이상적이지만 어려운 경우에는 보온통을 경사지게 절단하여 부착하고 외장재로 미려하게 마감한다. 밸브 등은 밸브 전용의 외장재를 이용하여 마감시공하는 것이 미려하게 된다. 연도, 탱크류의 외표면과 같은 부분은 그림 5.52와 같이 마감시공한다.

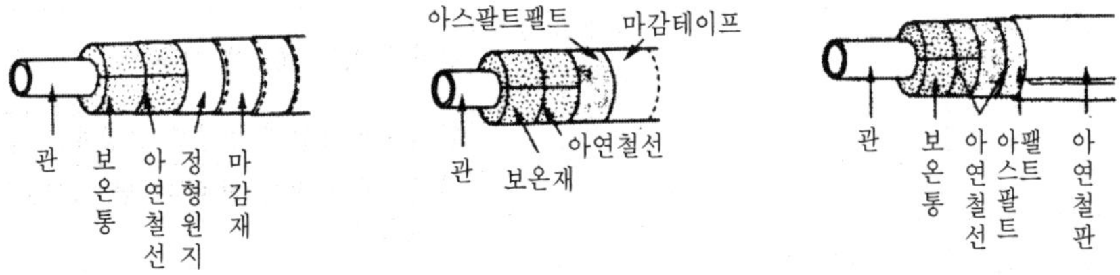

그림 5.51 배관의 단열시공

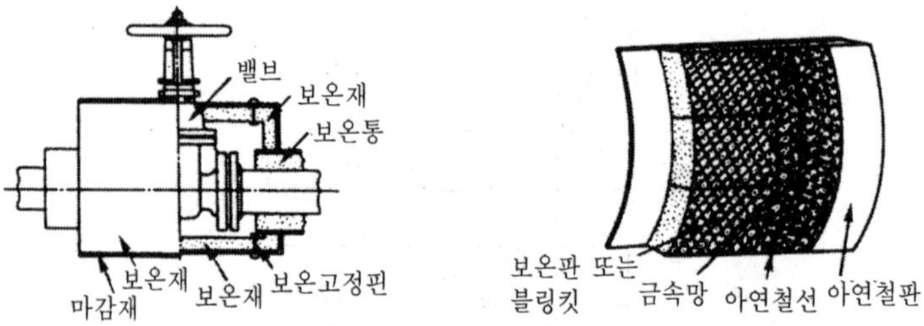

(a) 밸브보온 (b) 평면보온

그림 5.52 밸브보온, 평면보온

5.9 지지철물

배관을 설치하기 위해서는 배관을 지지하기 위한 지지철물을 구조물에 설치하여 이용한다. 배관은 자중이나 열팽창, 진동 등에 의하여 변형이 되므로 배관에 응력이 직접 작용하지 않도록 지지철물 선정에 주의하여야 한다.

5.9.1 지지철물의 종류

배관의 지지철물에는 표 5.19와 같은 것이 있다.

표 5.19 지지철물의 종류

명 칭	용 도	종 류	용 도
서 포 트 또는 행거	배관의 중량을 지지하는 장치	서 포 트	축방향으로 변위가 있는 개소에 사용
		리지드행거	수직방향의 변위가 없는 개소에 사용
		가변행거 또는 스프링행거	변위가 있는 개소에 사용
리스트레인트 (restraint)	열팽창에 의한 배관계의 자유로운 작용을 구속하거나 제한하기 위한 장치	앵 커	완전하게 배관계 일부를 고정하는 장치
		스 톱	파이프의 회전은 허용하지만 직선운동을 방지하는 장치
		가 이 드	파이프가 그 축 주위에서 회전하는 것이나 옆으로 튕겨지는 것을 방지

(1) 리지드행거(Rigid Hanger) 및 서포트(Support)

그림 5.53과 같이, 리지드행거는 배관을 원형봉으로 직접 매달거나 몇 개의 배관을 등변산형강 행거에 원형 봉으로 설치하는 것이며, 서포트는 가대 위에 올려놓는

지지장치로서 슈와 롤러형이 있다. 파이프의 움직임이 있는 경우에는 롤러행거나 롤러서포트를 사용한다.

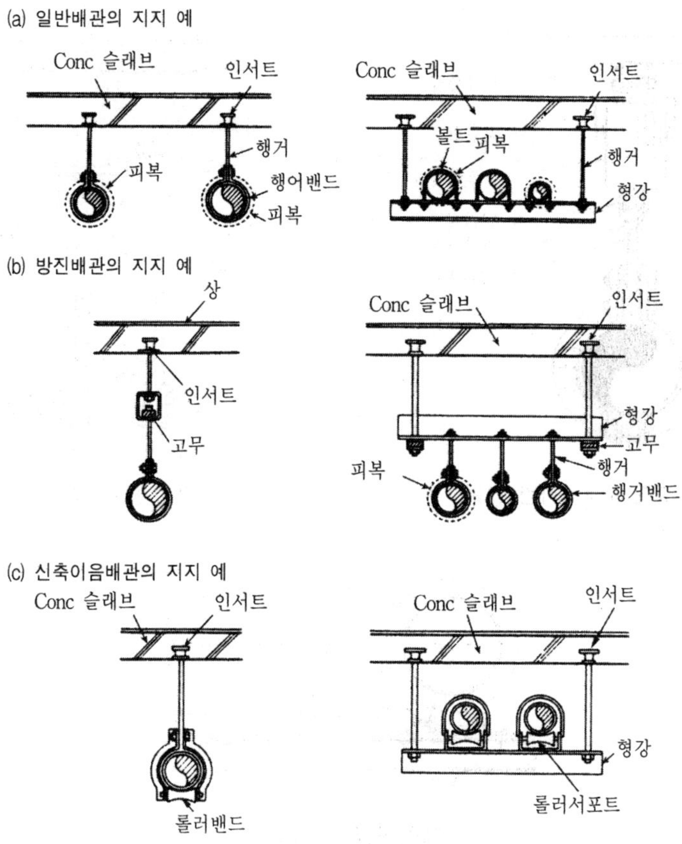

그림 5.53 배관지지의 예

(2) 가변행거

그림 5.54와 같이 코일스프링을 내장하고 배관자중이나 수직방향의 변위를 흡수하는 데 사용한다.

(3) 앵 커

배관의 지지점 이동이나 회전을 전혀 허용하지 않고 고정하는 것으로, 고정부분이 배관에 작용하는 응력에 충분히 견디도록 하여야 한다.

(4) 가이드

배관의 축방향 이동만을 허용하고 축의 직각방향으로의 이동을 구속하여 배관의 틀어짐을 방지한다.

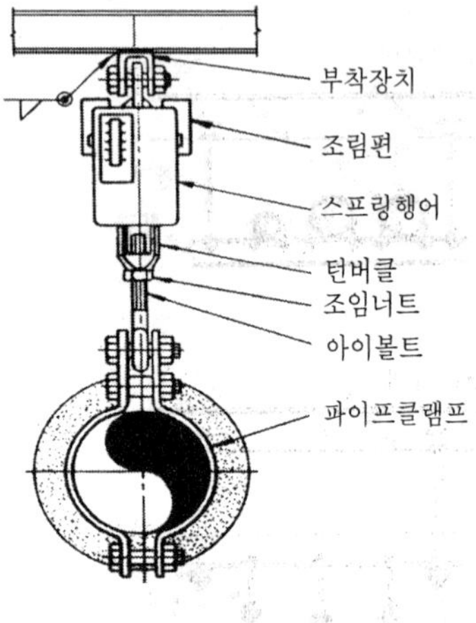

그림 5.54 가변 행거

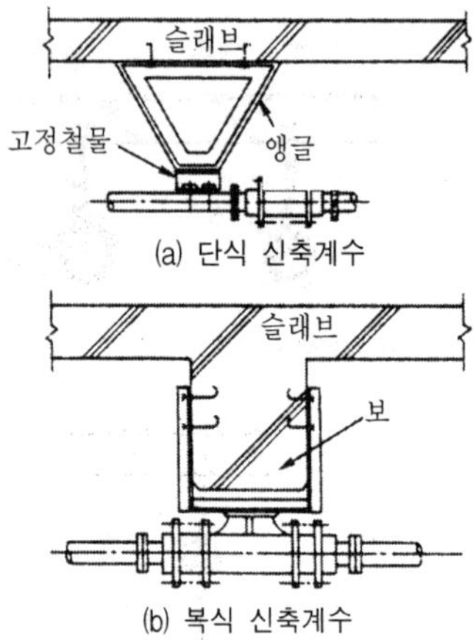

그림 5.55 앵커

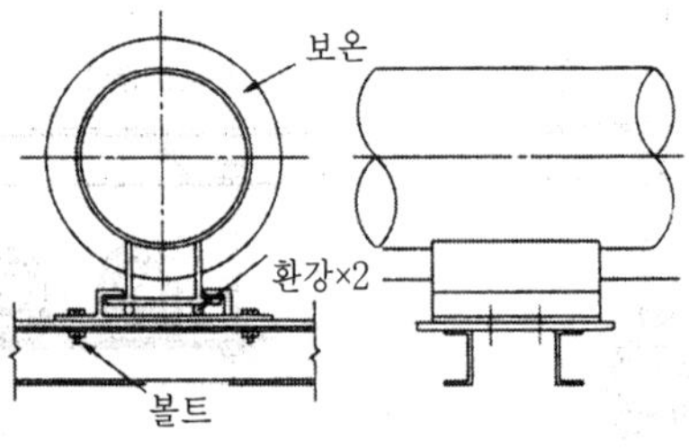

그림 5.56 가이드

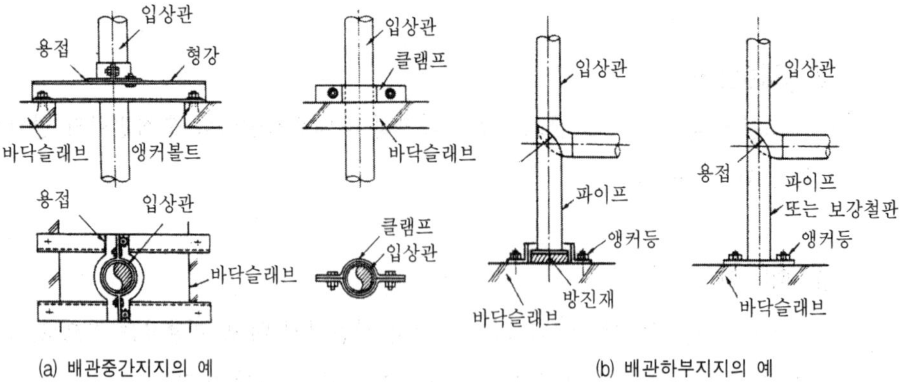

그림 5.57 입상관의 지지 예

5.9.2 배관의 지지간격

배관의 지지간격은 배관의 자중이나 보온재, 밸브류 등의 무게를 충분히 지지할 수 있어야 하고, 입상관의 경우에는 관이 좌굴되지 않는 범위 내에서 지지한다. 장비연결배관부분의 지지는 배관의 자중이 장비에 전달되지 않도록 지지점을 선정하여야 하며, 배관이 변곡되는 부분에서의 지지철물 설치위치는 그림 5.58과 같으며, 일반적인 지지간격은 표 5.20과 같다.

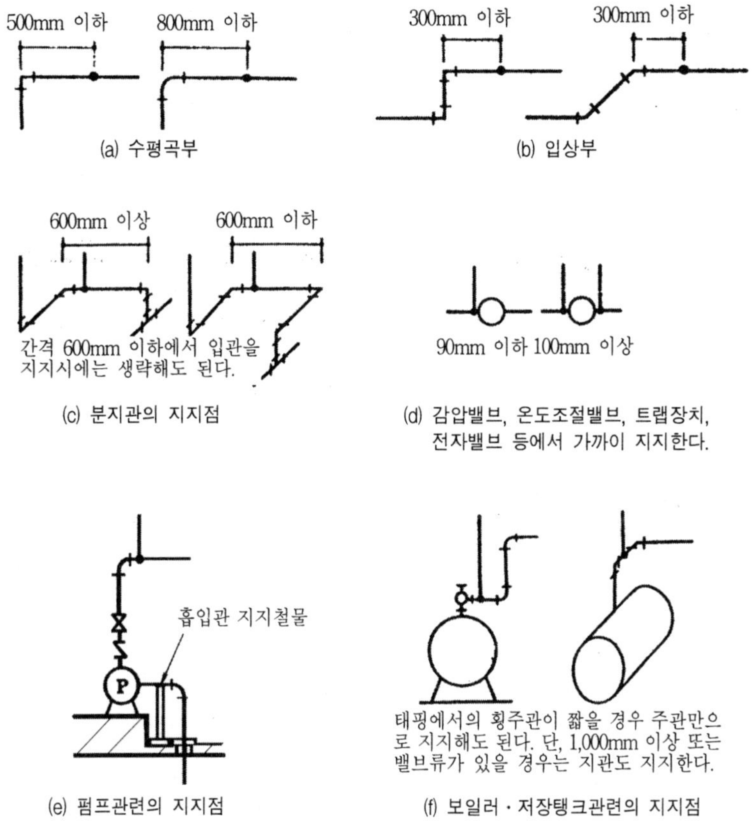

그림 5.58 변곡지점의 지지위치

표 5.20 배관의 지지간격

구 분	관의 종별		간 격
입 관	강관, 스테인리스 강관, 동관		각 층 1개소 이상
횡 주 관	강 관	20A 이하	1.8m 이내
		25~40A	2.0m 이내
		50~80A	3.0m 이내
		100~150A	4.0m 이내
		200A 이상	5.0m 이내
	스테인리스 강관	20A 이하	1.0m 이내
		25~40A	1.5m 이내
		50A	2.0m 이내
		65~100A	2.5m 이내
		125A 이상	3.0m 이내
	동 관	20A 이하	1.0m 이내
		25~40A	1.5m 이내
		50A	2.0m 이내
		65~100A	2.5m 이내
		125A 이상	3.0m 이내

5.10 관의 시험 · 프레싱

배관의 시공이 완료되면 연결부위의 이상유무를 확인하기 위하여 압력시험을 한다. 압력시험은 방열기기나 공기변 등을 부착하기 전에 시행하며, 대규모일 경우에는 구간별, 계통별로 나누어 시행하기도 한다. 시험압력은 사용압력의 1.5배 이상으로 하고, 최저 시험수압은 0.5 MPa로 한다. 수압 유지시간은 2시간 이상으로 하여 미세한 누수 여부를 확인하여야 한다. 동절기와 같이 동해의 우려가 있는 경우에는 수압시험 대신 공기압시험을 하기도 하나 온도변화에 따라 압력의 변화가 크므로 유의하여야 한다.

장치의 연결이 모두 끝나고 시운전을 하기 전에 배관 내의 이물질을 제거하기 위한 프레싱 작업을 하여야 한다. 배관 내에는 작업 중에 들어간 여러 가지 이물질과 기름때 등이 존재하므로 충분히 세척한다. 시운전이 끝나면 스트레이너의 걸름망을 분해하여 걸려 있는 이물질을 제거한 후 새로운 용수로 충수하고 부식억제제와 같은 약품을 투입하여 정상운전에 대비한다.

제6장 증기난방

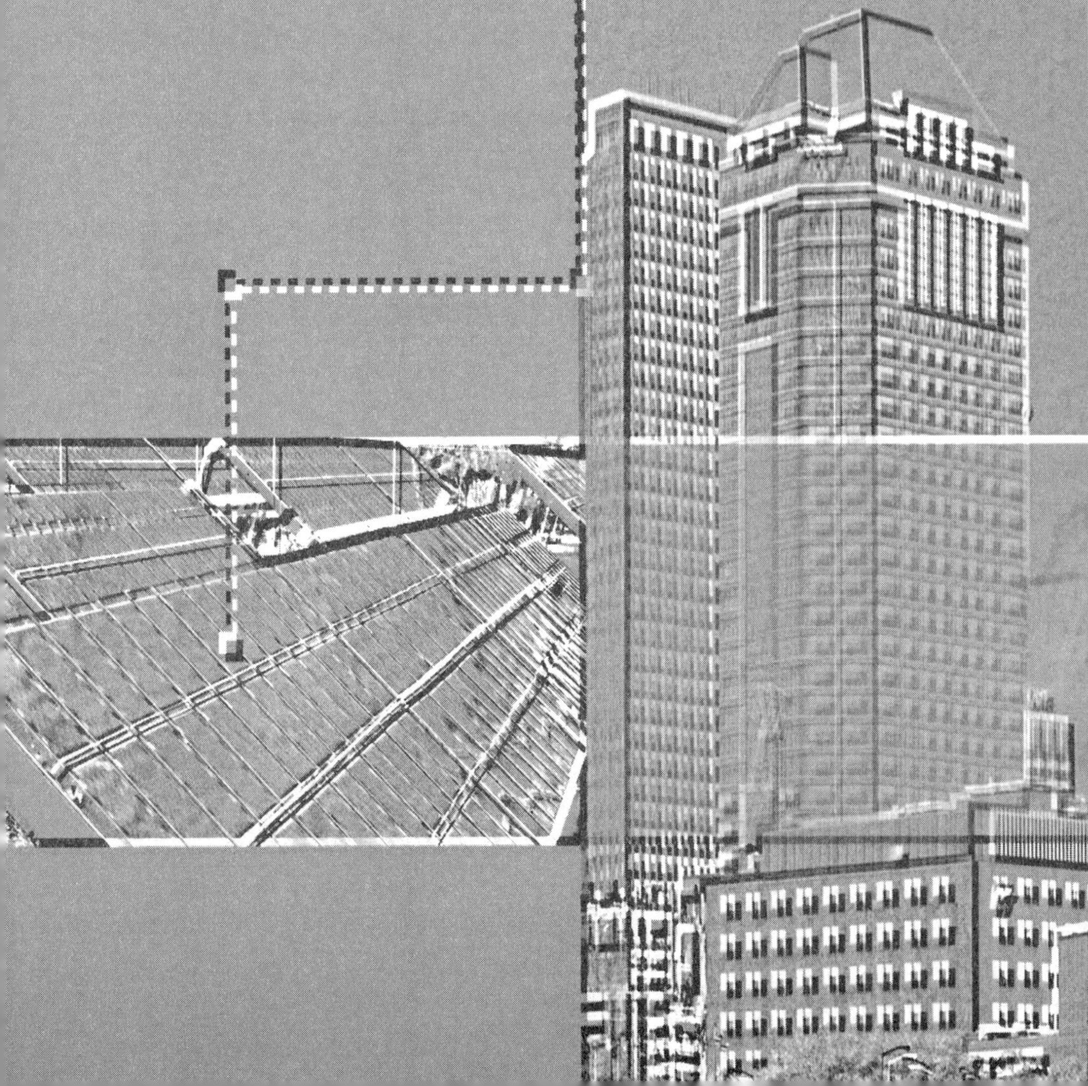

제6장 증기난방

6.1 개 요

증기난방 시스템은 보일러에서 발생된 증기를 배관을 통하여 각 실의 방열기기로 보내어 난방하는 방식으로, 그림 6.2와 같이 증기보일러, 방열기밸브, 방열기, 증기트랩, 보일러 급수펌프, 응축수탱크와 이들 사이를 연결하여 주는 증기관과 응축수관을 기본으로 구성된다.

보일러에서 발생된 증기는 자신의 압력으로 증기관을 통하여 방열기까지 이동하고, 증기가 가지고 있는 증발잠열을 응축과정에서 방열하여 실내 공기를 가열하게 된다. 방열 후 응축수는 방열기 출구에 부착되어 있는 증기트랩에 의하여 증기와 분리되고 환수관을 통하여 보일러실의 응축수 저장탱크로 회수된다. 회수된 응축수는 보일러로 다시 공급되어 순환하게 된다.

증기난방은 일반적으로 연면적 규모가 크고(1,000 m^2 이상) 간헐운전을 필요로 하는 학교, 공장, 사무실 등의 난방을 하는 데 이용되며, 다음과 같은 장단점을 가지고 있다.

▣ 장 점

① 예열시간이 짧다.

② 열의 운반능력이 크므로 시설비가 작아진다.

③ 열매온도가 높으므로 방열기의 방열면적이 작아진다.

④ 한랭지에서는 동결의 우려가 적다.

▣ 단 점

① 실내 상하온도차가 크다.

② 부하변동에 따른 실내 방열량의 제어가 곤란하다.

③ 계통별 용량 제어가 곤란하다.

④ 환수관의 부식이 심하므로 수명이 짧다.

⑤ 운전시 증기해머로 인한 소음을 일으키기 쉽다.

⑥ 보일러 취급기술자가 필요하다.

6.2 증기난방 방식의 분류

증기난방은 사용증기 압력, 배관방식, 환수방식, 보일러 보급수방식 등에 따라 표 6.1과 같이 분류된다.

표 6.1 증기난방 방식

분 류	방 식	구 분
사용증기 압 력	저 압 식	증기압력 0.1MPa 미만, 보통 35 kPa 사용
	고 압 식	증기압력 0.1MPa 이상
	진 공 식	대기압력 이하
증기배관 방 식	단 관 식	증기관과 응축수관을 한관으로 사용
	복 관 식	증기관과 응축수관을 분리
증기공급 방 향	상 향 식	공급증기의 흐름이 상향
	하 향 식	공급증기의 흐름이 하향
환 수 방 식	중 력 식	중력으로 환수, 습식과 건식이 있다.
	진 공 식	진공펌프로 환수
보 일 러 보급수방식	중 력 식	중력으로 보일러에 보급
	기 계 식	펌프 등 기계력에 의하여 보급

6.2.1 사용증기 압력에 의한 분류

(1) 고압식

고압식은 증기의 사용압력이 0.1 MPa 이상으로 보통 0.2~0.5 MPa를 많이 사용하나 원거리일 경우에는 더 높은 압력으로 사용하기도 한다. 열의 운반능력이 커서 대규모 장치나 원거리의 수송에 적합하다.

방열기기용으로 고압증기를 직접 이용하는 경우는 유닛히터, 파이프 방열기와 고온 복사난방 방법이 있으며 실내에서 직접 사용할 때에는 방열면의 온도가 높으므로 고온으로 인한 불쾌감과 위험이 적도록 설치위치 선정에 주의하여야 한다.

대개의 경우는 보일러에서 고압증기를 발생시켜 배관망을 통하여 수요장소까지 보내고 감압밸브를 이용하여 필요압력으로 감압한 후 사용한다. 고압증기를 사용하여 발생하는 응축수는 고온·고압의 상태이므로, 저압환수관에 직접 접속할 때에는 재증발로 인한 흐름의 장애가 발생하므로 증발탱크 등을 이용하여 감압한 후 접속하도록 주의하여야 한다. 배관시에도 고온으로 인한 배관의 열응력이 발생하기 쉬우므로 팽창량을 충분히 흡수할 수 있도록 고려하여야 한다.

(2) 저압식

저압식은 증기의 사용압력이 0.1 MPa 미만인 경우를 말하며 주로 10~35 kPa인 증기를 사용한다. 고압증기 난방에 비하여 안전도나 쾌감도는 좋으나 고압증기보다 단위체적당의 열용량이 작으므로 관지름이 크게 된다.

저압증기용 보일러로서는 주철제 보일러가 이용되거나 노통연관식이나 소형 관류보일러로서 고압증기를 발생시킨 후 감압밸브를 이용하여 저압으로 낮추어 사용하는 방법이 있다.

방열기기로는 주철제 방열기, 걸레받이 방열기 등이 주로 이용되고, 난방시설만을 필요로 하는 일반건물에 많이 이용된다.

(3) 진공식

시스템에 진공펌프를 설치하여 증기발생부와 환수관 계통을 대기압력 이하로 유지한다. 증기온도는 100℃ 이하에서 사용한다.

6.2.2 증기 배관방식에 의한 분류

(1) 단관식

단관식(One Pipe System)은 그림 6.1과 같이 방열기로 보내는 증기와 그곳에서 발생하는 응축수를 동일한 관으로 운반하는 배관방식을 말하며, 증기트랩을 사용하지 않고 방열량의 조절은 방열기밸브의 전개나 전폐에 의한다. 배관이 길어지는 경우에는 증기와 많은 양의 응축수가 같이 흐르므로 유통이 원활하지 못하고 먼 곳에 위치한 방열기에는 충분한 증기가 공급되지 못하게 되어 난방상태가 불량하게 될 수도 있다.

보통은 소규모 건축물에 채용되나 우리나라에서는 거의 볼 수 없는 방법이다.

(2) 복관식

복관식(Two Pipe System)은 그림 6.2와 같이 증기의 공급관과 응축수의 환수관을 별도로 하고 방열기마다 증기트랩을 설치하여 증기가 환수관으로 유입되지 않도록 한다. 이 배관방법은 입상관 내를 흐르는 증기의 방향에 따라 상향공급식과 하향공급식으로 분류되며 우리나라에서 가장 많이 쓰이는 일반적인 방법이다. 방열기트랩을 통하여 배관이나 방열기 내의 공기가 빠져나가지 못할 경우를 위하여 방열기 본체에 공기빼기밸브를 부착하도록 한다.

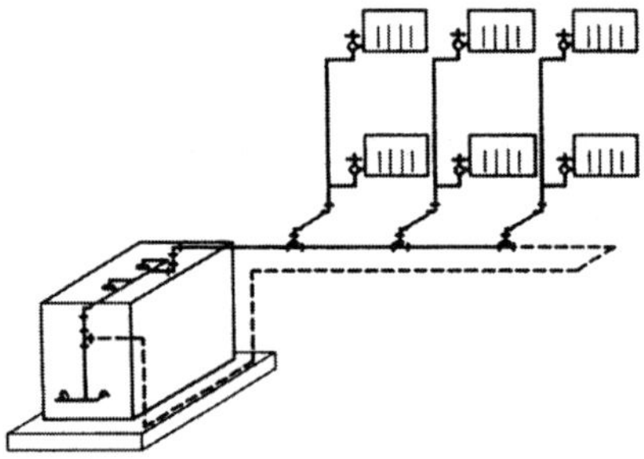

그림 6.1 단관식

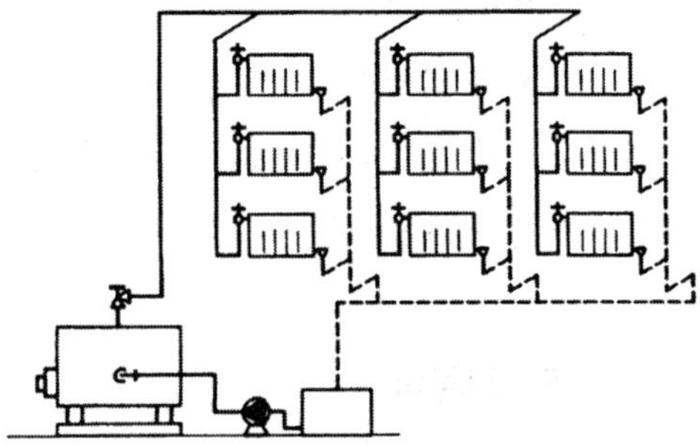

그림 6.2 복관식

6.2.3 증기공급방향에 의한 분류

(1) 상향공급식

증기를 아래에서 위쪽으로 흐르도록 한 경우를 말하며, 증기주관을 그 건물의 아래쪽에 배열하고 입상관을 그곳에서 분기하여 각 층에 있는 방열기로 증기를 공급하는 배관방식으로, 복관식 배관방식에서 많이 사용하고 있다.

증기가 위쪽으로 흐르는 동안 관 내에서 발생한 약간의 응축수는 증기와 반대방향으로 흐르게 되므로 입상관의 관지름은 하향식에 비하여 커진다.

(2) 하향공급식

증기를 위에서 아래쪽으로 흐르도록 한 경우를 말하며, 증기주관을 그 건물의 위쪽에 배열하고 입하관을 그곳에서 분기하여 각 층에 있는 방열기로 공급하는 배관방식이다.

증기가 아래쪽으로 흐르는 동안 관 내에서 발생한 약간의 응축수는 증기와 동일한 방향으로 흘러, 증기의 흐름을 방해하지 않으므로 배관지름이 작아진다.

6.2.4 환수 배관방식에 의한 분류

(1) 중력식

중력식에는 건식환수법과 습식환수법이 있다. 건식환수법은 그림 6.3과 같이 환수주관을 보일러 또는 응축수탱크의 수면보다 위에 설치하여 환수관 내부에 응축수가 충수되지 않은 상태로 흐르는 방식으로, 환수관에는 증기가 유입되지 않도록 증기관과 환수관 사이에 증기트랩을 설치한다.

습식환수법은 그림 6.4와 같이 환수주관을 보일러 또는 응축수탱크의 수면 이하로 배관하여 환수관 내부에 응축수가 만수된 상태로 흐르도록 하는 방식으로, 건식보다 관지름이 적어도 되는 이점은 있으나 난방 중지시에는 동해를 입을 염려가 있으므로 장치 내의 물을 배출할 수 있는 배수밸브를 부착하여야 한다.

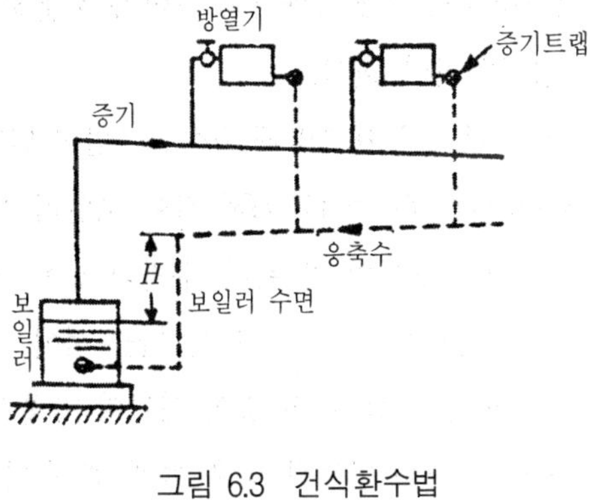

그림 6.3 건식환수법

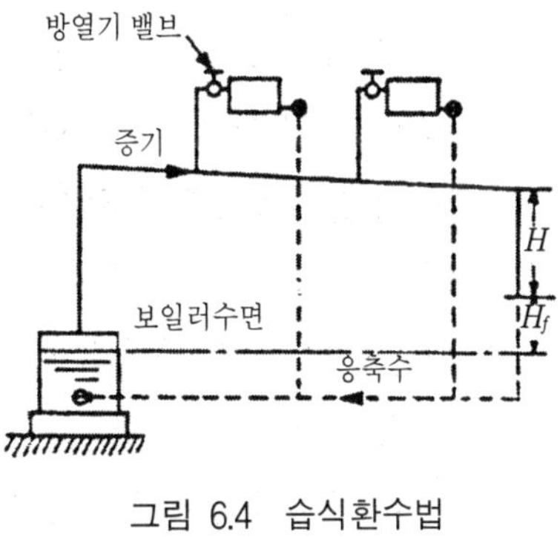

그림 6.4 습식환수법

(2) 진공식

환수관에 진공펌프를 연결하여 증기트랩 이후의 환수관측을 진공압 250 mmHg 정도의 진공도를 갖게 하고 응축수와 함께 관 내 공기를 흡입함으로써 응축수의 환수를 강제적으로 촉진시키는 방법이다.

이 방법에서는 환수가 원활하고 신속하게 이루어지며, 관경이 가늘어지고 배관 기울기를 작게 할 수 있으며 낮은 쪽의 응축수를 높은 곳으로 올릴 수 있는 리프트

이음의 사용이 가능하게 된다. 진공펌프는 일반적으로 전동식이 이용된다.

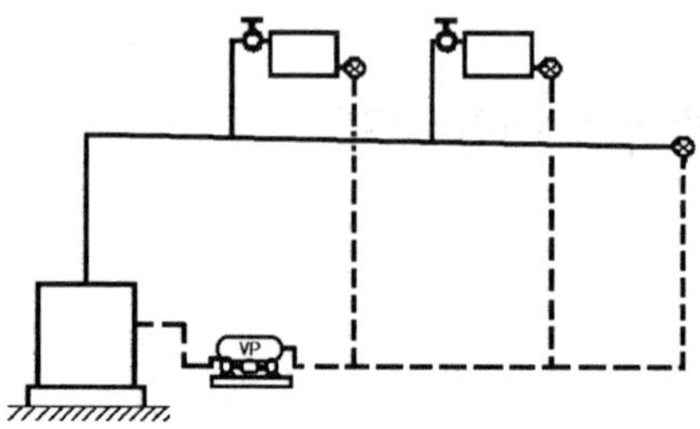

그림 6.5 진공식

6.2.5 보일러 보급수 방식에 의한 분류

(1) 중력식

중력환수식은 방열기로부터의 응축수가 1/100 정도의 기울기를 가진 환수관에서 중력만으로 보일러로 환수되는 방식을 말하며 저압증기 난방방식에 한하여 사용이 가능하다. 이 방법일 경우에는 보일러에서 방열기까지의 높이가 충분히 높아야 가능하므로 건축구조상의 조건을 검토하여야 한다.

중력환수식에는 위의 배관방식에서 설명한 건식환수법과 습식환수법이 있다. 전자는 보일러의 수위와 환수주관과의 높이차가 그림 6.3의 H와 같이 보일러의 최고 사용증기압력에 상당하는 수두보다 크게 하지 않으면 안 된다. 후자의 경우 환수주관이 보일러 수면 이하로 배관되어 관 내는 응축수로 가득 차 건식환수법에 비하여 주관경이 가늘게 되지만 환수관 말단의 수면은 그림 6.4와 같이 배관의 마찰손실수두만큼 보일러 수위보다 높게 되므로 증기주관은 이보다 더욱 높게 해 주어야 한다. 현재 국내에서 중력환수식을 채용하는 경우는 거의 없다.

(2) 기계식

중력환수식에서와 같이 보일러에 직접 급수할 수 있는 경우를 제외하고는 보일러 내의 압력이 환수관 내의 압력보다 높으므로 기계력을 이용하여 보일러 내의 압력보다 높은 압력으로 보급수를 공급하여야 한다. 이 방식을 기계환수식이라 한다. 저압보일러일 경우에는 기계력으로 응축수펌프, 진공펌프 등을 사용하며, 고압

보일러에서는 다단 터빈펌프나 재생펌프 등을 사용한다.

기계환수식 펌프의 양정과 유량계산은 3.6절의 보일러 급수펌프의 항을 참조하기 바란다. 펌프를 사용할 때 환수된 응축수의 온도가 높을 경우에는 펌프의 흡입수두로 인한 포화온도의 변화로 흡입관 내에서 재증발이 일어나 보급 불능이나 기능 저하가 우려되므로 주의하여야 하며 특히 흡입측의 배관은 가능한 한 짧게 하고 위치수두의 차이가 없도록 하는 것이 좋다.

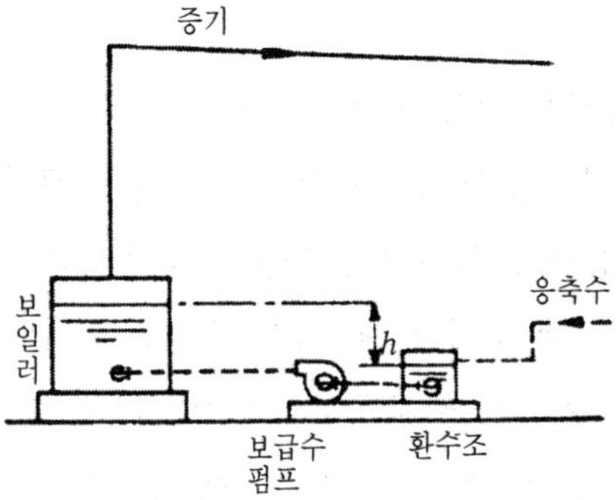

그림 6.6 기계식

6.3 증기배관 설계

6.3.1 개 요

증기난방 장치 또는 증기가열 장치의 배관 설계에 있어서는 부하가 되는 기기에서 필요한 압력의 증기를 필요한 양만큼 공급하여 정해진 방열성능을 충분히 발휘하도록 하여야 한다. 이를 위하여 증기의 수송과 분배, 응축수와 비응축성 기체의 배출이 적절히 이루어지도록 하여야 한다.

증기계통 설계의 기본사항은 증기의 압력이다. 증기의 압력은 부하가 되는 기기에서 요구되는 온도조건에 따라 결정된다. 증기난방 설비에서는 일반적으로 저압증기가 이용되지만 공조설비의 가열코일이나 흡수식 냉동기의 가열열원, 지역냉난방, 고온 복사난방, 고온가열을 필요로 하는 공장설비나 병원설비 등에서는 고압증기가 이용된다.

배관지름이나 부속기기의 설계에 있어서는 설계부하로 하지 않고 부분부하나 예열부하일 때의 과잉부하도 고려하지 않으면 안 된다.

증기배관이나 부하기기에서 응축수가 적절히 배출되지 않으면 증기의 분배를 저해하고 증기해머에 의한 소음을 발생할 뿐 아니라 배관계나 기기에 손상을 입힐 수도 있고 기기의 전열성능을 저하시키므로 배관에는 적당한 기울기를 주어 고인 응축수가 신속하게 배출되도록 한다. 증기와 응축수가 관 내를 동일 방향으로 흐를 때 배관 기울기와 증기속도가 적당하면 증기해머를 일으키지 않지만 상향급기 입상관이나 역기울기 횡주관의 경우 그림 6.7과 같이 증기와 응축수가 동일 관 내를 반대방향으로 흐르게 되고 증기의 속도가 어느 제한속도를 넘으면 증기의 흐름이 저해되어 증기해머를 일으키게 된다.

응축수의 발생량은 정상 운전시보다 초기 통기시에 많고 그 양이 1.5배 정도에 다다르기도 한다. 환수관 내의 흐름은 응축수와 기체의 2상 유동으로 응축수의 재증발이나 증기의 재응축도 일어나는 복잡한 흐름이다.

배관 및 기기 내에 공기가 체류하면 증기의 분배를 저해할 뿐 아니라 방열기나 증기 가열장치의 전열성능을 현저하게 떨어뜨린다. 또한 계내에 존재하는 산소는 배관의 부식원인이 되고 탄산가스는 응축수에 용해되어 부식성 탄산으로 된다. 따라서 적절한 개소에 공기빼기밸브를 설치하거나 진공펌프로 강제흡인하여 배관계통 밖으로 배출하도록 한다.

증기배관은 가동시나 정지시 온도차가 크므로 관의 신축에 의하여 배관계나 기기에 무리한 열응력이 작용하지 않도록 신축계수나 루프배관 등을 설치한다. 강관의 선팽창률은 약 0.012 mm/m℃이므로 온도차가 80℃일 때 배관길이 1 m당 약 1 mm 정도 신축한다.

위의 내용에 따라 증기배관에서는

① 균일하고 필요한 양만큼
② 증기해머에 의한 장애가 없도록
③ 응축수의 배출은 신속하게
④ 공기나 기체의 정체가 없도록
⑤ 온도변화에 따른 열응력의 장해가 없도록 한다.

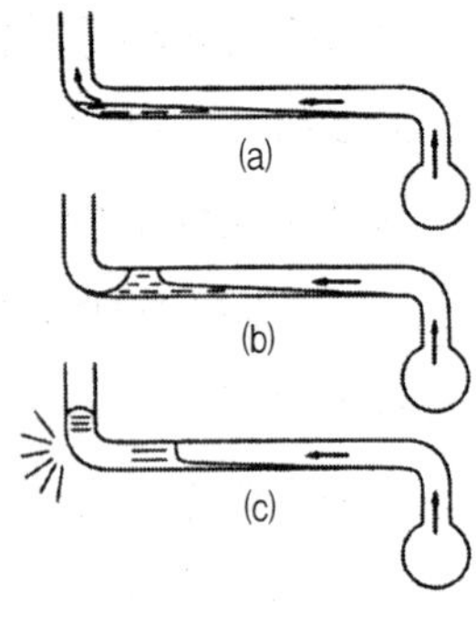

그림 6.7 증기해머현상

6.3.2 계통 설계

(1) 증기순환 계통

증기순환 계통은 보일러, 방열기기, 증기트랩, 보일러급수장치 등의 부속기기, 그리고 이것을 연결하는 배관계로 구성된다.

1) 증기 계통

증기의 압력은 사용하는 방열기기나 가열기기의 사용온도에 따라 결정되며 저압식은 증기난방설비에 널리 사용되고, 고압식은 열이송이나 가열기기 등에 사용된다. 증기는 보일러에서 배관을 통하여 방열기기까지 압력에 의하여 이동한다. 보일러에서는 고압의 증기를 발생시키고 배관 도중에서 필요한 압력으로 감압하여 사용하는 방식이 많이 이용된다.

2) 환수계통

방열기기에서는 증기가 응축잠열을 방열한 후 응축수가 되고 트랩을 통하여 환수관으로 배출된다. 이 응축수를 회수하기 위한 증기트랩 이후의 배관을 환수관이라 한다. 환수방식으로 중력환수와 진공환수 방식이 있으며, 환수관을 따라 되돌아 온 응축수는 응축수 탱크에 저장되거나 응축수 펌프 등의 보일러 급수장치에 연결된다.

3) 증기계통과 환수계통의 접속

방열기기, 가열기기 및 증기관 내에서 발생한 응축수는 신속하게 환수관 쪽으로 배출하는 것이 필요하므로, 복관식의 경우 증기계통과 환수계통의 접속부분에는 증기트랩을 설치한다. 기기 내에 공기 등의 불응축성 가스가 존재할 때에는 전열성능이 떨어지므로 트랩을 통하여 기기 내의 가스를 환수관 쪽으로 배출하는 기능도 필요하게 된다.

4) 보일러 급수

응축수를 보일러로 되돌려 보내는 방식에 중력식과 기계식이 있지만, 증기압력이 높을 경우에는 건축구조상 압력에 해당하는 수두확보가 어려우므로 환수관을 통하여 되돌아온 응축수를 응축수 저장탱크에 일시 저장하고 보일러 보급수펌프나 응축수펌프를 이용하는 기계적인 방법으로 급수한다.

5) 배관방식

증기를 공급하고 응축수를 회수하기 위한 배관방식으로 단관식과 복관식이 있고, 증기의 흐름방향에 따라 상향식과 하향식, 그리고 응축수주관의 위치에 따라 건식과 습식 환수법이 있다.

(2) 고저압 병용식의 접속

1) 고압 증기계통 저압 증기계통의 접속

고압증기를 저압증기로 사용하고자 할 때에는 감압밸브를 이용하여 저압측의 사용압력으로 낮추어 사용하고, 감압비가 클 때에는 2단 감압을 한다.

2) 고압 환수계통과 저압 환수계통의 접속

증기의 사용압력이 다른 경우에 두 증기관에서 발생되는 응축수는 응축압력과 응축온도가 다르므로 응축수배관의 직접 접속은 고압측 응축수의 재증발로 인한 응축수 흐름의 장애와 에너지 손실을 가져온다. 그러므로 그림 6.8(d)와 같이 고압계통의 환수를 증발탱크에 연결하여 감압하고 재증발시켜 환수압력을 동일하게 한 후 저압 환수계통에 연결하는 것이 좋다. 증발탱크에서 재증발된 증기는 저압증기관에 접속하여 재이용하는 것이 가능하다.

(3) 계통의 예

그림 6.8에 각종 증기배관 계통의 예를 나타낸다.

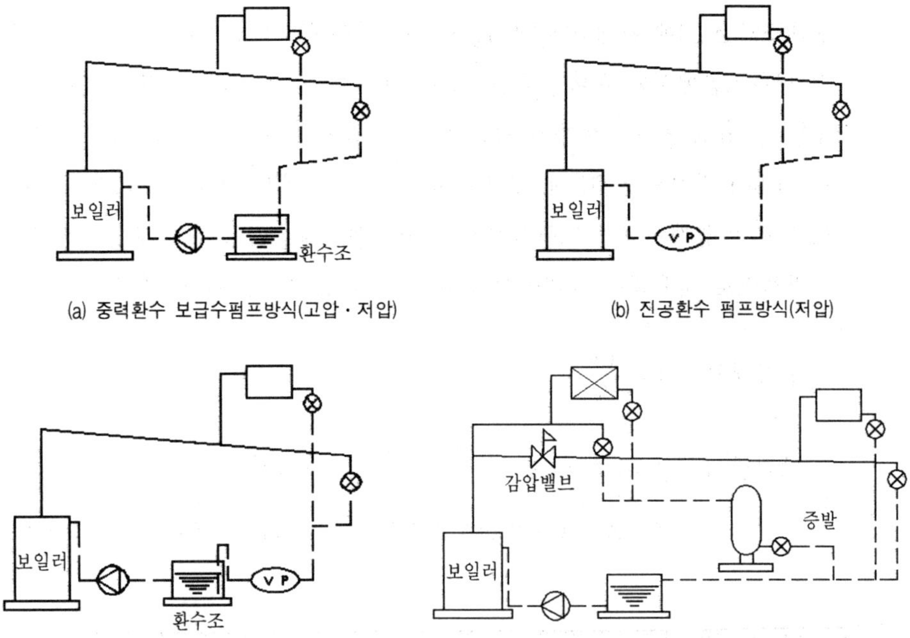

(a) 중력환수 보급수펌프방식(고압 · 저압)

(b) 진공환수 펌프방식(저압)

(c) 진공환수, 보급수펌프(저압)

(d) 고 · 저압 병용방식

그림 6.8 증기배관 계통

6.3.3 배관지름 결정

(1) 마찰저항

1) 직 관

건조증기 또는 증기와 소량의 물이 같은 방향으로 흐를 때의 압력손실 R[Pa]은 다음과 같은 Dalcy-Weisbach식으로 계산된다.

$$R = f\frac{L}{D}\frac{v^2}{2}\rho \tag{6.1}$$

여기에서 R : 관의 압력손실[Pa]

f : 관의 마찰계수

L : 직관의 길이[m]

D : 관의 안지름[m]

v : 관 내 평균유속[m/s]

ρ : 유체의 밀도[kg/m^2]

위의 식에서 관마찰계수 f는 레이놀즈수(Reynolds Number : R_e)와 관내면의 상대조도(e/D)에 관계되며 Moody의 마찰계수선도에서 구할 수 있다. 매끈한 관의 난류흐름에서의 관마찰계수 f값은 레이놀즈수에 따라 아래와 같은 식으로 구할 수 있고, f는 레이놀즈수의 증가에 따라서 작아지고 e/D의 증가에 따라서는 커지나 각각의 e/D값에 대하여 R_e수가 각각 어떤 값 이상, 즉 완전난류영역이 되면 마찰계수 f는 그림 6-9의 Moody 선도에서 보듯이 거의 일정하게 된다. 일반적으로 사용되는 강관에서의 관의 절대조도는 0.05 mm 정도이다.

층류영역 $$f = \frac{64}{R_e} \tag{6.2}$$

매끈한 관 $$f = 0.3164 R_e^{-1/4} \quad (3 \times 10^3 < R_e < 10^5) \tag{6.3}$$

$$f = 0.0032 + 0.221 R_e^{-0.237} \quad (R_e = 10^5 \sim 3 \times 10^6) \tag{6.4}$$

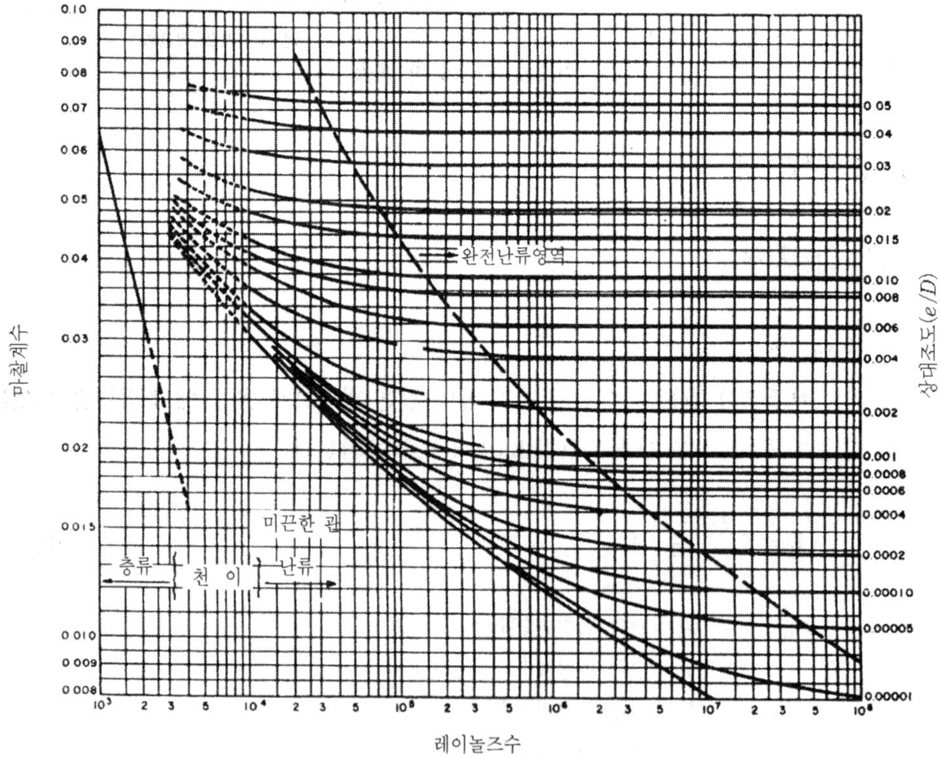

그림 6.9 Moody 선도

2) 국부저항

이음쇠나 밸브류 등의 저항을 국부저항이라고 말하며 이것을 직관의 상당길이로 나타내면 편리하게 된다. 이 상당길이는 국부저항을 이것과 동등한 마찰저항을 갖는 동일 지름의 직관길이로 나타내는 것이다.

표 6.2에 대표적인 이음쇠와 밸브류의 상당길이를 나타낸다.

예를 들면 관지름 100 A인 연장 100 m 배관 도중에 동일 지름의 게이트밸브 1개, 엘보 5개가 있다면 배관계의 총 저항은 다음과 같은 직관길이에 해당하는 값이 된다.

직관의 길이	100 m
게이트밸브 1개의 상당길이	0.58 m
엘보 5개의 상당길이	2.7×5=13.5 m
계	114.08 m

표 6.2 국부저항의 상당길이〔m〕

종 류 \ 지 름[A]	15	20	25	32	40	50	65	80	90	100	125	150	200	250	300
표 준 엘 보	0.40	0.55	0.67	0.91	1.07	1.31	1.52	1.98	2.4	2.7	3.4	4.0	5.2	6.4	8.2
T*	0.91	1.2	1.5	1.8	2.1	2.4	3.4	4.0	4.6	5.5	6.7	8.2	10.7	13.7	16.2
게이트밸브(전개)	0.09	0.1	0.15	0.18	0.24	0.30	0.34	0.43	0.49	0.58	0.67	0.85	1.13	1.40	1.68
글 러 브밸브	4.3	5.53	7.0	8.8	10.4	14.0	16.5	20	24	28	34	41	55	70	82
앵글밸브(전개)	2.1	.0	3.7	4.6	5.5	6.7	8.2	10.4	12.2	13.7	17.1	20.4	28	34	40

* T는 주관에서 분기된 경우에 적용

(2) 허용 압력강하

증기배관의 설계에 있어서는 보일러의 초기압력과 최대 상당길이를 가지고 있는 배관계의 허용 압력강하를 고려하여 관경을 결정하지 않으면 안 된다. 설계에서의 유의사항은 다음과 같다.

1) 전 압력강하는 초기압력(게이지압력)을 초과하지 않아야 한다. 실제적으로는 초기압력의 1/2을 넘지 않도록 하고 일반적으로는 1/3 정도로 설계한다.
2) 과대한 증기속도가 되는 큰 압력강하를 선정하지 않도록 한다.
3) 중력환수식일 때 압력강하가 너무 커서 환수주관 내의 응축수 수위가 증기주관, 방열기 등의 높이에 다다르지 않도록 한다.

일반적으로 사용하는 초기 증기압력(게이지 압력)과 허용 압력강하의 관계를 표 6.3에 나타낸다. 게이지압력 200 kPa 이상일 때에는 속도법으로 증기관의 관경을 결정하는 경우도 있다.

표 6.3 증기관 내의 압력강하

초기 증기압력[kPa(gage)]	단위 압력손실[Pa/m]	전압력 강하[kPa]
진공환수식	30 ~ 60	7 ~ 14
0	7	0.4
15	30	3.5
35	60	10
70	115	20
100	230	30
200	500	35 ~ 70
350	500 ~ 1200	70 ~ 100
700	500 ~ 1200	100 ~ 175
1000	500 ~ 2300	175 ~ 200

표 6.4 역기울기 배관과 입상관의 제한속도

(a) 역 기울기 배관

기울기 / 관지름	1/500		1/250		1/125		1/80		1/60		1/40		1/30		1/24	
	용량	제한속도	용량	제한속도	용량	제한속도	용량	제한속도	용량	제한속도	용량	제한속도	용량	제한속도	용량	제한속도
20A	1.4	2.4	1.8	3.4	2.5	4.0	2.9	4.3	3.2	4.9	3.6	5.2	4.3	6.7	4.7	6.7
25A	3.2	2.7	4.0	3.7	5.4	4.6	5.8	5.2	6.8	5.8	7.9	6.7	8.6	7.3	9.4	7.6
32A	5.4	3.4	7.2	4.3	9.0	5.2	11.2	6.1	12.2	6.7	14.0	7.6	15.1	7.9	17.6	9.4
40A	9.0	3.7	11.9	4.9	15.1	5.8	16.9	6.7	19.1	7.3	21.2	7.9	23.0	8.5	27.0	10.1
50A	19.4	4.6	24.5	5.5	31.3	7.3	37.8	8.2	42.1	9.1	45.0	9.8	46.4	9.8	52.2	10.1

※ 용량[kg/h], 제한 속도[m/s]

(b) 입상관

관지름(A)	20	25	32	40	52	65	80	100
최대속도[m/s]	9.1	10.3	12.2	13.5	16.0	18.3	19.2	21.9

(3) 제한속도

증기배관 내의 증기속도는 증기해머나 소음의 원인이므로 설계에 있어서 과대한 속도가 되지 않도록 하여야 한다. 증기의 제한속도는 응축수의 양과 흐름방향 및 배관 기울기에 유의하여 결정하며, 응축수의 양이 작고 증기와 응축수가 동일 방향으로 흐를 때에는 약 40~60 m/s 정도가 가능하나 일반적으로 25~40 m/s로 하는 것이 좋다. 증기와 응축수가 반대방향으로 흐를 때에 증기속도가 제한속도를 초과하면 응축수의 흐름이 지장을 받거나 증기해머를 일으키게 된다.

제한속도는 응축수의 양, 배관의 방향이나 기울기 등에 의하여 다르게 된다. 표 6.4에 역기울기 배관과 입상관의 제한속도와 용량을 나타낸다.

(4) 저압증기관의 관지름 결정

건증기 또는 증기와 소량의 물이 동일 방향으로 흐를 때 유량과 관경의 관계는 식 (6.1)에 따라 결정된다. 그림 6.10은 관내면의 절대조도를 0.045 mm로 하고 표준대기압 상태에서 계산한 배관용 탄소강관의 유량선도를 보여준다. 증기와 응축수가 동일 방향으로 흐를 때 저압증기관의 관지름 결정은 그림 6.10이나 표 6.5를 이용한다. 표 6.5 중의 유량은 7 kPa의 평균증기압력을 기준으로 하고, 앞에서의 제한속도를 고려하여 구하였다. 이때 배관의 단위압력손실은 식 (6.5)로 구한다. 선도의 사용방법은 선도 아래부분에서 증기유량의 수직선과 사용증기 압력의 수평선이 만나는 점에서 경사선(왼쪽으로 상향)을 따라 101 kPa의 수평선이 만나는 점을 찾는다. 이 점이 101 kPa 상태에서의 상당증기량이 된다. 이 상당증기량의 수직선과 식 (6.5)에서 구한 단위압력손실 값의 수평선이 만나는 지점에서의 관지름을 구한다. 증기유량선도에서 나타난 속도는 101 kPa 상태에서의 값이므로 사용압력에서의 실제 증기속도를 구하기 위하여 오른쪽 실제 증기유속선도를 이용한다. 수직축의 값을 왼쪽 선도상의 속도로 하고 경사선을 따라 내려가며, 사용증기 포화압력의 수직선과 만나는 점에서의 왼쪽 값이 실제 증기속도가 된다.

증기와 응측수가 반대 방향으로 흐르는 경우에는 표 6.4와 표 6.6을 이용하여 관지름을 구한다. 저압증기관에서 특별한 경우를 제외하고는 전저항의 상당길이를 직관길이의 2배로 가정하여도 실용상 지장이 없다. 전 압력강하 ΔP는 (2)에서 설명한 허용 압력강하와 표 6.3을 참조하여 결정한다.

$$r = \frac{\Delta P}{L + L'} = \frac{\Delta P}{2L} \tag{6.5}$$

여기에서 r : 직관의 마찰저항[kPa/m]

L : 보일러에서 가장 먼 방열기까지의 배관길이[m]

L' : 국부저항의 상당길이[m]

ΔP : 증기관 내의 전압력강하[kPa]

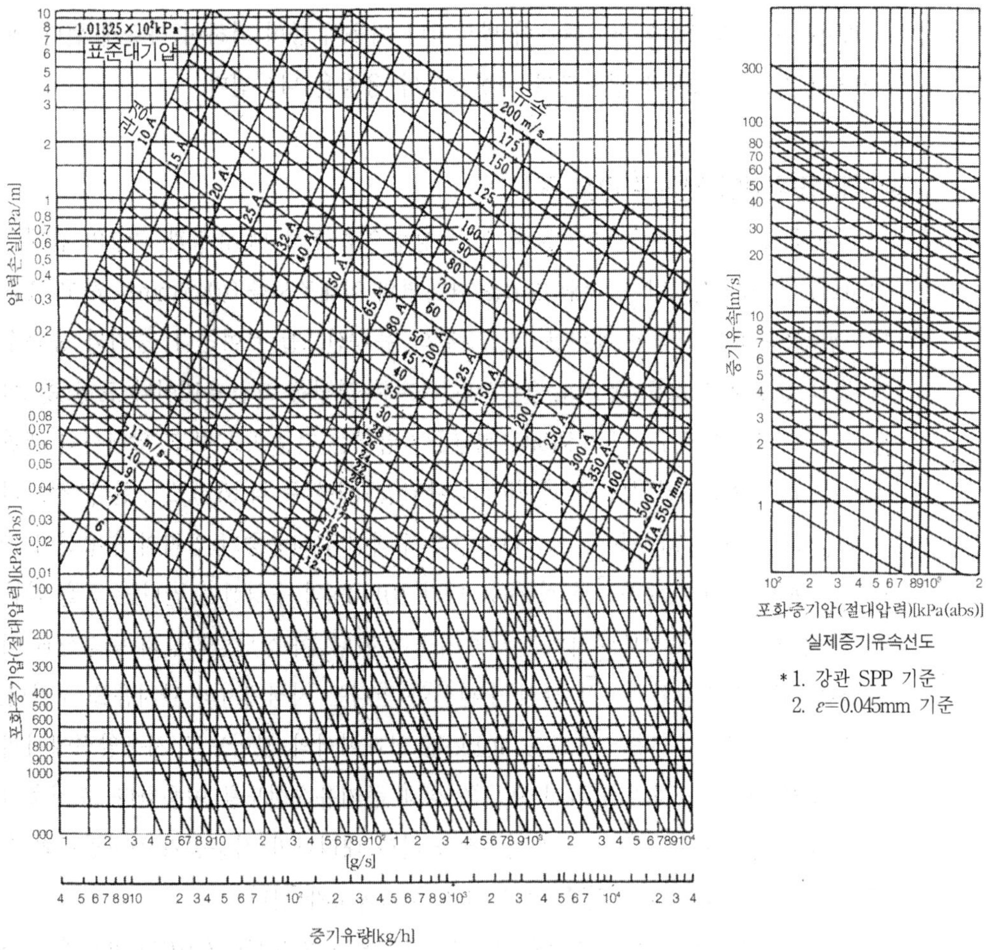

그림 6.10 증기유량선도

표 6.5 순기울기 저압증기관의 용량[kg/h]

단위압력 손실		14 Pa/m		28 Pa/m		58 Pa/m		113 Pa/m		170 Pa/m		225 Pa/m		450 Pa/m	
포화압력		25	85	25	85	25	85	25	85	25	85	25	85	25	85
관지름	20	4	5	6	7	9	11	13	16	16	19	19	23	27	33
	25	8	9	12	14	17	21	24	30	31	36	36	43	50	61
	32	16	21	24	30	35	42	50	66	65	75	72	90	104	126
	40	26	32	40	45	54	68	79	94	97	119	112	137	162	194
	50	50	61	72	86	104	130	151	187	191	230	216	266	320	385
	65	79	97	119	140	173	209	245	299	310	371	353	432	522	623
	80	144	173	212	248	299	367	436	526	540	648	626	756	886	1,090
	100	292	364	432	526	641	767	896	1,090	1,110	1,350	1,310	1,570	1,900	2,220
	125	544	648	763	954	1,110	1,360	1,620	1,930	1,990	2,380	2,310	2,770	3,400	3,890
	150	871	1,040	1,280	1,520	1,800	2,200	2,590	3,085	3,180	3,890	3,820	4,540	5,400	6,440
	200	1,770	2,180	2,530	3,180	3,670	4,540	5,180	6,480	6,590	8,030	7,490	9,290	10,900	14,400
	250	3,270	3,990	4,640	5,720	6,800	8,240	9,540	11,800	11,900	14,500	13,600	16,800	19,400	23,600
	300	5,180	6,230	7,490	8,850	10,600	12,900	15,000	18,100	18,600	22,500	21,800	26,100	30,800	36,700

※ 1. 포화압력의 단위는 kPa이다.
2. 포화압력 25 kPa의 용량은 7～41 kPa의 범위에도 적용 가능
3. 포화압력 85 kPa의 용량은 55～110 kPa의 범위에도 적용 가능

표 6.6 역기울기 저압증기관의 용량[kg/h]

관지름 [A]	복관식		단관식		
	입상관	수평관	상향공급관	방열기밸브 수직연결관	방열기와 입상 배출관
20	4	3	3	-	3
25	6	6	5	3	3
32	14	12	9	7	7
40	22	19	17	10	7
50	43	40	33	19	10
65	72	61	50	-	19
80	130	90	90	-	30
100	230	194	173	-	83
125	475	356	-	-	126
150	817	634	-	-	248
200	1,700	1,360	-	-	-
250	3,180	2,590	-	-	-
300	5,220	4,320	-	-	-
400	9,970	8,600	-	-	-

※ 1. 압력손실이 13 Pa/m 이하이면 복관식 입상관의 용량표를 이용하지 말고 그림 6.10이나 표 6.5를 이용한다.
2. 입상관 및 방열기 연결용 수평관의 기울기는 1/24 이상으로 한다. 이 기울기보다 작으면 2.5m 이상의 횡지관은 표보다 한 단위 큰 관지름을 선정한다.
3. 단관식 상향 공급관인 경우, 압력손실이 9Pa/m이하 이면서 65mm이하인 경우는 그림 6.10이나 표 6.5의 값을 이용한다.

저압증기의 환수관은 증기관에서 사용한 단위 압력손실의 값을 가지고 지름을 결정한다. 표 6.7은 저압증기의 환수관 용량을 나타낸다.

증기주관은 관말에 찌꺼기 등이 고이는 것을 고려하여 32A 이하, 환수주관은 25A 이하의 관은 가능한 사용하지 않는 것이 좋다.

방열기 지관, 방열기 밸브 및 방열기 트랩의 관지름은 표 6.8을 이용하여 결정한다.

표 6.7 저압증기의 환수관 용량[kg/h]

압력손실		7 Pa/m		9 Pa/m			14 Pa/m			28 Pa/m			58 Pa/m			0.11
	관경[A]	습식	건식	습식	건식	진공식	습식	건식	진공식	습식	건식	진공식	습식	건식	진공식	진공식
수평주관	20					18			47			65			90	130
	25	58	29	65	32	65	79	36	79	115	47	112	158	50	158	223
	32	97	58	112	68	112	137	76	137	194	97	194	274	108	274	385
	40	155	94	180	108	176	216	119	216	306	155	306	432	173	432	608
	50	317	212	367	241	371	454	259	454	634	335	644	907	374	907	1,280
	65	536	346	716	392	616	763	432	763	1,070	558	1,080	1,520	616	1,520	2,150
	80	853	662	965	709	990	1,220	796	1,220	1,700	1,020	1,720	2,430	1,130	2,430	3,430
	100	1,760	1,330	2,080	1,520	2,040	2,490	1,700	2,490	3,520	2,190	3,540	5,000	2,440	5,000	7,030
	125					3,580			4,390			6,230			8,780	12,400
	150					5,720			7,020			9,970			14,100	19,900
수직관	20		22		22	65		22	79		22	112		22	158	223
	25		50		50	112		50	137		50	194		50	274	385
	32		112		112	176		112	216		112	306		112	432	608
	40		169		169	371		169	454		169	644		169	907	1,280
	50		342		342	616		342	763		342	1,080		342	1,520	2,150
	65					990			1,220			1,720			2,430	3,430
	80					1,480			1,810			2,580			3,640	5,130
	100					3,580			4,390			6,230			8,780	12,400
	125					5,720			7,020			9,980			14,100	19,900

표 6.8 방열기 지관 및 밸브류 용량(kg/h)

관 경 [A]	증 기 관		환 수 관			
	입관 및 방열기밸브		중 력 식		진 공 식	
	단관식	복관식	입 관	트 랩	입 관	트 랩
15	1.6	2.4	15	18	78	
20	3.7	5.4	22	29	132	36
25	6.8	10.1	50			58
32	13.8	20				
40	21	31				
50	40	58				

【예제 6.1】

다음 그림과 같은 저압증기 난방시스템에 대하여 배관의 관경을 결정하라. 단, 사용 증기압력은 35 kPa, 응축수는 중력으로 응축수 저장탱크까지 환류되고, 보일러에서 가장 먼 방열기까지의 증기관 길이는 120 m로 한다. 그리고 각 방열기의 방열열량은 5,800 W이다.

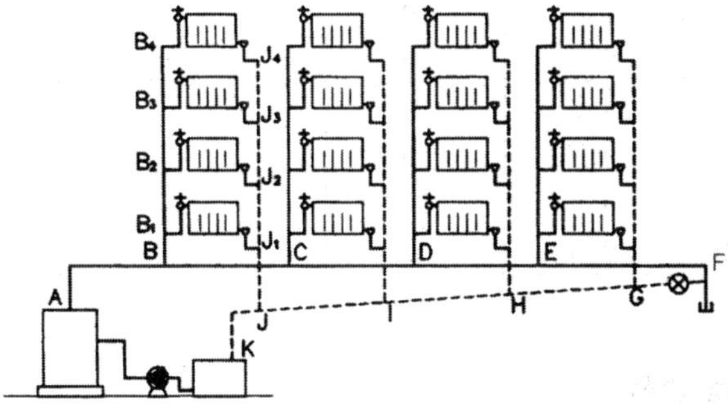

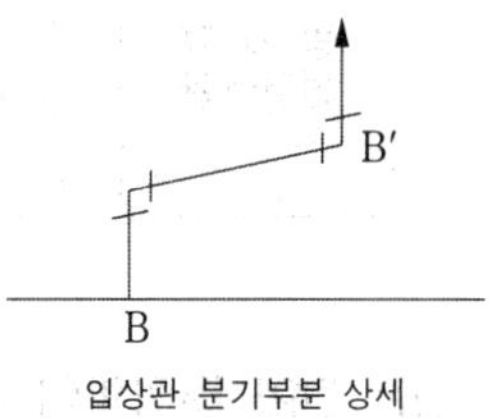

입상관 분기부분 상세

풀이 사용 증기압력이 35 kPa이므로 표 6.3으로부터 증기배관의 전압력강하를 10 kPa로 하면 단위마찰저항은 식 (6.5)에서

$$\gamma = \frac{\Delta P}{L+L'} = \frac{\Delta P}{2L} = \frac{10}{2\times 120} = 0.042\text{kPa/m} = 42\text{Pa/m}$$

따라서 γ=28 Pa/m으로 하여 증기관의 관경을 선정한다. 환수관에 대하여도 동일 압력강하로 관경을 선정한다.

각 방열기의 방열량을 증기량으로 환산하면

$$5.8/2257 = 2,5697\times 10^{-3}\text{kg/s} \fallingdotseq 9.25\text{kg/h}$$

각 구간별 증기량을 계산하여 관경을 선정하면 다음 표와 같다.

〈예제 표 1〉

구 분	구 간	유 량	선정관경[A]	적용관경[A]	적용표
증기주관	AB	148.4	80		
	BC	111.3	65		표 6.5
	CD	74.2	65		
	DE	37.1	40	50	입상관 50
	EF	0	-	32	
환수주관	FG	0	-	25	
	GH	37.1	25		
	HI	74.2	32		표 6.7
	IJ	111.3	40		
	JK	148.4	40		
증기입상	B B1	37.1	50		표 6.6 수평관
	B1 B2	27.8	50		표 6.6 입상관
	B2 B3	18.5	40		
	B3 B4	9.25	32		
환수입상	J J1	37.1	25		
	J1 J2	27.8	25		표 6.7
	J2 J3	18.5	20		
	J3 J4	9.25	20		
방 열 기 연결배관	증 기 관	9.25	25		
	환 수 관	9.25	15		표 6.8
	방열기밸브	9.25	25		
	트 랩	9.25	15		

(5) 고압 증기관의 관지름 결정

고압증기배관은 대형 빌딩, 호텔, 병원, 공장 등에서 종종 이용된다. 그림 6.11은 스케줄 40 강관인 경우, 표준 대기압 상태에서 포화증기에 대한 여러 압력 손실에서의 유량과 속도의 관계를 나타낸 선도이다. 이 선도는 식 (6.1)과 Moody의 마찰선도를 이용하여 계산한 것이다. 고압 증기관의 관지름 결정은 식 (6.5)를 이용하여 단위압력손실을 구한 후 선도를 이용하여 선정한다. 이 식에서 전 압력강하는 표 6.3을 참조하고, 국부저항의 상당길이 L'는 대규모 설비일 경우는 0.2~0.5L로 한다. 선도의 사용방법은 저압증기관의 경우와 같다.

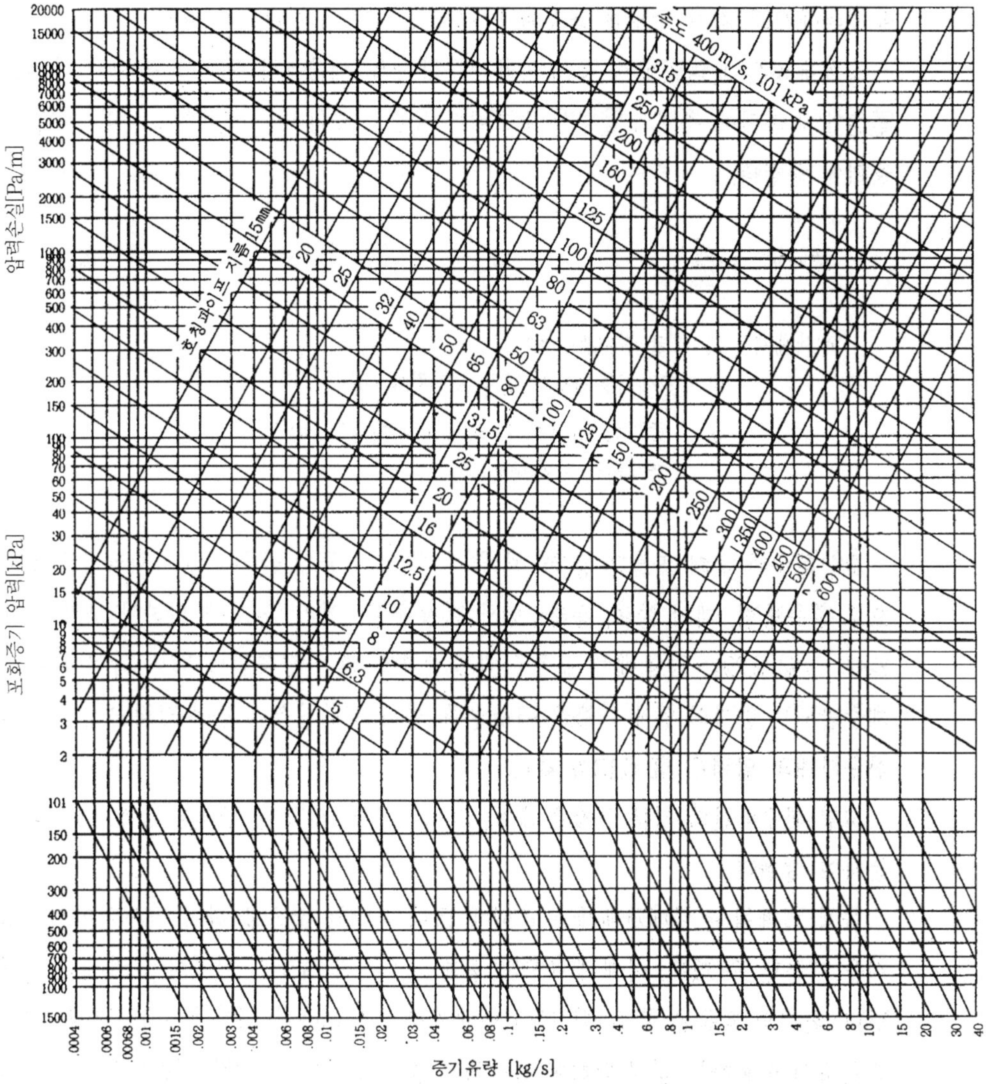

그림 6.11 포화증기의 유량선도(SCH 40)

증기의 공급위치가 여러 곳으로 분산되어 있을 경우에는 보일러에서 가장 먼 곳에 있는 증기사용개소의 전 압력강하를 기준으로 하여 주 배관의 관경을 구하고, 여기에서 결정된 관경으로 실제 압력강하를 다시 구하여 각 분기점의 도달압력을 계산하고, 분기점에서부터 각 증기 사용 개소까지의 단위압력강하를 재산정하여 가지관의 관경을 계산한다. 이때 분기점에서 각 증기 사용 개소까지의 전 압력강하는 서로 같게 되도록 하여 증기의 공급상태가 균등하게 되도록 하는 것이 좋으나 분지관에서의 증기 속도가 과도하게 되지 않도록 유의하여야 한다.

증기유량은 보일러에서 증기 사용개소까지의 배관에서 관벽을 통하여 나가는 열손실에 의하여 증기의 일부가 응축되는 점을 고려하여 근사적으로 다음 식을 이용하여 구한다.

$$G = G' + \frac{ql}{2} \tag{6.6}$$

여기에서 G : 증기유량[kg/h]
G' : 증기사용개소의 필요 증기량[kg/h]
q : 증기관 1m당의 발생 응축수량[kg/h · m]
l : 증기관의 길이[m]

고압환수관 내의 흐름은 응축수와 증기 및 공기 등의 불응축성 기체의 2상 흐름으로 환수방법, 계의 압력, 응축수량과 비응축성기체의 양 등에 의하여 모양이 다르다. 그림 6.29는 트랩에서 응축수 배출압력에 대한 환수관내 압력 차이에 따라 재증발되는 증기의 양에 비율을 나타낸다. 증기 공급압력과 단위 압력손실에 따른 환수관내의 압력은 표 6.13과 같다.

고압 환수배관의 지름 결정은 습식, 건식, 그리고 개방형, 밀폐형 방식에 따라 구분하여 정한다.

습식 밀폐식 수평배관에서는 관내에 물이 충만한 것으로 하여 달시바이스바하 식을 이용할 수 있다. 이때 응축수의 유동은 입구와 출구의 압력차에 의하여 일어난다. 환수의 흐름은 표 6.9와 같이 배관기울기에 의하여 일어나는 수두차를 압력손실로서 이용하는 것에 의하여 발생하는 것도 고려한다. 단위 마찰손실은 일반적으로 15~240 Pa/m 정도로서, 관내속도는 1 m/s를 초과하지 않도록 한다. 습식 환수관의 용량은 표 6.10과 같다.

표 6.9 배관 기울기에 의한 등가 압력손실

기울기	0.04	0.08	0.12	0.16	0.24	0.32	0.40
압력손실 [Pa/m]	41	82	122	163	245	326	408

표 6.10 습식 환수관 용량[kg/h]

관지름 [mm]	응축수관 압력손실[Pa/m]							
	50	100	150	200	250	300	350	400
15	47	68	86	101	115	126	137	148
20	101	148	184	216	245	266	292	313
25	194	284	353	410	64	511	554	594
32	410	594	734	857	961	1060	1150	1230
40	619	893	1110	1290	1450	1590	1720	1850
50	1200	1740	2150	2500	2800	3090	3340	3580
65	1930	2780	3440	4000	4500	4930	5330	5720
80	3430	4930	6120	7090	7960	8750	9470	10120
100	7060	10120	12490	14510	16270	17860	19330	20700
125	12820	18360	22640	26240	29450	32330	34990	37440
150	20770	29770	36720	42480	47520	52200	56520	60480

건식개방형 환수관에서는 배관의 아래는 응축수가 상부는 증기나 공기가 흐르므로 아래와 같은 개방관로에 관한 Manning의 식을 이용할 수 있다.

$$Q = \frac{A}{n} r^{2/3} s^{1/2} \tag{6.7}$$

여기에서 Q : 유량[m³/s]

A : 관내면적[m²]

r : 수력반지름(원관의 경우 $d/8$)[m]

n : 관의 조도(강관의 경우 0.012)

s : 배관 기울기[mm]

d : 관안지름[m]

위 식을 이용하여 여러 기울기에서의 환수관의 용량표는 표 6.11과 같다. 입상관의 경우는 기울기가 최대일 때를 적용하면 여유가 많다. 이 값은 스케줄 40강관일 때 안전율 3을 적용하였다.

건식밀폐식 환수배관에서는 증기트랩 앞쪽의 증기압과 환수관쪽의 압력차에 의하여 단위마찰손실을 구하고 표 6.12에 의하여 관경을 구한다.

표 6.11 건식 개방형 환수관 용량(kg/h)

관지름 [mm]	응축수배관 기울기				
	1/200	1/150	1/100	1/50	1/25
15	18	20	25	36	47
20	36	42	50	72	104
25	67	80	97	140	194
32	144	164	205	288	407
40	216	243	306	436	616
50	421	469	598	846	1200
65	680	852	961	1360	1920
80	1210	1340	1710	2430	3430
100	2500	2752	3540	5000	7090
125	4570	4859	6480	9140	12920
150	7450	7760	10550	14940	21100

표 6.12 건식 밀폐식 환수관 용량(kg/h)

환수관압력 [kPa]		0											
공급압력 [kPa]		30			100			200			500		
압력손실 [Pa/m]		10	50	200	10	50	200	10	50	200	10	50	200
관경	15	76	190	408	38	94	201	23	57	122	13	32	69
	20	171	422	899	84	208	443	51	126	268	29	72	153
	25	333	818	1730	164	403	854	99	244	517	57	139	294
	32	672	1640	3450	331	806	1700	200	488	1030	114	278	586
	40	1020	2470	5190	501	1220	2550	303	737	1550	73	419	880
	50	1950	4710		960	2320		582	1400		331	799	
	65	3830	9170		1880	4510		1140	2730		650	1560	
	80	6090	14500		3000	7150		1820	4330		1030	2470	
	100	12400	29500		6120	14500		3710	8790		2110	5000	
	125	35100			17300			10500			5950		
	150	73200			3600			21800			12400		

환수관압력 [kPa]		0											
공급압력 [kPa]		700			1000			500			700		
압력손실 [Pa/m]		10	50	200	10	50	200	10	50	200	10	50	200
관경	15	11	27	58	9	22	48	25	64	138	19	49	106
	20	24	60	127	20	50	106	57	142	306	43	109	234
	25	47	116	245	39	79	205	111	276	592	85	211	454
	32	95	232	488	79	193	408	224	554	1180	172	425	906
	40	144	349	734	120	292	613	340	837	1780	261	642	1360
	50	276	666		230	556		654	1600	3380	502	1230	2590
	65	541	1300		452	1080		1290	3130	6570	987	2400	5040
	80	862	2060		720	1720		2060	4970		1580	3810	
	100	1760	4170		1470	3480		4210	10100		3230	7750	
	125	4960			4140			11900	28400		9150	21700	
	150	10400			8650			25000	59000		19200	45200	

환수관압력 [kPa]		100			200								
공급압력 [kPa]		1000			500			700			1000		
압력손실 [Pa/m]		10	50	200	10	50	200	10	50	200	10	50	200
관경	15	15	38	83	44	111	243	30	76	166	22	55	120
	20	34	85	184	98	247	539	67	169	368	49	123	267
	25	67	166	355	193	483	1045	132	330	714	96	240	519
	32	134	332	709	390	972	2090	267	664	1430	194	483	1040
	40	204	503	1070	593	1470	3152	405	1010	2150	294	731	1570
	50	393	960	2030	1140	2820	6000	781	1930	4100	567	1400	2980
	65	773	1880	3950	2250	5520	11700	1154	3780	7990	1120	2740	5810
	80	1230	2980		3600	8790	18500	2460	6000	12700	1790	4360	9200
	100	2530	6070		7400	17900		5060	12200		3680	8900	
	125	7170	17000		21100	50400		14400	34500		10500	25000	
	150	15000	35400		44200	105000		30200	71900		22000	52200	

* 1) 압력은 계기압력
  2) 공란은 유속 35 m/s를 초과하는 것으로 다른 압력손실을 이용하여 관경을 선정한다.

표 6.13 환수관 내 압력

압력손실 [Pa/m]	환수관 내 압력[kPa](gage)	
	증기압력 200[kPa](gage)	증기압력 1000[kPa](gage)
30	3.5	9
60	7	18
120	14	35
180	21	52
240	28	70
480	-	138

【예제 6.2】

다음 그림과 같은 고압증기 배관시스템의 증기관경을 구하라. 단, 보일러에서 감압밸브까지의 전 압력강하는 50 kPa로 한다. 그리고 감압밸브를 지난 증기의 게이지 압력은 200 kPa로 하고 여기에서 가장 먼 곳에 있는 열기기까지의 전압력강하는 20 kPa로 한다. 배관에서의 방열손실은 무시하고 국부저항은 직관의 50%로 한다. 구간별 배관의 길이는 1~2가 15 m, 2~3이 6 m, 4~5가 30 m, 5~6이 20 m, 6~7이 40 m, 6~8이 20 m, 5~9가 18 m이고 SCH 40 강관을 이용한다.

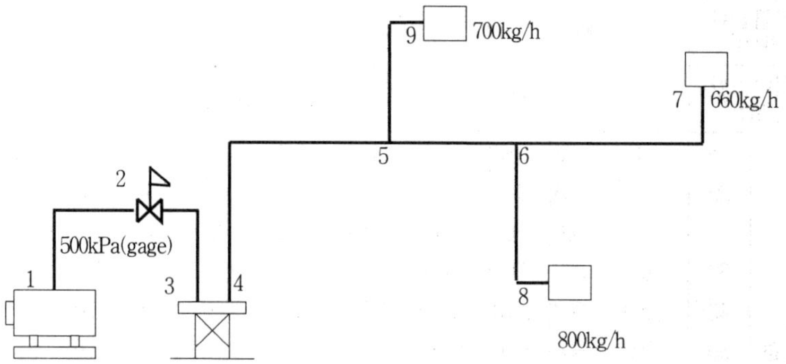

풀이 우선 1~2구간의 단위압력손실을 구하면

$$r = \frac{50}{1.5 \times 15} \fallingdotseq 2.2\,\text{kPa/m}$$

구간 2~7의 단위압력손실을 구하면

$$r = \frac{20}{1.5 \times 96} \fallingdotseq 0.14\,\text{kPa/m}$$

위의 단위압력손실을 이용하여 구간별 관지름을 증기유량표에서 선정한다.

아래에서 6지점을 기준으로 구간 6~7과 6~8의 전압력강하를 같은 값으로 하면 6~8구간의 단위압력 손실은 바뀐다.

$$r = \frac{0.14 \times 40 \times 1.5}{20 \times 1.5} = 0.28\,\text{kPa/m}$$

그리고 5지점을 기준으로 구간 5~9와 5~7의 전압력강하를 같은 값으로 하면 5~9구간의 단위압력손실은 아래와 같다.

$$r = \frac{(0.14 \times 40 + 0.14 \times 20) \times 1.5}{18 \times 1.5} \fallingdotseq 0.47 \text{ kPa/m}$$

만약 위의 방법으로 선정된 관경의 유속이 너무 크면 증기해머나 소음 등의 원인이 되므로, 관경을 조정하여 유속을 낮추고 압력의 밸런스는 밸브 등을 이용한다.

〈예제 표 2〉

구 간	단위압력 손실	증기유량		선정관경	실제단위 압력손실 [kPa/m]	유 속 [m/s]
		kg/h	kg/s			
1~2	2.2	2,160	0.6	80	1.4	59
2~3	0.14	2,160	0.6	125	0.06	22
4~5		2,160	0.6	125	0.06	22
5~6		1,460	0.406	100	0.09	24
6~7		660	0.183	80	0.08	18
6~8	0.28	800	0.222	80	0.13	23
5~9	0.47	700	0.194	65	0.24	27

6.4 부속기기

6.4.1 증기트랩

(1) 트랩의 기능

증기트랩은 증기를 이용하는 가열기기나 증기배관 내에서 생기는 응축수를 자동적으로 환수관 쪽으로 배출시키는 장치이다. 또한 증기트랩은 공기 등의 불응축성 기체를 증기와 분리하여 제거할 수 있어야 한다. 트랩의 기능이 저하되어 응축수를 원활히 배출시키지 못하면 증기공간 내에 응축수가 차오르게 되어 유효한 가열면적이 줄어들게 되며 워터해머의 발생 가능성이 높아지게 되어 증기시스템의 적정한 운전에 지장을 가져오게 된다. 또한 트랩에서 생증기가 누출되면 증기의 잠열을 이용하지 못하므로 에너지의 손실이 발생하고 응축수 회수관 내의 압력이 상승되어 다른 증기트랩의 배압이 상승되므로 응축수의 배출능력을 떨어뜨리게 된다. 증기트랩의 선정에 있어서는 정상 운전시 뿐 아니라 증기트랩의 부하가 최대로 되는 운전시에 있어서도 응축수 · 공기 · 및 불응축성 기체를 신속하고 확실하게 배출시키는 용량을 가지도록 유의하여야 한다. 특히 통기 초기에는 기기나 배관 등의 예열부하에 의하여 설계 값 이상의 응축수가 발생하고 동시에 다량의 공기도 배출하여야 한다.

응축수의 배출은 트랩의 입구 쪽 압력과 출구 쪽 압력과의 차이에 의하여 배출되며 압력차에 따라 배출량이 변화된다. 따라서 통기 초기에나 운전 중에 증기트랩의 전후 압력차가 설계기준보다 낮게 되는 경우도 있으므로 유의하여야 한다.

(2) 증기트랩의 종류

증기트랩은 작동원리에 의하여 표 6.12와 같이 세 가지 형식으로 분류된다.

표 6.14 증기트랩의 종류

구 분	종 류
기 계 식 (Mechanical Steam Trap)	플로트 트랩(Float Trap) 버킷 트랩(Bucket Trap)
온 도 조 절 식 (Thermostatic Steam Trap)	벨로즈식 트랩(Bellows Trap) 다이어프램식 트랩(Diaphragm Trap) 서모왁스식 트랩(Thermo Wax Trap) 바이메탈식 트랩(Bimetallic Trap)
열 역 학 식 (Thermodynamic Steam Trap)	디스크 트랩(Disk Trap)

1) 기계식 트랩

증기와 응축수의 밀도차에 따른 부력차이를 이용하여 작동되는 방식으로, 응축수의 생성과 동시에 배출된다.

2) 온도조절식 트랩

증기와 응축수의 온도차를 이용하여 응축수를 배출하는 방식으로, 응축수가 냉각되어 증기의 포화온도보다 낮은 온도에서 응축수를 배출하므로 응축수의 현열 일부까지 이용할 수 있다.

3) 열역학식 트랩

온도조절식이나 기계식 트랩과는 별개의 작동원리를 갖고 있으며 증기와 응축수의 속도차, 즉 운동에너지의 차이를 이용하여 동작된다.

(3) 트랩의 구조와 작동원리

1) 플로트 트랩

그림 6.12와 같이 부력으로 작동하는 플로트 밸브와 열동형 에어밴트를 설치한 것으로, 응축수가 일정 수위 이상으로 되면 플로트에 연결된 니들밸브가 열리면서 응축수가 연속적으로 배출된다. 증기가 유입되면 플로트는 부력을 잃고 가라앉으며 밸브를 닫아 증기의 유출을 막는다. 그림 6.14에 플로트 트랩의 동작원리를 보여준다.

플로트의 부력과 오리피스 밸브의 폐쇄력에 의하여 오리피스의 지름이 결정되며, 배출 용량은 오리피스의 크기와 차압에 따라 변화한다. 트랩 내의 플로트 크기, 즉 부력의 크기가 결정되면 작동압력에 따라 오리피스 지름이 결정되므로 최대 작동압력보다 높은 압력이 걸리게 되면 응축수가 트랩에 유입되더라도 밸브가 열리지 않고 배출이 안 되므로 모델 선택시 작동압력을 확인하고 사용하여야 한다.

그림 6.13과 같이 다량의 응축수를 처리하기 위한 구조로 되어 있는 것을 다량 트랩이라고도 부른다. 이 트랩의 플로트 자체만으로는 공기배출 능력이 없으므로 트랩의 위쪽에 설치된 에어밴트를 통하여 불필요한 공기를 제거한다.

사용압력은 1 MPa까지로 구경은 15A에서 80A 정도까지 제작된다.

▣ 장 점

① 다량 및 소량의 응축수를 모두 처리할 수 있으며

② 넓은 범위의 압력과 급격한 압력변화에도 잘 작동되고

③ 자동 에어밴트가 설치되어 있어 공기배출 능력이 뛰어나다.

▣ 단 점

① 구조상 동결의 우려가 있는 곳에는 적합하지 않고

② 증기해머에 의한 내부손상을 입을 수 있으며

③ 증기압력에 따라 밸브의 오리피스 지름을 바꾸어야 한다.

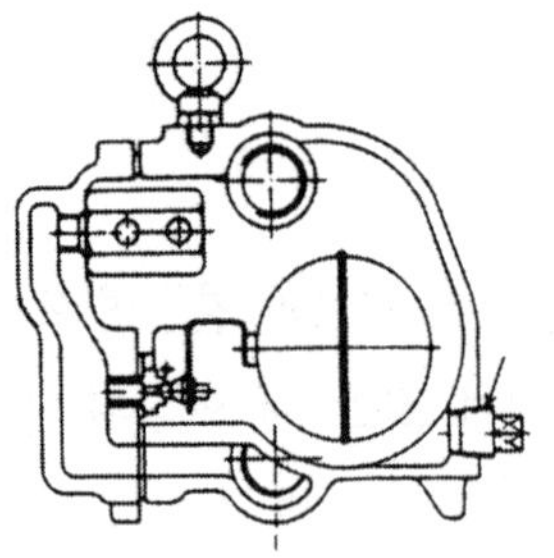

그림 6.12 플로트 트랩

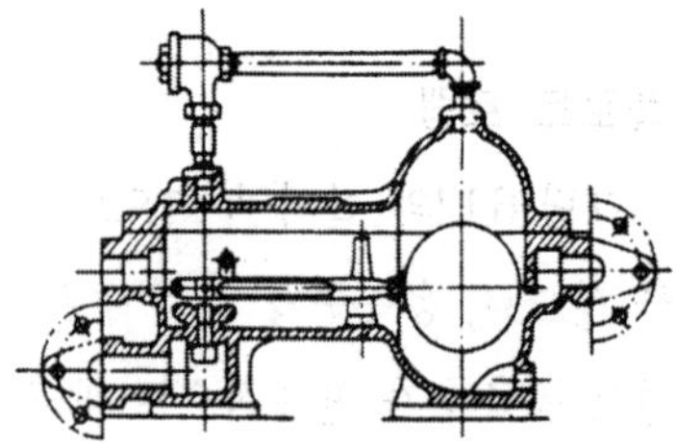

그림 6.13 다량 트랩

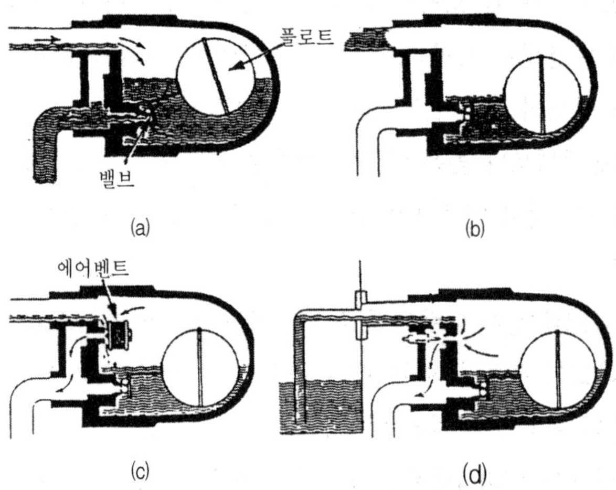

그림 6.14 플로트 트랩의 동작원리

2) 버킷 트랩

그림 6.15와 같이 내부에 버킷이 있는 것으로, 버킷의 형식에 따라 상향형과 하향형이 있다. 상향형에서는 다량의 응축수가 트랩에 유입하여 버킷의 둘레를 넘어 들어가면 버킷의 부력이 없어져 버킷에 연결된 스탬에 의하여 상부의 밸브 시트를 열고 증기의 압력으로 버킷의 바닥이 거의 빌 때까지 응축수가 배출된다.

하향형에서는 역방향의 버킷이 지렛대에 의하여 작동된다. 응축수가 유입되면 버킷 내외로 물이 차오른다. 이때 버킷은 가라앉아 있으므로 밸브가 열려 있어 응축수가 배출된다. 증기가 유입되면 버킷이 부력을 받아 떠오르므로 밸브는 닫히게 된다. 다시 응축수가 유입되면 버킷 내부의 증기를 밴트홀로 밀어내며 동시에 증기의 일부는 응축되어 버킷은 부력을 잃게 되고 가라앉으며 지렛대를 당겨 밸브가 열리게 되어 응축수가 배출된다. 이와 같은 작동이 반복되면서 응축수를 배출하게 된다. 그림 6.16에 버킷트랩의 동작원리를 보여준다.

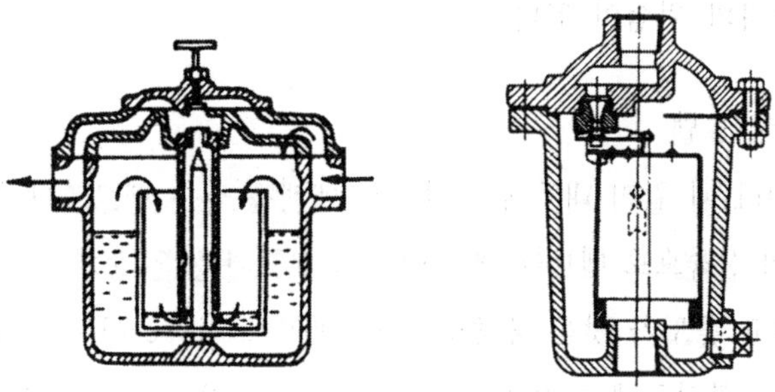
(a) 상향형 (b) 하향형

그림 6.15 버킷 트랩

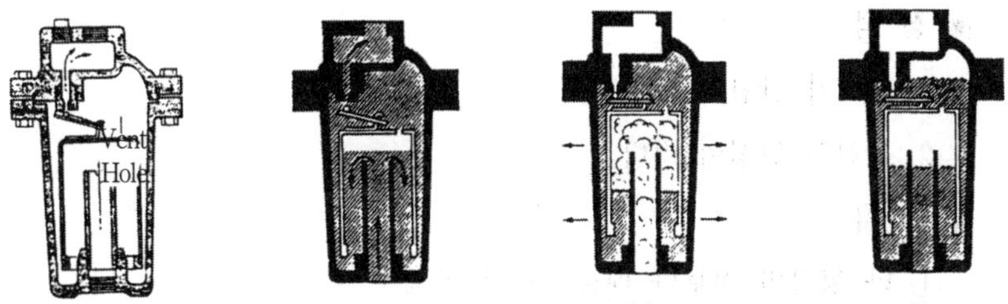

(a) (b) (c) (d)

그림 6.16 버킷 트랩의 동작원리

응축수의 배출동작은 어느 것이나 간헐적으로 이루어진다. 상향형에서는 공기의 배출작용이 없으므로 열동식의 공기배출장치가 필요하게 되나, 하향형에서는 상부에 밸브시트가 있으므로 여기에 바이메탈 밸브를 설치하여 버킷 상부의 소공에서 유출한 공기만을 배출하게끔 하고 있어 응축수에 이물질이 많은 경우에 적합하다. 버킷형은 그 작동상 10 kPa 이상의 유효압력차가 필요하며 배출시에 약간의 압력변동이 있으나 응축수를 높은 곳으로 밀어 올릴 수 있다.

▣ 장 점

① 견고하며 워터해머에 강하고

② 고압으로 비교적 다량의 응축수를 배출할 수 있다.

▣ 단 점

① 공기배출이 조그만 밴트구멍을 통하여 이루어지므로 별도의 에어밴트가 요구되기도 하고

② 버킷 하부에는 항상 물로 차 있어야 하고 수실이 파괴되면 증기가 누출하게 되며

③ 동파의 위험이 있다.

3) 벨로즈식 트랩

그림 6.17과 같이 내부에 휘발성의 액체를 넣은 벨로즈가 있으며, 온도에 의한 벨로즈의 신축으로 밸브를 개폐한다. 즉 온도가 높은 증기가 닿으면 팽창하여 밸브가 닫히고 온도가 낮은 응축수 또는 공기가 접촉하면 수축하여 밸브가 열린다.

작동을 확실하게 하기 위해서는 트랩에 들어가는 응축수를 다소 냉각시킬 필요가 있으므로 60cm 이상의 냉각관을 설치하여 간헐작동시킨다. 구경 15A에서 50A 정도까지 제작되며 벨로즈 내압에 따라 저압용과 고압용이 있다.

▣ 장 점

① 구조가 간단하고 소형이며

② 동결의 위험이 적다.

▣ 단 점

① 타 형식의 것보다 배출능력이 작고

② 구조상 역류의 우려가 있으며

③ 과열증기에는 적합하지 않다.

④ 워터해머에 약하다.

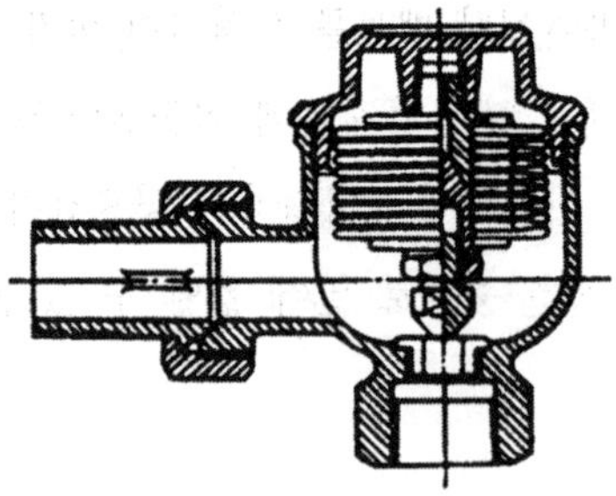

그림 6.17 벨로즈 트랩

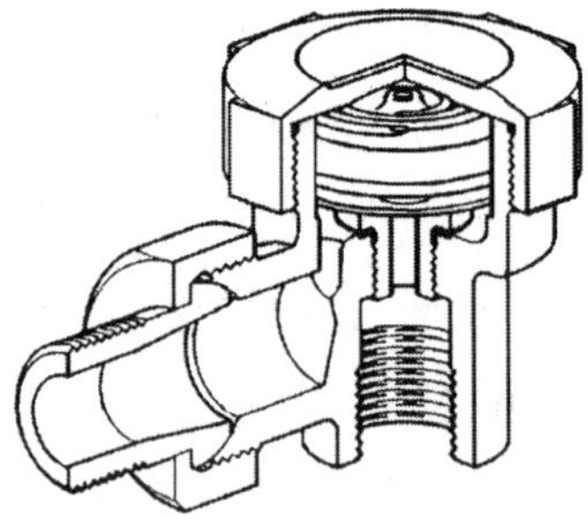

그림 6.18 다이어프램식 트랩

4) 다이어프램식 트랩

벨로즈형의 결점인 워터해머에 약한 점과 과열증기에 사용할 수 없는 점을 보완하기 위하여 개발된 것으로 캡슐형의 엘리먼트를 가지고 있으나 동작원리는 벨로즈형과 같다. 그림 6.18과 같이 다이어프램 캡슐 엘리먼트는 외부에 두꺼운 스테인리스 강판으로 보호되어 있고, 내부에는 스프링의 역할을 할 수 있는 얇은 스테인리스판, 즉 다이어프램 2장이 외부판에 용접되어 있으며, 이 다이어프램과 외부의 보호판 사이에는 포화온도보다 약간 낮은 온도에서 증발하는 액체가 봉입되어 있다.

또한 다이어프램의 중앙 상부에는 볼밸브가 용접되어 있다. 가동 초기에는 엘레멘트가 식어 있어 다이어프램은 스프링 작용에 의하여 상부로 올라가 밸브는 완전히 열려 있으므로 공기와 찬 응축수를 배출시킨다.

응축수의 온도가 점점 올라가 포화증기온도에 근접하게 되면 엘리먼트 내부의 액체도 열을 받아 증발하게 되어 내부압력이 상승한다. 이 압력으로 내부의 다이어프램판이 내밀리면서 볼밸브를 폐쇄하게 된다. 이와 같은 사이클이 반복되며 응축수가 배출된다. 엘리먼트 내부의 압력과 외부증기의 압력이 균형을 유지하며 작동하게 되므로 압력평형식 트랩이라고도 불린다.

▣ 장 점

① 소형이며 가볍고
② 구경에 비하여 다량의 응축수 배출능력이 있다.
③ 공기배출능력이 뛰어나고 과열증기에 사용할 수 있다.
④ 워터해머에 잘 견딜 수 있다.

▣ 단 점

응축수가 증기포화온도보다 낮은 온도에서 배출되므로 응축수의 정체가 있다.

5) 바이메탈식 트랩

바이메탈의 팽창되는 성질을 이용한 것으로 여러 장의 바이메탈을 조합하여 제작된다. 가동 초기에는 온도가 낮아 바이메탈은 평평한 상태이므로 밸브가 열려 공기와 응축수가 배출된다. 점점 뜨거운 응축수가 유입되면 바이메탈은 만곡되어 밸브를 끌어올려 닫게 된다. 다시 응축수가 조절온도까지 냉각되면 엘리먼트는 수축하여 밸브가 다시 열리게 된다.

▣ 장 점

① 소형이고 공기 배출능력이 뛰어나다.

② 워터해머에 강하다.

③ 응축수의 현열까지 이용할 수 있어 에너지 절약적이다.

▣ 단 점

① 온도변화에 서서히 반응하므로 갑작스런 부하변동이나 압력변화에 대처능력이 작다.

② 응축수의 정체가 생긴다.

6) 디스크 트랩

디스크 트랩은 그림 6.19와 같이 디스크와 그 상부에 제어실을 가지고 있는 형태로 되어 있으며, 증기와 응축수의 운동에너지와 압력의 변화, 제어실 내의 증기응축에 의한 압력변화를 이용한다. 디스크형은 저압에서 고압까지, 구경은 15A에서 50A 정도까지 제작된다. 이 트랩은 응축수가 많을 때는 연속배출을 하지만 그 이외에는 전형적인 간헐배출을 하므로 이용에 주의하여야 한다.

이 트랩의 동작원리는 그림 6.20과 같으며, 가동 초기에 응축수가 유입되면 디스크를 밀어올리고 출구를 통하여 빠져나간다. 시스템이 가열됨에 따라 응축수의 온도가 상승하게 되고 초기에 낮았던 증기의 압력도 정상이 되면서 응축수가 빠르게 배출된다.

뜨거운 응축수가 트랩을 빠른 속도로 통과하여 동압이 증가하면 압력이 떨어져서 정압은 감소하게 되므로, 이때 일부 응축수가 증발되어 재증발 증기가 된다. 재증발 증기는 부피가 크므로 더욱 빠른 속도로 트랩을 통과하게 되며 일부 재증발 증기는 디스크 상부의 공간으로 유입된다.

응축수의 온도가 상승할수록 재증발 증기의 발생량이 증가하며, 배출속도는 더욱 빨라지므로 디스크 하부의 압력은 더욱 감소하면서 디스크를 시트링으로 잡아당기게 된다. 이때 디스크 상부의 재증발 증기의 압력이 부가되어 디스크는 시트링에 완전히 내려앉아 배출이 중단된다. 이때 재증발 증기의 압력은 디스크 전체에 힘을 가하게 되며 좁은 오리피스 면적을 통하여 디스크를 밀어 올리는 증기압력에 대항하여 디스크를 누르게 된다.

디스크 상부의 제어실 내에 있는 재증발 증기가 상부 캡에서의 방열에 의하여 응축되면서 압력이 감소하고 디스크 하부에서의 압력에 밀리면서 디스크가 들어 올려져 응축수를 다시 배출하게 된다.

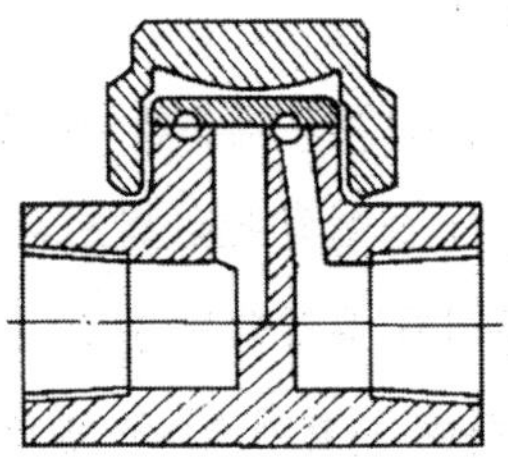

그림 6.19 디스크 트랩

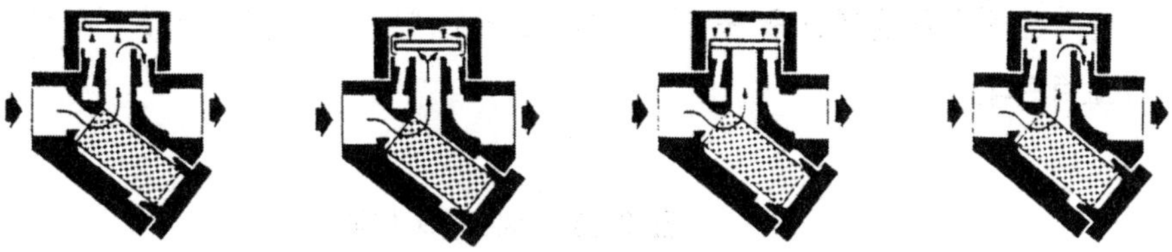

1 2 3 4

그림 6.20 디스크 트랩의 동작원리

▣ 장 점

① 구조가 간단하고 소형이며 가볍다.

② 구경에 비하여 응축수 배출 용량이 크다.

③ 고압 및 과열증기에도 사용할 수 있으며 워터해머의 영향을 받지 않는다.

▣ 단 점

① 입구압력이 낮거나 배압이 높을 경우 원활하게 작동되지 않는다.

② 작동 중에 소음이 있다.

③ 외기온도가 너무 낮을 경우 디스크 상부캡에서의 방열이 증가하여 자주 작동되므로 수명이 단축되고 증기의 손실이 생길 수 있다.

(4) 트랩의 선정

증기트랩의 선정에 있어서 가장 중요한 것은 방열기기의 성능을 최대로 발휘할 수 있도록 하는 것으로, 증기트랩의 작동원리를 이해하여 운전조건, 압력조건, 온도

조건 등에 부합되는 형식을 선정한다. 증기사용설비에서 응축수가 발생하는 형태는 그림 6.21과 같이 설비의 종류와 운전조건 및 부하조건 등에 따라 달라진다. 이에 따라 응축수의 배출형태도 다르게 되므로 배출형태에 따른 배출성능이 적합한 트랩을 선정하여야 한다.

예를 들어 유닛히터의 응축수를 배출할 때 열동식 트랩을 사용하면 응축수의 배출형태가 그림 6.22와 같이 간헐적으로 되므로 유닛히터 내부의 증기공간에는 응축수가 정체된 순간과 증기가 유입되는 순간이 반복하게 된다. 따라서 유닛히터의 발생열량은 일정하지 못하여 문제가 될 수 있으며, 또한 코일은 증기 및 냉각된 응축수와 반복하여 접촉하게 되므로 열응력이 반복적으로 작용하여 코일이 파손되는 경우가 발생한다. 그림의 중간과 같이 연속적인 배출형태를 갖는 플로트 트랩을 사용하면 원활한 운전을 할 수 있게 된다. 표 6.15에는 증기사용설비에 적합한 트랩을 보여준다.

표 6.15 증기트랩의 선정

설비의 종류	제 1 선택	제 2 선택
증기주관의 수평관 〃 관 말	디스크 트랩 버킷 트랩	버킷 트랩 디스크 트랩
열 교환기	플로트 트랩	버킷 트랩
방열기, 컨벡터	벨로즈, 다이어프램 트랩	
팬컨벡터, 유닛히터	플로트 트랩	버킷 트랩
방열 파이프 패널	플로트 트랩	버킷 트랩, 디스크 트랩
온수탱크	플로트 트랩	버킷 트랩
저장탱크의 코일	버킷 트랩	디스크 트랩

한편 증기트랩의 용량은 연속 배출시의 값으로 표시되어 있으므로 규격 선정은 다음과 같은 내용을 검토하여 설계 응축수량에 표 6.16에서 보여주는 안전계수를 곱한 값으로 배출 용량을 결정하여 증기트랩이 적당한 간헐동작을 하도록 한다.

1) 증기 사용설비의 응축수 발생량과 발생형태
2) 트랩 입구의 압력과 출구 쪽의 배압
3) 설비의 운전 상태에 따라 응축수의 부하가 변동되므로 최악의 조건에도 원활하게 배출되도록 안전율을 고려한다.

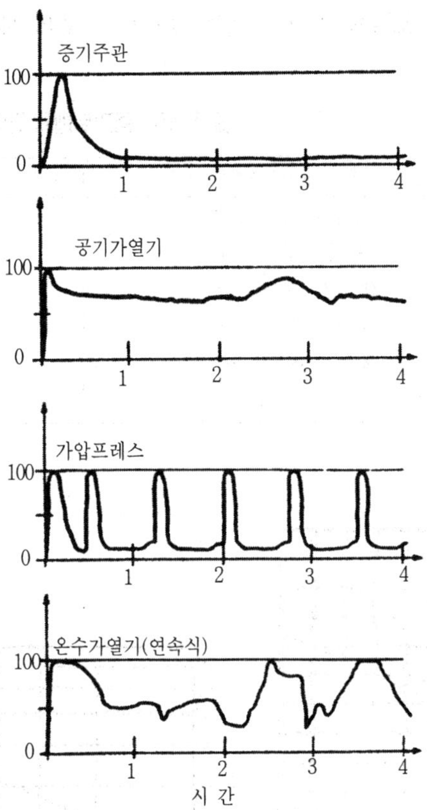

그림 6.21 응축수의 발생형태

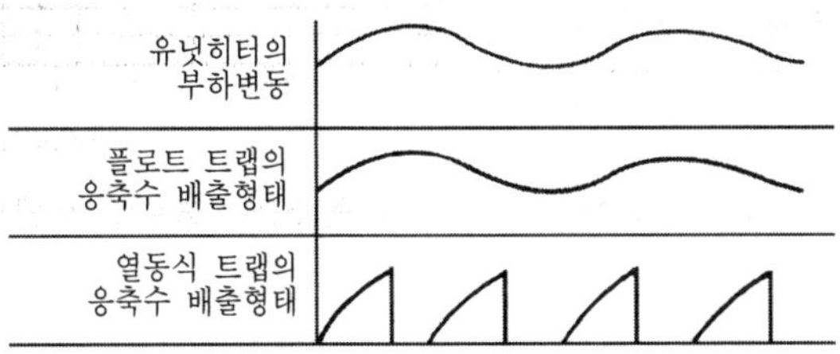

그림 6.22 응축수의 배출형태

그림 6.23, 6.24에 버킷 트랩과 플로트 트랩의 배출 유량선도의 예를 보여준다.

표 6.16 증기트랩의 안전계수

장 치	안 전 계 수
증기주관 (순기울기)	3
증 기 입 상 관	2
감 압 밸 브 앞	3
개 폐 밸 브 앞	3
팬 코 일	3
각 종 기 기	3

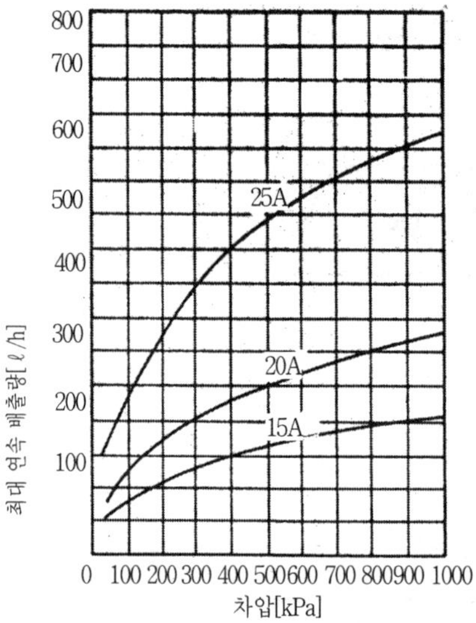

그림 6.23 버킷 트랩의 배출 유량선도

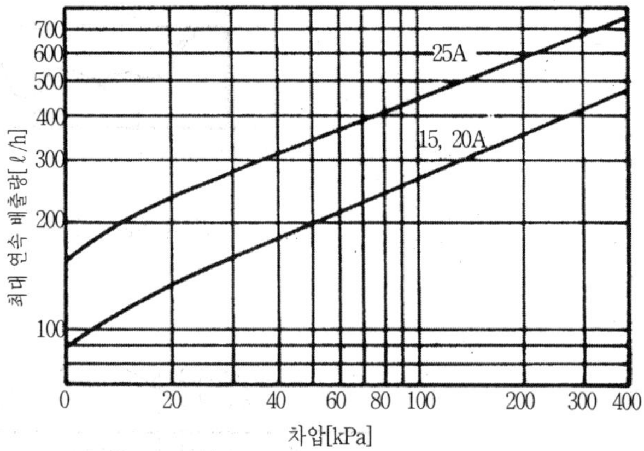

그림 6.24 플로트 트랩의 배출 유량선도

6.4.2 리프트 트랩

리프트 트랩은 낮은 곳에 있는 응축수를 높은 곳으로 올리거나 환수관에 응축수를 체류시키지 않고 중력으로 저압보일러에 돌아가게 할 때 리턴 트랩으로 사용된다.

그림 6.25과 같이 트랩으로 들어오는 저압의 응축 수에 의하여 버킷이나 플로트가 상승하여 최상부까지 도달하면 레버기구를 작동시켜 상향의 버킷 트랩으로 트랩의 입구압력보다 높은 압력의 증기를 도입하고 이 고압증기의 압력을 이용하여 간헐적

으로 응축수를 높은 곳으로 보낸다. 트랩의 전후에는 체크밸브를 설치하여 역류를 방지하도록 한다. 이 트랩은 진공식에서 고압까지 사용한다.

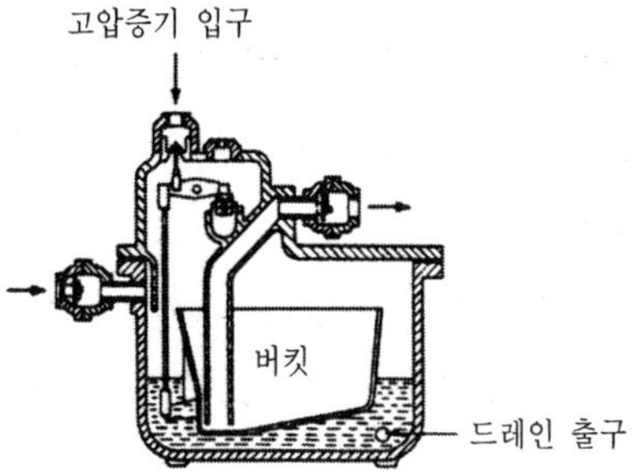

그림 6.25 리프트트랩

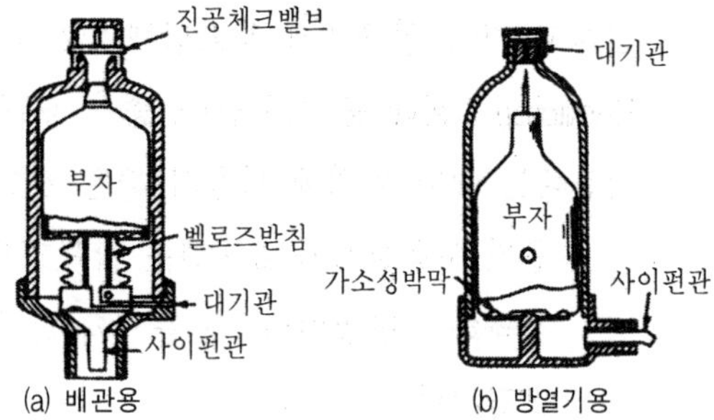

그림 6.26 공기빼기밸브

6.4.3 공기빼기 밸브

방열기나 증기코일 및 배관 내에 공기가 고이면 아래와 같은 여러 가지 장애를 일으키므로 시스템 내에서 신속하게 제거하도록 한다.

① 증기나 응축수의 흐름을 방해한다.

② 장치 내에 있는 공기가 열전달을 저하시켜 예열이 지연된다.

③ 공기의 분압만큼 증기의 실질압력이 낮아져 증기의 온도가 내려간다.

④ 방열기나 증기코일의 내벽면에 공기막을 형성하여 전열을 저해한다.

중력환수식의 증기시스템일 때는 방열기나 배관말단 등 공기가 정체하는 곳에 공기빼기 밸브를 부착한다. 공기빼기 밸브는 피콕이라는 수동식 외에 그림 6.26과 같은 바이메탈식이나 열동식, 플로트식의 자동식이 있으며 물용 공기밸브와는 작동원리가 다르므로 교환사용이 불가능하다. 제품에 따라서는 진공 체크밸브를 부착한 것이 있어 가동 정지시에 관 내가 진공이 되면 공기의 침입을 막아준다. 방열기에 설치할 때는 공기는 증기보다 무거우므로 증기 입구와 반대쪽 아래에 붙이는 것이 좋지만 응축수가 밸브에 충만할 염려가 있으므로 방열기 높이의 2/3 정도에 설치하는 것이 보통이다.

6.4.4 감압밸브

고압증기는 빌딩에서 열교환기, 급탕조 또는 흡수식 냉동기의 열원 등으로 이용되고, 지역난방이나 공장 등에서도 이용된다. 이때 증기 사용기기까지는 고압증기로 공급하고 기기 인근에서 필요압력으로 낮추어 사용하고자 할 때 감압밸브(Pressure Reducing Valve)를 이용한다. 증기 배관계에서 감압을 한다는 것은 단순히 압력을 낮춘다는 의미 이외에 다음과 같은 필요성이 있다.

① 증기 사용설비가 요구하는 압력조건, 즉 온도조건으로 운전하는 것이 에너지를 절약하는 방법이다. 즉, 증기의 압력이 낮을수록 잠열이 많으므로 증기사용량이 절감된다.

② 증기의 질 향상

③ 고압증기는 저압증기에 비하여 비체적이 적으므로 배관경을 작게 할 수 있어 배관 비용이 절감된다.

④ 방열기기나 증기 사용기기에 적합한 온도로 조절하는 수단으로 이용

감압밸브에 요구되는 특성은 아래와 같다.

① 1차측 압력변동에 대하여 2차측 압력변동이 적을 것

② 감압밸브가 닫혔을 때 2차측으로의 증기누설이 적고

③ 2차측 증기소비량의 변화에 대한 응답속도가 빠르고, 최소 조정가능유량 이상에 있어서 작동이 안정되며, 압력변동이 적고, 헌팅(hunting)현상이 일어나지 않는 것 등이다.

위의 특성에서 2차측 압력변동 값은 1차측의 압력변화 100 kPa당 20 kPa 이하로 하며, 압력변화폭은 70 kPa 이하이다. 닫혔을 때의 압력상승은 70 kPa 이하로 하며, 누설증기량은 정격유량의 1% 이하로 한다. 감압밸브는 2차측 압력변화에 따라 리프트를 자동적으로 조정하는 것으로, 작동방식은 파이럿 작동형과 직동형이 있다. 일반적으로 파일럿 작동형은 대유량 고압에, 직동형은 소유량용에 적용되고 있다. 또한 밸브시트에 따라 단좌형과 복좌형이 있다. 복좌형의 감압밸브는 단좌형에 비하여 다량의 증기를 취급하기가 가능하지만 증기의 누설량이 많으므로 2차측에서 이것을 처리할 수 없을 때는 사용하지 않는다. 감압밸브의 구경은 1차측의 압력과 2차측의 압

력 및 감압비 그리고 증기유량과 그의 범위 등을 고려하여 선정한다. 유량에 비하여 밸브가 과대할 때에는 작동하는 밸브의 리프트가 작게 되고 2차의 압력변동을 소정의 범위로 할 수 없게 되므로 과대한 밸브의 선정은 하지 않도록 한다. 감압밸브의 감압비에는 허용값이 있으므로 감압비가 클 경우에는 감압밸브를 2개 직열로 접속하여 2단감압을 한다. 이때에는 감압밸브를 6m 이상 이격시켜 설치하고 두번째의 감압비를 높게 취하여 작동의 안정을 도모한다. 감압밸브의 유량이 하절기와 동절기처럼 시기적으로 매우 다를 경우에는 크고 작은 두 개의 감압밸브를 병렬로 설치하고 절체하여 사용하는 것이 좋다. 크고 작은 두 개의 감압밸브를 병렬로 사용할 때에는 최대유량의 70%와 30% 정도로 감압밸브를 선정하고 경부하시에는 구경이 큰 감압밸브의 감압비를 다소 크게 하고 보통의 경우에는 구경이 작은 감압밸브의 감압비를 다소 크게 조정하여 사용하는 것이 좋다.

감압밸브의 설치시 주의사항은 다음과 같다.

① 감압밸브는 가능한 한 사용 개소에 가까운 곳에 설치한다.

② 감압밸브 앞에는 반드시 스트레이너를 설치한다.

③ 감압밸브에는 응축수를 제거한 증기가 들어오도록 한다.

④ 감압밸브 전후의 배관경을 적정하게 선정한다.

⑤ 바이패스는 수평 또는 위로 설치하고 감압밸브의 구경과 같은 구경으로 한다.

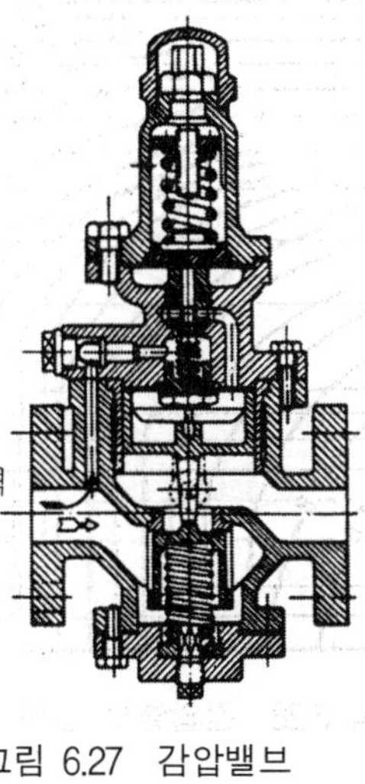

그림 6.27 감압밸브

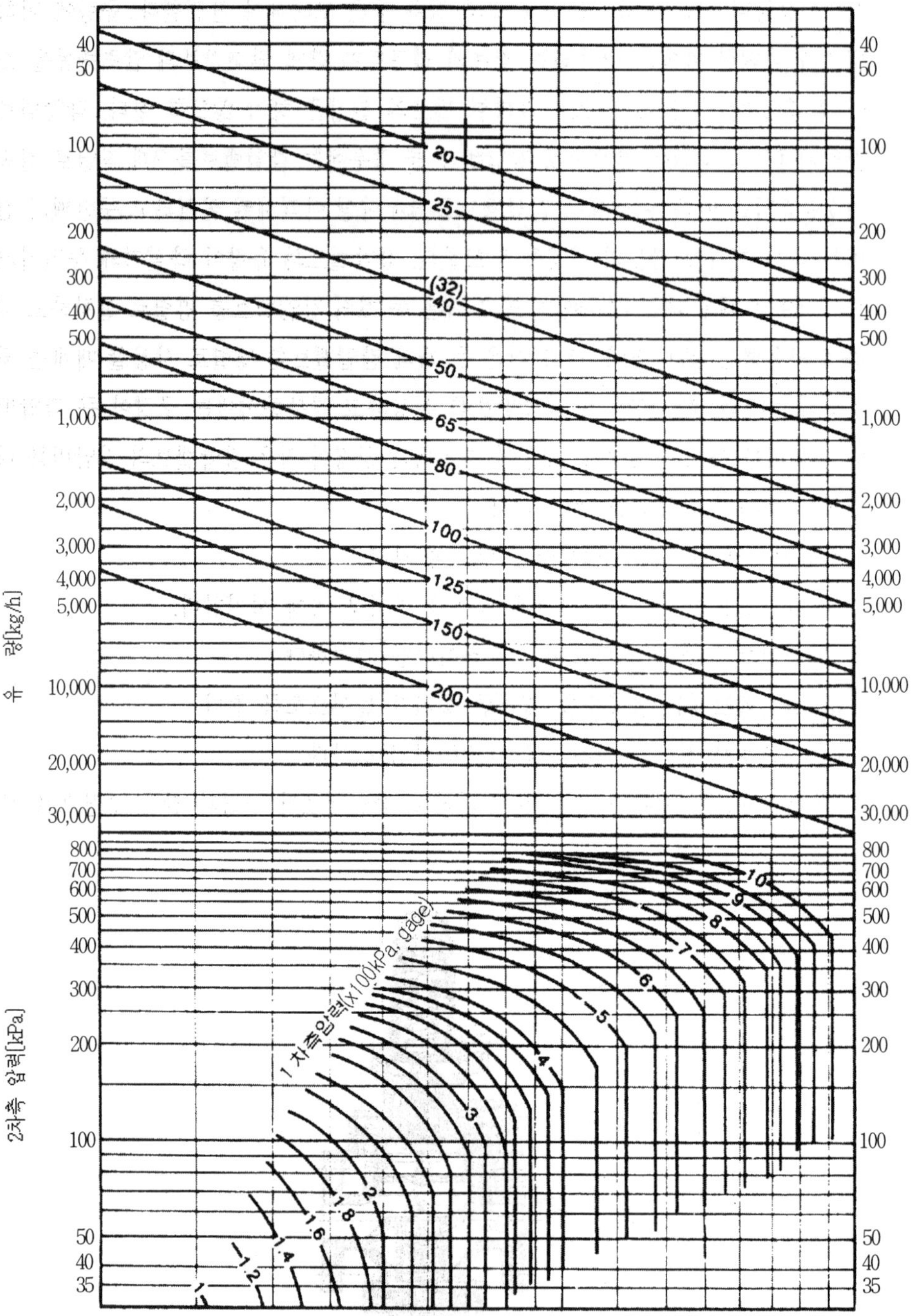

그림 6.28 감압밸브 선정곡선의 예

6.4.5 증발탱크

고압증기의 응축수가 저압증기의 환수관에 접속되면 압력이 저하되어 고압 응축수의 일부가 재증발하여 저압환수관 내의 흐름을 방해할 뿐 아니라 환수관 내의 압력이 상승하여 저압 계통의 증기트랩 배출능력을 떨어뜨린다. 이때 재증발 증기의 비는 그림 6.29와 같다. 이와 같은 경우 고압증기의 응축수를 증발탱크(Flash Tank)에 넣어서 재증발을 일으키고, 발생한 증기는 저압증기로서 재이용하고 저압의 응축수는 증기트랩을 통하여 저압환수관으로 흐르도록 한다. 증발탱크의 설계에 있어서 가장 중요한 치수는 탱크의 안지름으로, 그림 6.30과 같은 치수가 권장되고 있다. 이때 증기의 속도는 3 m/s로서 설계되고, 탱크의 높이는 0.6~0.9 m로 한다.

증발탱크 주위의 연결배관을 그림 6.31에 나타낸다. 저압증기의 수급 균형을 갖게 하기 위하여 증발탱크에는 안전밸브를 설치하고, 또한 저압증기관에 고압증기를 접속하여 저압증기 쪽의 압력을 설계치로 유지하도록 하는 것이 좋다.

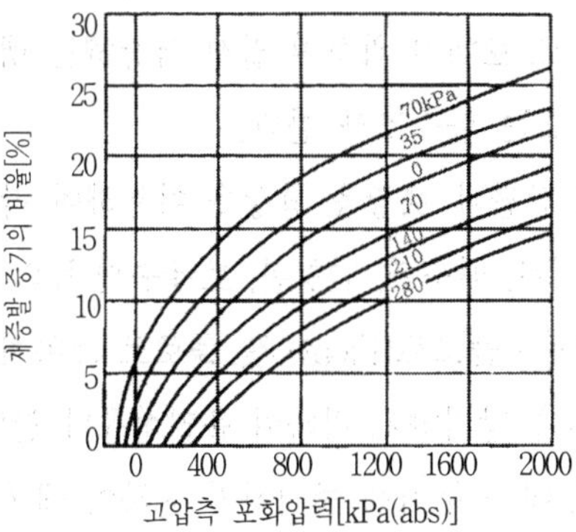

그림 6.29 재증발 증기

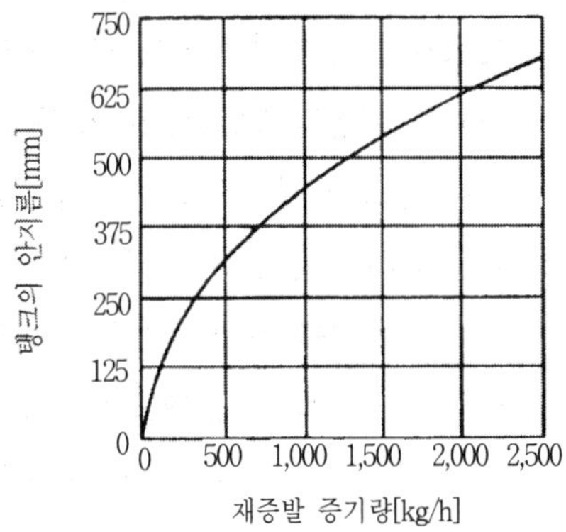

그림 6.30 증발탱크의 내경

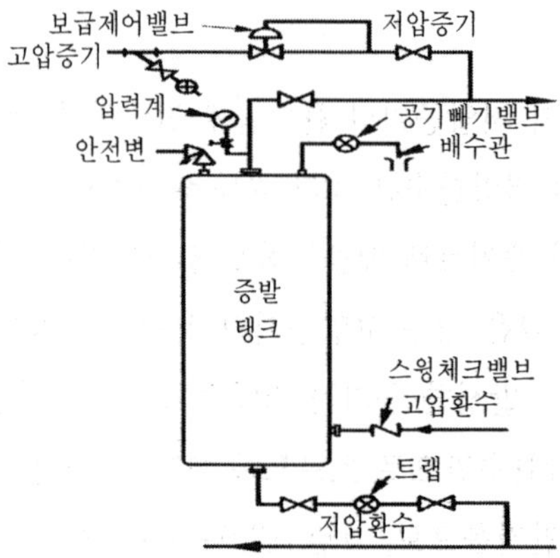

그림 6.31 증발탱크 주위 배관

6.4.6 응축수 저장탱크

건식 환수방식에서 중력에 의하여 기계실로 환수되는 응축수를 저장한 후 보일러 급수펌프를 이용하여 보일러로 재급수할 때 사용하거나 또는 보일러실과 증기사용 개소가 멀리 떨어져 있어 응축수를 보일러실로 보내기 위하여 일시 저장하는 탱크를 응축수 저장탱크(Condensed Water Tank) 또는 환수조라 한다.

이 탱크는 일반적으로 두께 6 mm 전후의 강판과 보강용 형강을 이용하여 각형으로 제작하고, 환수관, 보급수펌프 연결관, 배기관, 배수관, 넘침관, 보급수관 등의 접속구가 설치된다. 부착되는 부속품으로는 수면계 · 플로트(Float) 및 플로트 스위치 · 약제투입구 등이 있다. 탱크의 외부에는 열손실을 방지하기 위하여 유리섬유나 암면 등과 아연도철판을 이용하여 보온을 하고, 내부에는 부식을 방지하기 위하여 에폭시도장이나 알루미늄 메탈라이징 처리를 한다.

탱크의 용량은 응축수의 회수가 빠른 경우, 즉 배관망이 짧은 경우에는 전 응축수 발생량의 5~10분간 용량으로 가능하지만 급수펌프의 운전간격을 길게 잡을 경우나 배관망이 길어 응축수의 회수가 느린 경우에는 1/2~1시간 분으로 취하는 것이 좋다.

6.5 증기배관 시공법

6.5.1 배관재료

상용압력 1 MPa 전후까지는 일반적으로 도금을 하지 않은 배관용 탄소강관(KS D 3507, SPP)이 주로 사용되며 그 이상의 경우에는 압력배관용 탄소강관(KS D 3562)이 사용된다. 환수관은 증기관보다 관 내 부식이 크므로 내식성 배관재를 사용하는 경우도 있다. 강관용 이음쇠는 상용압력 1 MPa 이하이고 구경 50 mm 이하일 경우에 나사식을 이용하기도 하나 그 이외에는 주로 용접용 이음쇠를 이용한다.

밸브로는 용도에 따라 게이트밸브와 글러브밸브를 사용하고 일반적으로 저압증기 배관에서 50 mm 이하는 청동제 밸브, 65 mm 이상은 주철제 밸브를 사용하고, 고압증기 배관에서는 주강제 밸브를 사용하기도 한다.

6.5.2 배관작업

관의 절단시에는 관경의 축소가 없도록 절단면에 리머 작업을 하도록 한다. 나사내기는 관용 테이퍼나사를 정확하고 완전하게 만들고, 접속 전에 관내의 이물질을 깨끗이 제거하고 접속시까지 나사산의 손상이 없도록 보호하여 둔다. 나사접속은 숫나사 부분에 씰테이프 등의 기밀제를 감고 적절하게 조인다. 조여진 나사를 역회전시키면 누설의 원인이 되므로 주의한다. 용접접합에는 맞대기이음, 겹치기이음, 필렛이음 등이 쓰이나 어느 경우든 용접부에 기름이나 녹 등을 깨끗이 닦아내고, 용접작업에 무리가 없도록 부재를 회전시킬 수 있는 방법 등을 고려한다. 맞대기용접에서는 그림 5.9와 같이 60~70°의 그루브를 취하고, 양쪽 관단면을 1~2 mm 정도로 정확하게 맞대고 중심을 맞춘 후 우선 2~3개소 정도 가용접한 후 본 용접에 들어간다. 용접봉은 관두께 6 mm 이하에서는 봉지름 2.6 mm, 전류 50~85A, 6 mm 이상은 3.2 mm, 70~110A 정도가 좋다. 본 용접은 그루브에 충분히 용입하고 내부에 흐르거나 용접부의 터짐이 생기지 않도록 관두께에 따라 2~3층의 용접으로 한다. 소구경 배관재는 관두께가 얇아 주위의 가열도가 빠르므로 주의한다. 필렛용접의 경우는 맞대기 용접보다 용접강도가 떨어지므로 필렛을 최소한 관두께의 1.4배로 한다.

현장에서 용접봉의 흡습방지를 주의하지 않으면 용접이 불완전하기 쉬우므로 반드시 건조통 등에 넣어 사용한다. 또한 백관의 용접에서는 중독성의 가스가 발생하므로 주위의 환기를 충분히 하여야 하며, 용접 완료 후에 관 내외의 모든 스케일을 제거한다.

6.5.3 배관지지

배관의 지지방법은 배관재 자중이나 증기유동에 의한 힘을 고려하여 선정하되, 열팽창에 따른 신축이 자유롭게 이루어질 수 있는 지지부분과 신축의 범위를 결정하는 고정 개소를 명확하게 구별하여 설치한다. 전자는 관의 신축방향으로 자유롭게 변형될 수 있도록 롤러 행거나 서포트, 슬라이드 받침철물 등으로 지지하고 축방향에서 이탈되지 않도록 가이드 철물을 설치한다. 후자인 고정 개소는 구조체에 견고히 고정되도록 하여 관의 신축이 주어진 범위 내에서만 이루어지도록 한다.

수평주관의 지지간격에 따라 관의 처짐이 다르므로 배관기울기가 변화되어 증기해머의 원인이 되지 않도록 주의한다. 표 6.17은 횡주관의 표준 지지간격을 나타낸다. 입상관에는 횡진 방지 지지를 한다. 이 밖에 밸브 근처, 입관의 시작부분, 집중하중이 걸리는 개소에는 그림 5.58과 같이 특별히 지지철물을 설치하고, 밸브의 이음 부위나 기기 몸체에는 배관의 자중이 걸리지 않도록 한다.

표 6.17 수평주관의 지지간격

관 경[A]	15~20	25~32	40~80	100~150	175 이상
간 격[M]	1.8 이하	2.0 이하	3.0 이하	4.0 이하	5.0 이하

6.5.4 배관 기울기

증기관과 환수관의 수평주관에 있어서는 증기와 응축수가 원활히 흐르도록 적절한 기울기를 주어서 배관한다. 순기울기 증기관의 경우 최소한 증기 흐름 방향으로 1 m 당 2 mm의 역기울기를 주어야 한다. 역기울기 증기관에 있어서는 응축수가 증기의 흐름과 반대로 흐르므로 응축수를 원활히 배출하기 위해서는 기울기를 크게 한다. 표 6.18에 배관의 기울기를 나타낸다. 지관의 기울기는 주관의 신축에 의하여 기울기가 변화될 수 있으므로, 지장이 없도록 충분한 기울기를 주도록 한다.

표 6.18 증기난방 배관의 기울기

종 류	기울기 방향	기 울 기
증 기 관	순 기울기	1/250 이상
	역 기울기	1/50 이상
환 수 관	순 기울기	1/250 이상

6.5.5 배관일반

증기주관에서 분기관을 연결할 때에 입상관 하부에서 응축수를 배출할 수 있는 조건이면 그림 6.32(a)와 같이 주관면의 아래에서 연결하고, 응축수를 배출할 수 없을 때는 그림 6.32(b)와 같이 주관면의 위에서 연결하도록 한다. 분기관은 주관과 직각으로 하거나 45도 경사를 가지도록 하는 것이 바람직하다. 또한 관의 신축으로 인한 변위를 흡수할 수 있도록 서너 개의 엘보를 이용한 스위벨 배관방법이나 분지관의 길이를 충분히 하여 배관 자체의 굽음을 이용한다. 특히 신축이음쇠의 근처에서 배관을 분기하는 경우에는 주관의 신축변위량이 크게 되므로 지관에 무리가 가지 않도록 주의한다.

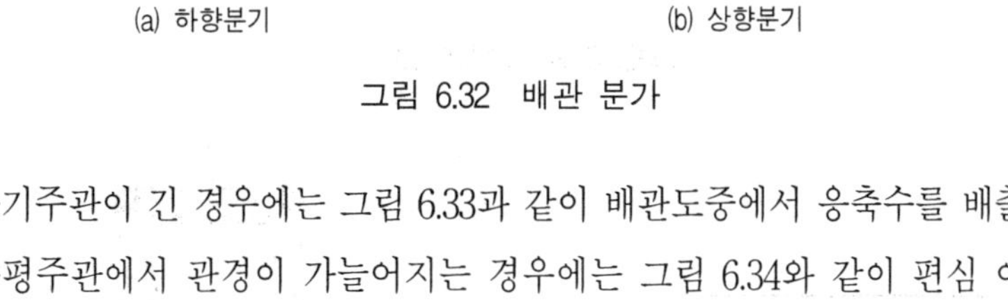

(a) 하향분기 (b) 상향분기

그림 6.32 배관 분가

증기주관이 긴 경우에는 그림 6.33과 같이 배관도중에서 응축수를 배출시켜야 한다.

수평주관에서 관경이 가늘어지는 경우에는 그림 6.34와 같이 편심 이경 이음쇠를 사용하여 응축수가 체류하지 않도록 한다.

증기관이나 응축수 환수관을 보나 문 등의 장애물을 피하여 배관하여야 할 경우에는 그림 6.35와 같이 루프배관 방법을 이용한다. 응축수 환수관일 경우에 위쪽의 공기관은 환수관보다 가늘게 하고 아래쪽의 응축수관은 환수관보다 굵게 한다. 진공펌프를 이용하는 진공 환수식의 환수관에는 그림 6.36과 같이 리프트 이음을 이용하여 응축수를 위쪽으로 흡인하는 것이 가능하다. 흡인높이는 리프트가 1단일 때 1.5 m, 리프트가 2단일 때 2.4 m 이내로 한다. 배관이 벽을 관통하는 개소에는 슬리브를 넣어 관이 자유롭게 신축할 수 있도록 한다. 배관신축에 대하여는 신축이음이나 루프배관 등을 이용하여 변위를 흡수하도록 하고 신축이음 양방향에는 고정철물을 이용하여 신축구간 양단에 배관을 고정하며, 신축이음 양쪽 면에 인접한 배관에 가이드 철물을 설치하여 축방향으로만 신축하도록 유도한다. 신축이음의 설치위치는 항상 점검할 수 있도록 점검구를 설치한다. 루프형 신축이음에 대한 자세한 내용은 5.6절을 참조하기 바란다. 진공식을 제외하고는 증기주관 말단의 공기가 정체하는 곳 및 방열기에는 반드시 공기배출밸브를 부착하여 기동시 관 내의 공기를 배출할 수 있도록 한다. 응축수탱크에서 보일러 보급수펌프에 연결되는 흡입배관은 가능한 한 짧게 하여 흡입수두가 작게 되도록 하여 포화압력변화로 인한 재증발로 송수불량이 일어나지 않도록 한다.

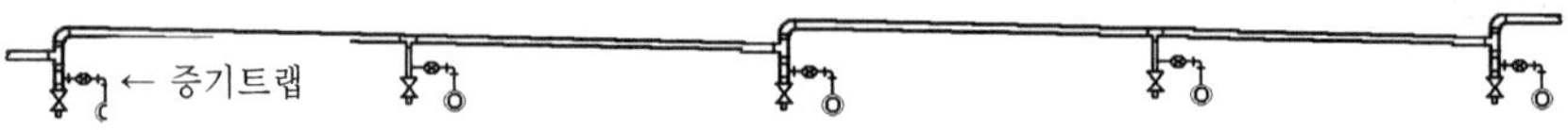

그림 6.33 증기주관의 응축수 배출

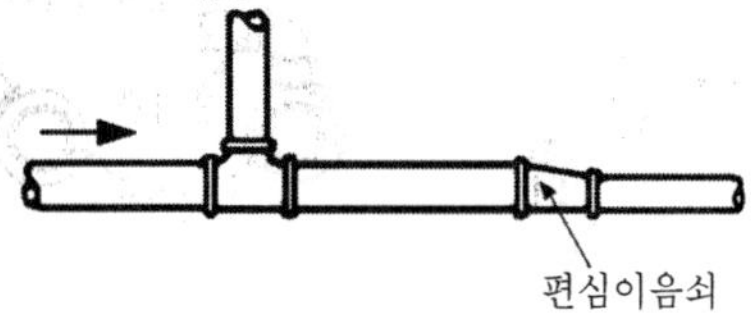

그림 6.34 편심이음쇠

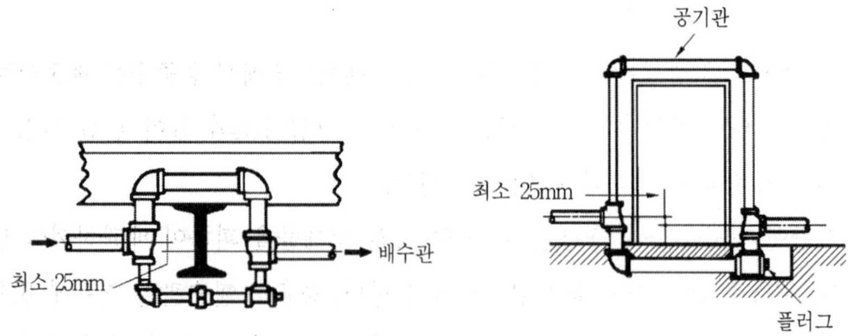

그림 6.35 장애물 통과 배관

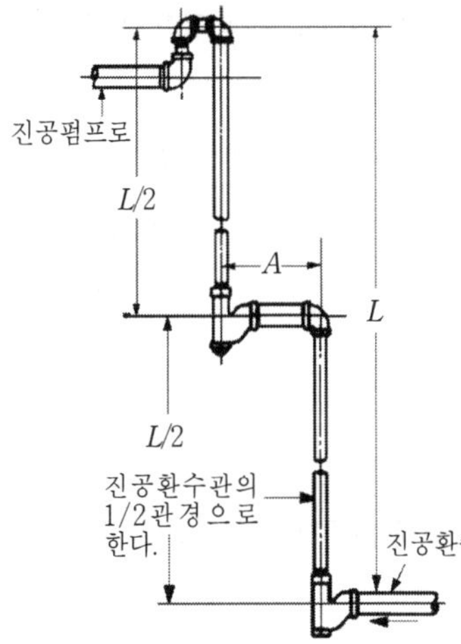

진공환수관의 관경[A]	A [mm]
25	178
32	203
40	229
50	254
65	356
80	381
100	457
125	533
150	610

L은 2.4m 이내
(1단일 때는 1.5m 이내)

그림 6.36 리프트 이음

6.5.6 보일러 주변의 배관

보일러에서 발생된 증기가 나오는 주증기관은 증기의 속도가 높지 않도록 충분히 굵게 하여 보일러수의 캐리오버를 방지하도록 한다. 주철제 섹셔널 보일러에는 섹션 수에 따라 다수의 취출관을 설치한다. 보일러에의 급수는 보일러에 인접한 위치에 역지밸브와 급수밸브를 설치하여 보일러수의 유실을 방지하고, 관경은 0.5~0.75 m/s의 유속이 되도록 선정한다.

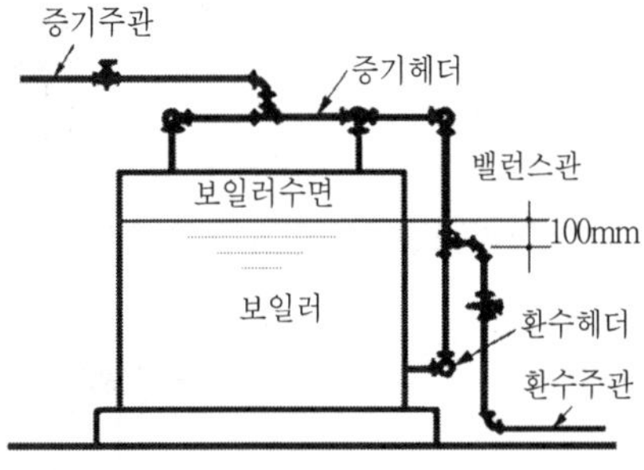

그림 6.37 하드포드 접속

저압보일러에서 중력환수방식일 경우에는 환수관의 일부가 파손되었을 때 보일러수의 유실을 방지하기 위하여 그림 6.37과 같은 하드포드 접속법이 이용된다. 보일러 내의 물을 빼내기 위한 취출관의 관경은 관계규정에 따라 치수를 결정하고, 스케일이나 그 이외의 침전물이 정체되지 않는 구조로서 하며, 취출밸브 또는 취출콕은 취급이 용이한 위치에 취부한다.

보일러에서의 취출관은 보일러마다 단독으로 배수구에 연결하도록 하고 관말은 고온수에 의한 위험이 없도록 조치하며, 밸브불량으로 보일러수가 누수되어 불의의 사고가 일어나지 않도록 점검할 수 있는 구조로 한다.

6.5.7 방열기기 주위 배관

방열기기에 연결하는 분지배관은 주관의 신축에 따라 발생하는 응력을 흡수하도록 그림 6.38과 같이 엘보를 조합하여 배관한다. 이때 증기관과 환수관의 기울기는 가능한 한 크게 취한다. 유닛히터 등의 주위 배관은 그림 6.39와 같다.

이때 증기주관에서의 분지는 관의 상단에서 연결하도록 하여 증기관 내의 응축수나 이물질이 유닛히터 쪽으로 들어가지 않도록 한다. 그리고 응축수 환수주관의 설치높이가 유닛히터보다 높은 곳에 위치할 때에는 응축수의 배출이 원활히 이루어지지 않는 경우가 있으므로 증기의 공급압력과 배압을 고려하여 연결배관의 높이차를 선정하여야 한다.

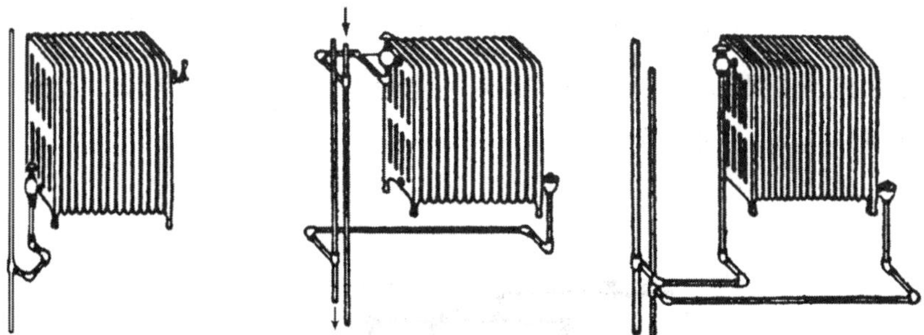

(a) 단관식 (b) 복관 하향식 (c) 복관 상향식

그림 6.38 방열기 연결배관

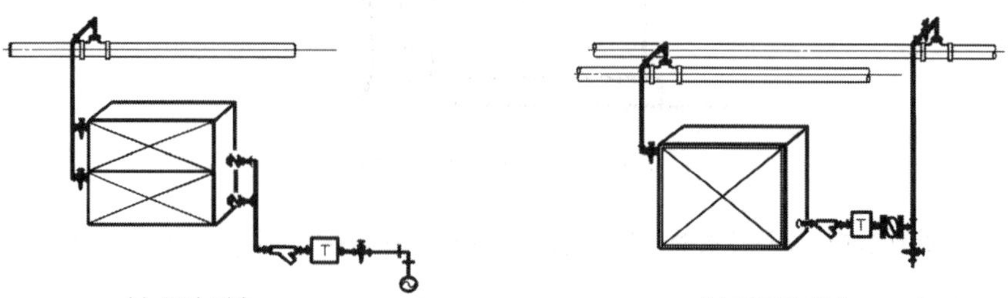

(a) 중력 환수 (b) 리프팅 환수

그림 6.39 유닛히터 연결배관

6.5.8 증기트랩 주위 배관

방열기기에서 발생하는 응축수는 중력에 의하여 증기트랩으로 유입되도록 하고 증기트랩의 입구 쪽에는 스트레이너를 설치하며, 트랩 입구까지의 압력강하를 최소화하기 위하여 되도록 기기 근처에 설치한다. 그리고 트랩의 출구배관은 응축수 배출에 대해 배압이 높아지지 않도록 하여 트랩 배출량의 영향을 방지한다. 증기의 사용량이 많은 기기의 증기트랩 출구쪽에는 트랩의 작동을 검사하는 테스트 밸브를 설치하는 것이 바람직하다. 증기트랩은 그림 6.40과 같이 원칙적으로 기기마다 설치하여 응축수의 배출이 확실하도록 한다. 이것은 각 기기 내의 응축수 배출의 불균형으로 인한 증기유입의 편중이나 정지하고 있는 기기로의 응축수 역류를 방지함으로써 기기의 안정된 성능과 작동온도 유지에 유효하도록 한다.

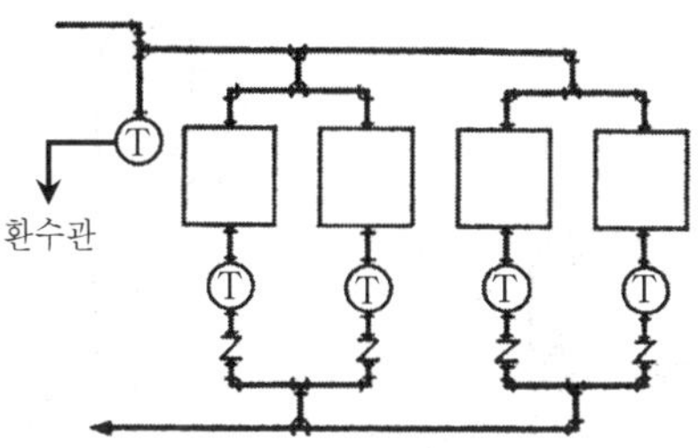

그림 6.40 기기의 트랩 설치

증기관 내에서 발생한 응축수는 드립관에 모아 배관트랩을 통하여 신속하게 배출하는 것이 좋다. 드립관은 증기주관의 말단이나 입상관의 하부와 같이 응축수가 모이는 개소에는 필히 설치하고, 감압밸브나 자동제어밸브의 앞 등에 필요에 따라 설치한다. 수평직관에는 순기울기일 때 90 m 이하, 역기울기일 때 45 m 이하의 간격으로 드립관을 설치한다. 드립관은 그림 6.41에서 보여주는 것처럼 주관의 하부에 설치하고 150 mm 이상의 더트 레그(Dirt Leg)와 배출밸브를 설치한다. 증기트랩의 취출위치는 기동시 트랩의 차압을 확보하기 위하여 주관에서 100 mm 이상 입하시켜 위치하는 것이 좋다. 트랩 주변의 배관도를 그림 6.42에서 보여준다.

환수관이 증기트랩보다 높은 위치에 있을 때에는 그림 6.43과 같이 배관한다. 이때 증기트랩의 선정은 배압을 고려한 배출량으로 하여야 하므로 주의를 요한다. 응축수의 압상높이는 차압 0.1 MPa에 대하여 약 5 m 정도이나 가능한 중력배수가 되도록 하는 것이 기능상 확실하다. 또한 동파의 우려가 있는 장소에는 리프트장치를 쓰지 않는다.

증기트랩의 주변은 점검이나 고장시의 수리, 교체가 가능하도록 공간을 두어야 한다. 또한 연결이나 해체가 쉽도록 유니온이나 플랜지접속으로 하는 것이 좋다.

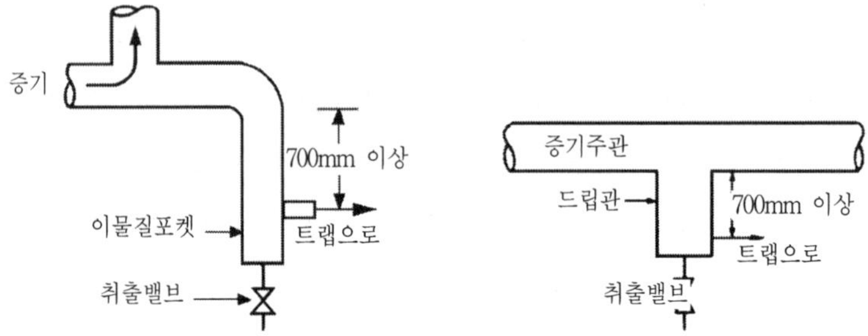

그림 6.41 증기주관에서의 드립관

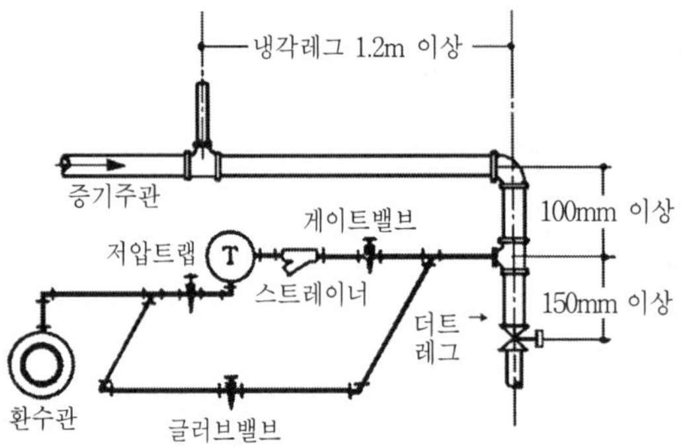

그림 6.42 관말트랩

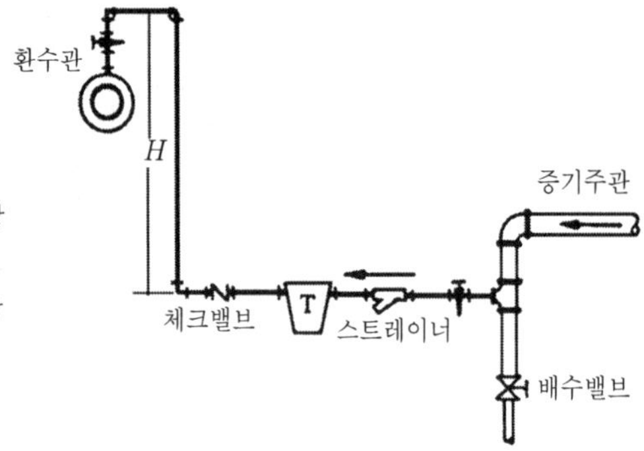

그림 6.43 환수관이 높을 때

6.5.9 감압밸브 주위 배관

감압밸브 주위의 배관을 그림 6.44에서 보여준다. 감압밸브는 수평배관에 수직으로 설치하며 2차측 배관의 길이는 감압밸브와 가능한 거리를 두는 것이 좋으며, 병렬사용시는 설정압력의 차이를 두어 조정하며 가능한 한 대씩 독립시켜 사용하는 것이 바람직하다. 감압밸브의 2차측에는 감압밸브의 고장시 2차측에 연결된 방열기기들을 보호하기 위하여 안전밸브를 설치하고 분출압력은 감압밸브의 설정압력보다 높게 설정한다.

감압밸브에 응축수가 유입되면 헌팅이나 진동을 일으키므로 응축수가 유입되지 않는 배관으로 하거나 입구 쪽에 증기트랩을 설치한다. 감압밸브의 2차측에 자동제어밸브를 설치할 때에는 충분한 거리를 띄운다.

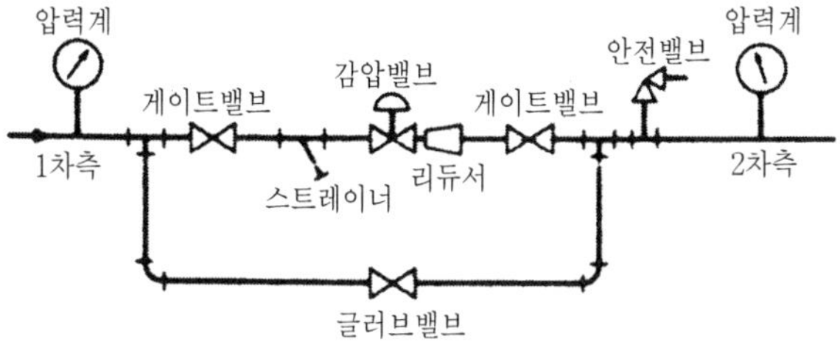

그림 6.44 감압밸브 주위배관

6.5.10 수압시험

최고 사용압력 0.2 MPa 미만은 0.4 MPa으로, 최고 사용압력 0.4 MPa 이상은 2배 이상의 수압을 걸어 30분 이상 유지시킨 후 누설이 없는 것을 확인하여야 한다. 이때 시험 압력계는 배관계의 최고소에 설치하든가, 배관계의 고저차를 보정한다. 수압시험을 대신하여 공기압시험을 할 경우에는 상용압력의 1.1배의 값이 사용된다. 공기압시험은 주위온도 변화에 따라 압력의 변화가 크므로 주의하여야 한다.

6.5.11 배관보온

보온재로는 글라스울, 암면 등이 주로 사용된다. 증기난방에서 보온을 하지 않는 부분은 난방하고 있는 실내에 노출된 배관, 방열기 및 관말트랩 주변의 냉각 레그이다. 보온 재료에 대하여는 5.8절을 참조하기 바란다.

6.6 증기난방 자동제어

증기를 이용하는 기기류는 일반적으로 입구 증기압을 일정하게 하는 경우가 대부분이므로 부하기기 입구에서 부하변동에 따라 증기유량을 제어하는 것이 일반적이다.

방열기기나 열교환기 등 제어대상의 온도를 검지하여 자동제어밸브에 의하여 공급되는 증기량을 조절한다. 증기량의 조절은 이방밸브 또는 전자밸브를 이용하여 비례제어 또는 2 위치제어를 하는 것이 일반적이다. 급탕탱크나 오일서비스 탱크와 같은 경우에는 자력식 온도조절밸브를 이용하는 경우가 많다.

중규모 이상의 건물에서는 외기온도변화에 따른 외기보상 방법을 적용하는 경우도 있다.

제7장 온수난방

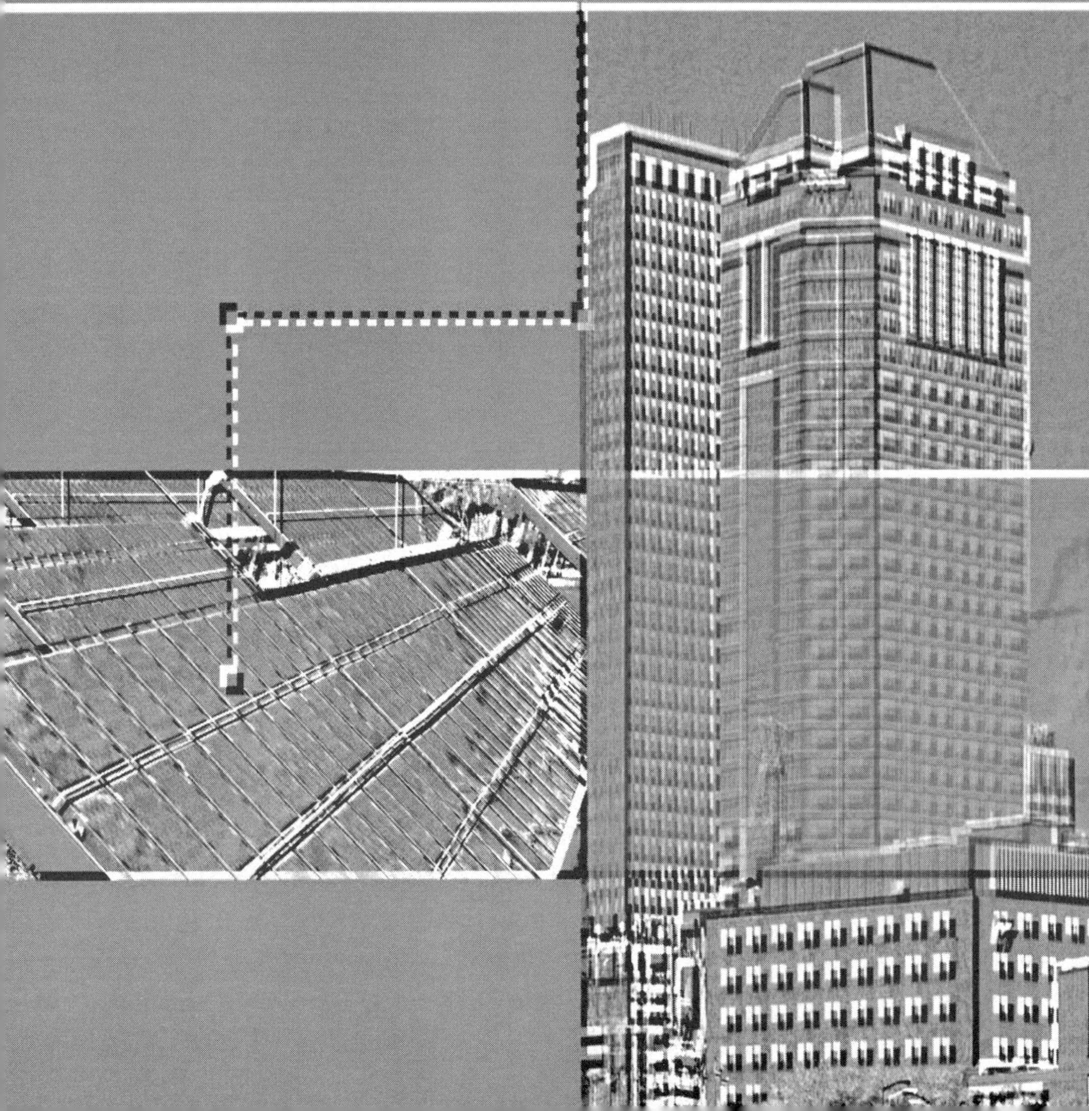

제7장 온수난방

7.1 개 요

온수난방은 열원에서 가열시킨 물을 배관을 통하여 실내에 설치한 방열기기에 공급하고 온수의 현열을 이용하여 난방하는 방식이다. 이 방식은 그림 7.1과 같이 보일러 또는 열교환기, 배관, 방열기기, 순환펌프, 팽창탱크로 구성된다.

온수보일러에서 만들어진 온수는 온수순환펌프 또는 온수의 밀도 차에 의한 순환력으로 배관을 통하여 실내에 있는 방열기기로 보내지고, 온수가 가지고 있는 열을 이용하여 실내의 공기를 가열하고, 저온으로 냉각되어 보일러로 되돌아가 재가열된 후 순환된다.

온수난방은 열매의 온도에 따라 저온수 난방방식과 고온수 난방방식으로 나뉘어지는데 고온수 방식은 많은 양의 열 운반에 유리하므로 지역난방 또는 대규모 단지의 난방, 공업용으로 이용되고, 일반 건물에는 저온수가 많이 이용된다. 이 장에서는 주로 저온수식을 기준으로 설명하고 고온수식은 제8장에서 다루고자 한다.

온수난방방식은 아래와 같은 장단점을 가지고 있다.

▣ 장 점

① 방열면의 온도가 그다지 높지 않으므로 비교적 높은 쾌감도를 얻을 수 있다.

② 온수온도의 조절이나 방열기밸브의 개도조절에 의하여 난방부하 변동에 따른 온도 조절이 비교적 용이하다.

③ 고장나기 쉬운 증기트랩 등이 없으므로 보수와 운전이 용이하고, 온수보일러의 취급이 증기보일러보다 안전하다.

④ 밀폐식일 경우에는 배관의 부식이 적어 수명이 길다.

⑤ 보일러 정지 후에도 여열이 남아 있어 실내 난방이 어느 정도 지속된다.

▣ 단 점

① 증기난방에 비하여 소요방열면적과 배관경이 크게 되므로 설비비가 높아진다.

② 열용량이 커 예열시간이 길게 소요되므로 간헐운전에는 예열부하가 크게 된다.

③ 한랭지에서는 운전정지 중에 동결의 위험이 있으므로 미량의 온수를 순환시키거나 저온인 상태로 순환시켜 동해를 예방한다.

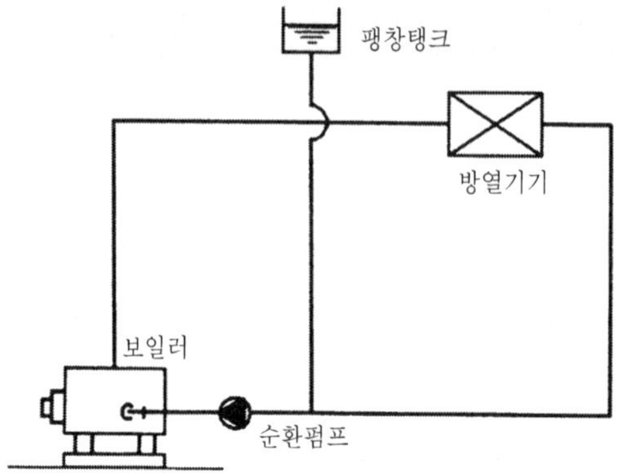

그림 7.1 온수난방의 구성요소

7.2 온수난방 방식

온수난방 방식을 분류하면 온수온도, 온수의 순환방식, 배관방식, 공급방향, 팽창방식에 따라 다음과 같이 분류된다.

표 7.1 온수난방의 분류

분 류	명 칭	개 요
온수온도	저온수식	온수온도 100℃ 미만
	고온수식	온수온도 100℃ 이상
순환방식	중력식	온수의 밀도차를 이용
	강제식	펌프 등의 기계적인 순환력 이용
배관방식	단관식	온수의 공급과 환수관이 동일
	복관식	온수의 공급과 환수관이 별개
공급방향	상향식	온수의 공급방향이 상향
	하향식	온수의 공급방향이 하향
	상하 절충식	온수의 공급방향이 상향과 하향
팽창탱크방식	개방식	팽창탱크의 수면이 대기압상태
	밀폐식	팽창탱크가 밀폐된 용기인 상태

7.2.1 온수온도에 의한 분류

(1) 저온수식

사용온수 온도가 100℃ 미만인 경우를 저온수식이라 한다. 저온수식은 대기압 상태에서의 물의 포화온도보다 낮으므로 간단하고 쉽게 이용할 수 있고 안전하므로 온수난방 방식으로 많이 사용하고 있다. 주로 사용하고 있는 온수온도 범위는 65~80℃이며 방열기에서의 온도강하는 5~10℃ 정도이다. 때에 따라서는 20℃ 정도의 높은 온도차를 두는 경우도 있지만 온수순환량이 너무 줄어들어 순환상태가 불량하게 될 우려가 있다. 주택, 아파트, 일반건물 등에 이용되고 있다.

(2) 고온수식

사용온수 온도가 100℃ 이상일 때를 고온수식이라고 한다. 대기압 상태에서의 물의 포화온도가 100℃이므로 고온수를 생성하기 위해서는 온도에 따른 포화압력 이상으로 장치 내를 유지하여야 한다. 장치 내가 포화압력 이하로 되면 물의 증발이 일어나 고온수의 형성이 안 되므로 밀폐형 팽창탱크 등의 가압장치가 필요하게 된다. 고온수는 열매의 온도가 높기 때문에 방열면적이 작게 될 뿐 아니라 방열기기에서의 입출구 온도차이도 20~50℃까지 가능하므로 배관이 가늘게 된다. 그러나 온수온도가 높아 공장 등 특수건축물 이외에는 쾌적성, 위험성, 방열기 특성 등의 점에서 방열기에 직접 고온수를 이용하는 것은 권장되지 않는다. 따라서 일반적인 건물에서 고온수를 이용할 때에는 열교환 방식이나 브리드인 방식과 같은 혼합방식을 사용하여 저온수로 바꾼 후 이용하는 것이 바람직하다.

고온수식은 사용온도에 따라 다시 중온수식과 고온수식으로 나누기도 한다. 일반적으로 중온수식은 120℃ 전후의 온도를 말하며, 고온수식은 175℃ 이상일 경우를 말한다. 고온수식에 대하여는 제8장을 참조하기 바란다.

7.2.2 순환방식에 의한 분류

(1) 중력순환식

온수의 공급온도와 환수온도의 차이에 따라 밀도차이가 일어나고 이 밀도차는 물의 상하 순환력을 일으킨다. 이 자연순환력을 이용하는 방식을 중력순환식이라 하며, 자연순환식이라고도 한다. 따라서 방열기는 보일러보다 높은 곳에 있어야 한다.

자연순환수두는 배관이나 방열기기의 온수온도 강하로 생기는 밀도차와 그 지점에서 보일러 중심까지의 높이의 곱으로 구해지는 것이지만 일반적으로 그 값이 수십 mmAq 정도로 대단히 작기 때문에 이것을 이용하기 위해서는 배관의 압력손실을 가능한 한 작게 하여야 하므로 배관경이 굵어진다. 또한 엘보와 같은 배관부속의 손실저항과 배관시공의 결함 등에 따른 손실저항의 증가가 온수순환에 장애를 주기 때문에 소규모 주택의 난방, 태양열 이용의 급탕난방장치 등과 같은 소규모 시설 이외에는 거의 사용되지 않는다.

(2) 강제순환식

강제순환식은 벌류트펌프 등의 기계적인 힘을 이용하여 장치 내의 온수를 강제순환시키는 방식으로, 온수순환이 확실하고 신속하며 배관의 관경도 가늘게 선택할 수 있으므로 소규모 건축물에서 대규모 건축물까지 널리 사용하고 있는 방식이다. 이 방식에서는 운전중에 순환펌프의 설치위치와 팽창탱크의 연결위치에 따라 장치 내의 수력구배선이 변화하므로 주의하여야 한다.

7.2.3 배관방식에 의한 분류

(1) 단 관 식

온수의 공급과 환수를 하나의 관으로 사용하고, 방열기의 공급과 환수관을 이 관에 연결하는 방식이다. 그림 7.2와 7.3은 단관식의 계통도이다. 방열기 연결배관은 공급관과 환수관을 분리하거나 한 관으로 사용하는 방법이 있다. 이 방식의 특징은 처음으로 방열기를 통과한 온수가 주관의 온수와 다시 혼합되어 온도가 내려간 후 다음 방열기로 공급된다. 따라서 보일러에서 먼 곳에 있는 방열기일수록 공급온수의 온도는 낮아지므로 방열기의 방열면적을 증가시켜야 한다. 또한 어떤 방열기의 밸브를 개폐조정하면 다른 방열기의 방열량에 영향을 미치는 단점이 있다. 주관에서의 분지부분에는 그림 7.2와 같은 편류이음부속이나 그림 7.3과 같은 바이패스밸브 등을 이용하기도 한다. 설비비는 복관식에 비하여 저렴하지만 국내에서 사용하는 경우는 거의 없다.

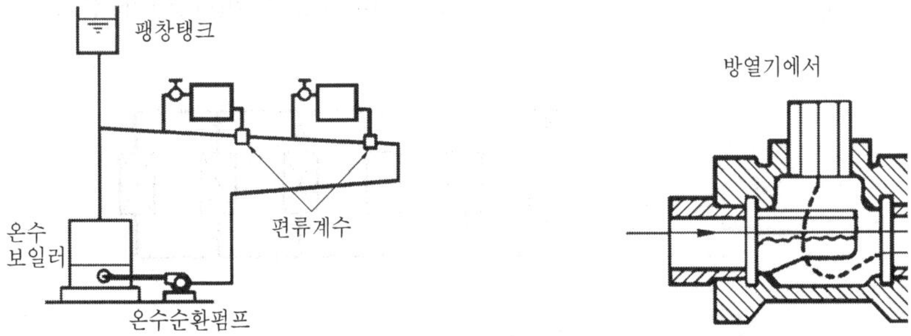

(a) 편류계수의 접속 (b) 편류계수의 구조

그림 7.2 단관식과 편류이음부속

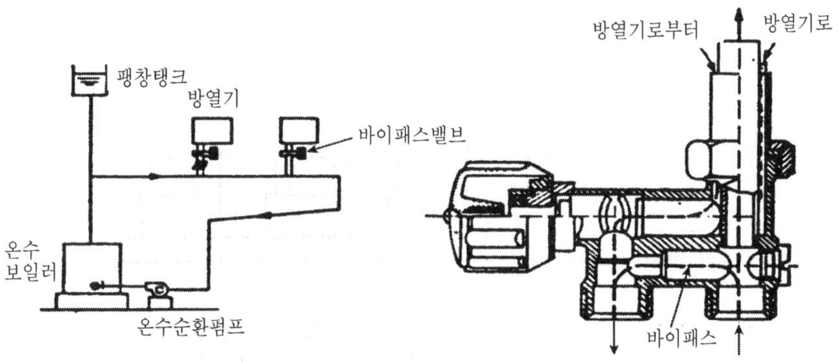

(a) 바이패스밸브의 배치 (b) 바이패스밸브의 구조

그림 7.3 단관식과 바이패스밸브

(2) 복 관 식

복관식은 방열기로의 온수공급과 환수를 별개의 관으로 연결하는 방식을 말한다. 복관식에서는 각 방열기에 부착된 방열기밸브의 개도를 조절하여 방열량을 임의로 조절하는 것이 가능하고, 다른 방열기로의 영향도 적기 때문에 일반 건축물에 널리 쓰이고 있다. 단관식에 비하여 배관비가 많이 소요되나, 운전이 확실하다. 그림 7.6과 7.7은 이 방식을 보여준다.

복관식에서는 그림 7.4와 같이 열원에서 가장 가까운 곳에 있는 분지관의 방열기에서 발생하는 압력차이가 가장 크게 되므로 순환량이 가장 많게 되고 가장 먼 곳에 있는 방열기기는 가장 적게 된다. 이러한 점을 개선하기 위하여 그림 7.5와 같이 열원에서 각 방열기기까지의 공급관과 환수관의 도달거리의 합을 거의 같게 하여 배관의 마찰저항을 유사하게 함으로써 순환온수가 균등하게 흐르도록 고려한다.

이와 같은 배관방법을 역환수식(Reverse Return System)이라 한다.

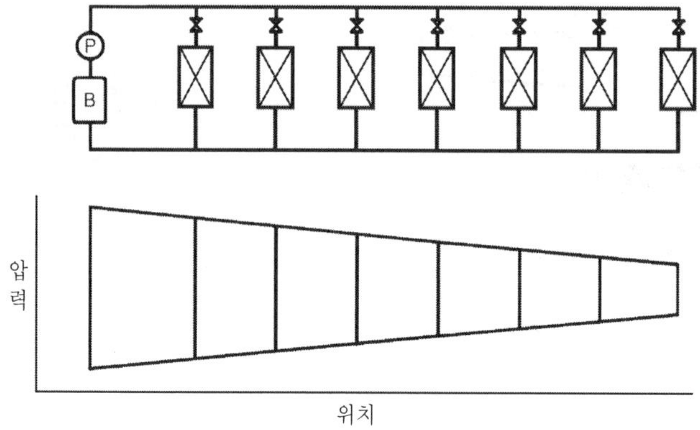

그림 7.4 복관식의 압력분포

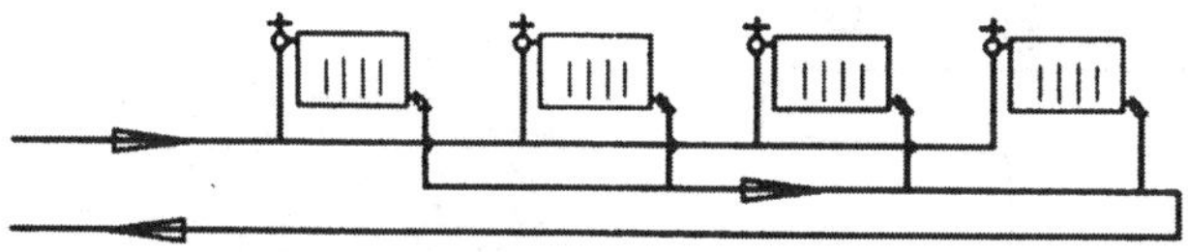

(a) 수평주관 역환수 배관방식

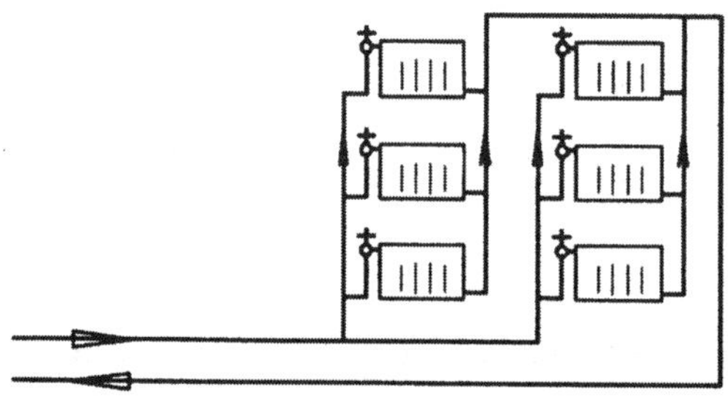

(b) 입상관 역환수 배관방식

그림 7.5 역환수식 배관방식

7.2.4 온수 공급방향에 따른 분류

(1) 상향공급식

그림 7.6과 같이 보일러에서 나온 온수주관을 건물의 최하부에 배관하고 여기에서 상향으로 입상관을 분기하여 공급온수가 위쪽으로 흐르도록 하는 배관방식이다. 장치 내의 공기가 배관을 따라 상부로 이동하므로 방열기마다 공기빼기밸브가 필요하다.

(2) 하향공급식

그림 7.7과 같이 보일러에서 나온 온수주관을 건물의 최상부까지 올린 후 최상층 천장에 배관하고 여기에서 하향으로 입하관을 연결하여 공급온수가 아래쪽으로 흐르도록 배관하는 방식이다.

장치 내의 공기는 최상층에 위치한 배관에 모이므로, 여기에서 팽창탱크나 자동 공기빼기밸브를 통하여 용이하게 공기를 제거할 수 있다.

(3) 상하절충식

그림 7.8과 같이 온수의 주 공급관을 건물의 최상층과 최하층에 위치하게 하여 건물의 윗부분은 하향식으로, 건물의 아랫부분은 상향식으로 구역을 나누어 공급하는 방식이다. 건물이 높고 가지관이 많은 경우에 상향식이나 하향식과 같이 한 가지 방법으로 공급하게 되면 순환력의 차이로 순환장애나 편중으로 인한 문제가 우려되는 경우에 많이 이용하고 있다.

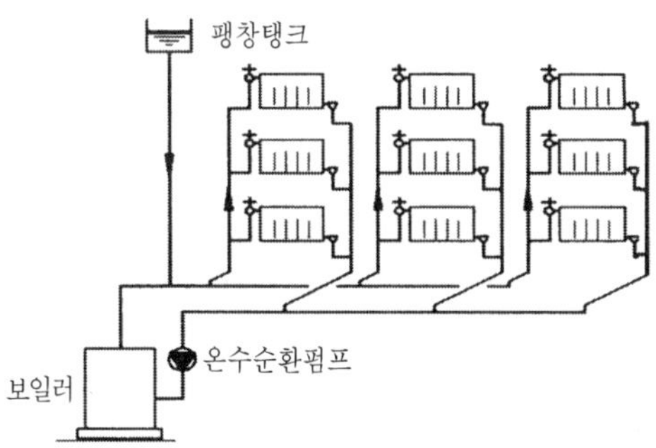

그림 7.6 상향공급식

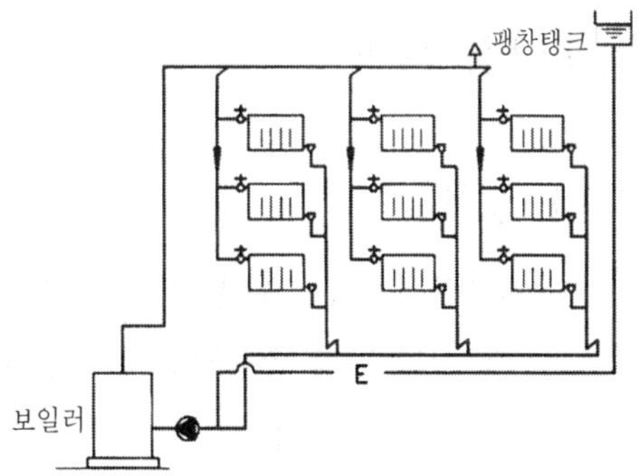

그림 7.7 하향공급식

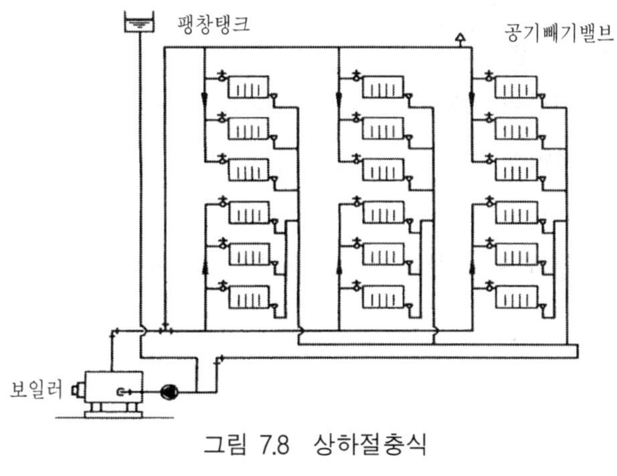

그림 7.8 상하절충식

7.2.5 팽창방식에 의한 분류

(1) 개 방 식

팽창탱크의 수면이 대기와 면하고 있는 방식으로, 탱크높이에 해당하는 수두압이 배관계에 걸리고 온수의 팽창량이 팽창탱크의 수위를 변화시키며 배관계의 부족한 물을 충수시킨다.

(2) 밀 폐 식

배관계와 연결되어 있는 팽창탱크가 대기와 연결되지 않고 압축공기나 가스에 의하여 가압되어 있는 방식을 말한다. 특히 물과 기체 사이에 격막이 설치되어 있는 방식을 다이어프램식이라고 한다. 온수의 팽창이나 수축이 팽창탱크 내에 있는 기체의 체적변화로 흡수된다.

7.3 온수난방 설계

7.3.1 설계순서

강제순환식 저온수난방 설비에 대한 일반적인 설계순서는 다음과 같다.

① 각 실의 난방 손실열량을 구한다.
② 온수난방 방식을 결정하고 열원설비를 선정한다.
③ 방열기기의 종류를 선정하고 방열기를 배치한 후 규격을 결정한다.
④ 보일러와 방열기를 연결하는 합리적인 배관망을 구성한다.
⑤ 방열기에 필요한 온수순환량을 계산하여 각 구간별로 흐르는 유량을 계산한다.
⑥ 배관의 단위압력강하를 구하여 구간별로 관지름을 구한다.
⑦ 위에서 구하여진 관지름으로 전압력강하를 구하고, 구하여진 전압력강하를 온수순환펌프의 순환수두로 한다.
⑧ 팽창탱크 등과 같은 부속기기의 규격을 결정한다.

7.3.2 배관계통 설계

(1) 배관 설계 시 유의사항

온수난방 장치의 배관계 설계에 있어서 유의하여야 할 점은 아래와 같다.

① 방열기기에 공급되는 온수의 온도와 온수량을 적절히 선정한다.

② 각 방열기기에 공급되는 온수가 균일하고 양호하게 순환되도록 한다.

③ 공기혼입에 의하여 온수순환의 지장을 가져오거나 관 내 부식을 촉진시키지 않도록 한다.

④ 온수온도 변화에 따른 체적변화로 장치 내에 이상내압이 발생하거나 에너지 손실이 되는 넘침현상(Overflow)이 없도록 한다.

⑤ 관의 신축에 의한 각종 장애가 일어나지 않도록 한다.

⑥ 온수순환으로 인한 소음이나 진동 등의 장애가 일어나지 않도록 한다.

온수순환량은 식 (7.1)로 구해지지만, 이것은 방열기기의 부하열량에 대하여 공급온도보다는 그의 출입온도차에 의하여 좌우되는 것이므로 순환상태, 에너지의 절약, 설비비, 동력비 등의 경제성 등을 고려하여 결정한다.

각 방열기기에 소정의 온수가 균일하게 분배되기 위해서는 적당한 유속으로 순환하여야 하며 이때 순환수두는 중력식일 때 자연순환수두로, 강제순환식일 때에는 순환펌프의 수두와 같거나 약간 작아야 한다. 방열기기의 부분적인 순환불량은 배관저항의 불균형 외에 배관중의 공기정체에 따라서도 발생하고 관 내 유속이 낮은 중력순환식일 때는 그 영향이 더 크다. 배관계의 유속이 과도하게 되면 소음장애나 관 내 부식의 원인이 되므로 주의하여야 한다. 배관순환의 불균형을 방지하는 방법으로서는 7.3.3절에 있는 배관저항의 밸런스를 참조한다.

배관계 내의 공기배출은 기수분리기에 의하거나 배관기울기를 적당히 유지하여 팽창탱크 또는 공기빼기 밸브로 유도하여 이루어지도록 한다. 배관중의 공기는 관경 50A 이하에서는 유속 0.6 m/s 이상, 50A 이상에서는 마찰손실 7.5 mmAq/m 이상에 상당하는 유속으로 하면 흐름과 함께 운반된다. 그러나 환수주관 등에서 아래쪽으로 공기빼기가 유도될 때에는 빠른 유속이 필요하게 된다.

관의 신축에 있어서는 증기배관과 같이 신축량에 따라 팽창조인트를 설치하여야 한다. 이 밖에 한랭지에서 사용중 장시간 휴지할 경우에는 동해방지를 위하여 소량의 온수를 순환시키거나 부동액을 이용한다.

(2) 계통 설계

건물의 용도, 규모, 열원의 종류, 경제성, 부하조절방법 등을 고려하여 앞에서 설명한 난방방식 중 적합한 방식으로 계통을 설계한다.

배관방식은 복관식이 일반적으로 많이 이용되고 있다. 이 방식에 있어서 규모가 크게 되면 배관저항의 밸런스를 고려하여 횡주관이나 입상주관 등에 역환수 배관방식을 이용하거나 배관구역별로 밸런싱밸브 등을 이용한다.

시스템 설계시 부하조절방식을 어떻게 할 것인가도 중요한 사항의 하나이다. 온수난방에서는 온수의 공급온도 조절과 온수의 유량조절을 통하여 부하조절이 가능하다. 온수유량의 공급방식에 따라 구분하면 정유량방식과 변유량방식의 두 가지가 있다.

중앙에서 온수의 유량을 일정하게 공급하는 방식이 정유량방식이며, 이 방식에 있어서의 부하조절방법은 그림 7.9와 같은 방법이 있다. 첫째, 열원에서 설정온도를 변화시켜 공급수온을 변화시키는 방법, 둘째, 열원의 공급수온은 일정하게 하고 2차측 펌프에 의한 송수온도를 제어하는 방법, 셋째, 3방향밸브를 이용하여 방열기기에서 유량을 변화시키는 방법이 있다.

난방설비만을 할 때에는 부하조절방식으로 가장 소극적인 방법인 정유량의 정온방식으로 간헐운전을 하는 방법이 아직도 많이 사용되고 있다. 이것은 운전방식이 대부분 연속운전 방식에 의하지 않고 간헐운전 방식으로 하는 경우가 많기 때문이다. 연속운전 방식이 실내의 쾌적성 면에서나 에너지의 유용성 면에서 유리한 방식으로 알려져 있으나 지역난방 공급지역과 같은 일부에서만 적용되고 있는 형편이다.

중앙에서 온수의 유량을 변화시켜 공급하는 방식이 변유량방식이며, 각 방열기기에서 밸브의 개폐나 2 방향밸브 등과 같은 조절밸브를 이용하여 필요로 하는 온수의 양을 변화시키면 그에 따라 중앙에서 공급하는 유량을 변화시키는 방식이다. 이 방식에서의 부하조절 방법은 그림 7.10과 같은 방법이 있으며, 첫째, 온수순환펌프의 대수를 제어하는 방법, 둘째, 펌프의 회전수를 제어하는 방법, 셋째, 공급실에서 2방향 밸브에 의하여 유량을 바이패스시켜 공급유량을 조절하는 방법 등이 있으며 이때 2방향 밸브 제어방법은 펌프의 대수 제어나 회전수 제어방식과 조합하여 펌프의 소비동력 절감을 꾀하는 것이 좋다. 이와 같은 유량의 변화는 방열기기의 입출구 온도차의 변화를 가져오게 된다.

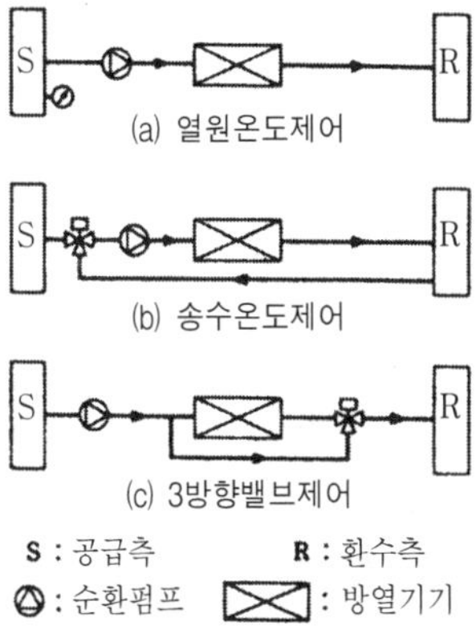

그림 7.9 정유량 제어방식

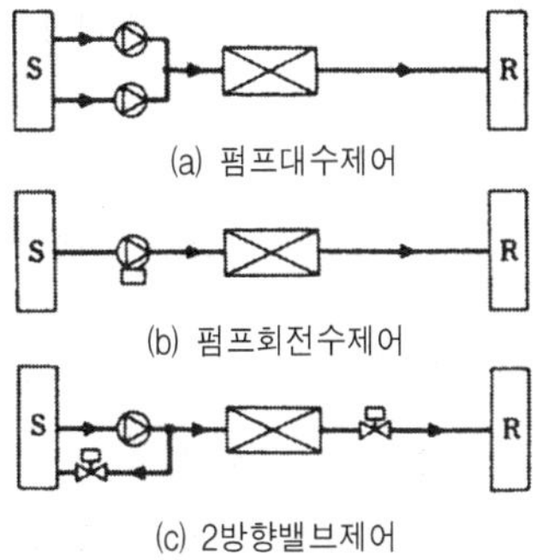

그림 7.10 변유량 제어방식

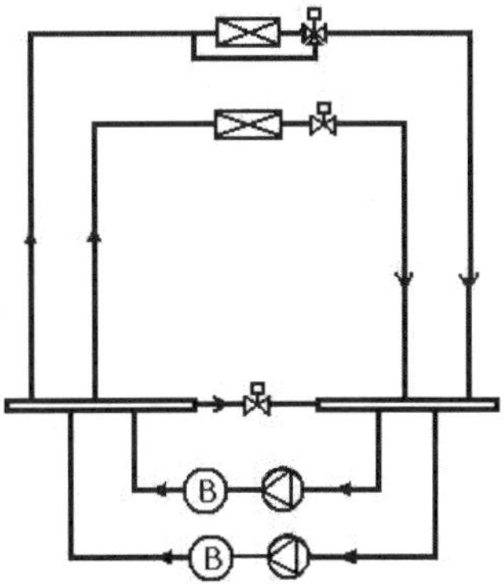

그림 7.11 1차펌프 방식

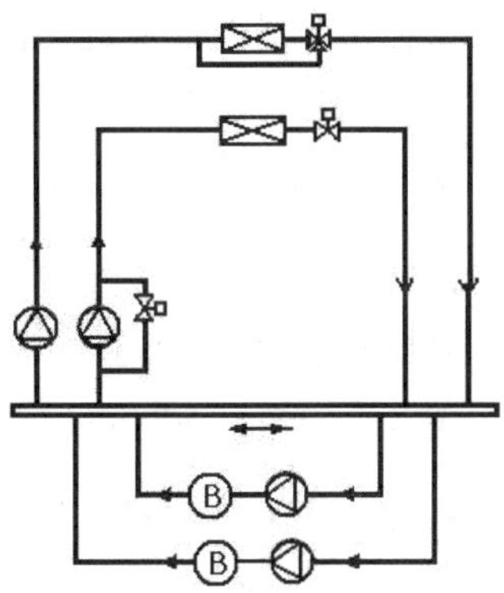

그림 7.12 2차펌프 방식

소규모 건물에서는 온수순환을 위하여 그림 7.11과 같이 비교적 간단한 1차펌프 방식인 열원계통에 순환펌프를 설치하는 방식이 이용되지만, 건물의 규모가 커지고 열원이 여러 대인 경우에는 열원측 순환펌프와 부하측 순환펌프를 나누어 설치하는 2차펌프 방식이 이용된다. 그림 7.12는 2차펌프 방식의 한 예이다.

(3) 온수순환량과 온수온도

온수순환량은 배관계 각 부의 관경을 결정하는 기초가 되는 것으로, 다음 식에서 구할 수 있다.

$$Q_w = \frac{H_L}{\rho \cdot C \cdot \Delta t} \tag{7.1}$$

여기에서 Q_w : 온수순환량[m^3/s]
H_L : 난방부하[kW]
C : 물의 비열[kJ/kg K]
ρ : 물의 밀도[kg/m^3]
Δt : 방열기기 입출구 온도차[℃]

C 및 ρ는 중력순환식일 때를 제외하고는 일반적으로 전 배관계의 평균 온도에 대한 값을 적용한다.

순환수량은 난방부하에 비례하는 것이지만 방열기기 입출구 온도에 크게 영향을 받는다. 이 입출구 온도는 방열기기의 방열특성에 적합하도록 고려되어야 한다. 여기에서 온도차를 크게 잡으면 온수순환량이 줄어들어 배관의 관경은 가늘어도 되지만 방열기기의 온수평균온도는 낮아지므로 방열면적을 증가시켜야 한다. 즉, 방열기기가 커져야 한다. 또한 순환동력비가 줄어들게 되나 온수량이 너무 작게 되면 각 방열기기로의 순환상태가 불량하게 되는 경우도 있다. 온도차를 작게 잡으면 각 방열기기의 순환상태는 양호하게 되나 배관경과 관련장비의 규격이 증대하고 순환동력비도 증가하게 된다. 순환수량의 많고 적음은 장치 전체의 설비비와 동력비를 좌우하는 것이며, 특히 순환동력비는 운전비의 상당부분을 차지하므로 위의 식에서 온도차 Δt를 결정하는 데 에너지 절약에 대한 고려가 필요하게 된다.

온수난방에서 사용하는 온수의 온도는 직접난방에서는 80℃ 전후를 많이 사용하고 있다. 고온수 난방계에서는 120~180℃ 정도를 사용하고 있다. 표 7.2에는 일반적으로 사용하는 온수온도와 온도차에 대한 것을 보여준다.

표 7.2 온수온도와 온도차

난방방식		공급온도[℃]	온도차[℃]
저 온 수	중 력 식	60~90	15~20
	직접난방	80	7~15
	복사난방	40~60	6~15
	공 조 용	40~80	5~10
고 온 수	일 반	120~180	40~80
	특 수	180~230	60~120

【예제 7.1】

방열량이 3 kW인 방열기에 공급하여야 하는 온수량은 얼마인가? 단, 방열기 입구온도는 80℃, 출구온도는 70℃로 한다.

풀이 평균온도에 대한 물의 비열은 4.19 kJ/(kg · K), 물의 밀도는 974.3 kg/m³

식 (7.1)에서 $Q_w = \dfrac{H_L}{\rho \cdot C \cdot \Delta t} = \dfrac{3}{974.3 \times 4.19 \times 10} = 7.35 \times 10^{-5}$ m³/s=4.41 l/min

(4) 온수순환수두

중력순환식 온수난방에 있어서의 자연순환수두는 다음과 같이 구한다.

$$H = \Delta\rho \cdot h \tag{7.2}$$

여기에서 H : 자연순환수두[mmAq]

$\Delta\rho$: 온도강하에 따른 온수의 밀도차[kg/m³]

h : 수보일러 중심에서 $\Delta\rho$가 생기는 지점까지의 높이[m]

중력식일 때는 층류영역으로 고려되고 Moody의 선도에 의하여 관벽의 조도에는 관계없이 $f= 64/Re$로서 마찰손실을 구하는 것이 가능하다. 보통 적용하고 있는 단위길이당 직관의 마찰손실 수두는 0.1~0.3 mmAq/m이고 유속은 0.03~0.2 m/s 정도이다. 스케일 등의 부착으로 관경이 축소되는 점을 고려하여 관경 20A 이하는 사용하지 않는 것이 좋다.

고저차 1 m당의 자연순환수두를 표 7.3에 나타낸다.

표 7.3 중력순환식의 고저차 1 m당 순환수두〔mmAq〕

환수온도[℃] \ 공급온도[℃]	65	70	75	80	85	90
60	2.65	5.42	8.35	11.4	14.6	18.0
65		2.77	5.69	8.75	12.0	15.2
70			2.92	5.98	9.15	12.5
75				3.06	6.24	9.55
80					3.31	6.49
85						3.31

강제순환식 온수난방에서는 순환펌프의 양정이 그대로 온수의 순환수두가 된다. 순환펌프의 양정은 단위길이당의 마찰손실을 일정한 값으로 하는 등압법으로 배관

의 관경을 구하고, 구해진 관경에 따라 전 배관계의 손실저항을 계산하여 구한다. 일반적으로 이용되고 있는 단위마찰손실은 소규모에서는 50~200 Pa/m(5~20 mmAq /m), 대규모에서는 100~400 Pa/m(10~40 mmAq/m) 정도이고, 유속은 최대 1.5 m/s로 한다.

【예제 7.2】

온수관의 온도가 80℃이고 환수관의 온도가 60℃인 자연순환식 온수난방장치에서 자연순환수두는 얼마인가? 단, 보일러에서 방열기까지의 높이는 5 m로 한다.

풀이 식 (7.2)를 이용하여 구하면 60℃에서의 밀도 ρ=983.24, 80℃에서의 밀도 ρ=971.84이므로

$$H=(983.24-971.84)\times 5=57\ \text{mmAq}$$

표 7.3을 이용하여 구해 보면

11.4×5= 57 mmAq

(5) 배관지름과 비용

훌륭한 배관설계는 초기투자비와 운전비용을 고려하는 것은 물론 관련된 모든 설비와 장비 설치시 필요한 요소들을 고려하는 것이다.

배관지름에 따라 초기투자비와 운전비용이 변한다. 관지름을 크게 하면 시설비와 감가상각비는 증가하지만 운전비용은 감소한다. 그러므로 가장 경제적인 배관지름을 선정하는 방법은 그림 7.13의 “A”점과 같이 두 가지의 비용이 가장 적은 조건으로 하는 것이다.

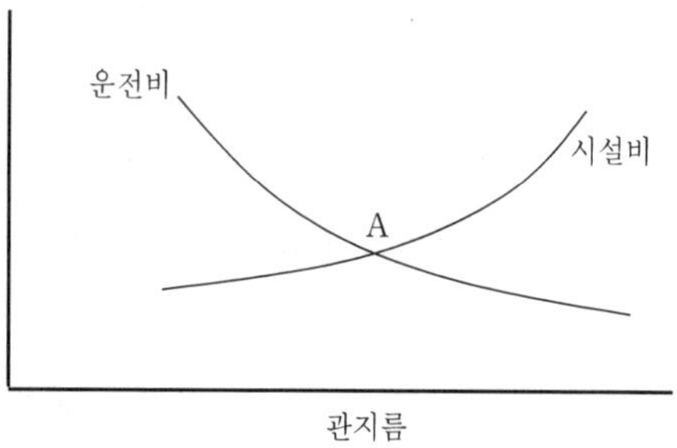

그림 7.13 경제적 배관지름

7.3.3 배관지름 결정

(1) 직관의 압력손실

온수가 관내를 흐를 때 마찰로 인한 압력손실은 제6장의 식 6.1과 같은 Dalcy-Weisbach식으로 구한다. 관의 마찰계수는 레이놀즈수와 관 내면의 상대조도와 관경에 의하여 결정된다. 레이놀즈수는 중력순환식과 특별히 유속이 낮은 경우를 제

외하고는 거의 난류영역의 범위로 있게 되며 Moody의 선도를 이용하여 마찰계수 f를 구할 수 있다. 관의 절대조도는 표 7.4와 같다.

표 7.4 관벽의 절대조도

관의 종류	절 대 조 도 ε[mm]
인발관(동관 등)	0.0015
염화비닐관, 폴리에틸렌	0.005
일반배관용 스테인리스 강관	0.005
일반배관용 탄소강관	0.045~0.15
아연도금 강관	0.15
압력배관용탄소강관(sch40)	0.1
녹슨강관	0.5~1.0
심하게 부식된 강관	1.0~3.0

그림 7.14에서 그림 7.17까지는 Moody의 선도를 이용하여 유량과 마찰손실수두의 관계를 배관재에 대하여 구한 선도이다. 일반 상온의 물 배관계에 있어서 직관의 손실은 다음과 같은 Hazen-Williams 실험식도 자주 이용되고 있다.

$$h_f = 104.598\left(\frac{Q}{C}\right)^{1.852}\left(\frac{1}{D^{4.8704}}\right)L \tag{7.3}$$

여기에서 h_f : 직관의 압력손실[Pa]
C : Hazen-Williams 상수
D : 관의 안지름[m]
Q : 유량[m^3/s]
L : 배관길이[m]

하젠윌리엄스상수 C는 관의 거칠기에 따른 값으로, 아주 미끈한 직관은 140, 새 강관은 130, 오래된 강관은 100, 부식이 심한 주철관은 80 정도이다. 그러나 위의 식은 상온상태에서의 조건이므로 온수에서는 동일하게 적용할 수 없지만 대략적인 값으로 이용할 수 있다.

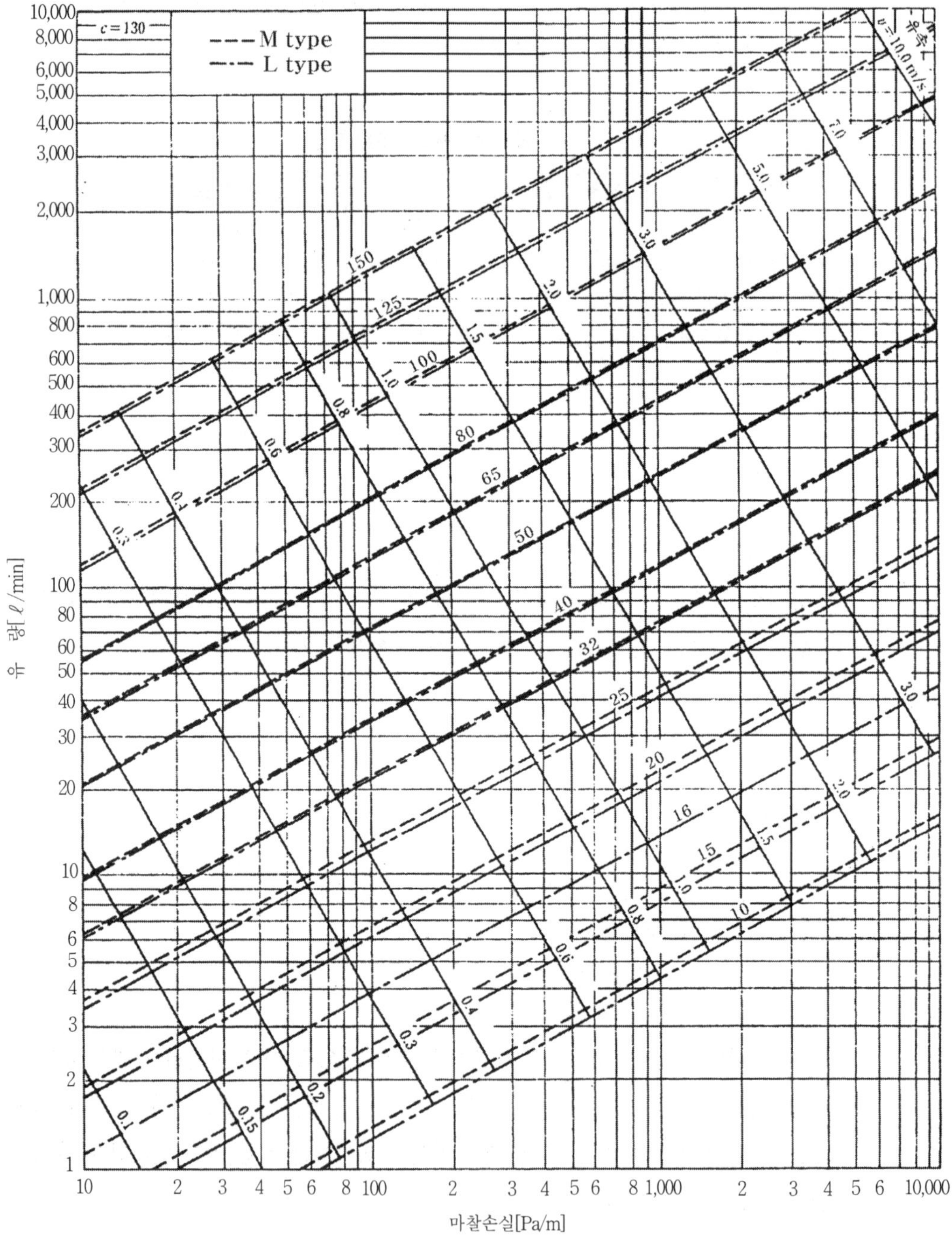

그림 7.14 동관의 유량선도

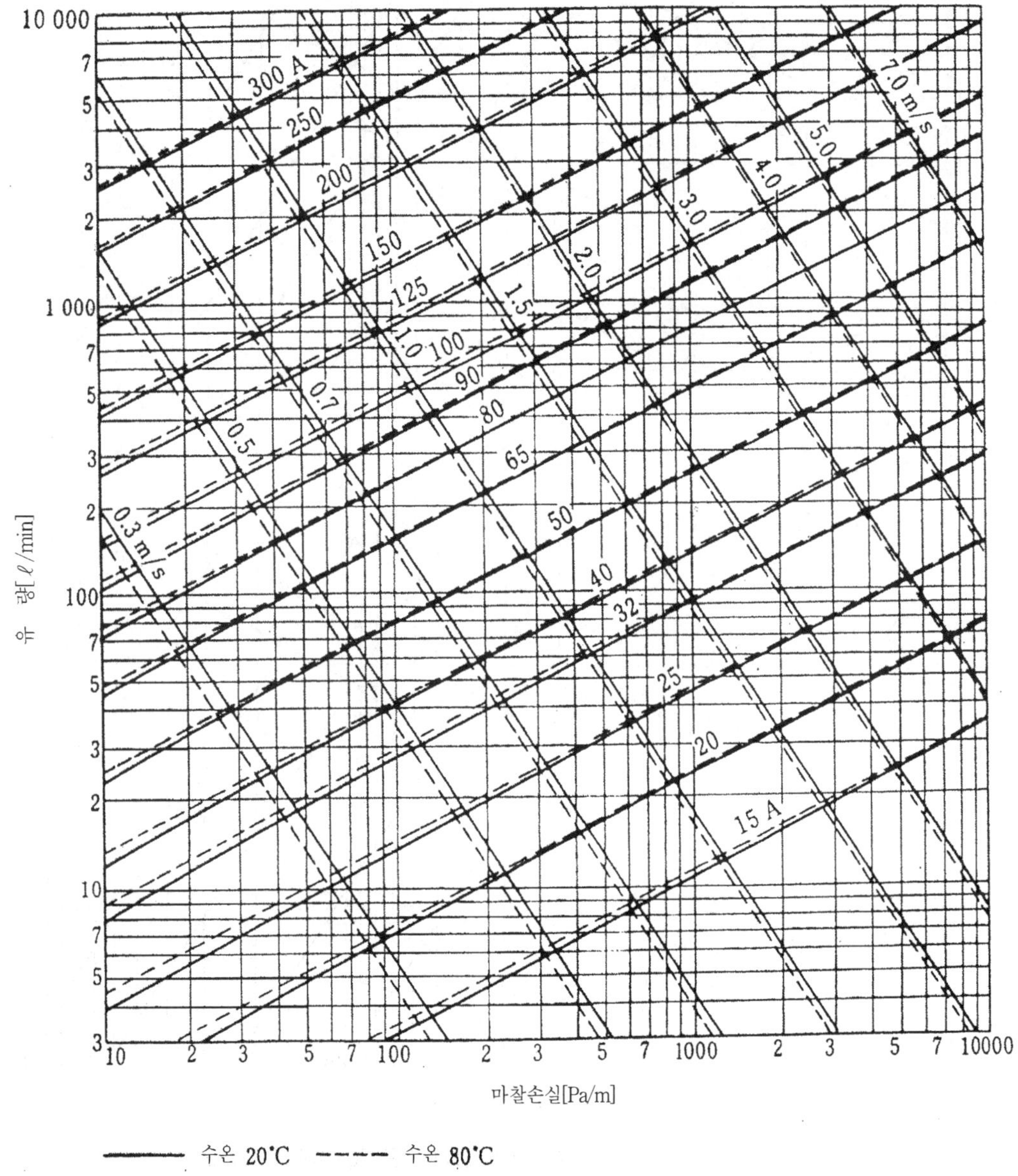

그림 7.15 배관용 탄소 강관의 유량선도

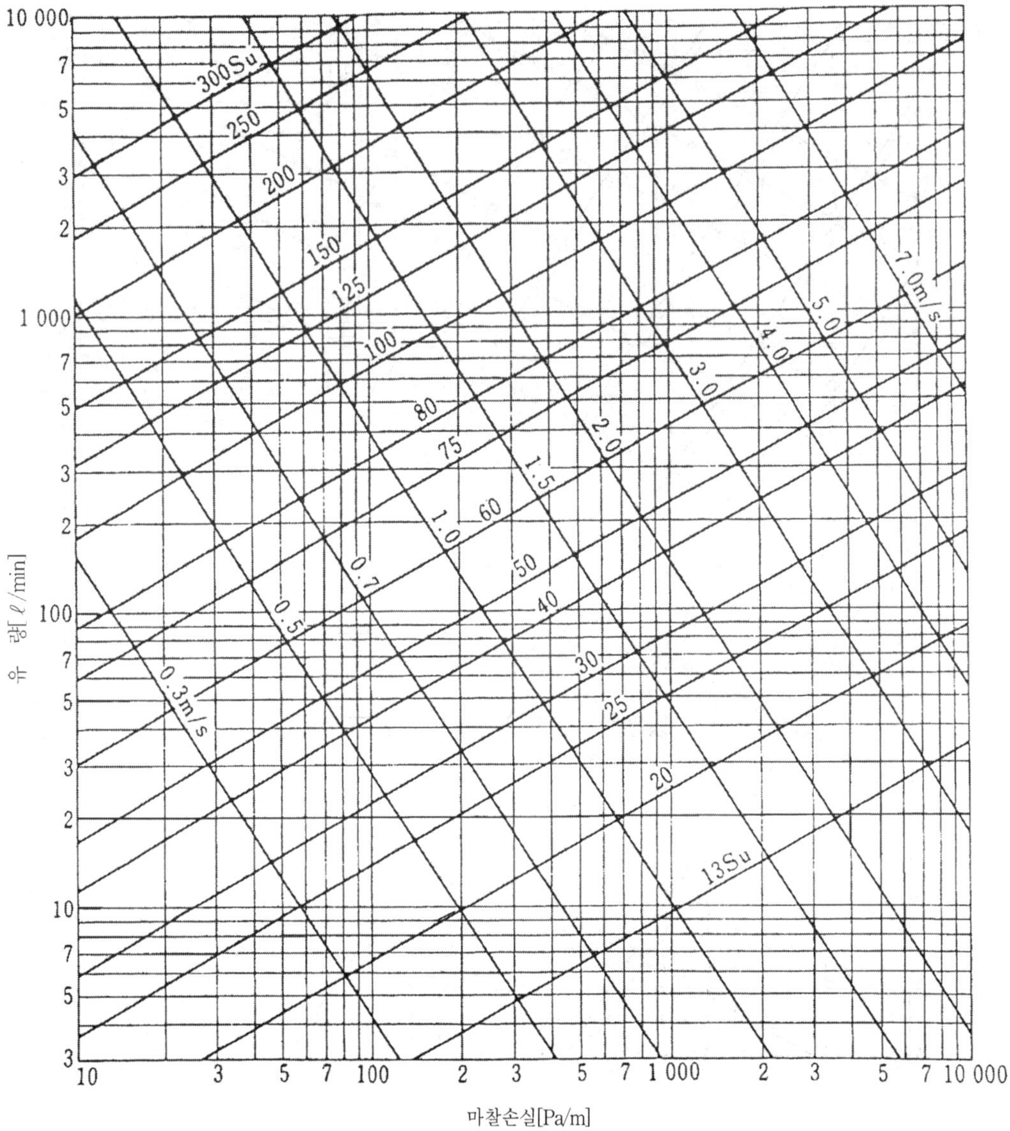

그림 7.16 일반배관용 스테인리스 강관(수온 20℃)의 유량선도

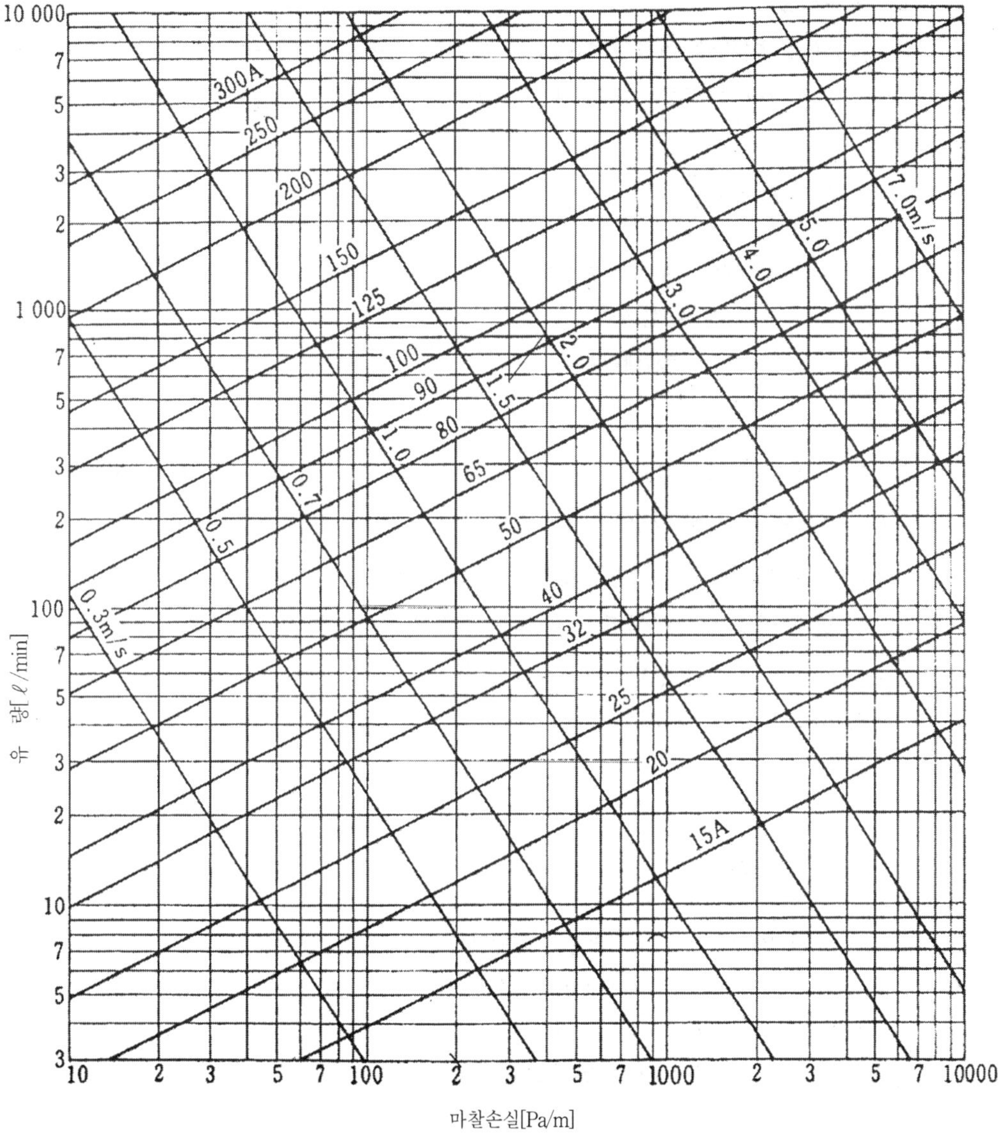

그림 7.17 압력배관용 탄소강관(SCH 40, 수온 20℃)의 유량선도

(2) 국부저항

직관부분 이외에 배관의 이음쇠나 밸브류 등에서 생기는 손실을 국부저항 또는 부차적 손실이라 한다. 이 손실은 다음과 같은 식으로 나타낸다.

$$R_l = R_l = \zeta \frac{v^2}{2} \rho \tag{7.4}$$

여기에서 R_l : 부차적 손실[Pa]

ζ : 손실계수

v : 유속[m/s]

ρ : 밀도[kg/m^3]

여러 종류의 이음쇠에 대한 국부저항의 값을 얻기 위하여 두 가지 방법이 이용될 수 있다. 첫 번째 방법은 이음쇠 종류에 따라, 식 7.4를 이용하여 손실계수를 적용하는 방법으로, 표 7.5와 7.6에 이 손실계수를 보여준다.

두 번째 방법은 국부저항을 이것과 같은 압력손실을 갖는 동일 직경의 직관길이로 나타내어 구하는 방법이 있다. 이것을 국부저항의 상당길이라 하며, 이음쇠류에 대한 압력손실을 쉽게 구할 수 있다. 국부저항의 상당길이는 다음 식으로 구해진다.

$$L_e = \frac{\zeta}{f} D \tag{7.5}$$

여기에서 L_e : 국부저항의 상당길이[m]

ζ : 국부저항의 손실계수

f : 직관의 마찰계수

D : 관의 안지름[m]

표 7.5 이음쇠 · 밸브류의 손실계수(나사이음)

관지름	표준 90° 엘보	장경 90° 엘보	45° 엘보	U밴드	티직통 호 름	티분기 호 름	글러브 밸 브	게이트 밸 브	앵 글 밸 브	스윙 체크 밸브	돌 출 입 구
10	2.5	-	0.38	2.5	0.90	2.7	20	0.40	-	8.0	1.0
15	2.1	-	0.37	2.1	0.90	2.4	14	0.33	-	5.5	1.0
20	1.7	0.92	0.35	1.7	0.90	2.1	10	0.28	6.1	3.7	1.0
25	1.5	0.78	0.34	1.5	0.90	1.8	9	0.24	4.6	3.0	1.0
32	1.3	0.65	0.33	1.3	0.90	1.7	8.5	0.22	3.6	2.7	1.0
40	1.2	0.54	0.32	1.2	0.90	1.6	8	0.19	2.9	2.5	1.0
50	1.0	0.42	0.31	1.0	0.90	1.4	7	0.17	2.1	2.3	1.0
65	0.85	0.35	0.30	0.85	0.90	1.3	6.5	0.16	1.6	2.2	1.0
80	0.80	0.31	0.29	0.80	0.90	1.2	6	0.14	1.3	2.1	1.0
100	0.70	0.24	0.28	0.70	0.90	1.1	5.7	0.12	1.0	2.0	1.0

표 7.6 이음쇠 · 밸브류의 손실계수(용접이음)

관지름	표준 90° 엘보	장경 90° 엘보	45° 엘보	U밴드	U밴드 장 경	티직통 호 름	티분기 호 름	글러브 밸 브	게이트 밸 브	앵 글 밸 브	스윙 체크 밸브
25	0.43	0.41	0.22	0.43	0.43	0.26	1.0	13	-	4.8	2.0
32	0.41	0.37	0.22	0.41	0.38	0.25	0.95	12	-	3.7	2.0
40	0.40	0.35	0.21	0.40	0.35	0.23	0.90	10	-	3.0	2.0
50	0.38	0.30	0.20	0.38	0.30	0.20	0.84	9	0.34	2.5	2.0
65	0.35	0.28	0.19	0.35	0.27	0.18	0.79	8	0.27	2.3	2.0
80	0.34	0.25	0.18	0.34	0.25	0.17	0.76	7	0.22	2.2	2.0
100	0.31	0.22	0.18	0.31	0.22	0.15	0.70	6.5	0.16	2.1	2.0
150	0.29	0.18	0.17	0.29	0.18	0.12	0.62	6	0.10	2.1	2.0
200	0.27	0.16	0.17	0.27	0.15	0.10	0.58	5.7	0.08	2.1	2.0
250	0.25	0.14	0.16	0.25	0.14	0.09	0.53	5.7	0.06	2.1	2.0
300	0.24	0.13	0.16	0.24	0.13	0.08	0.50	5.7	0.05	2.1	2.0

상당길이 $\frac{L_e}{D}$는 주어진 형태의 관 부속에서 크기가 다르더라도 일정한 값을 가지는 경향이 있다. 표 7.7에는 90°엘보의 직관 상당길이 L_e를 나타낸다. 그림 7.18은 25 mm 나사형 티이음쇠의 엘보상당수를 나타내고, 표 7.8에는 각종 이음쇠와 밸브류 등에 대한 90°엘보로의 환산 값을 나타낸다. 이 표를 사용할 때에는 그 엘보 환산 값에 표 7.7에 의한 소정의 상당길이를 곱하면 구하고자 하는 이음쇠나 밸브류 등의 직관 상당 길이로 된다.

표 7.7 90도 엘보의 직관 상당길이

관경[A] \ 유속[m/s]	0.33	0.67	1.00	1.33	1.67	2.00	2.35	2.67	3.00	3.33
15	0.4	0.4	0.5	0.5	0.5	0.5	0.5	0.5	0.5	0.5
20	0.5	0.6	0.6	0.6	0.7	0.7	0.7	0.7	0.7	0.8
25	0.7	0.8	0.8	0.8	0.9	0.9	0.9	0.9	0.9	0.9
32	0.9	1.0	1.1	1.1	1.2	1.2	1.2	1.3	1.3	1.3
40	1.1	1.2	1.3	1.3	1.4	1.4	1.5	1.5	1.5	1.5
50	1.4	1.5	1.6	1.7	1.8	1.8	1.9	1.9	1.9	1.9
65	1.6	1.8	1.9	2.0	2.1	2.2	2.2	2.3	2.3	2.4
80	2.0	2.3	2.5	2.5	2.6	2.7	2.8	2.8	2.9	3.0
100	2.6	2.9	3.1	3.2	3.4	3.5	3.6	3.6	3.7	3.8
125	3.2	3.6	3.8	4.0	4.1	4.3	4.4	4.5	4.5	4.6
150	3.7	4.2	4.5	4.6	4.8	5.0	5.1	5.2	5.3	5.4
200	4.7	5.3	5.6	5.8	6.0	6.2	6.4	6.5	6.7	6.8
250	5.7	6.3	6.8	7.1	7.4	7.6	7.8	8.0	8.1	8.2
300	6.8	7.6	8.0	8.4	8.8	9.0	9.2	9.4	9.6	9.8

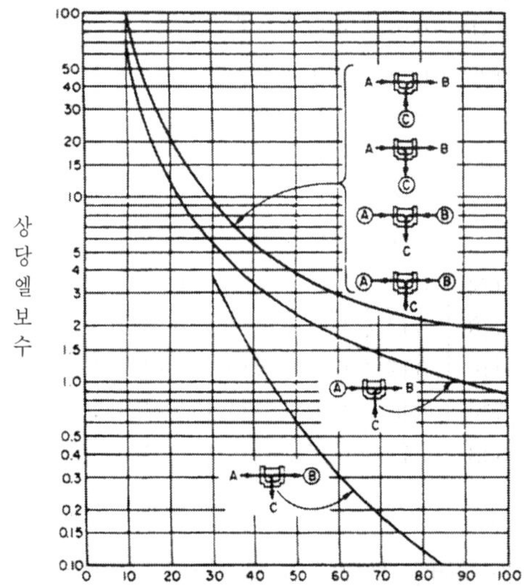

* 1. 25mm 나사형 티로서 3방향 직경이 같은 정티의 경우임
2. 가장 위의 곡선은 4가지 경우의 평균값임

그림 7.18 타이음쇠의 엘보상당수

표 7.8 이음쇠 · 밸브 등의 엘보상당수

품 명	엘보상당수	
	강 관	동 배 관
90°엘보	1.0	1.0
45°엘보	0.7	0.7
90°밴드	0.5	0.5
90°용접관	0.5	0.5
리 듀 서	0.4	0.4
방열기앵글밸브	2.0	3.0
방열기 · 컨벡터	3.0	4.0
보일러 · 히터	3.0	4.0
게이트밸브(전개)	0.5	0.7
글러브밸브(전개)	12.0	17.0

난방배관에 대한 총 연장의 압력손실을 간단하고 빠르게 계산하기 위하여 아래와 같이 국부저항의 상당길이를 직관에 대하여 일정한 비율로 하여 구하는 경우가 있다.

$$R = rL(1+k) \tag{7.6}$$

여기에서 R : 난방배관 총 길이에 대한 압력손실[Pa]
r : 배관의 단위길이당 마찰손실[Pa/m]
L : 배관의 총 길이[m]
k : 직관손실저항에 대한 국부저항의 비율

여기에서 국부저항의 비율은 대략 표 7.9와 같다.

표 7.9 직관저항에 대한 국부저항의 비율

건물의 종류	비 율
주택 등 작은 건물	1.0~1.5
일 반 건 물	0.5~1.0
원거리나 단순 경로 배관	0.2~0.5

【예제 7.3】

배관경 50A이고 유속이 1.0 m/s인 길이 100 m의 강관배관이 있다. 도중에 엘보 15개, 유량이 15%씩 분지관으로 빠져나가는 직통흐름의 티가 3개, 게이트밸브가 1개 설치되어 있다. 이 배관의 직관상당길이를 구하라.

풀이 표 7.9와 그림 7.15에서 부속류의 상당엘보수를 구하면

엘 보	15개×1	=	15개
티	3개×0.1	=	0.3개
게이트밸브	1개×0.5	=	0.5개
계			15.8개

표 7.8에서 직관의 상당길이로 환산하면 15.8개×1.6 m/개=25.28 m
그러므로 직관길이 100 m에 국부저항의 상당길이 25.28 m를 더하여 125.28 m를 구한다.

(3) 관지름의 결정

중력순환식일 때 배관지름의 결정은 이용할 수 있는 순환수두를 계산하고 아래의 식 (7.7)로 단위마찰손실을 구하여 표 7.10에서 관경을 선정한다. 중력순환식의 이용할 수 있는 수두는 식 (7.2)에서 구한다.

$$R = \frac{H}{L + L'} \tag{7.7}$$

여기에서 R : 배관의 단위마찰손실[mmAq/m]
H : 이용할 수 있는 순환수두[mmAq]
L : 보일러에서 최원단 방열기기까지의 전 길이[m]
L' : 국부저항의 상당길이[m]

강제순환식에서는 미리 이용할 수 있는 수두를 구할 수 없는 경우가 대부분이므로 단위길이당 압력손실을 일정하게 하고 관경을 선정하는 방법이 이용된다. 일반적으로 강제순환식 난방배관의 단위압력손실은 100~400 Pa/m 정도의 값이, 그리고 평균값으로는 250 Pa/m가 이용되고 있다. 여기에서 정한 단위압력손실값과 각 방열기기에 필요한 순환유량을 구하여 각 배관망의 유량값으로 그림 7.12~그림 7.15에서 관경을 결정한다.

표 7.10 온수의 강관 유량표

관경 mm	15	20	25	32	40	50	65	80	90	100	125	150	175	200	250
관경 (B)	1/2	3/4	1	$1^{1/4}$	$1^{1/2}$	2	$2^{1/2}$	3	$3^{1/2}$	4	5	6	7	8	10
정미 내경 (mm)	16.1	21.1	27.6	35.7	41.6	52.3	67.9	80.7	93.2	105.3	130.8	155.2	180.1	204.7	254.2
압력 강하 (mmAq/m)	유량(kg/h)														
0.10	15.4	34.0	69.0	140	213	413	820	1,310	1,950	2,700	4,950	7,750	11,500	16,050	29,000
0.12	17.2	38.0	76.5	156	237	457	910	1,460	2,160	3,000	5,500	8,600	12,750	17,900	32,250
0.14	18.8	42.0	83.5	170	260	500	990	1,600	2,360	3,300	6,000	9,400	13,900	19,500	35,000
0.16	20.3	45.8	90.5	184	280	540	1,070	1,720	2,560	3,580	6,500	10,100	15,000	21,000	37,500
0.18	21.7	49.0	96.5	197	300	580	1,145	1,840	2,740	3,820	6,900	10,800	16,000	22,500	40,000
0.20	23.0	52.0	102	208	320	613	1,210	1,955	2,900	4,060	7,300	11,400	17,000	23,550	42,250
0.24	25.6	58.0	114	233	354	680	1,400	2,160	3,200	4,500	8,100	12,600	18,900	26,000	47,000
0.28	28.0	63.5	125	255	385	740	1,530	2,360	3,500	4,900	8,900	13,800	20,500	28,400	51,000
0.30	29.0	66.0	130	265	400	770	1,620	2,450	3,620	5,100	9,250	14,400	21,350	29,500	53,000
0.36	32.5	73.5	144	295	445	840	1,800	2,720	3,930	5,650	10,200	16,000	23,050	32,500	58,500
0.40	34.5	77.5	153	312	475	900	1,925	2,900	4,250	6,000	10,800	17,000	25,000	34,500	62,000
0.45	37.0	83.7	165	335	505	970	2,050	3,100	4,550	6,400	11,600	18,000	26,750	37,000	66,000
0.50	39.5	89.0	175	355	535	1,030	2,150	3,280	4,850	6,800	12,300	19,000	28,250	39,000	70,000
0.55	41.5	94.0	184	375	565	1,090	2,150	3,460	5,100	7,200	13,000	20,000	29,750	41,250	74,000
0.60	43.5	98.5	193	395	595	1,150	2,250	3,640	5,350	7,550	13,600	21,000	31,250	43,000	77,500
0.65	45.5	103	202	415	625	1,200	2,350	3,800	5,600	7,900	14,200	22,000	32,750	45,000	80,500
0.70	47.5	107.5	211	435	650	1,250	2,450	3,950	5,850	8,250	14,800	23,000	34,000	47,000	84,000
0.75	49.4	112	220	450	675	1,300	2,550	4,100	6,100	8,550	15,400	23,900	35,250	49,000	87,500
0.80	51.2	116.5	228	465	700	1,350	2,650	4,250	6,390	8,850	16,000	24,800	36,750	50,500	90,000
0.90	55	125	245	495	750	1,440	2,850	4,500	6,750	9,450	17,000	26,600	39,000	54,000	96,000
1.0	59	133	260	525	800	1,530	3,030	4,850	7,150	10,000	18,000	28,400	41,500	57,500	102,500

아울러 관지름을 선정할 때 유속에 의한 소음이나 관 내 부식 방지를 위하여 관 내 유속의 제한을 고려하여야 한다. 소음에 의한 장해는 50A 이하의 관지름에서는 1.2 m/s 이하, 그 이상의 관지름에서는 마찰손실 400 Pa/m 이하로 하면 방지할 수 있다. 관 내 소음은 흐름 중에 동반하는 기포에 의한 것 이외에 국부저항에 의한 와류나 급격한 압력변화에 의하여 생기는 캐비테이션에 의한 경우도 있으므로 이

원인을 작게 하도록 하는 것도 필요하다. 또한 관 내 부식도 유속에 관계되며 유속이 빠르면 침식에 의한 부식이 진행되는 경우가 있다.

표 7.11 배관부식 방지를 위한 최대 유속

연간운전시간[h]	유속[m/s]
1,500	4.6
2,000	4.4
3,000	4.0
4,000	3.7
6,000	3.0

표 7.12 권장 유속

사용 개소	유속[m/s]
펌프토출측	2.4~3.6
펌프흡입측	1.2~2.1
헤 더	0.9(공급관은 1.5~3)
입 상 관	0.9~3.0
일 반 장 치	1.2~3.0
냉 각 수	0.9~2.4

표 7.11은 공조배관에 있어서 침식작용을 최소화하기 위한 허용 최대 유속을 나타내며 표 7.12는 이것을 고려하여 일반적으로 권장되는 유속의 값이다. 보통 옥내배관에서는 관 내 유속을 2.0 m/s 이하로 하고 있다.

고온수배관에 있어서 관 내 유속이 0.5 m/s 이하로 되면 관지름 150A 이상에서는 관 내에 온도가 다른 층이 형성되어 상부와 하부의 온도차이로 굽힘이 발생하는 경우도 있으므로, 일반적으로 권장되고 있는 평균 유속은 1.5 m/s 전후이다.

이와 아울러 단위압력손실이나 관 내 유속을 선정하는 데 있어서 설비비와 동력비의 경제성과 에너지 절약성 등을 고려하여 결정할 필요가 있다. 그러기 위해서는 펌프의 양정을 어떤 한도로 억제하고 배관의 길이가 긴 경우 또는 연간 운전시간이 긴 경우에는 유속이나 단위마찰손실을 낮게 적용하여야 한다.

【예제 7.4】

온수순환량이 200 l/min일 때 배관용 탄소강관의 단위 압력손실을 200 Pa/m를 기준으로 할 때 사용할 강관의 관지름을 선정하고, 이때 실제 발생하는 단위 압력손실을 구하라.

풀이 그림 7.14에서 R=200 Pa/m의 수직선과 유량 200 l/min인 수평선과의 교차점을 구한다. 이때 관지름 65 mm보다 아래이므로 65 mm를 선정한다. 실제 발생하는 마찰저항은 유량 200 l/min의 수평선과 관경 65 mm와의 교차점에서 수선을 내리면 약 160 Pa/m가 된다.

7.3.4 배관의 밸런스

온수난방 방식에서 온수의 균등한 분배는 난방효과에 직접적인 영향을 미치게 되므로 중요한 사항이다. 건물의 규모가 크게 되면 배관의 길이도 길게 되고 배관망도 복잡하게 된다. 따라서 각 방열기기로의 배관의 연결 길이나 기기의 통수저항이 다르게 되고 동일한 구역 내에서도 배관저항의 차이가 발생한다. 이에 따라 각 방열기기 또는 각 구역으로 흐르는 유량이 당초 설계한 유량과 차이를 가져오게 되어 방열량의 변화 또는 난방불량 등의 원인이 되기도 한다. 여기에서 유량의 변화가 방열능력의 큰 변화를 가져오는지의 여부는 방열기기의 종류에 따라 결정되지만, 가열코일과 같은 경우에는 약간의 유량변화가 있어도 용량변화는 그다지 크지 않은 경우도 있다. 따라서 유량변화의 허용값을 어느 정도로 하느냐에 따라 밸런싱 방법을 고려하게 된다.

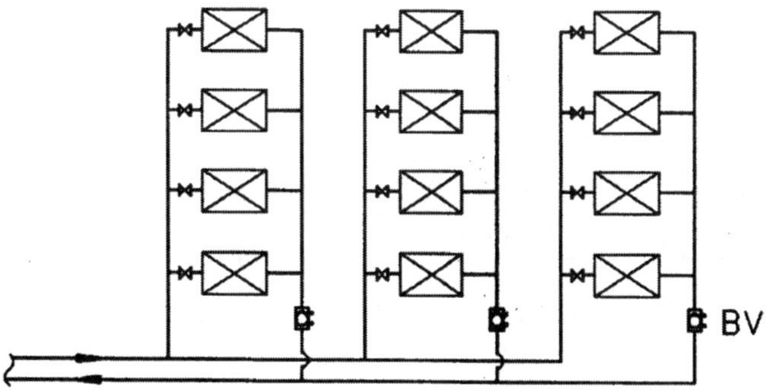

그림 7.19 밸런싱밸브 사용 예

밸런싱을 위한 방법에는 배관의 길이를 이용한 역환수 배관방법과 정유량 조절밸브를 이용하는 방법, 밸런싱밸브를 이용하는 방법 등이 있다. 배관의 길이를 이용한 역환수배관방법은 배관이 복잡하게 되어 규모가 크게 되면 조절밸브를 이용하게 된다. 밸런싱밸브를 이용하는 경우에는 과도한 조임으로 소음발생의 원인이 되지 않도록 구경 선정에 주의하고 설치 후 조정과정을 거쳐 순환유량을 확인한다.

【예제 7.5】

다음 그림과 같은 강제순환식 온수난방장치의 구간별 배관지름과 순환펌프의 양정을 구하라. 온수 공급온도는 80℃, 환수온도는 70℃이고, 방열기의 방열량은 1층이 3 kW, 2층이 3,5 kW이며, 배관용 탄소강관을 사용한다.

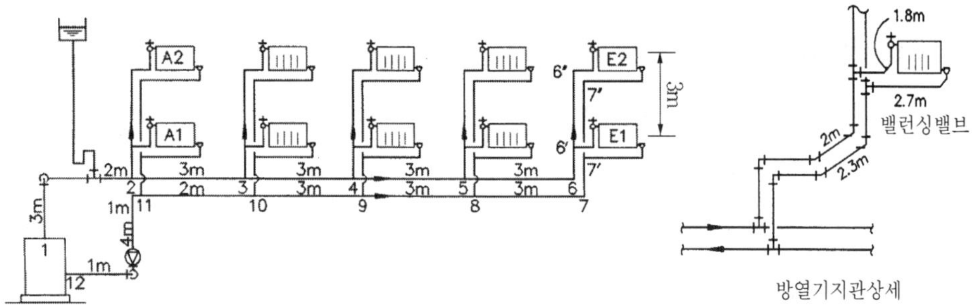

풀이 1) 각 방열기의 온수순환량을 식 (7.1)로부터 구하면

$$Q_m = \frac{H_L}{\rho \cdot C \cdot \Delta t} = \frac{3}{974.8 \times 4.198 \times (80-70)} = 7.331\times10\text{-}5\text{m}^3/\text{s} \fallingdotseq 4.4\ \ell/\text{min}$$

$$Q_m = \frac{H_L}{\rho \cdot C \cdot \Delta t} = \frac{3.5}{974.8 \times 4.198 \times (80-70)} = 8.553\times10\text{-}5\text{m}^3/\text{s} \fallingdotseq 5.1\ \ell/\text{min}$$

2) 단위압력손실 : 소규모일 때 50~200 Pa/m이므로 단위압력손실을 200 Pa/m로 가정한다.

3) 구간별 관지름의 선정 : 구간별 온수순환량을 구한 후, 단위압력손실을 이용하여 그림 7.15 유량 선도에서 관경을 선정한다.

〈예제 표 1〉 관경 선정표

계 통	구 간	온 수 순환량 [l/min]	1차 계산					
			배관지름 [A]	l	l′	l+l′	R(Pa/m)	전손실 [Pa]
방열기 E1	1~2	47.5	40	5	2.69	7.69	120	922.8
	2~3	38	32	3	0.63	3.63	150	544.5
	3~4	28.5	32	3	0.19	3.19	90	287.1
	4~5	19	25	3	0.88	3.88	170	659.6
	5~6	9.5	20	3	0.88	3.88	160	620.8
	6~6′	9.5	20	2	2.1	4.1	160	656
	6′~E2	5.1	20	4.8	2.5	7.3	48	350.4
	E2~7′	5.1	20	5.7	3.5	9.2	48	441.6

계 통	구 간	온 수 순환량 [l /min]	1차 계산					
			배관지름 [A]	l	l′	l+l′	R(Pa/m)	전손실 (Pa)
방열기 E1	7′~7	9.5	20	2.3	2.95	25	160	840
	7~8	9.5	20	3	0.32	32	160	531.2
	8~9	19	25	3	2.24	5.24	170	890.8
	9~10	28.5	32	3	1.4	4.4	90	396
	10~11	38	32	3	1.78	4.78	150	717
	11~12	47.5	40	6	6.24	12.24	125	1530
	보일러	47.5	40		3.6	3.6	125	450
계								9837.8

4) 순환펌프 양정

구간별로 구해진 관경으로 실제 발생하는 단위 압력 손실을 구하면 표1의 R값이 된다. 이 값으로 가장 먼 곳에 있는 방열기를 기준으로 하여 전 손실을 구하면 이것이 순환펌프의 필요양정이다. 표에서 구한 전 손실로부터 필요양정을 구하면 10×9837.8×1.1/98066≒1.1[m]

〈예제 표 2〉 구간별 국부저항 상당길이

배관구간	이음부속	호칭경	수량	단위상당 길 이	상당 길이	상당길이 합 계
1~2	엘보	40	2	1.2	2.4	2.69
	티	40	2	0.12×1.2	0.29	
2~3	리듀서	40×32	1	1.2×0.4	0.48	063
	티	32	1	0.15	0.15	
3~4	티	32	1	0.2×0.95	0.19	0.19
4~5	리듀서	32×25	1	0.4	0.4	0.88
	티	25	1	0.6×0.8	0.48	
5~6	엘보	20	1	0.60	0.6	0.88
	리듀서	25×20	1	0.4×0.7	0.28	
6~6‘	엘보	20	3	0.6	1.8	2.1
	티	20	1	0.6×0.5	0.3	
6‘~E2	엘보	20	3	0.5	1.5	2.5
	방열기밸브	20	1	2.0×0.5	1.0	

배관구간	이음부속	호칭경	수량	단위상당 길이	상당 길이	상당길이 합계
E2~7′	방열기	20	1	3.0×0.5	1.5	3.5
	유니온밴드	20	1	0.5	0.5	
	엘보	20	3	0.5	1.5	
7′~7	티	20×20	1	2.3×0.5	1.15	2.95
	엘보	20	3	0.6	1.8	
7~8	리듀서	25×20	1	0.4×0.8	0.32	0.32
8~9	티	25	1	2.3×0.8	1.84	2.24
	리듀서	32×25	1	0.4	0.4	
9~10	티	32	1	1.5×0.95	1.4	1.4
10~11	티	32	1	1.3	1.3	1.78
	리듀서	40×32	1	0.4×1.2	0.48	
11~12	티	40	1	1.2×1.2	1.44	6.24
	엘보	40	3	1.2	3.6	
	게이트 밸브	40	2	0.5×1.2	1.2	
보일러	본체		1	3×1.2	3.6	3.6

7.4 예열부하와 예열시간

온수난방 장치를 구성하고 있는 보일러, 방열기, 배관 내에는 물로 가득 채워져 있다. 그러므로 증기난방 방식에 비하여 열용량이 크다. 보일러 운전을 개시하여 정상 공급온도까지 올리는 데 장치 내의 물과 여러 장치들을 가열시켜야 하므로 많은 열량과 시간이 필요하게 된다. 이와 같이 난방장치를 정상온도까지 가열하는 데 소요되는 열량을 예열부하라 하며, 식 (7.8)과 같이 나타낼 수 있다.

$$H' = (M_w C_w + M_m C_m)(t - t_o) \tag{7.8}$$

여기에서 H' : 예열에 요하는 열량(예열부하)[kJ]

M_w : 장치 내의 전 수량[kg]

M_m : 보일러, 배관 등 장치의 질량[kg]

C_w : 물의 비열[kJ/kg · ℃]

C_m : 장치재료의 비열[kJ/kg · ℃]

t : 운전시의 온수평균온도[℃]

t_o : 운전개시 전의 물의 온도[℃]

장치를 예열하기 위한 예열시간 T[s]는 다음 식으로 구해진다.

$$T = \frac{H'}{H_B - \frac{1}{2}(H_L + H_P)} \tag{7.9}$$

여기에서 H' : 예열부하[kJ]

H_B : 보일러의 발열량[kW]

H_L : 난방손실열량[kW]

H_P : 배관손실열량[kW]

7.5 배관계와 펌프운전 특성

7.5.1 펌프의 특성

난방설비의 순환펌프로는 벌류트펌프가 많이 사용되며 펌프의 규격이 대개 정해진 모델 중에서 선정되므로 배관계의 설계에서 요구하는 유량이나 양정에 완전히 합치되는 성능을 가지는 것은 거의 없다고 볼 수 있다. 만약 있다 하더라도 설계양정과 실제 배관계의 손실수두와는 다소 차이가 있으므로 실제 유량은 설계값과 일치하지 않는다.

배관 내에 흐르는 실제 유량은 펌프의 성능곡선과 배관계의 저항곡선인 시스템곡선과의 교점으로 구해진다. 배관계의 저항은 유량의 제곱에 비례한다고 볼 수 있으므로 시스템곡선은 원점 또는 정수두에 상당하는 점을 통과하는 포물선이 되며, 어떤 수량 Q_1이 흐를 때의 관로저항을 H_1이라면 임의의 수량 Q_2가 흐를 때의 관로저항을 H_2는 다음 식으로 구할 수 있다.

$$H_2 = H_1 (Q_2 / Q_1)^2 \tag{7.10}$$

7.5.2 펌프의 운전특성

난방배관 시스템에서는 특성이 같거나 다른 펌프를 직렬 또는 병렬로 조합하여 운전하는 경우가 있다. 서로 다른 두 대의 펌프를 직렬로 접속하여 운전할 때 그 특성을 그림 7.20에서 보여준다. 직렬의 연합운전 특성은 각 펌프의 동일 유량에서 양정을 가산한 것으로 나타난다. 그리고 서로 다른 두 대의 펌프를 병렬로 운전할 때의 특성은

그림 7.21과 같다. 병렬운전의 특성은 각 펌프의 동일 양정에서 유량을 가산한 것으로 나타난다.

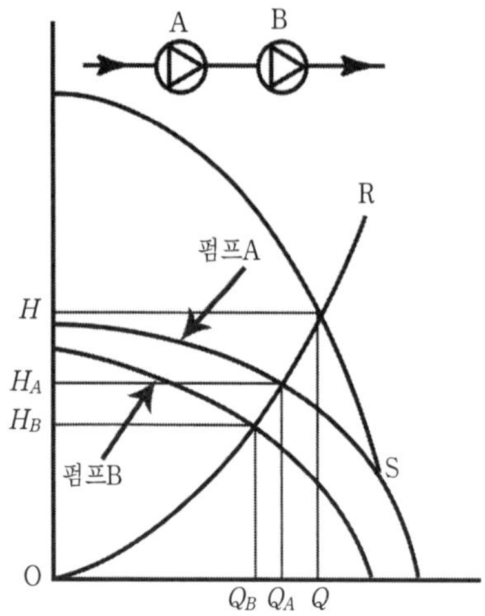

그림 7.20 펌프의 직렬운전특성

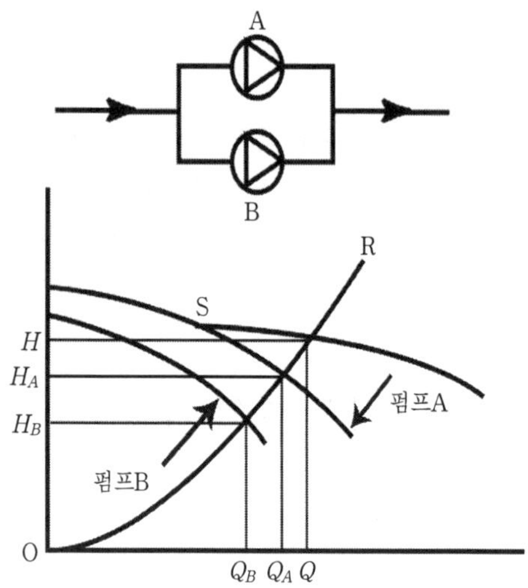

그림 7.21 펌프의 병렬운전특성

이러한 연합운전 특성에 배관계의 저항곡선을 OR이라 하면 1대의 펌프로 운전할 때의 유량과 양정은 각각 Q_A, H_A 및 Q_B, H_B로 되지만 연합운전시에는 H, Q로 된다. 그림에서 보듯이 직렬운전일 때의 S점보다 양정이 낮을 때, 병렬운전일 때의 S점보다 유량이 작을 때는 다른 한 대의 펌프는 아무 역할도 못한다.

7.5.3 배관계의 저항합성

(1) 저항이 다른 관로에의 직렬송수

그림 7.22와 같이, 밀폐 배관계에 있어서 관로 A의 저항이 R_A, 관로 B의 저항이 R_B이고 이것을 직렬로 접속할 때 이 배관계의 합성저항은 동일 유량에서의 양쪽의 양정을 합한 것으로 되며, 이 시스템곡선 OR과 펌프의 특성곡선과의 교점 S가 운전점으로 된다. 이것은 토출밸브 또는 2방향밸브에 의한 유량조절에도 응용이 가능하다. 지금 배관계 전체의 저항을 R_B로 하고 토출밸브 또는 2방향밸브를 교축할 때의 저항을 R_A로 하면 처음에 밸브를 전개하여 S_B로 있던 운전점이 밸브가 교축함에 따라 S점으로 변화하게 된다고 생각할 수 있다. 이때 H와 H_B 사이의 길이가 밸브저항에 상당하고 O와 H_A 사이의 길이와 같다.

(2) 저항이 다른 관로에의 병렬송수

그림 7.23과 같이, 관로 A의 저항이 R_A, 관로 B의 저항이 R_B로서 이것을 병렬로 연결할 때 이 배관계의 합성저항은 동일 양정에서 양자의 유량을 가산한 것으로 되고 OR로 나타내어진다. 이 OR과 펌프의 특성곡선이 만나는 교점 S가 운전점으로 되고 이 점을 지나 횡축에 평행한 선과 R_A, R_B의 교점이 각각의 관로 A와 B의 유량 Q_A와 Q_B를 나타낸다. 병렬관로에서 펌프의 양정을 선정할 때 보통 저항이 가장 많은 관로의 저항으로 결정하고 있다. 그러나 병렬관로가 완전하게 밸런스되지 못하므로 그 실제의 운전점은 오른쪽으로 이행하므로 저항이 큰 관로 A에서는 설계유량보다 적게 흐르고, 저항이 작은 관로 B에서는 설계유량보다 많이 흐르게 되며 펌프유량은 설계유량보다 증가한다. 이때 만일 펌프 성능곡선이 비교적 완만하면 급경사의 성능을 갖는 펌프를 선정하는 경우보다 총 유량이 많게 되며, 이에 따라 A에 흐르는 유량감소분이 적게 되어 A관로의 유량확보는 용이하게 된다.

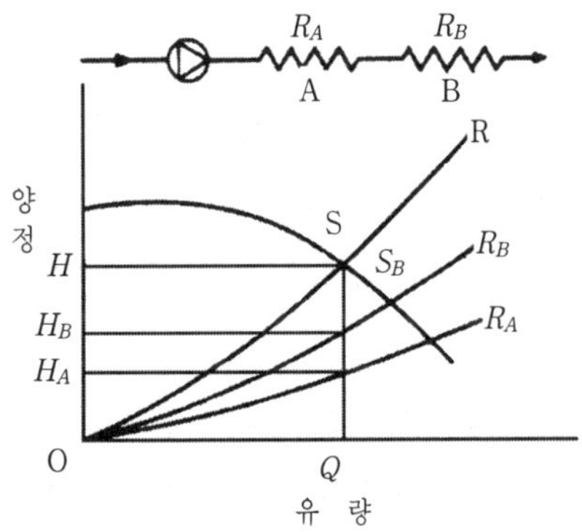

그림 7.22 직렬송수

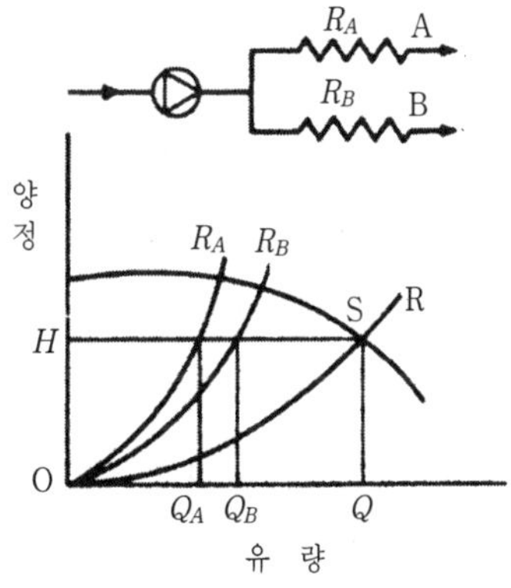

그림 7.23 병렬송수

7.6 배관계의 압력분포

배관계에서는 압력분포 상태에 따라 성능에 영향을 주는 경우가 발생한다. 이에 따라 시스템 내의 압력유지가 필요하게 되며 그 이유는 다음과 같다.

① 운전 중 배관계 내가 대기압 이하로 되면 자동공기변이나 접속부 등으로부터 공기의 흡입이 일어나고, 운전에 의하여 발생한 기포의 배출도 불가능하게 되어 순환불량의 원인이 되고, 공기포켓의 발생이나 소음 및 관 내 부식의 원인이 된다.

② 운전 중 수온에 상당하는 포화증기압력 이상으로 유지하지 않으면 순환수의 비등으로 워터해머나 펌프에서 캐비테이션을 일으키게 된다.

③ 펌프운전에 의하여 배관계 각 부분의 압력이 변동하므로 열원기기, 방열기기, 그 외 배관 각 부분의 내압상 지장을 일으킬 우려가 있다.

④ 수온변화에 의한 체적팽창, 수축에 의하여 각 부분에 이상 압력을 미칠 우려가 있다. 위와 같은 이유로 배관계를 계획할 때 운전 중에 발생하는 각 부분의 최소 유지압력과 최고 허용압력을 어떻게 할 것인가 신중히 검토할 필요가 있다. 보통 이러한 압력 유지에는 각종의 팽창탱크가 이용되고 있다.

7.6.1 팽창탱크의 위치와 배관계의 압력상태

펌프를 운전하면 배관계 각 부분의 압력이 정지중과는 다르게 변화한다. 밀폐 배관계에 온수순환펌프와 팽창탱크를 설치한 시스템일 때 팽창탱크의 접속개소를 기준으로 하여 압력변화를 구하지만 그의 접속지점과 순환펌프의 상대적인 위치가 압력분포를 결정하는 요인이 된다.

그림 7.24에 팽창탱크와 온수순환펌프의 설치위치가 다른 예를 나타내고, 그림 7.25에는 팽창탱크의 종류에 따른 접속지점에서의 압력상태를 보여준다. 어느 경우에 있어서나 팽창탱크의 접속지점 압력은 펌프가 운전 중이거나 정지중일 때라도 변하지 않는다.

그림 7.24(a)의 경우 펌프를 운전하면 배관 내의 압력은 접속점에서 펌프의 흡입측에 다다르는 부분에는 흡입측까지의 마찰손실에 상당하는 만큼 정수두보다 감소한다. 따라서 이 방식은 팽창탱크의 설치높이에 주의하고, 공기의 흡입이나 캐비테이션을 일으키지 않도록 할 필요가 있다. 또한 펌프의 양정도 배관계 내의 필요최저압력을 유지하는 범위 내로 유지하여야 한다. 그림 7.24(b)의 경우는 펌프운전에 의하여 토출측에서 접속점에 다다르는 부분의 배관계의 압력은 접속점까지의 마찰손실에 상당하는 만큼 정수두보다 상승한다. 따라서 이 방식은 운전중의 최고 압력에 있어서 주의하여야 하고, 이것이 기기 등의 내압허용범위를 넘지 않도록 주의하여야 한다.

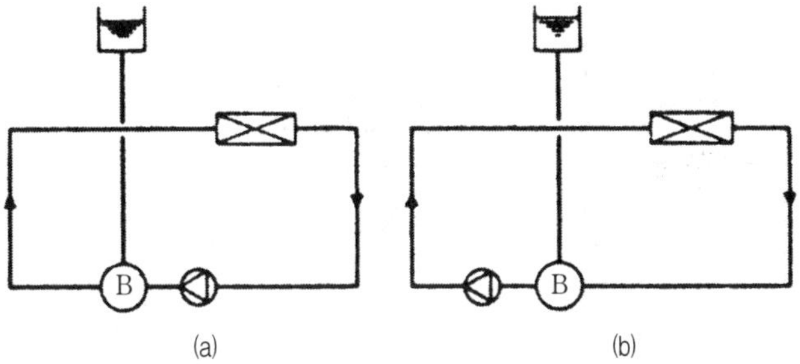

그림 7.24 팽창탱크와 순환펌프의 위치관계

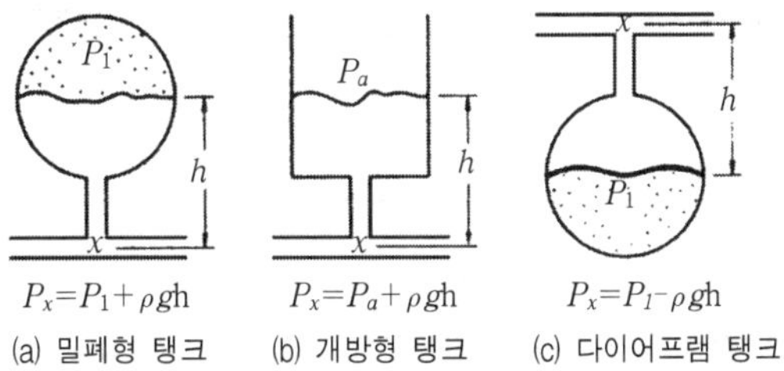

그림 7.25 팽창탱크 접속지점의 압력

7.6.2 압력분포 선도

배관계 내의 압력분포는 선도를 이용하여 쉽게 해석할 수 있다. 이 선도를 이용하여 운전시의 압력분포는 물론 펌프의 배압이나 기기류 · 배관 · 밸브류 등의 소요 내압도 용이하게 구할 수 있게 되며 준공 후에 압력 밸런스 확인에서 압력계를 필요 개소에 부착하여 선도를 수정하면 정확한 상황을 파악할 수 있게 된다.

관 내 압력분포선도를 작성하는 요령은 다음과 같다. 그림 7.26은 복관식 난방배관 방식으로 왼쪽에 배관계통도를 높이의 축척으로 맞추어 그리고, 오른쪽에 관 내 압력분포 선도를 배치한다. 압력분포 선도에서 세로축을 높이[m]의 축척으로 하고, 가로축을 정수두압력[mAq]의 축척으로 하여 동일 길이를 취하면 배관계 내의 정수두압력의 기준선은 세로축의 팽창탱크 수면높이 지점에서 45도 경사선을 그어 나타낼 수 있다.

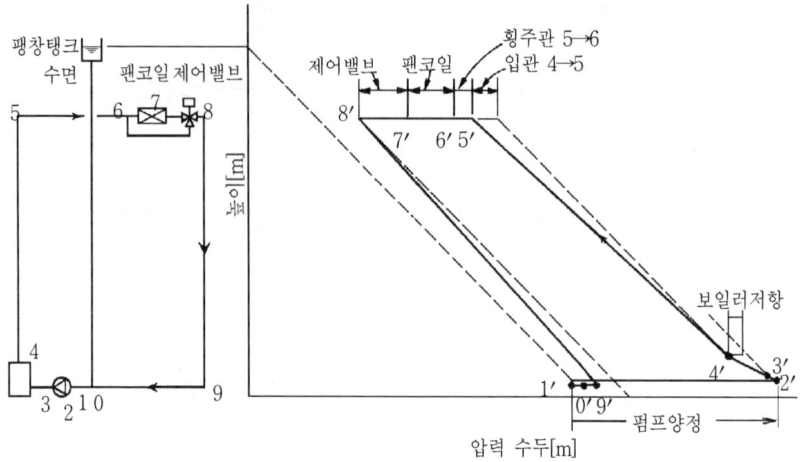

그림 7.26 압력분포 선도 예

세로축에 팽창탱크의 수면위치를 잡고 그 점에서 45도 사선을 파선으로 그리고, 팽창탱크의 팽창관과 배관계가 만나는 점 0의 수평선과 45도 경사선과의 만나는 점을 0′라 하고 이 점을 기준점으로 하여 작도를 시작한다. 이 점에서의 수두압력은 팽창탱크 높이에 따라서 결정되며 운전중에도 변하지 않는다. 0점을 지나 펌프에 의하여 가압이 되면 1′에서 2′까지 관 내 압력은 상승한다. 펌프 토출측에서부터 다시 0점으로 돌아올 때까지 각 구간에서는 배관의 주 손실과 부차적 손실만큼 압력강하가 일어나므로 이 값을 고려하여 선도를 그린다.

7.7 부속기기

7.7.1 공기빼기밸브

물배관시스템에서 공기는 유동소음, 부식, 순환장애의 원인이 되므로 제거하여야 한다. 배관 내에서 발생한 공기는 개방식 팽창탱크로 유도하여 빠져나가도록 하는 것이 좋으나 이것이 불가능하면 배관중의 높은 곳이나 굴곡부와 같이 공기가 체류하는 곳에 자동 또는 수동 공기빼기밸브를 부착하여 제거한다. 밀폐식 팽창탱크에서는 공기빼기가 불가능하므로 공기빼기밸브에서 하도록 한다.

자동 공기빼기밸브는 그림 7.27과 같이 플로트 등에 의하여 밸브의 배기구를 자동적으로 개폐하도록 되어 있고 100℃ 미만의 온수에 사용된다. 수동 공기빼기밸브는 보통의 밸브나 콕을 이용하고 최초의 충수시나 상시 공기빼기를 필요로 하지 않는 개소에 사용한다.

방열기에는 피코크라고 불리는 소구경의 수동 공기빼기 밸브를 가장 높은 곳에 있는 공기빼기 구멍에 설치한다.

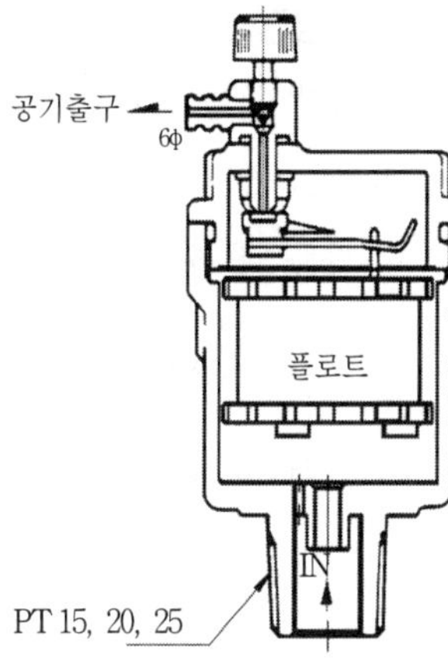

그림 7.27 공기빼기밸브

7.7.2 팽창탱크

팽창탱크(Expansion Tank)의 종류로는 구조에 따라 개방형과 밀폐형으로 구분된다. 개방형은 장치 내와 연결되어 있는 탱크의 수면이 대기중에 개방되어 있는 것을 말하고, 밀폐형은 밀폐된 용기 내의 압축 공기 또는 질소가 수면과 접촉하는 구조의 것을 말하며, 물과 공기 사이에 유연한 막이 설치되어 있는 다이어프램형도 있다. 팽창탱크는 장치 내의 온도변화에 따른 물의 체적변화를 흡수하는 역할 이외에 아래와 같은 기능을 가지고 있다.

① 운전 중 장치 내의 온도상승으로 생기는 물의 체적팽창과 그의 압력을 흡수한다.
② 운전 중 장치 내를 소정의 압력으로 유지하고, 온수온도를 유지한다.
③ 팽창된 물의 배출을 방지하여 장치의 열손실을 방지한다.
④ 장치의 휴지 중에도 배관계를 일정 압력 이상으로 유지하여, 물의 누수 등으로 발생하는 공기의 침입을 방지한다.
⑤ 개방형 팽창탱크에 있어서는 장치 내의 주된 공기배출구로 이용되고, 온수보일러의 도피관으로도 이용된다.

이러한 것을 위하여 팽창탱크에는 팽창관 외에 오버플로관 또는 안전밸브, 압력유지장치, 보급수장치 등을 갖춘 일정 용량의 것이 요구된다.

(1) 개방형 팽창탱크

개방형 팽창탱크의 용량은 장치 내에 있는 보유수량 팽창량의 1.5~2배 정도이며 식 (7.11)과 같다. 장치 내 보유수량은 보일러 및 방열기의 보유수량과 배관 내의 수량 합계로 구하지만 개략적인 값으로는 방열량 1 kW당 13리터 정도로 한다.

$$V_T = 2V_W[(v_2/v_1 - 1) - 3\alpha\Delta t] \tag{7.11}$$

여기에서 V_T : 개방형 팽창탱크의 용적[m³]
V_W : 장치 내의 보유수량[m³]
v_2 : 최고 사용 온수온도에서의 물의 비체적[m³/kg]
v_1 : 가열 전의 물의 비체적[m³/kg]
α : 재료의 선팽창계수[m/m℃]
Δt : $(t_1 - t_2)$[℃]
t_1 : 운전개시 전의 물의 온도[℃]
t_2 : 최고 사용 온수온도[℃]

개방형일 때 온수의 사용온도가 85℃ 이상이면 탱크 수면에서의 증발량이 많아져 부적당하다. 개방형 팽창탱크는 장치의 최고소보다 1m 이상 높게 설치하는 것이 필요하고, 접속하는 팽창관의 내경은 표 7.13에 나타낸다. 보일러와 팽창탱크를 연결하는 팽창관에는 밸브를 부착해서는 안 된다. 탱크 주변의 배관접속 예를 그림 7.28에 보여준다.

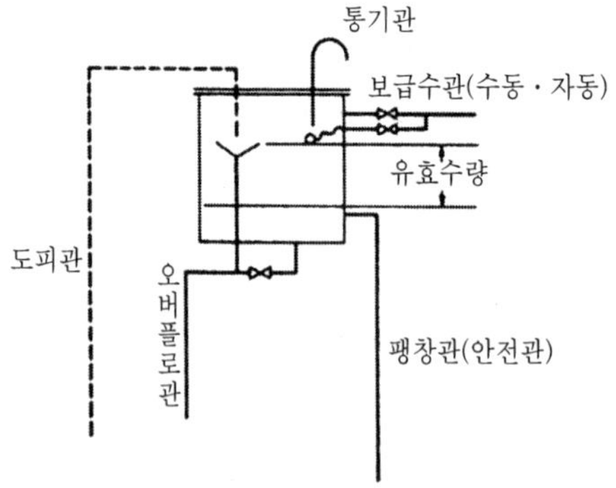

그림 7.28 개방형 팽창탱크의 배관접속

표 7.13 팽창관의 관경

호 칭 경	가열기 능력[kW]
25	~ 58
32	58 ~ 150
40	150 ~ 320
50	320 ~ 640
65	640 ~ 1600
80	1600 ~ 2200
100	2200 ~ 3700
125	3700 ~ 9400

팽창탱크는 주로 강판으로 제작하며 탱크 외부에는 단열을 위하여 보온을 한다. 그림 7.29는 팽창탱크의 팽창관과 공기빼기관의 접속위치에 따른 배치방식을 보여준다.

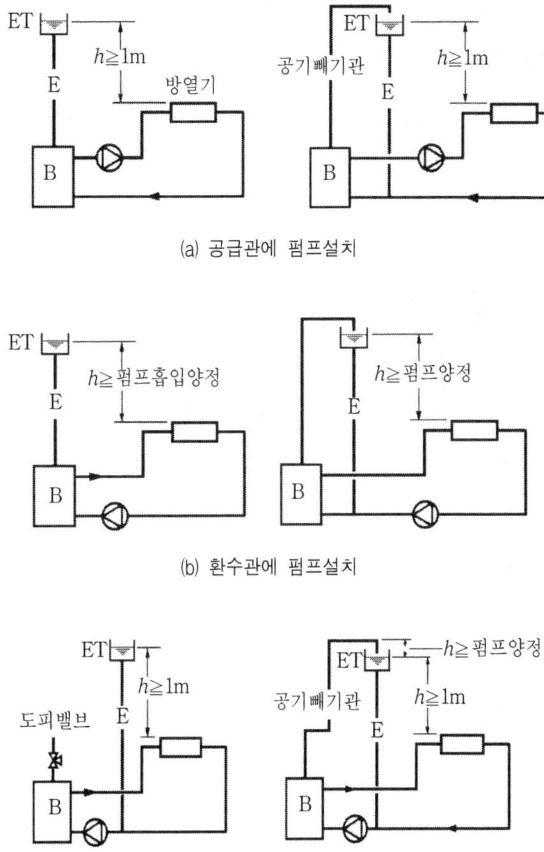

(a) 공급관에 펌프설치

(b) 환수관에 펌프설치

(c) 환수관에 펌프설치(팽창관을 펌프흡입측)

그림 7.29 개방형 팽창탱크의 접속방식

(2) 밀폐형 팽창탱크

일반적으로 온수난방에 이용되는 밀폐형 팽창탱크는 개방형에 비하여 용적은 크게 되지만, 통상 보일러 근처에 설치되므로 동결의 염려가 없고 보수점검이 유리하다. 밀폐형 팽창탱크는 가압실이 필요하고 여기에서 공기나 질소를 충진하여 기체층을 형성하며 기체의 압축성을 이용하여 온수의 팽창을 흡수한다. 공기층의 용적을 크게 할수록 압력의 변동은 감소한다. 이 탱크에서는 그림 7.30과 같이 탱크 내의 공기량과 가압상태를 감시할 수 있는 장치가 필요하다. 밀폐형 팽창탱크는 순환펌프의 흡입측 압력이 대략 일정하게 될 수 있도록 설치위치는 펌프흡입측으로 한다. 밀폐형으로 공기가압식을 사용할 때에는 공기와 온수가 직접 접촉하여 공기가 온수에 흡수되어 배관계의 부식원인이 되므로 질소가압식이나 온수팽창실과 가압실이 격막으로 나뉘어져 있는 다이어프램형 팽창탱크가 많이 이용되고 있다. 이것은 그림 7.31에서 보여주는 것처럼 온수가 팽창하여 탱크 내에 들어오면 다이어프램이 변형하고 수축하면 봉입된 기체의 압력으로 원래의 형태로 돌아간다. 또한 운전정지 중에는 시스템의 가장 높은 곳에 물을 가압하는 능력도 갖고 있다.

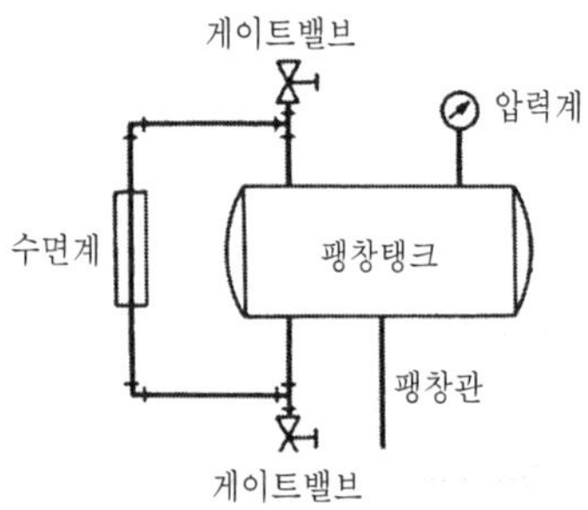

그림 7.30 밀폐형 팽창탱크

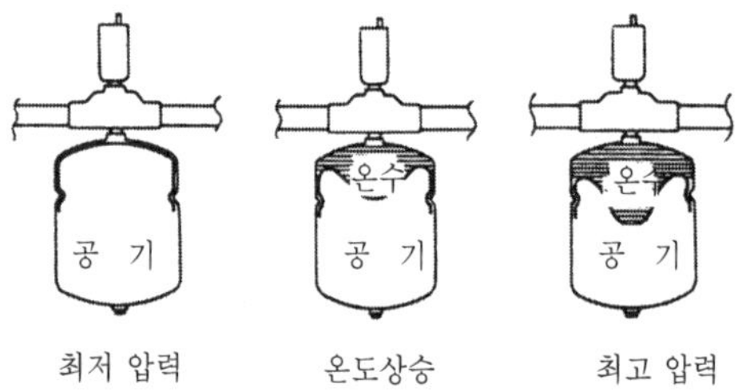

그림 7.31 다이어프램형 팽창탱크의 작용

밀폐형 팽창탱크의 용량은 식 (7.12)으로, 다이어프램형 팽창탱크의 용량은 식 (7.13)과 같이 구한다.

$$V_T = V_W \frac{[(v_2/v_1) - 1] - 3\alpha \Delta t}{(P_a/P_1) - (P_a/P_2)} \tag{7.12}$$

$$V_T = V_W \frac{[(v_2/v_1 - 1] - 3\alpha \Delta t}{1 - (P_1/P_2)} \tag{7.13}$$

여기에서 V_T : 팽창탱크의 용량[m3]

V_W : 장치 내의 보유수량[m^3]

v_2 : 최고 사용 온수온도에서의 물의 비체적[m^3/kg]

v_1 : 가열 전의 물의 비체적[m^3/kg]

P_a : 대기압력(절대압력)[kPa]

P_1 : 장치의 필요 최저 압력(초기 충진압력)[kPa]

P_2 : 장치의 최고 사용압력[kPa]

α : 재료의 선팽창계수[m/m℃], 강 : 11.7×10^{-6}, 구리 : 17.1×10^{-6}

t_1　: 운전개시 전의 물의 온도[℃]

t_2　: 최고 사용 온수온도[℃]

Δt　: $(t_2 - t_1)$[℃]

탱크의 최저 필요압력 P_1은 탱크위치에서 장치의 최고소까지의 높이에 상당하는 수두압에 공기빼기에 필요한 수두압력(1~3 mAq)을 가한 것으로, 운전시에는 순환펌프의 위치에 의하여 압력변동이 가해질 때도 있다. 이 이외에 밀폐형 팽창탱크는 고온수 난방시스템에서도 사용되지만 이것은 다음 절에서 서술한다.

【예제 7.6】

80℃에서 운전되는 온수난방장치의 강제 밀폐형 팽창탱크의 크기를 정하라. 탱크의 최소 압력은 170 kPa(절대압력)이고 최고 압력은 270 kPa이다. 물의 양은 10 m³이고 대기압은 101 kPa로 한다.

풀이 물의 최초 온도를 4℃로 하면　v_1=0.00100 m³/kg

사용온수온도 80℃에서의　v_2=0.001029 m³/kg

앞의 식 (7.12)를 이용하면

$$V_T = 10\frac{\times[(0.001029/0.00100)-1]-3(11.7\times10^{-6}))(80-4)}{(101/170)-(101/270)}$$
$$= 1.198\text{m}^3$$

【예제 7.7】

위의 예에서 팽창탱크를 다이어프램형으로 할 때 탱크의 크기는 얼마인가?

풀이 앞의 식 (7.13)을 이용하면

$$V_T = 10\frac{\times[(0.001029/0.00100)-1]-3(11.7\times10^{-6}))(80-4)}{1-(170/270)}$$
$$= 0.71\text{m}^3$$

【예제 7.8】

온수난방장치에서 최고 사용온도가 90℃이고 탱크 수면 위에서 최고소 배관까지의 높이차이가 15 m이며, 최고 사용압력은 250 kPa(게이지압력)이다. 장치 내의 물의 양은 15 m³이다. 여기에 사용하는 스테인리스 강제 다이어프램형 팽창탱크의 크기를 결정하라.

풀이 물의 최초 온도를 4℃로 하면　v_1=0.00100 m³/kg

사용온수온도 90℃에서의　v_2=0.001036 m³/kg

배관의 공기를 제거하기 위한 수두압을 3 m로 하면

장치의 필요 최저압력(충진압력) P_1=15+3+10.3=28.3[mAq] = 277.5[kPa]

앞의 식 (7.13)을 이용하면

$$V_T = 15\frac{\times[(0.001036/0.00100)-1]-3\times17.1\times10^{-6}\times(90-4)}{1-(277.5/351.3)}$$

$$=2.26\,\mathrm{m}^3$$

7.7.3 온수순환펌프

온수순환용 펌프로는 단단 벌류트형이 주로 사용되며, 그림 7. 32와 같이 인라인형, 편흡입 벌류트, 양흡입 벌류트 등이 있다. 온수순환펌프의 선정을 위해서는 유량과 양정을 결정하여야 한다. 유량과 양정은 순환상태에 영향을 줄 뿐 아니라 운전을 위한 에너지 비용과도 관계가 있으므로 정확히 계산하여야 한다. 특히 양정을 구하기 위하여 간이계산방법을 이용하는 경우에는 과대한 양정이 선정되지 않도록 유의하여야 한다.

펌프의 유량은 방열기기에서 필요로 하는 총온수순환량이 되고, 양정은 가장 원거리의 온수순환 배관계통에서 발생하는 총압력손실이 된다.

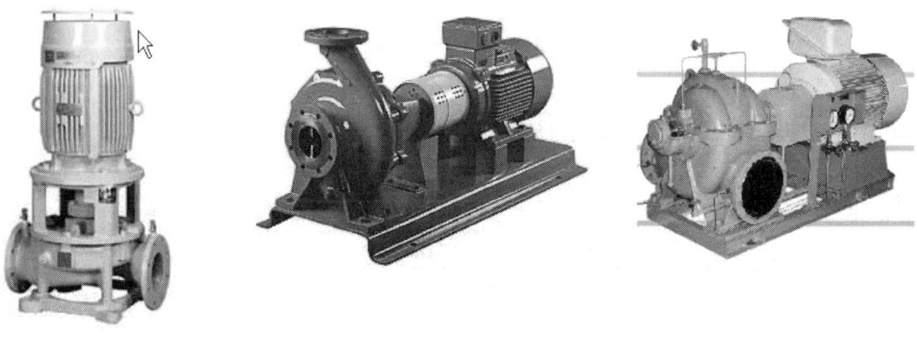

(a) 인라인형 (b) 편흡입 벌류트형 (c) 양흡입 벌류트형

그림 7.32 온수순환펌프의 종류

온수순환량과 양정이 구해지면 식 (7.14)를 이용하여 전동기의 소요동력[kW]을 구한 후 펌프전문 제조업체에서 제공하는 펌프규격에 관한 자료를 이용하여 펌프를 선정한다. 제작사는 펌프들의 표준규격과 형식들을 정하여 제작하므로 그림 7.33과 같은 업체의 선정선도를 이용하여 모델을 선정하고 상세한 성능곡선을 이용하여 펌프

의 성능을 판단한다.

$$P_m = \frac{\rho g Q H}{1000 \eta_p \eta_m} \tag{7.14}$$

여기에서 ρ : 물의 밀도[kg/m^3]

Q : 온수순환량[m^3/s]

H : 펌프의 전 양정[m]

η_p : 펌프의 효율

η_m : 전동기의 효율

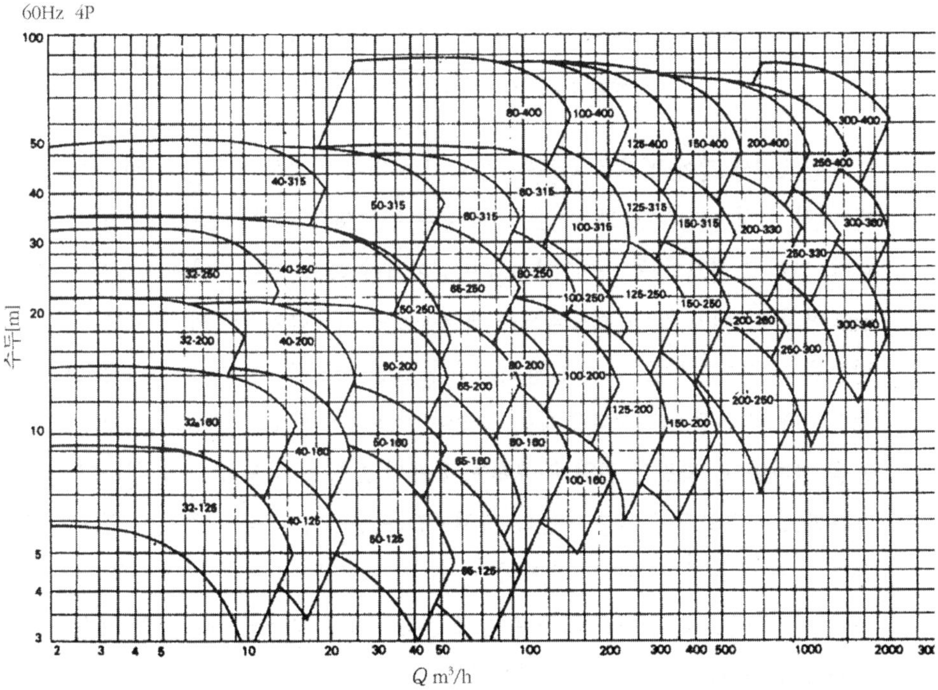

그림 7.33 펌프선정선도

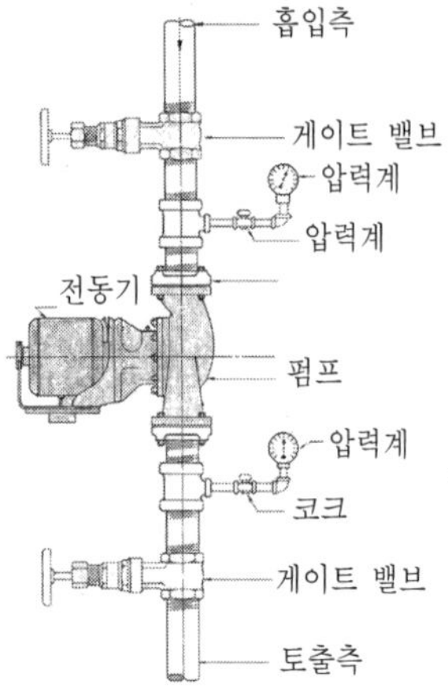

(a) 라인형 펌프

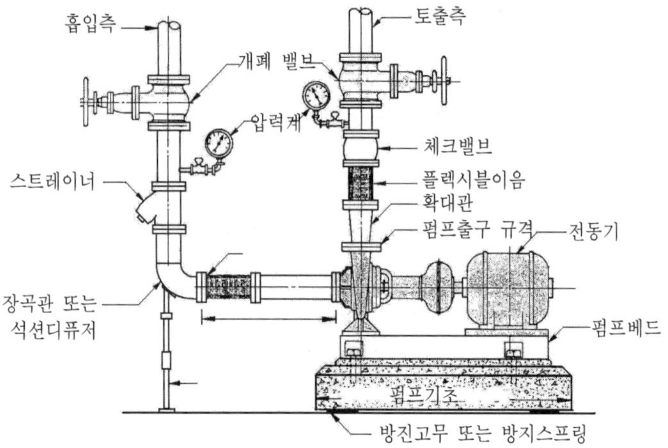

(b) 벌류트형 펌프

그림 7.34 순환펌프의 설치 상세

그림 3.34와 같이 벌류트 펌프는 펌프 기초 위에 설치하고, 라인형 펌프는 배관계통에 직접 설치한다. 콘크리트기초의 질량은 펌프세트 질량의 최소 2.5배 이상이어야 한다. 그리고 패드의 두께는 100 mm 이상이어야 하고 폭과 길이는 펌프베드보다 150 mm 이상 더 커야 한다. 펌프베드는 앵커볼트를 이용하여 기초에 견고하게 고정한다. 방진을 위하여는 기초 하부에 방진고무나 방진 스프링을 설치하여 바닥으로부터 단절시킨다. 라인펌프의 플렌지에는 응력이 작용하지 않도록 배관과는 별도로 지지철물을 설치한다. 펌프의 흡입 부분에는 유체의 흐름을 원활히 하기 위하여 장곡관을 사용하고 직경의 5배 이상 되는ㄴ 직선구간을 설치하며, 공기 포켓이 없도록 하여야 한다. 토출구 쪽에 벤추리나 오리피스, 밸런싱밸브 등 유량 측정 장치를 설치하는 경우에는 측정정도를 높이기 위하여 펌프 흡입과 토출 측에는 시스템의 압력손실을 측정하기 위한 압력계를 반드시 설치하여야 한다.

【예제 7.9】

80℃의 온수순환량이 90 m³/h이고 순환수두가 36 m인 온수순환펌프의 전동기 용량을 계산하고 적절한 펌프모델을 선정하라.

풀이 전동기 용량 $P_m = \dfrac{\rho g QH}{1000\eta_p \eta_m} = \dfrac{972 \times 9.81 \times 90 \times 36}{1000 \times 3600 \times 0.65 \times 0.95}$

$= 13.9\,\text{kW}$

그러므로 15 kW 제품을 이용한다.

펌프모델을 선정하기 위하여 선정선도의 펌프유량과 양정을 이용하여 펌프모델을 결정한다.

7.7.4 온수분배기

바닥면적이 넓은 장소나 분배 개소가 많은 경우에는 그림 7.35와 같이 공급관과 환수관을 일체형으로 만든 온수분배기를 이용하여 각 방열기나 바닥난방용 코일배관에 연결하는 방식이 주택, 아파트, 실내수영장 등에 많이 사용되고 있다. 이의 재질은 청동주물제, 스테인리스 스틸 강관제, 강관제 등이 있으며 분지관에는 볼밸브를 부착하여 개폐하거나 온도조절밸브를 이용하여 실내온도를 조절한다.

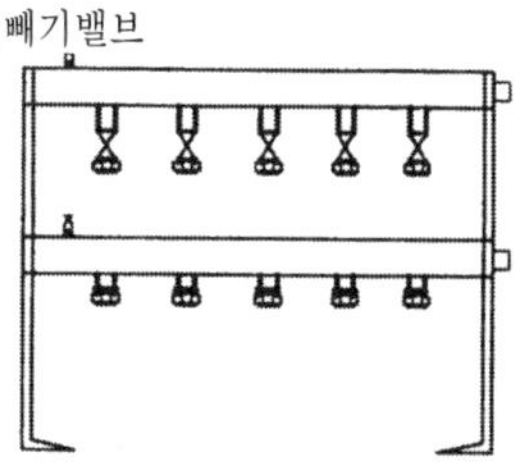

그림 7.35 온수분배기

7.8 온수배관 시공법

7.8.1 배관재료

온수배관에 있어서 상용압력 1 MPa 정도까지는 주로 배관용 탄소강관인 흑관(KSD 3507)이 사용되지만 배관의 내식성을 고려하여 동관이나 스테인리스 강관을 사용하기도 한다. 사용압력이 높을 경우에는 압력배관용 강관(KSD 3562)을 사용한다. 강관용이음쇠는 상용압력 1 MPa 이하로서 구경 50 mm 이하는 나사식 가단주철관 이음쇠를 이용하기도 하나 전구경에서 용접이음쇠를 많이 이용한다. 동관용이음쇠는 주로 용접용이음쇠가 이용되고 스테인리스 스틸 강관용이음쇠는 50 mm 이하의 소구경일 때는 가압고무링 접합방식이, 그 이외의 대구경에서는 용접식이 이용되고 있다.

밸브는 일반적으로 게이트밸브가 이용된다. 게이트밸브는 저항이 적고 공기의 정체도 일어나지 않지만 유량조절특성은 좋지 않으므로 주로 개폐목적에 이용된다. 보통 호칭경 50A 이하는 청동제, 65A 이상은 주철제 또는 주강제를 사용압력에 맞추어 사용한다. 이 이외에 버터플라이밸브가 부착의 공간이 작고 경량이기 때문에 호칭경 100A 이상에서 많이 사용되고 있으며 유량 제어와 개폐용의 두 가지 목적으로 사용되고 있다.

7.8.2 배관 기울기

배관의 기울기는 1/250 이상으로 한다. 기포가 온수의 흐름과 같은 방향으로 흐르도록 상향기울기로 하는 것이 바람직하지만 반대로 하여도 특별한 지장은 없다. 그러나 배관중의 공기는 이동하여 팽창탱크 또는 공기빼기밸브로 배출되도록 기울기를 주고 도중에 공기정체가 일어나지 않도록 한다.

7.8.3 배관일반

일반적 배관의 시공방법은 증기배관 방법에 준하나 특히 주의해야 할 점들은 아래와 같다.

① 배관의 지지는 6.5절을 참조한다.

② 각 방열기에는 반드시 수동 공기빼기 밸브를 부착한다.

③ 배관 계통에 공기가 정체하는 곳이 없도록 한다.

④ 팽창관에는 밸브를 설치해서는 안 된다.

⑤ 주관에서 분지관을 연결할 때에는 신축에 의하여 장해가 일어나지 않도록 엘보를 2개 이상 사용하며 충분한 기울기를 갖도록 한다.

⑥ 배관의 분지는 그림 7.36과 같이 수량분배가 균일하고 저항손실이 크게 되지 않도록 한다. 2개 이상의 지관을 분지할 때에 분지된 티의 간격은 관경의 10배 이상이 되도록 한다.

⑦ 횡주관에 있어서 구경이 다른 관을 접속할 때에는 편심 이경이음쇠를 사용하고, 상향기울기로 배관할 때에는 그림 7.37(a)와 같이 관의 상부를 일치시키며 하향기울기로 배관할 때에는 그림 7.37(b)와 같이 관의 아래를 일치시키도록 배관한다. 이것은 공기 정체나 물의 정체가 일어나지 않도록 하기 위함이다.

⑧ 일반적으로 배관의 최저부에는 배수밸브를 설치하고 계통 내의 물이 완전히 배수되도록 배수밸브 쪽으로 기울기를 준다.

⑨ 공기빼기밸브를 부착할 때에는 배관에 적당한 치수의 에어챔머를 설치하고 그

곳에서 배출하는 것이 바람직하다.

⑩ 배관이 벽이나 바닥을 통과하는 개소에는 관이 자유롭게 신축하도록 한다.

⑪ 관의 보온은 공급관과 환수관 모두를 보온한다.

⑫ 팽창탱크의 오버플로관 및 통기관이 얼지 않도록 한다.

⑬ 관의 절단 후에는 반드시 리머를 사용하여 관 끝면의 에지를 제거하고 관경축소로 인한 배관저항의 증대가 없도록 한다. 사용 중 스케일로 인한 관경축소를 고려하여 15A 이하는 되도록 사용하지 않도록 한다.

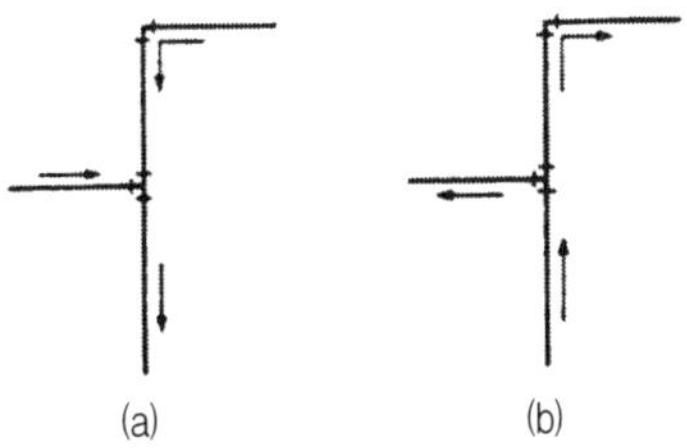

그림 7.36 배관의 분지방법

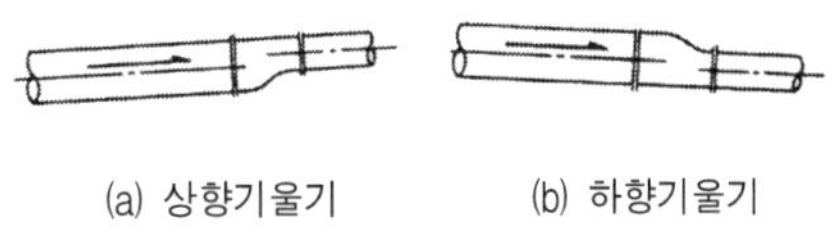

그림 7.37 편심이경 이음쇠의 사용법

제8장 고온수난방

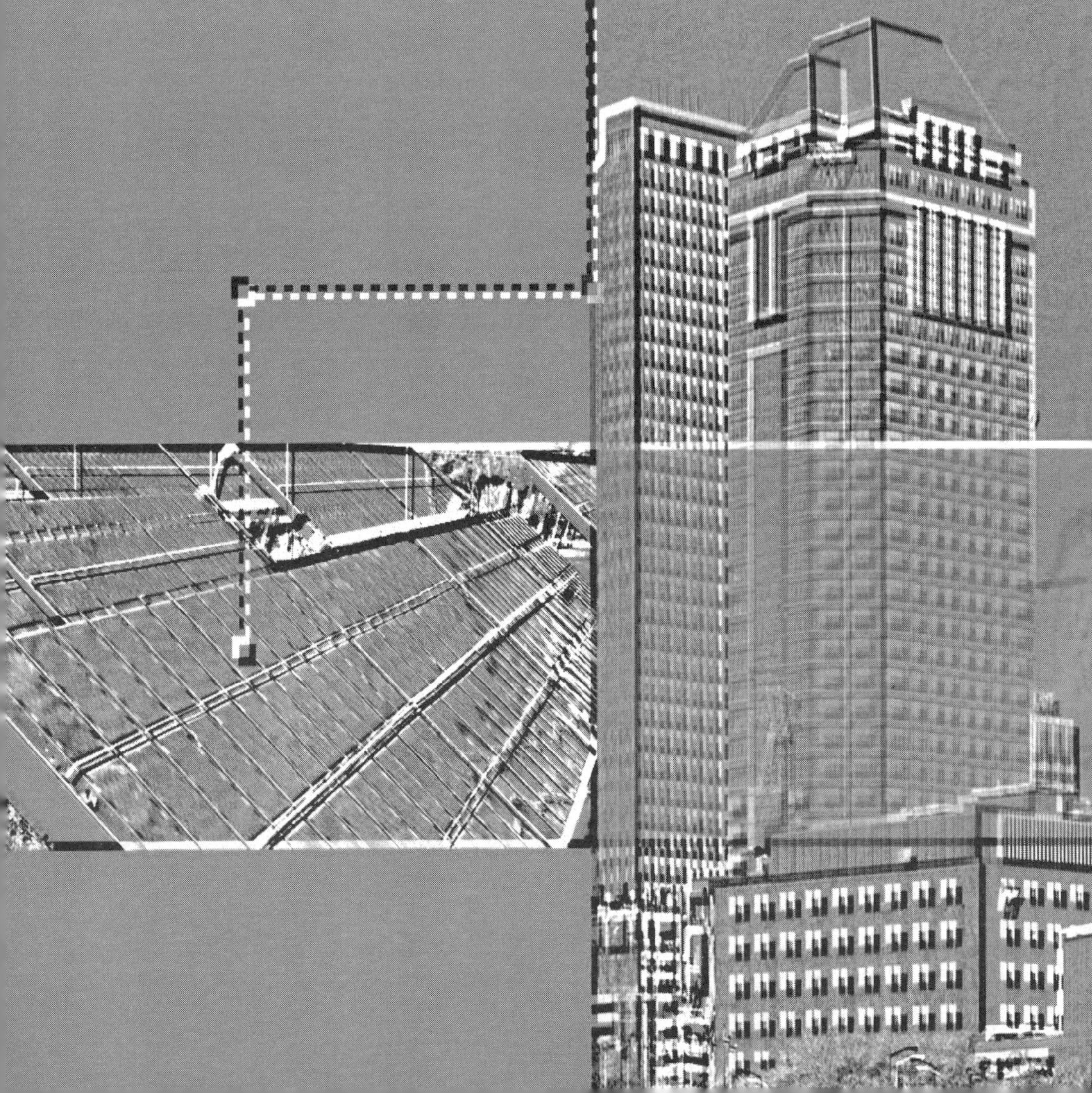

제8장 고온수난방

8.1 고온수 시스템의 개요

8.1.1 고온수의 정의

일반적으로 고온수는 100℃를 초과하는 온수를 말하며, 실용 최고 온도는 파이프, 이음쇠, 기기, 부속기기 등의 압력한계와 장치의 경제성을 고려하여 230℃가 한계이며 실용상으로는 180℃ 정도까지가 많이 이용된다. 이를 다시 세분하면 175℃ 이상의 공급온도로 작동되고 2 MPa 정도의 압력으로 설계된 경우를 고온수 방식이라 하고, 175℃ 이하에서 0.85~1 MPa 정도의 압력으로 설계된 방식을 중온수 방식으로 분류한다. 고온수와 중온수 방식의 설계원리는 기본적으로 동일하다.

고온수는 지역난방의 열매로서 이용하는 외에 공업용 프로세스배관 등에도 이용되고 있다. 난방용으로서는 고온 복사패널이나 고온수용 방열기 등에 직접 사용하거나 또는 열교환기를 사용하여 일반 온수난방의 1차 열원으로 이용된다.

고온수의 물리적 성질은 표 1.1에서 알 수 있다. 표에서와 같이 고온으로 될수록 비중량은 작아지고 비열은 커지고 점성계수는 작아진다. 그리고 물에 대한 공기의 용해량은 압력이 높을수록 많아지고 고온일수록 적어진다.

8.1.2 구 성

고온수 시스템은 주로 그림 8.1과 같은 설비로 구성된다.

① 고온수 발생설비 : 고온수 보일러, 열 교환기

② 가압설비

③ 열운송설비 : 고온수 순환펌프, 고온수 배관

④ 열수요설비 : 난방설비, 냉방설비, 공장 프로세스 가열설비

고온수 설비는 고온수 발생기에서 발생된 고온수를 펌프로 가압하여 배관을 통하여 열수요 설비가 있는 곳까지 공급하고 열을 공급한 후 다시 고온수 발생장치가 있는 곳으로 환수된다. 고온수 시스템의 경우 고온수 발생기에서 열수요설비에 이르기까지의 배관설비를 1차측 설비라 하고 고온수를 이용하는 열수요측 설비를 2차측 설비라고 한다. 1차측 설비와 2차측 설비의 접속방법은 후술한다.

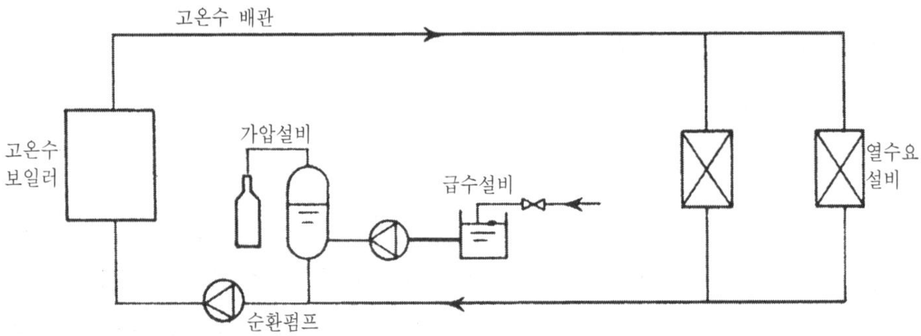

그림 8.1 고온수 시스템

8.1.3 고온수 방식의 특징

고온수 난방방식을 이용하기에 적당한 개소는 지역난방 또는 학교 등의 구내 난방과 같이 열을 공급하여야 할 구역이 넓고 또한 건물이 산재하여 옥외배관이 긴 경우와 하나의 건물에 있어서도 그 높이가 비교적 낮고 건물의 건축면적이 넓으며 배관연장이 긴 경우, 항온의 프로세스용 가열을 필요로 하는 플라스틱 공업용이나 베니어 공업용 등이다.

고온수 난방방식의 배관계통과 증기난방 방식이나 일반 온수난방 방식과의 주된 차이점은 다음과 같다.

① 고온수 난방은 증기난방에 비하여 연료절약이 된다. 이것은 장치의 열효율이 높고 온수온도의 중앙제어가 용이한 데 기인한다. 장치의 열효율은 증기보일러에서는 보일러수의 농축으로 매일 1회 이상의 블로다운의 필요가 있어 이로 인한 폐열의 열손실이 발생하나 고온수에서는 보일러수의 농축이 없으므로 블로다운의 필요성이 없다. 그리고 증기트랩에서의 증기누설이나 응축수 환수에서의 열손실 등이 없다. 그리고 증기난방에서는 항상 일정 압력의 증기를 공급할 필요

가 있으며 각 방열기기에서의 제어가 없는 한 외기온도가 높을 때에는 실온의 상승으로 에너지의 낭비가 일어난다. 그러나 고온수에서는 외기온도 변화에 따라 보일러실에서 공급온도 조절을 통하여 부하조절이 가능하다.

② 고온수 난방에서는 기기의 고장이나 배관의 부식이 적고 보일러의 운전, 관리도 쉬우며 보수관리의 점에서도 증기난방에 비하여 우수하다. 고온수에서는 고장을 일으키기 쉬운 증기트랩, 감압밸브와 같은 것이 없으므로 보수가 용이하다. 또 물처리를 충분히 한다면 보일러나 배관 내의 부식은 거의 없으므로 보수비용이 적다.

③ 고온수 장치의 열용량은 증기방식에 비하여 수십배 정도이므로 최대 부하일 때에도 보일러에 그 부하가 직접 가해지지 않는다. 따라서 보일러의 운전은 안정되고, 피크시에 증기보일러와 같이 압력의 급변이 없다. 공업용에 고온수를 이용하면 부하변동이 있어도 온수온도의 급변이 없으므로 제품품질에 영향이 작다. 열저장 용량은 열저장탱크의 증설이나 경부하기간 동안 환수주관의 온도를 증가시킴으로써 좀더 증가시킬 수 있다.

④ 장거리 열수송에 고온수편이 배관경이 작아진다. 1 Gcal/h를 수송하는 배관경의 비교를 표 8.1에 나타낸다.

표 8.1 배관지름의 비교

열 매	증기(400 kPa)			고온수		
				130/110	150/110	180/110
길이[m]	200	500	1,000	제한없음		
관지름[A]	65	100	125	125	80	65

⑤ 장치 중 어떠한 높이에 있는 부분도 온수온도에 상당하는 포화압력 이상으로 가압할 필요가 있다.

⑥ 공급과 환수의 온도차를 크게 할 수 있으므로 열수송량이 크다.

⑦ 배관은 상하 기울기가 가능하고 지형이나 건물의 상황에 의한 높이의 변화가 가능하다. 이것은 매립 배관시 굴착량을 줄일 수 있게 된다.

⑧ 고온수 방식의 설계는 일반적인 온수난방 방식보다 까다롭기 때문에 조심스러운 주의가 요구되며, 편리하고 안전하며 간단한 고온수 시스템을 설계하는 데 고도의 기술능력이 요구된다.

고온수 난방방식의 문제점으로는 아래와 같은 점들이 있다.

① 저질의 중유를 연료로 사용할 경우에는 보일러로 들어가는 온수온도에 주의하지 않는 한 저온부식이 발생할 수 있다.

② 장치의 열용량이 크므로 예열시간이 길게 된다.

③ 공업용과 같이 고압증기를 다량으로 필요로 할 경우에는 부적당하다.

④ 설계, 시공에 주의하지 않는 한 고온수는 증기보다 누수가 심해진다.

8.2 시스템의 설계

8.2.1 사용온도와 온도차

사용온도와 온도차는 장치의 경제성과 용도에 의하여 선정되는 것으로, 온수온도를 높게 하면 시스템 내의 압력도 높게 되므로 기기의 내압강도를 높게 하여야 하지만 온도차를 크게 하여 배관이나 펌프, 열교환기 등의 크기를 작게 할 수 있다. 국내에서는 200℃ 이상을 적용한 사례는 없고 180℃ 정도가 일부 적용되었고 120℃ 전후의 중온수로 온도차 40~50℃ 정도가 일반화되고 있는 실정이다.

미국에 있어서는 난방전용일 때 180℃ 전후의 비교적 고온인 온수가 잘 이용되고 독일에서는 DIN 규격의 1.6 MPa 밸브를 사용하기 위하여 공급온도의 최고는 170~180℃가 경제적으로 유리하게 되고 있다. 또한 열병합발전소가 많이 있어 이와 같은 경우의 공급온도는 130℃ 이하가 많이 이용되고 있다.

보일러에는 온수의 환수온도가 낮을 때 유황분이 많은 중유를 사용하면 유황에 의한 저온부식을 일으킬 우려가 있다. 이것은 보일러 연소가스가 정체하는 부분에 저온의 온수가 유입될 때 일어나기 쉽고, 수관식 보일러에 있어서는 관벽의 온도가 유황 함유율 2%인 B중유에서는 110℃, 유황 함유율 1%인 B중유에서는 95℃ 이하에서 일어나게 되며 온수의 환수온도를 각각 105℃, 90℃ 이상으로 할 필요가 있다.

8.2.2 순환 방식

고온수 배관에 있어서 순환방식은 밀폐회로 방식의 여러 가지 방법을 고려할 수 있다. 시스템으로의 공급유량을 일정하게 보내는 정유량 방식과 부하변동에 의하여 유량을 변동시키는 변유량 방식으로 나눌 수 있고, 순환펌프 방식에 의하여 단일펌프

방식(One Pump Method)과 2차펌프 방식(Two Pump Method)으로 나눌 수 있다.

그림 8.2는 부하측이 2방향 밸브에 의하여 제어될 때 유량이 변동하는 변유량 방식이다. 단일펌프 방식일 때 펌프의 공급측과 시스템에서의 환수관 사이에 차압에 의하여 개폐되는 바이패스밸브를 설치하여 공급관에 과도한 압력이 걸리지 않도록 한다. 복식펌프일 때에는 펌프의 대수 제어나 회전수 제어를 통하여 운전비를 절약하는 방법도 이용된다.

그림 8.3은 단일펌프 방식에서 부하측이 3방향 밸브에 의하여 정유량으로 흐르고 바이패스에 의하여 환수온도를 유지하는 정유량 방식이다.

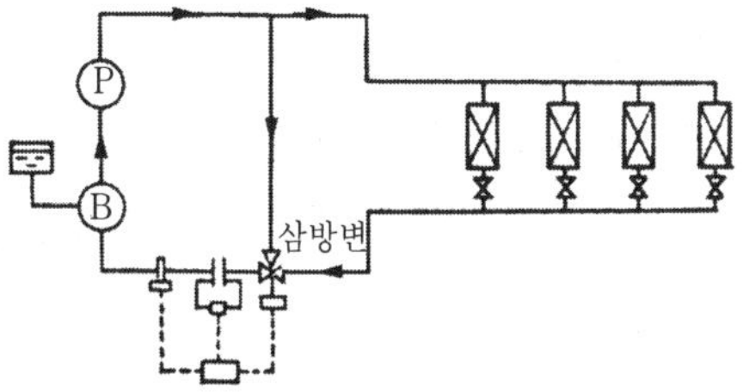

그림 8.2 변유량 방식

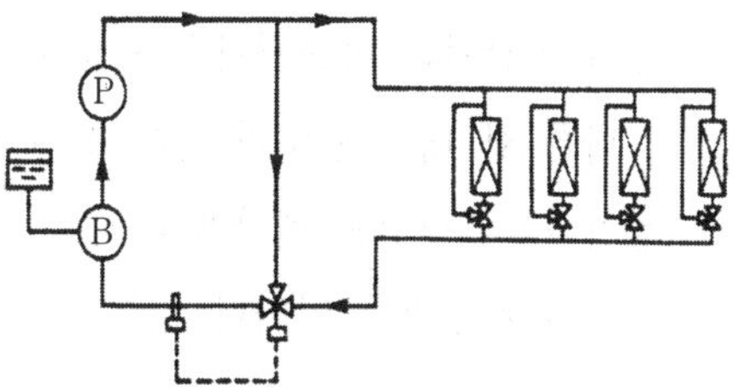

그림 8.3 정유량 방식

단일펌프 방식은 그림 8.4처럼 보일러 순환펌프와 시스템 순환펌프를 공통으로 하는 방식이다. 이 방식은 중・소 규모의 설비로 노통연관식 보일러를 사용할 때 많이 이용되고 총 마찰손실압력이 비교적 적은 시스템에 적용한다. 설비비는 작게 드나 보일러 수온 제어와 시스템 수온 제어를 동시에 하므로 제어성이 양호하지 않으며, 보일러로 되돌아가는 바이패스(By-Pass) 배관에서는 이용 가능한 순환수두가 교축에 의하여 에너지 손실로 되므로 운전비용이 증가된다.

이 방식에서 펌프의 위치를 팽창탱크와 보일러 사이에 설치할 때에는 펌프로 통과하는 수온은 낮게 되지만 보일러에는 펌프의 토출압이 가해져 내압이 커져야 하며, 보일러 하류에 설치하면 보일러의 내압강도는 낮아도 되지만 펌프의 취급수온이 높게 되므로 이들 조건을 고려하여 그 위치를 선정하여야 한다. 이 방식에 있어서도 바이패스 밸브를 설치하여 보일러 입구 수온을 높여 보일러의 저온부식을 방지하도록 하는 것이 가능하다.

2차펌프 방식은 보일러 순환펌프와 시스템 순환펌프를 별개로 설치하는 방식으로, 그림 8.5에서 그 예를 보여준다. 이 방식은 규모에 관계없이 이용되고 있는 방식으로, 설비비는 크게 들지만 이점이 많다. 특징으로서는 환수되는 물을 펌프 흡입측의 공급관 쪽으로 섞어 줌으로써 분배 계통에 대한 공급온도를 변화시킬 수 있다. 구획이 요구될 때에는 여러 펌프의 그룹들이 각 구역별로 다른 압력과 다른 온도로 사용될 수 있다.

시스템의 순환수량이 변화할 때에도 보일러의 순환수량은 항상 일정하게 하는 것이 가능하고 또한 시스템 펌프의 대수 제어 또는 회전수 제어에 의한 동력비를 절감할 수 있다. 또 저온부식방지를 위하여 바이패스를 설치하여 보일러 입구수온을 올릴 때에도 보일러 순환펌프만의 수량을 증가하면 되므로 동력비의 관점에서 유리하다.

증기가압 방식에서 순환펌프는 보일러압력보다 높은 압력 상태로 분배 계통의 모든 부분을 유지하기 위하여 공급관 쪽에 설치한다. 이것은 증기로 재증발하는 위험을 최소화한다.

그림 8.6과 같이 순환압력을 동등하게 두 대의 직렬펌프로 나누어 설치하는 가압흡인 송수방식을 채택하는 경우도 있다. 한 대는 공급관 쪽에 설치하여 열공급 분배 계통의 공급관의 마찰저항을 담당하도록 규격을 정한다.

다른 한 대는 환수관 쪽에 설치되며 환수관 측의 마찰저항을 담당하도록 규격을 정한다. 이 방법은 배관계 내의 모든 지점에서의 압력과 온도의 관계를 신중하게 검토하여 재증발이 일어나지 않도록 유의하여야 한다.

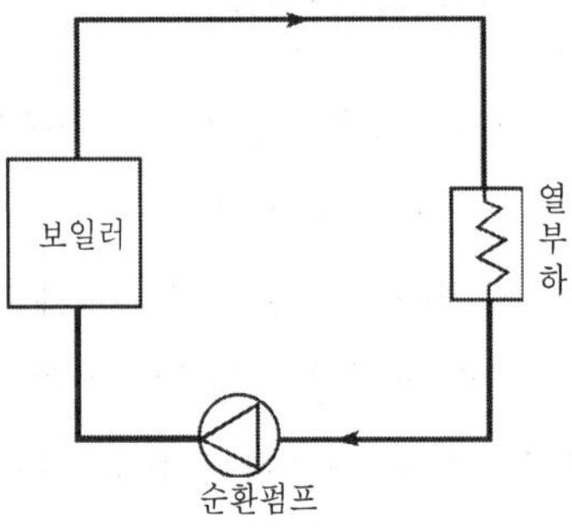

그림 8.4 단일펌프 방식

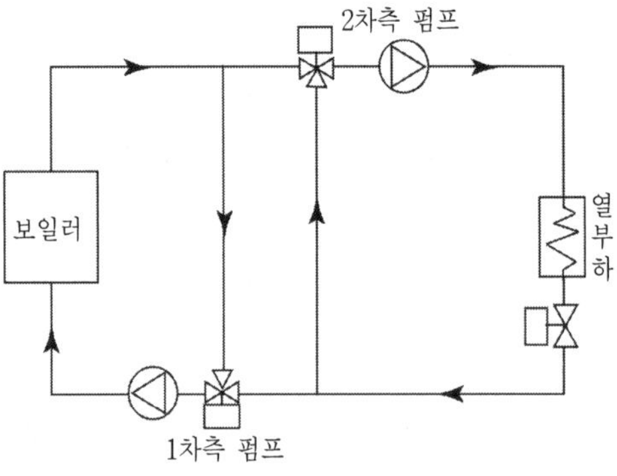

그림 8.5 2차펌프 방식

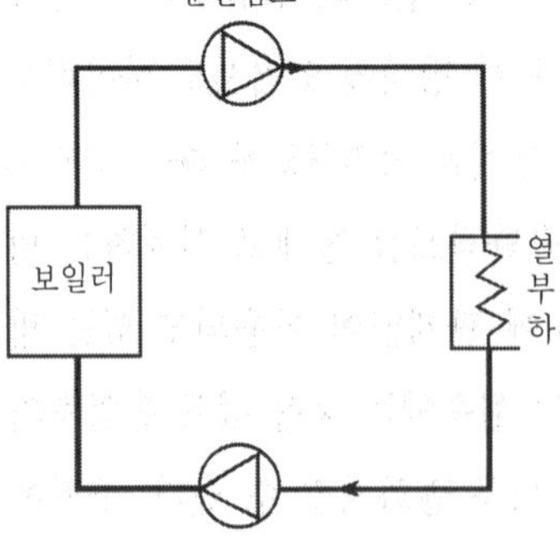

그림 8.6 가압흡인방식

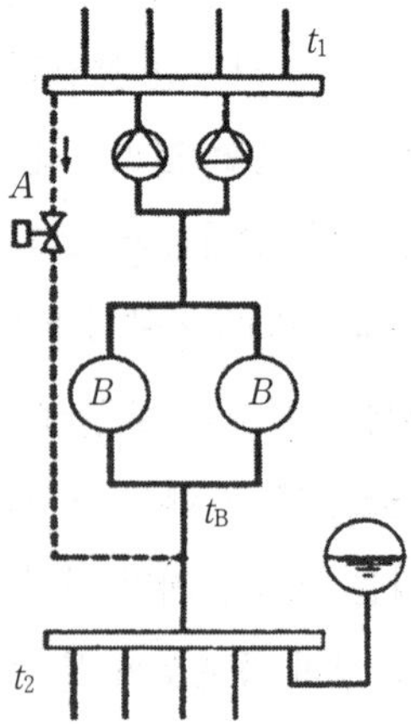

그림 8.7 바이패스 수량

8.2.3 바이패스 수량

그림 8.7에서 보일러의 입구수온을 조정하기 위한 바이패스 A의 수량 Q_B와 시스템의 순환수량 Q_S에 대한 비율 Q_B/Q_S를 k라 하고, 시스템의 공급과 환수수온을 t_1, t_2 그리고 보일러의 반환수온을 t_B라 하면 바이패스 수량비는 아래와 같다.

$$k = \frac{t_B - t_2}{t_1 - t_B} \tag{8.1}$$

t_B가 110℃일 때 t_1, t_2에 대한 k의 비율을 표 8.2에 나타낸다. 즉 t_1 또는 t_2가 낮을수록 k의 값은 커진다. t_2를 낮게 취할수록 물의 온도차는 커지므로 시스템의 순환수량은 감소되어 옥외배관의 공사비는 싸게 되므로 설비비는 유리해진다. 그러나 단일펌프 방식의 순환펌프가 취급하는 수량은 (1+k)배로 되어 동력비의 증가로 인한 운전비는 불리해진다. 따라서 k값을 어떻게 선택할 것인가는 이를 고려하여 결정한다.

표 8.2 바이패스 수량의 비율 k(보일러 입구수온 110℃, t_B)

t_2 \ t_1	130	140	150	160	170	180
70	2.0	1.33	1.0	0.8	0.66	0.57
80	1.5	1.0	0.75	0.6	0.50	0.43
90	1.0	0.66	0.5	0.4	0.33	0.29
100	0.5	0.33	0.25	0.2	0.17	0.14

8.2.4 2차측 접속방식

고온수 난방방식은 일반적으로 넓은 지역을 공급하는 경우가 많으므로 고온수를 1차측 열매로 이용하고, 부하쪽인 2차측에는 부기계실(Sub Station)을 설치하여 고온수보다 낮은 온도의 온수 또는 증기로 바꾸어 사용하는 경우가 많다. 2차측의 접속방식으로는 직결 방식, 열교환 방식 및 브리드인 방식이 있다.

(1) 직결 방식

그림 8.8(a)와 같이 가장 간단한 방식으로, 1차측 열매의 고온수를 그대로 2차측에 공급하는 방식이며, 부하기기의 사용조건에 의하여 120℃ 정도로 제한되는 경우가 있고 출입구 온도차를 그다지 크게 잡을 수 없으므로 배관도 굵게 된다. 또한

부하측에 초고층 건물이 있을 때에는 보일러의 내압을 높여야 하므로 불리하게 된다. 2차측의 용량 제어를 위해서는 그림 8.8(b)와 같이 접속점에 자동제어밸브인 2방향 밸브 또는 3방향 밸브를 설치하고, 1차측의 높은 압력이 미치는 것을 방지하기 위하여 2차측 입구에 감압밸브를 설치하여 조정하기도 한다.

직결식에서 2차측 온도를 130℃ 이상으로 사용할 때에는 유량이 미소해져 각 방열기기에서의 흐름의 밸런스가 불량하기 쉽다. 이를 방지하기 위해서는 오리피스를 설치하는 등의 방법으로 각 기기의 저항을 크게 하도록 한다.

(2) 브리드인 방식(Bleed in Method)

그림 8.8(c)와 같이 1차측과 2차측이 직결되어 있지만 2차펌프로 2차측의 환수를 바이패스시켜 고온수와 혼합시키므로 2차측의 공급온도를 낮추어 부하기기에 공급하는 방식이다. 이때 2차펌프는 2차측을 가압하고 순환시키는 역할을 하며, 유량은 2차측 설비에 필요한 유량과 동일하게 선정하고 양정은 순환 계통의 저항과 동일하게 취한다.

이 방식은 환수온도가 1차, 2차측 모두 동일하지만 2차측의 공급온도는 독립하여 선택할 수 있다. 그러나 압력의 점에서는 직결되어 있으므로 1차측의 압력이 2차측에 영향을 주므로 옥내 기기 및 배관의 코스트가 올라간다. 이를 피하기 위하여 감압밸브를 펌프 앞에 설치하기도 한다.

이 방식은 감압밸브 및 유량제어밸브를 설치하는 것에 의하여 1차측 압력에 관계없이 2차측의 압력을 낮게 유지하는 것이 가능하고, 또한 온도조절밸브의 차압을 일정하게 유지하므로 제어성이 좋아진다.

(3) 열교환기 방식

그림 8.8(d)와 같이 열교환기를 이용하여 1차측의 고온수로 2차측의 온수 또는 증기를 발생시켜 이용하는 방식이다. 1차측의 수온이 150℃를 초과할 때에 적당한 방법이며 2차측은 1차측과 절연되어 있으므로 필히 팽창탱크를 필요로 한다. 고온수의 반환 측에는 2방향 밸브를 설치하여 온도 제어를 한다.

부기계실의 설비비는 최대로 크게 되지만 1차측의 온도를 높게 하고 공급과 환수 온도차도 크게 할 수 있으므로 1차측 배관을 가늘게 할 수 있다. 또한 1차측과 2차측과는 압력의 문제에서도 절연되어 있기 때문에 1차측의 고압을 위하여 2차측의 내압강도를 크게 하는 일이 없고, 반대로 초고층 건물과 같은 경우 2차측의 압력이 1차측보다 높은 경우에도 보일러에 영향은 없다. 2차측에 증기를 사용할 때에는 1차측의 환수온도를 발생증기의 포화온도보다 10℃ 이상, 되도록이면 20℃ 정도 높게 하는 쪽이 열교환기가 경제적으로 된다.

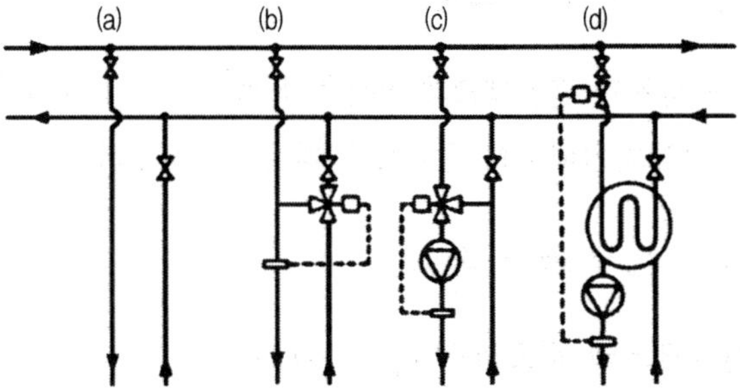

그림 8.8 고온수의 2차측 접속방식

8.2.5 배관 내 압력분포

고온수 방식의 설계에 있어서 중요한 점의 하나는 배관 내의 압력분포 해석에 있다. 이것은 장치 내의 압력 조건에 따라 장비류와 배관설비의 선정에 영향을 주며, 재증발이나 공기침입 등의 문제로 운전중의 장애를 가져올 수도 있다.

압력분포도를 그리는 방법은 7.6절을 참고하기 바라고 여기에서는 시스템 내의 압력분포를 결정하는 요소인 팽창탱크에서의 필요압력을 구하는 방법을 살펴본다.

그림 8.9(a)는 배관계통을 전개하여 나타낸 것으로 펌프의 토출 측에 팽창탱크가 있는 경우이며 정지중에는 정수두압 h_o[mAq]가 가해지나 펌프운전 중에는 그림에서와 같이 펌프 흡입력의 영향으로 보일러에서 방열기기를 거쳐 펌프로 되돌아오는 구간에는 모두 정수두 압력 h_o보다 낮고 펌프와 보일러 사이만 h_o보다 높아진다. 따라서 계통 내 수두 분포선은 그림과 같이 나타내어진다.

이때 보일러에서 x거리에 있는 방열기기에서의 수두압 P_x[mAq]는 식(8.2)와 같다.

$$P_x = h_o - h_x - (H_p - \Delta p_x) \tag{8.2}$$

여기에서 h_o : 팽창탱크의 정수두압[mAq]
h_x : 방열기기의 정수두압[mAq]
H_p : 펌프 전후의 수두차[mAq]

Δp_x : 팽창탱크접속지점에서 방열기기까지의 배관저항[mAq]

그러므로 팽창탱크의 필요 압력수두 h_o는 방열기기나 배관 내의 수두압이 가장 낮은 지점에서의 P_x를 고온수의 포화증기 압력수두보다 높은 값으로 하여 다음과 같이 구한다.

$$h_o > P_x + h_x + (H_p - \Delta p_x) \tag{8.3}$$

그림 8.9(b)는 펌프가 팽창탱크의 흡입측에 설치되는 경우이다. 이때 팽창탱크에서 x지점에 있는 방열기기에서의 수두압은 다음 식과 같다.

$$P_x = h_o - h_x + (H_p - \Delta p_x) \tag{8.4}$$

그러므로 팽창탱크의 필요압력 h_o는 아래와 같다.

$$h_o > P_x + h_x - (H_p - \Delta p_x) \tag{8.5}$$

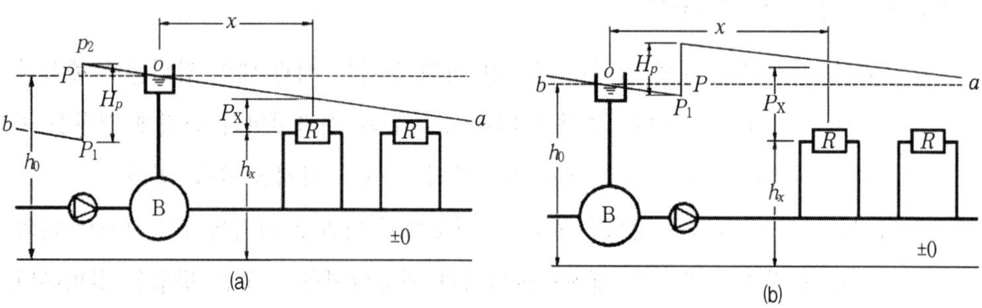

그림 8.9 배관 내 수두분포

8.2.6 가압방식

고온수장치에 사용되는 각종 가압방식의 종류를 표 8.3에 나타낸다. 이 가압장치에 요구되는 조건은 아래와 같다.

① 고온수의 유동상태에 있어서 장치 내의 어떠한 부분도 그의 포화압력 이상(포화압력 +0.2~0.3 MPa)으로 유지하고 재증발현상이 일어나지 않도록 할 것
② 팽창탱크로서의 기능을 하고, 불필요한 보급수를 최소한으로 할 것
③ 압력조정범위의 작동이 확실하여 신뢰성이 높고, 그의 유지관리가 용이할 것
④ 장치 내 고온수에 대하여 부식의 원인이 되는 산소 보급원으로 되지 않을 것

위와 같은 요구조건을 위하여 밀폐탱크는 적당한 용적을 가지고, 가압장치는 탱크의 고저수위와 과대압력에 대한 안전장치와 연동시키는 외에 보일러 연소장치, 안전장치 및 순환온수량의 제어장치와 인터록시키는 것이 필요하다.

표 8.3 가압방식의 종류

<table>
<tr><th colspan="2">방 식</th><th>개 요</th></tr>
<tr><td colspan="2">정수두 가압방식</td><td>개방식 팽창탱크의 자연수두를 이용하는 방식으로 장치의 최고소에 설치</td></tr>
<tr><td rowspan="2">증기 가압 방식</td><td>보일러 내 증기공간 이용법</td><td>원형 보일러 등에서의 증기공간을 가압실 및 팽창공간으로 사용하는 방법</td></tr>
<tr><td>팽창탱크 설치법</td><td>보일러보다 높은 위치에 팽창탱크를 설치하여 재증발에 의한 증기가압방식</td></tr>
<tr><td rowspan="5">가스 가압 방식</td><td>팽창탱크 보조가열법</td><td>팽창탱크 내의 압력을 안정시키기 위하여 보조열원으로 가열시키는 방법</td></tr>
<tr><td>캐스케이드 히터에 의한 법</td><td>고압증기를 분출하여 온수를 직접 접촉하여 가열하는 방식</td></tr>
<tr><td>변압식</td><td>온수의 체적변화에 따라 가스공간이 수축 또는 팽창하고 탱크 내 압력은 정해진 범위 내에서 변화한다.</td></tr>
<tr><td>가스도피 정압식</td><td>가스압축기와 고압탱크를 조합하여 팽창탱크 내의 수위변화에 따라 가스를 출입시켜 압력을 일정하게 조절하는 방법</td></tr>
<tr><td>물 도피 정압식</td><td>가압펌프와 고저압탱크를 이용하여 팽창탱크 수위변화에 따른 압력변화를 물의 출입을 통하여 일정하게 조절하는 방법</td></tr>
<tr><td colspan="2">펌 프 가 압 방 식</td><td>장치 내 압력을 유지하기 위하여 가압펌프를 사용하는 방법</td></tr>
</table>

여러 가압방식 중 일반적으로 가스 가압방식과 증기 가압방식이 가장 많이 사용되고 있다. 가스가압에는 질소(N_2), 아르곤(Ar) 등의 불활성가스가 사용된다. 이것들은 물에 혼합되어도 금속을 거의 부식하지 않는 성질을 가지고 있다. 이들 중 질소가스가 가격이 싸며 쉽게 구입할 수 있으므로 많이 이용된다.

가스가압에 의하면 시동시와 운전 중에 워터해머를 거의 방지할 수 있고 장치의 압력을 수온과 관계없이 일정하게 유지할 수 있으며 내부부식의 염려가 없다. 또한 팽창탱크는 보일러실 바닥에 설치할 수 있는 등의 특징이 있다.

증기가압은 구미지역에서 많이 사용되고 있는 방식으로 설비비에서는 가스가압식보다 유리하지만 장치 내의 압력이 증기의 포화압력으로 결정되기 때문에 가스가압과 같이 융통성이 없다. 즉 펌프의 흡입관에는 혼합밸브를 설치하여 환수를 혼합해서 펌프에 유입하는 고온수의 온도를 포화온도 이하로 낮출 필요가 있고, 또 보일러 정지시에 압력이 낮아지면 최고소에서의 재증발 위험이 있다.

이와 같은 이유로 간헐난방에는 부적당하다. 또한 팽창탱크는 장치의 최고소에 설치할 필요가 있으며, 보일러를 병렬운전할 경우에는 이 중 1대를 기동정지할 때 주의하여 개폐하지 않는 한 심한 워터해머를 일으킬 염려가 있는 등의 단점이 있다.

(1) 정수두 가압방식

고층건물이나 부근에 산 등이 있을 때 그림 8.10과 같이 고온수를 사용하는 기기보다 높은 곳에 개방식 팽창탱크를 설치하여 자연수두를 이용하는 간단한 가압방법이다. 포화압력에 따른 높은 위치가 요구되므로 일반적으로 이용할 수 없다. 국내에서는 포화온도가 낮은 중온수 난방방식에 적용되고 있다.

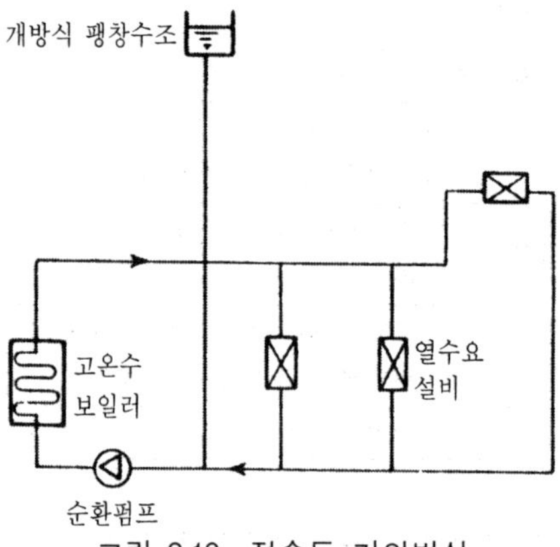

그림 8.10 정수두 가압방식

(2) 증기 가압방식(Steam Pressurization Method)

1) 보일러의 증기공간을 이용하는 방법

원통보일러 또는 수관식 보일러의 수면 이하에서 고온수를 뽑아내고 증기공간은 가압실 및 팽창공간으로 사용하는 방식이다. 이 방법은 팽창탱크가 필요하지 않으며 설비비도 들지 않는다. 비교적 소규모(17.5 MW 이하)에 이용되며, 장치가 보일러 설치위치보다 낮은 경우에 사용된다. 그림 8.11에서와 같이 순환펌프 직전에서 보일러에서 나오는 공급수와 환수를 혼합하여 펌프에 들어가는 수온을 포화온도보다 10~20℃ 정도 낮춘다. 이것은 펌프의 캐비테이션 방지와 함께 높은 곳에 있는 방열기기 등에서 재증발을 방지하기 위한 것이다.

아침 예열시에 있어서 장치 내의 물팽창량이 보일러 수위의 200 mm 변동범위 내에 머물도록 하며 고온수의 취출관은 최저 수위보다 50 mm 이상 깊이 넣고 환수관의 접속점은 보일러의 연관보다 100 mm 이상 위 쪽에 둔다. 그리고 시스템의 어느 곳에선가 배관 파손이 있을 때, 가열면이 노출되거나 보일러 폭발의 위험을 가져오는 선까지 보일러는 비워져서는 안된다. 환수관에 있어서도 동일한 주의가 필요하다. 환수관이 보일러의 낮은 부분에 연결되었다면 보일러가 비는 위험을 배제하기 위하여 보일러에 연결된 배관에 체크밸브를 설치하여야 한다. 2대 이상의 보일러가 동일 시스템에 연결된다면 동일한 증기압력과 수위가 유지되어야 한다. 일반적으로 물과 증기의 밸런스 배관이 드럼 사이에 설치된다. 이 연결배관은 여유있는 규격으로 하며 표 8.4와 같은 치수가 추천된다.

표 8.4 밸런스관의 규격

보일러 출력[kW]	밸런스관 관지름[mm]
700	75
1,500	90
3,000	100
4,700	125
5,900	150
8,800	200

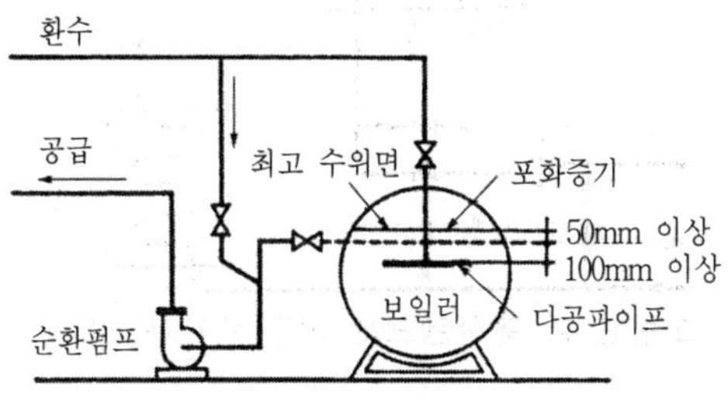

그림 8.11 증기공간을 이용하는 방법

2) 증기가압 팽창탱크 설치에 의한 방식

대규모 장치(20 Gcal/h 이상)에 많이 상용되고 있는 방법으로, 밀폐형 팽창탱크를 보일러 상부보다 높은 장치의 최고점에 설치하고, 보일러에서 나온 고온수를 이 탱크로 도입하고 여기에서 시스템으로 보내게 된다. 밀폐형 탱크 내에서는 고온수가 재증발하여 장치 전체를 증기가압하고 탱크 상부에 형성되는 증기의 신축을 이용한다.

팽창탱크에는 고온수 발생기에서 생성되는 증기를 제거하기에 충분한 증기안전밸브를 설치하여야 한다. 탱크높이는 시스템의 순환펌프보다 5m 이상 높게 하고 펌프 흡입측에는 시스템의 환수관과 연결하여 팽창탱크에서 오는 고온수와 혼합시켜 고온수보다 낮은 저온으로 하여 시스템에 순환시킨다. 이는 펌프 흡입측에서의 재증발이나 캐비테이션을 방지하기 위함이다.

펌프의 기본적인 배열은 단일방식이나 분리방식이며, 그림 8.12는 단일방식을 보여준다.

탱크의 크기는 물 팽창량의 2~2.5배로 하고 팽창탱크의 수위는 탱크 직경의 80% 이내로 하여 상부에 증기공간을 충분히 두도록 한다. 물 수축시의 수위는 탱크 중심 가까이에 두고 펌프 흡입관은 여기에서 50mm 이하에 설치한다.

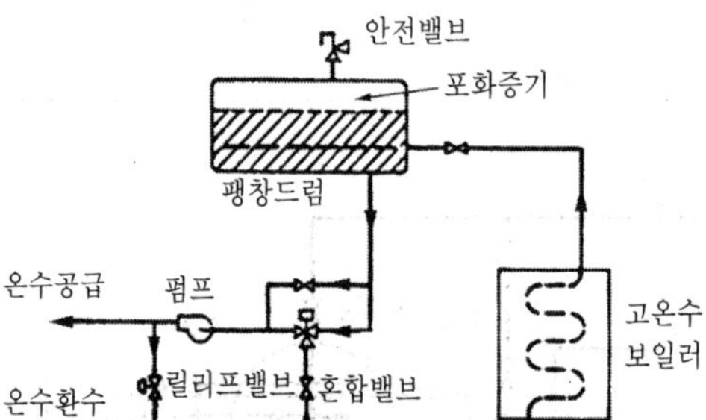

그림 8.12 팽창탱크에 의한 증기가압방식

이 방법에서는 부하가 적을 때 환수온도가 그렇게 내려가 있지 않으므로 순환수온이 높아지고 이에 상당하는 포화압력이 가압압력에 근접해 장치 내에서 약간의 압력손실이 생겨도 재증발이 일어나기 쉽다.

간헐난방에 있어서 보일러 정지시에 증기압력을 유지하기 위하여 탱크 열손실에 해당하는 전열기를 부속시키는 방법도 개발되어 왔다.

3) 팽창탱크를 보조 가열하는 방식

밀폐탱크에서 가압 압력의 안정성을 유지하기 위하여 보조 가열장치를 설치한 것이며 응답이 빠르고 발정이 용이한 것이라면 전열 또는 보조 보일러를 사용한 직접 가열, 간접 가열의 어느 것이라도 좋다. 이 방법에 의하면 가압 압력을 상승시킬 수도 있으므로 팽창탱크를 장치보다 낮게 할 수도 있다.

그림 8.13에 계통도를 보여준다.

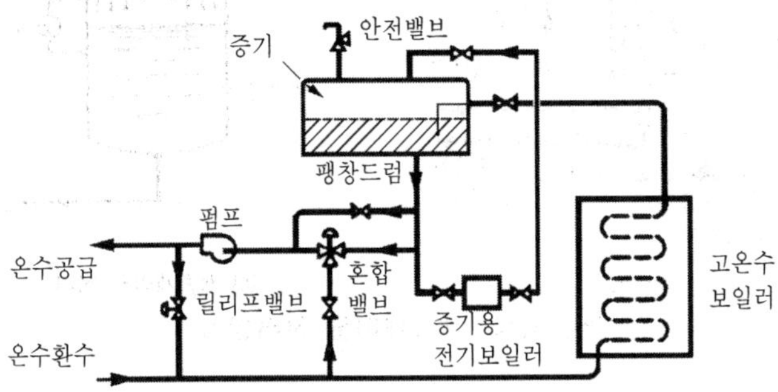

그림 8.13 팽창탱크의 보조가열방식

4) 캐스케이드 히터방식(Cascade Heater Method)

고압증기를 불어넣어 온수를 직접 가열하는 방식이며, 증기보일러의 증기 외에 각종 폐기를 이용할 수 있다. 순환펌프에 의하여 탱크의 상부부분으로 환수가 들어가면 수평의 칸막이판 사이로 나뉘어 흐르는 동안 증기와 혼합되어 가열되고 하부로 흐르게 된다.

이 히터의 상부부분에 있는 증기공간은 시스템의 가압장치로서 증기수축 역할을 하고, 하부부분은 시스템의 팽창탱크 역할을 한다.

한편 잉여의 온수는 캐스케이드 히터에서 수위조절장치에 의하여 수위조절이 이루어지며 보일러로 환수된다. 캐스케이드 히터에서 얻어지는 온수온도는 공급되는 과열증기 또는 포화증기의 포화온도와 같거나 그 이하이며, 장치를 순환하는 고온수는 이보다 낮지 않으면 안 된다. 이 방식에서는 장치 내에 저온의 고온수 환수가 간접가열식과 마찬가지로 보일러를 통과하는 일이 없으므로 보일러의 저온부식문제가 없다.

시스템이 대규모일 때는 별도로 팽창탱크를 설치하는 경우도 있다. 캐스케이드 시스템은 증기와 고온수를 동시에 필요로 하는 경우에 적용할 수 있다.

이 방식은 어떤 경우라도 증기가압이기 때문에 장치의 운전을 신중하게 하지 않으면 워터해머가 일어날 염려가 있다.

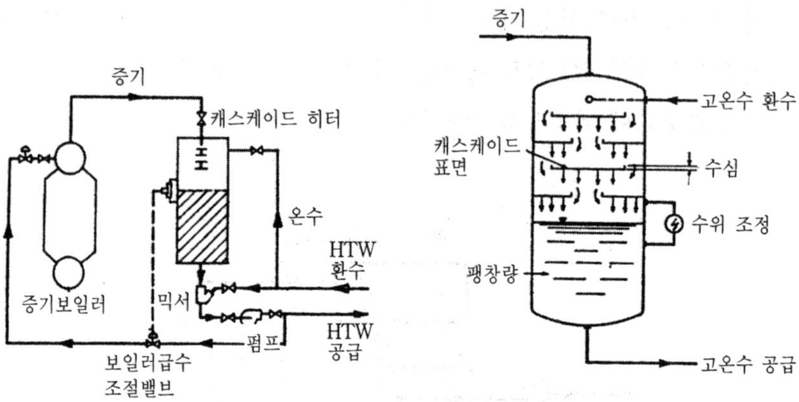

(a) 시스템 (b) 캐스케이드 히터

그림 8.14 캐스케이드 히터방식

(3) 가스 가압방식

증기 가압방식에서는 가압압력이 탱크 내의 온수온도에 의하여 좌우되고, 간헐 난방을 하는 경우 휴지중에 배관 도중에서 공기를 흡입하여 보일러 및 배관계의 부식을 일으킬 위험이 있다. 이러한 결점을 제거하기 위하여 고안된 것이 가스 가압방식이며, 온수온도에 관계없이 가압압력을 선정할 수 있으므로 팽창탱크의 역할을 하는 가압탱크를 보일러실에 설치하여 어떠한 높은 곳에도 소정의 고온수를 공급할 수 있다.

팽창탱크는 가능한 고온수 순환펌프의 흡입측에 가깝게 밸런스관으로 연결한다. 릴리프 밸브(Relief Valve)는 가스 쪽으로 노출되지 않고 물 쪽에 잠기도록 최저 수위선 아래쪽에 설치하는 것이 유리하다.

가압용 가스로서 공기는 고온수에 용해되어 부식장애를 일으킬 우려가 있으므로 질소 등의 불활성 가스가 쓰인다. 질소가스는 고온수에 다소 용해되지만 그 양은 극히 적다. 그렇지만 물과 가스의 접촉면적을 줄여 가스가 물로 흡수되는 양을 줄이기 위하여 팽창탱크는 수직으로 설치한다. 이 방식에서는 밀폐탱크 내에 일정 양의 질소가스를 봉입하여 사용하는 방식인 변압식과 물이 팽창했을 때 물 또는 가스를 빠지게 하여 탱크 내 압력을 일정하게 유지하는 정압식이 있다.

1) 변압식

탱크 내의 가스량을 일정하게 충진하고 물의 팽창량은 가스의 수축으로 흡수한다. 따라서 물이 팽창할 때에는 가스의 압력이 올라가고 수축할 때에는 가스의 압력이 내려간다.

탱크의 내용적이 물 팽창량의 2~3배 정도 되어야 하므로 대규모 장치에서는 불필요하게 탱크가 커져 경제적으로 불리하다. 만약 탱크 내 용적을 크게 하지 않으면 수온변화에 따른 탱크 내 수위변화로 탱크 내 압력상승이 급변해지고 탱크의 내압을 크게 할 필요가 있다.

이 방식은 부속기기가 적고 장치도 간단하며 보수의 우려가 적으므로 12 MW 정도의 소규모일 때 적합하다. 그림 8.15에 이 방식을 보여준다.

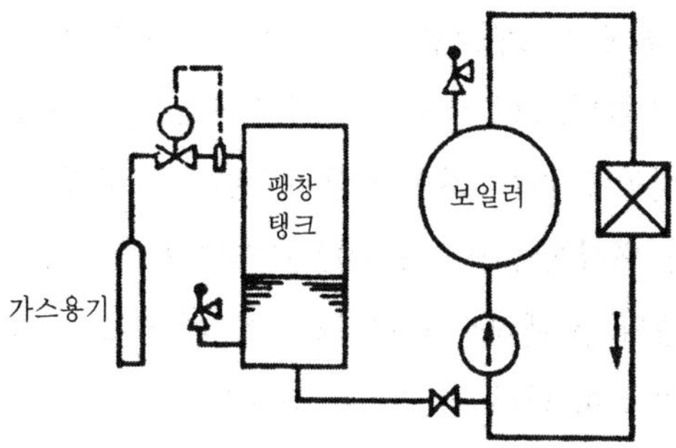

그림 8.15 가스가압 변압식

2) 가스도피 정압식

물의 수축 팽창시 팽창탱크 내의 가스를 보충하거나 도피시켜 탱크 내의 압력이 일정하게 되도록 조정장치를 설치한 방식이다. 압축기와 고압가스 회수탱크를 조합하여 가압탱크 내의 수위가 상승하여 가스가 압축되면 가스를 저압가스탱크로 빠지게 하고 이것을 압축기로 가압하여 고압가스탱크로 옮긴다. 팽창탱크 내의 압력이 내려가면 저장된 가스를 다시 주입한다. 이 방식에서 팽창탱크의 용적은 변압식에 비하여 작지만 물도피식 정압식에 비하면 커지므로 설비비는 높아진다. 그림 8.16에 이 방식을 보여준다.

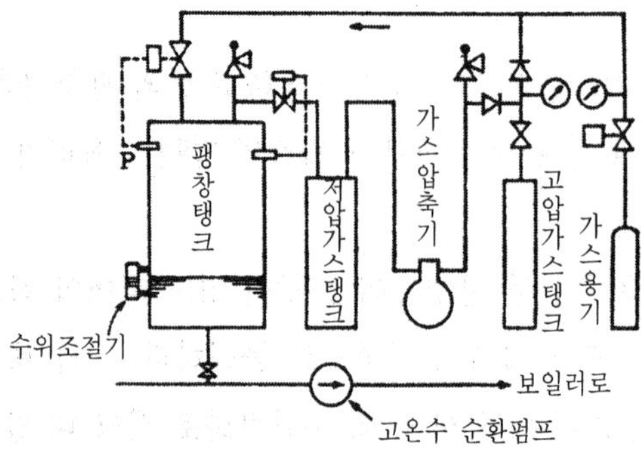

그림 8.16 가스도피 정압식

3) 물도피 정압식

그림 8.17(a)와 같이 고압과 저압의 2대의 팽창탱크를 설치한다. 장치에서의 팽창량은 먼저 고압탱크에서 흡수하고, 물의 팽창으로 가압탱크 내의 수위가 계속 올라가면 물 릴리프밸브를 열어 고온수를 저압탱크로 이동시켜 수위를 낮추고 압력을 유지한다. 고압탱크는 장치의 최고 압력에 견딜 수 있는 구조로 하고 용적은 부하변동에 따른 최소의 팽창량만을 수용하도록 한다.

저압탱크는 대기개방 또는 0~0.1 MPa의 불활성가스 가압의 탱크로 하고 그 용적은 시스템의 전 팽창량을 수용하도록 한다. 물이 빠져나와 저압탱크를 가압할 때는 변압방식이 되나 그 내압은 위에서의 변압식보다 허용압력이 낮게 된다. 또한 저압탱크를 대기에 개방하여 연수탱크 또는 보급수탱크와 겸용할 수도 있으나 이때는 그림 8.17(b)와 같이 탱크 바깥지름과 거의 동일지름의 부자를 수면 위에 설치하는 등의 방법으로 공기와의 접촉면적을 작게 하고, 수처리를 확실하게 할 필요가 있다. 물이 수축하여 고압탱크의 수위가 내려가면 저압탱크의 물을 펌프로 흡입하여 가압 충수한다. 펌프는 연속운전을 하고 전자밸브로 개폐하는 방법과 탱크수위로 펌프를 On-Off하는 방식이 있다. 물도피 방식은 가스도피 방식보다 고압탱크의 크기가 작게 되고 내압 설계상으로도 유리하다.

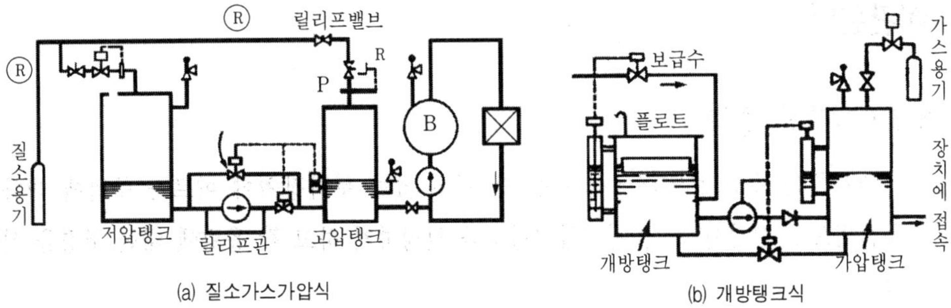

그림 8.17 물도피 정압식

(4) 펌프 가압방식

시스템 내의 압력을 유지하기 위하여 가압펌프와 조절밸브 및 개방형 탱크로 구성되는 간단한 장치이다. 펌프는 개방탱크 내의 물을 시스템 내로 가압하며 운전을 한다. 장치 내의 압력이 상승하면 안전밸브로부터 여분의 물이 개방식 탱크로 빠져나가도록 한다.

이 방식은 밀폐형 탱크가 불필요하므로 대규모 장치에서는 유리하나 장치 내의 압력변화는 근소한 보급수량으로도 크게 변하므로 장치 내 압력을 온도에 따라 일정하게 유지하기 곤란하며, 급수탱크가 개방형이므로 공기가 끊임없이 침입하여 부식을 일으킬 위험성이 많고 수처리가 필요하게 되며, 저온보급수의 공급에 따른 장애가 일어나지 않도록 하여야 한다. 공기와의 접촉으로 인한 부식을 방지하기 위하여 7~35 kPa 정도로 유지되는 저압의 질소충진형 밀폐탱크를 이용하기도 한다.

또한 정전시에는 가압불능으로 되는 결점도 있으나 설비비나 공간면에서 유리하여 밀폐식 가압탱크가 고장났을 때 예비장치로서 쓰이는 일도 있다. 그림 8.18에 압력제어장치를 갖는 오버플로밸브를 사용하여 가압펌프를 연속 운전하는 방식을 보여준다. 가압펌프의 수량[kg/h]은 장치의 최대 능력[W]의 1/3,000 이상을 선택한다.

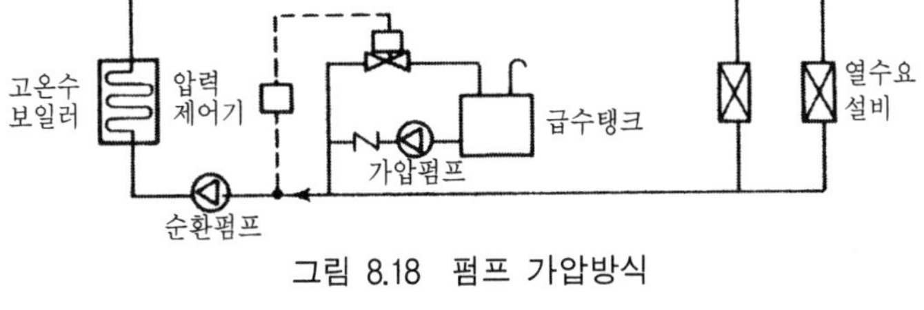

그림 8.18 펌프 가압방식

8.3 배관설비

8.3.1 관지름 결정

관지름은 우선 보일러에서 가장 먼 곳에 있는 부하장치에 이르는 주관에 대하여 등압법으로 결정한다. 즉 단위압력강하를 일정하게 하고 각 유량에 대한 구경을 선택한다.

간선에서 부기계실로 연결되는 분지관에 대하여는 분지점에서부터 주관 내의 차압을 유효하게 이용하도록 단위마찰저항을 구하고 이를 사용하여 관경을 결정한다. 보일러실에서 가까운 분지관의 경우 차압이 크고 또한 분지관의 길이가 짧을 때에는 이용하여야 할 단위마찰저항값이 대단히 커지므로 관 내 유속이 과대해진다. 이때는 부식방지를 위하여 유속의 한계인 3 m/s 이내로 선정하는 것이 좋다.

단위압력강하를 어떠한 값으로 사용하는가는 엄밀하게 경제성에 따라 결정된다. 이 값은 운전시간이 길수록, 전력단가가 높을수록, 배관단가가 쌀수록 작은 값으로 한다. 한편 큰 값으로 선정하면 배관비용은 줄어들지만 순환펌프의 동력비는 증가한다. 일반적으로 이 값은 배관연장 300~3,000 m의 배관에서는 장치의 연간운전시간이 1,000시간일 때 15~20 Pa/m, 3,000시간일 때 10~15 Pa/m를 사용한다. 가장 경제적인 단위마찰저항을 구하기 위하여는 배관설비비에 대한 연간 감가상각비, 순환펌프의 연간 동력비, 순환펌프의 연간 감가상각비의 세 가지 합이 최소가 되는 값으로 한다.

관 내 마찰저항은 온도에 따라 변하므로 고온수 배관의 설계에서는 온도를 고려하여 관경을 결정할 필요가 있다. 그림 7.12 및 그림 7.15의 직관에 대한 관 내 마찰손실선도를 이용한다. 관 내 유속은 장치의 경제성에 따라 결정되나 고온수에서 관 내 유속이 0.5 m/s 이하일 때 150A 이상의 대구경에서는 관 내 온도가 다른 층이 생겨 상부와 하부의 온도차이로 관이 휘는 일이 있는 것으로 알려져 있다. 일반적으로 권장되고 있는 평균 유속은 1.5 m/s 내외이다.

【예제 8.1】

그림과 같은 옥외배관의 관경과 순환펌프의 규격을 구하라. 단, 온수온도는 150/100℃로 하고 배관재는 압력강관(SCH 40)을 사용한다. 각 부 기계실에서의 부하는 모두 1160 kW로 하고 열교환기를 사용하는 것으로 하며 장비의 손실저항은 3 m로 한다.

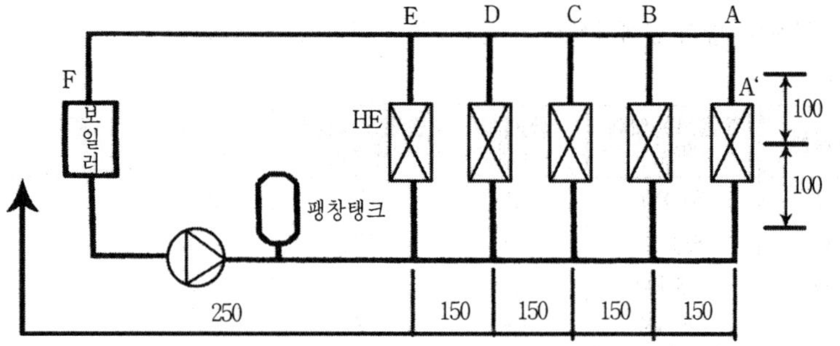

풀이 옥외배관 및 부대시설에서의 열손실을 5%로 하고 각 부 기계실의 순환수량 Q를 구하면

$$Q=\frac{1160\times 1.05}{939.1\times 4.259\times (150-100)}=6.09\times 10^{-3}[m^3/s]\fallingdotseq 365[\ell/\mathrm{min}]$$

표와 같이 각 구간별로 유량을 구하고 단위압력강하는 20Pa로 하여 그림 7.14에서 관경을 선정한다. 결정된 관지름으로 구간별로 단위압력강하를 다시 구하고 관로 전체의 손실수두를 구한다. 여기에서 국부저항을 관로저항의 20%로 가정하여 구하기로 한다. 그리고 총 손실수두에 여유를 더하여 펌프 양정 H를 구한다.

$$H=(2\times 171\div 9.8+3)\times 1.1=38.4\mathrm{mAq}\fallingdotseq 39\mathrm{mAq}$$

펌프를 보일러 입구전에 설치한다면 펌프의 취급수온은 100℃이고, 그때 물의 말도는 958.4 kg/m^3이므로 순환수량 Q[m^3/min]는

$$Q=5\times 6.09\times 10^{-3}=0.03045[\mathrm{m^3/s}]=1.827[\mathrm{m^3/min}]$$

펌프의 소요동력 kW는 효율을 55%로 하고 모터효율을 95%로 하면

$$\text{소요동력}=\frac{958.4\times 9.81\times 0.03045\times 39}{1000\times 0.55\times 0.95}=21.37\mathrm{kW}$$

그러므로 펌프는 유량 1.827 m^3/min, 양정 39 m, 모터 22 kW를 선정한다.

구간	유량[l/min]	관지름[A]	단위압력강하[Pa/m]	상당길이[m]	압력강하[Pa]
AA′	365	80	180	120	21,600
AB	365	80	180	180	32,400
BC	730	100	190	180	34,200
CD	1095	125	140	180	25,200
DE	1,460	150	95	180	17,100
EF	1,825	150	135	300	40,500
계					171,000

【예제 8.2】

앞의 문제에서 분지관의 관경을 구하라. 분지관의 길이는 전부 100 m로 하고 국부저항은 직관길이의 20%로 한다.

풀이 주관 내의 각 지점에서 이용할 수 있는 압력수두를 구한 후에 구간별 단위압력강하를 구하여 관경을 구한다. 앞의 문제에서의 압력강하는 공급관에 대한 값이므로 공급관의 이용압력수두로 한다.

분기점	이용가능압력 [Pa]	상당길이 [m]	단위압력강하 [Pa/m]	유량 [ℓ/min]	관지름 [A]	유속 [m/s]
B	54,000	120	450	365	65	1.7
C	88,200	120	735	365	65	1.7
D	113,400	120	945	365	65	1.7
E	130,500	120	1087.5	365	65	1.7

8.3.2 재　료

관의 재질은 고압증기배관의 기준에 따라 사용하면 충분하다. 사용압력이 1 MPa을 넘을 때에는 압력배관용 탄소강관의 스케줄 40이 많이 이용된다. 170℃ 이상의 고온수에 대하여도 대체로 적용 가능하다. 고온수 배관계에는 거의 물의 손실이 없으므로 물을 보급시에 경수연화처리와 약알칼리성으로 하고 운전중 공기배출을 확실히 하면 흑관으로도 충분하며 관 내 부식의 염려도 없다.

밸브류로는 밸브시트가 스테인리스 강제 또는 이것에 준하는 것으로 170℃ 이상의 고온수용에는 밸브 몸체가 주강제인 것을 사용한다. 또한 저항이 적고 국부적인 재증발이 안 생기는 것이 좋으며 고온수는 점성이 작아 글랜드로부터 누수되기 쉬우므로 이것에 대응할 수 있는 메커니컬실과 같은 구조로 할 필요가 있다. 신축이음으로는 루프형, 벨로즈형 또는 볼조인트 등이 이용된다.

8.3.3 시　공

배관의 기울기는 순기울기나 역기울기 어느 경우나 1/200 이상으로 하고, 가장 높은 곳에는 공기빼기밸브를 설치하고 가장 낮은 곳에는 배수밸브를 설치하면 고저 자유로이 배관할 수 있다. 각 기기의 제어밸브는 저온의 환수측에, 그리고 되도록 낮은 곳에 설치하여 교축으로 인한 재증발이 일어나지 않도록 한다. 휴지 중 또는 무부하 상태로 장시간 온수가 흐르지 않고 정지되는 계통에는 바이패스밸브를 통하여 아주

소량의 온수가 흐르도록 하여 통수시에 냉수가 고온수에 급격히 혼입되어 워터해머가 일어나는 것을 방지한다.

관로중의 분지관은 45도 분지가 바람직하며 합류의 경우도 동일하다. 특히 고온수와 저온수의 혼합부분에는 온도차에 따른 비체적의 차이로 급격한 체적변화를 일으켜 수격현상의 원인이 될 수도 있으므로 혼합부분에는 그림 8.19와 같이 배관엘보의 관경을 주관경보다 한 단계 크게 한 수축노즐로 고속 유입시키는 방법이나 그림 8.20처럼 입관에서 고온수는 위에서 아래로, 저온수는 아래에서 위로 흐르며 배관 접속부분에서 저온수를 고온수관으로 향하여 수평으로 유입시키는 방법도 있다. 이 방법에 의하면 난류로 혼입된 후 10D 이내에서 완전히 혼합된다. 관의 단면이 급격히 변화하는 곳에는 리듀서를 사용하여 국부저항에 의한 재증발 발생을 방지한다.

배관의 신축은 저온수보다 크게 되고 고온수는 누수되기 쉬우므로 신축이음이나 지관의 접속 등에 있어서 충분한 주의가 필요하다.

고온수 발생장치에서 2차측 설비까지 연결배관은 다음과 같은 방법으로 부설된다.

① 직접매설 방식

② 이중관 방식

③ 덮개 방식

④ 콘크리트 트렌치 방식

⑤ 공동구 방식

⑥ 가공배관 방식

그림 8.21에 위의 방식에 대한 것을 보여준다. 위의 방법 중 가공배관은 건설비가 싸고 보수관리도 용이하나 미관상 불리하므로 주로 공장과 같은 경우에 이용되며 대개의 경우에는 이 이외의 방식인 지중배관 방식이 이용된다. 표 8.5는 지중배관 방식의 장단점 비교이다.

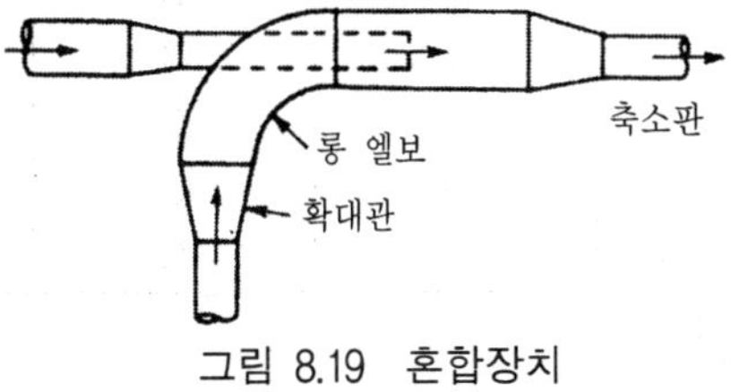

그림 8.19 혼합장치

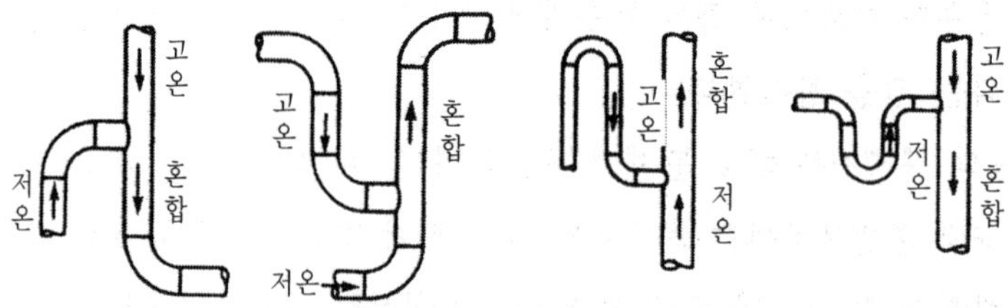

(a) 수직하향 (b) 수직상향 (c) 수직상향 (d) 수직하향

그림 8.20 혼합부분 접속법

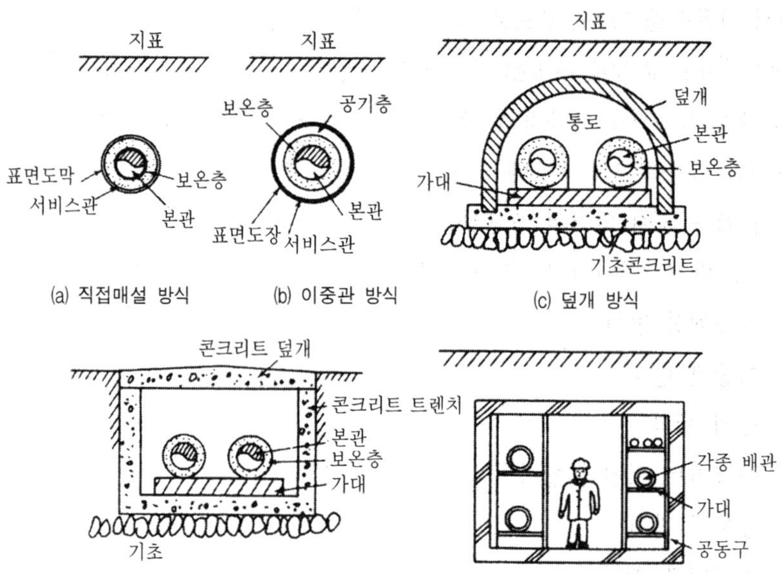

(a) 직접매설 방식 (b) 이중관 방식 (c) 덮개 방식

(d) 콘크리트 트렌치 방식 (e) 공동구 방식

그림 8.21 배관 부설 방식

표 8.5 지중배관 방식의 비교

항목 \ 방식	직접매설	이중관 방식	덮개 방식	트렌치 방식	공동구 방식
내 식 성	D	C	B	A	A
방 수 성	D	C	B	B	A
내 압 성	D	C	B	A	A
시 공 성	A	B	C	C	D
경 제 성	A	B	C	B	D
보 수 성	D	C	C	A	A

※ A, B, C, D는 유리한 순서

지하는 대부분의 경우 수분이 많으며 토양도 부식성이 크다. 그러므로 직접매설 방법인 경우에는 배관부식에 대한 위험과 염려가 항상 수반된다. 공장, 학교캠퍼스, 공항 등은 때때로 뚜껑을 해체하고 내부상태를 시각에 의하여 검사할 수 있는 트렌치 방식이 일반적이며, 대규모 주거단지의 경우에는 전력이나 통신, 급수 등과 같이 부설할 수 있는 터널방식의 공동구 방식을 널리 채용하고 있다. 최근에 신도시와 같은 대규모 시가지에는 직접매설 방식이나 이중관 방식이 많이 이용되고 있다. 지중매설 이중관 방식은 본관을 단열하고 이것을 부식방지와 토압에 대한 내력면에서 내식처리된 대구경관을 케이싱관으로 하여 그 내부에 본관을 삽입하는 방식으로, 그림 8.22와 같은 구조이다. 보온된 관과 케이싱 사이에는 그림과 같이 공기층이 있는 것과 보온재가 충진된 것이 있다.

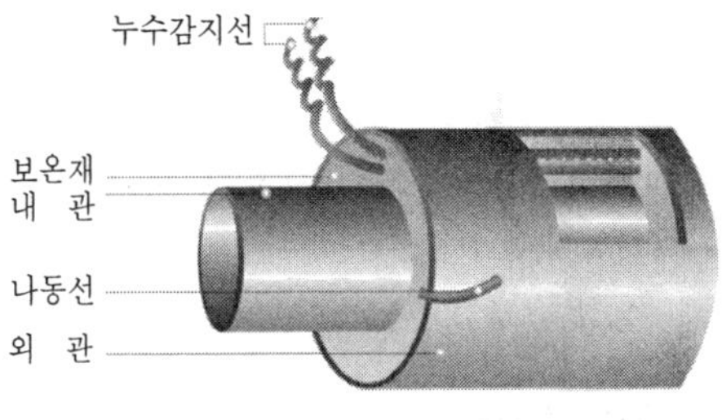

(a) 중온수용

(b) 직매설증기용

그림 8.22 매설배관용 이중관

8.4 장비의 선정

8.4.1 열원기기

고온수 보일러로는 일반적으로 노통연관식이나 수관식 중에서 사용한다. 보일러에 대한 것은 3.1절을 참고한다. 열교환기로는 셸 앤드 튜브형을 주로 사용하고 있으며 관내에는 온수, 관외에는 증기가 통하는 형식이다. 이것은 3.2절을 참고한다.

8.4.2 팽창탱크

팽창탱크의 선정에 있어서는 팽창탱크의 최고 사용압력과 용량을 계산하여야 한다. 팽창탱크의 최고 사용압력은 식 (8.3)과 식 (8.5)로 구한다. 탱크의 용량은 가압방식에 따라 달라지며 다음과 같이 구한다.

(1) 설계 팽창수량

고온수 시스템에서 팽창탱크의 용량을 결정하기 위한 물의 팽창량은 다음과 같은 여러 방법으로 구할 수 있다.

1) 장시간 운전 정지함에 따라 충분히 냉각된 계내 수온을 소요온도까지 상승시켰을 때 팽창하는 전수량으로 하는 방법
2) 정상운전시 공급온도와 환수온도의 온도차에 따른 전팽창수량으로 하는 방법
3) 정상운전시 공급온도는 일정한 것으로 하고 환수관 내 수온의 최대 변동에 의한 팽창수량으로 하는 방법

위의 방법 중에서 일반적으로 두 번째 방법을 이용한다.

(2) 증기가압의 팽창탱크식

증기가압의 팽창탱크식에서 밀폐식 팽창탱크의 크기 V_T는 다음과 같다.

$$V_T = V_1 + V_2 + V_3 \tag{8.6}$$

여기에서 V_1 : 가압증기 공간, $(V_2 + V_3)$의 20% 정도[m³]
V_2 : 최저 최고 · 온도 사이에서의 전 장치의 물의 팽창량[m³]
V_3 : 슬러지 및 여유의 용량, V_2의 40~80% 정도[m³]

(3) 가스가압의 변압식

가스가압의 변압식에서의 팽창탱크 크기 V_T(m³)는 가압을 위한 공간 V_1과 물의 팽창에 따른 용량 V_2, 그리고 슬러지 및 여유용량 V_3의 합으로 구해진다.

$$V_T = V_1 + V_2 + V_3 \tag{8.7}$$

여기에서 V_1 : 가압공간, $V_1 = P_1 V_2 / (P_2 - P_1)$[m³]
V_2 : 최저 · 최고 온도 사이에서의 전 장치의 물의 팽창량[m³]
V_3 : 슬러지 및 여유의 용량, $(V_1 + V_2)$의 10%[m³]
P_1 : 탱크의 최소 압력(절대압력)[kPa]
P_2 : 탱크의 최고 압력(절대압력)[kPa]

(4) 가스가압의 정압식

가스가압의 정압식에서의 팽창탱크의 크기 V_T[m^3]는 가압을 위한 가스공간과 물의 보급을 위한 공간의 합으로 구해진다. 가스 공간 V_1은 온수의 매분간의 최대 팽창량을 구한 후 이 값에 몇 분간의 양과, 가스압력의 변화폭을 1~5% 범위 내로 가정하여 구한다.

$$V_T = V_1 + V_2 \tag{8.8}$$

여기에서
V_1 : 가압가스공간[m^3] $\left(V_1 = n\dfrac{P}{\Delta P} \cdot \Delta V \right)$
ΔP : 팽창시 가스압력의 변화량[kPa]
P : 가스의 가압력[kPa]
ΔV : 팽창시 가스용적의 변화량[m^3]
n : 1.25
V_2 : 물의 공간, 가스용적의 40% 정도[m^3]

팽창시 가스용적의 변화량 ΔV는 2~3분간의 팽창량으로 아래와 같이 정한다.

$$\Delta V = V_W \cdot \beta \cdot \left(1 - \frac{\Delta t}{\Delta t_m}\right) \cdot \frac{60q}{M} \tag{8.9}$$

여기에서
V_W : 장치 내의 수량[m^3]
β : 물의 체적팽창계수
Δt : 가동시 방열기 내 평균수온과 실내온도와의 차[℃]
Δt_m : 피크시 Δt[℃]
q : 보일러의 출력[kW]
M : 1℃당 장치 전체의 열용량[kJ/deg]

장치의 열용량 M은 장치 내부의 물, 보일러, 배관 등의 강재 및 보온재의 중량에 개개의 비열을 곱하여 구할 수 있다. 장치의 수량 V_W를 리터로 나타냈을 때 M[kJ/deg]은 V_W의 5~6.3배가 된다.

【예제 8.3】

계 전체의 보유수량이 60 m^{3}이고 운전재개시의 수온이 10℃, 정상운전시의 공급온도가 130℃이고 환수온도가 90℃일 때 변압식 팽창탱크의 용량을 구하라.

풀이 공급환수온도차에 따른 팽창량으로 계산하면 팽창량은 다음과 같다.

$$\Delta V = 60 \times (1.071 - 1.036) = 2.1\mathrm{m}^3$$

온수온도 130℃일 때의 포화압력은 약 270 kPa이므로 탱크의 최소 압력은 여유를 두어 400 kPa로 하고 압축시 최대 압력을 700 kPa로 한다. 식 (8.7)로부터

$$V_1 = P_1 V_2/(P_2 - P_1) = 400 \times 2.1/(700 - 400) = 2.8\mathrm{m}^3$$

$$V_T = V_1 + V_2 + V_3 = 2.8 + 2.1 + (2.8 + 2.1) \times 0.1 = 2.8+2.1+(2.8+2.1)\times 0.1 = 5.39\,\mathrm{m}^3$$

(5) 팽창탱크의 구조와 부속품

팽창탱크의 구조규격은 압력용기의 구조규격에 의한다. 부재의 연결부위는 용접이음으로 하고 동체에 맨홀을 설치한다. 강판의 두께는 다음 식으로 계산한다.

$$\text{동판 } t = \frac{PD}{2\sigma x\eta - 1.2P} + \alpha \tag{8.10}$$

$$\text{경판 } t = \frac{PRW}{2\sigma x\eta - 0.2P} + \alpha \tag{8.11}$$

여기에서 t : 최소 강판의 두께[mm]

P : 최고 사용압력(gage)[MPa]

D : 동체의 안지름[mm]

σ : 인장강도[N/mm²]

x : 1/4(강재)

η : 0.65~0.809(용접효율)

α : 여유두께 1mm 이상

W : 접시형 경판의 형상계수

$$W = \frac{1}{4}\left(3 + \sqrt{\frac{R}{r}}\right)$$

R : 접시형 경판의 곡률반지름[mm]

r : 접시형 경판의 모서리 둥굼새의 반지름[mm]

팽창탱크에는 가압방식에 따라 다르지만 다음과 같은 부속장치를 부착한다.

① 수면계

② 온도계

③ 안전밸브

④ 릴리프밸브(Relief Valve)

⑤ 배수밸브

⑥ 오버플로 제어기

⑦ 통기밸브

⑧ 고저수위 경보기

⑨ 고저압력 경보기

가압방식에 따른 내용은 그림 8.23의 (a), (b), (c)를 참고한다. 질소가스의 보급은 그림 8.24와 같은 배관경로를 통하여 하며 가스사용량은 10 GW 정도의 플랜트에서 한 시즌당 6,000리터의 용기로 5~9개이다. 가스저장용 용기는 5 GW 이하일 때는 5개, 5~20 GW에서는 10개, 그 이상은 12개를 준비한다.

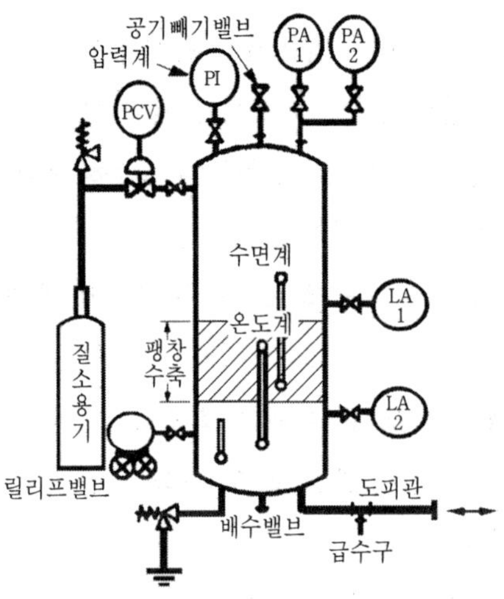

(a) 가스가압 변압식

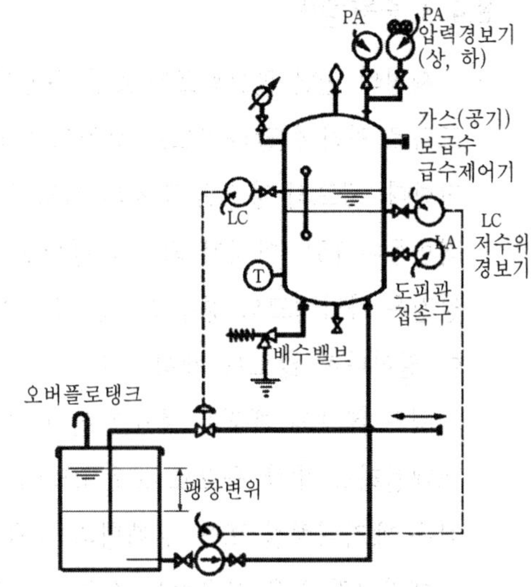

(b) 가스가압 정압식

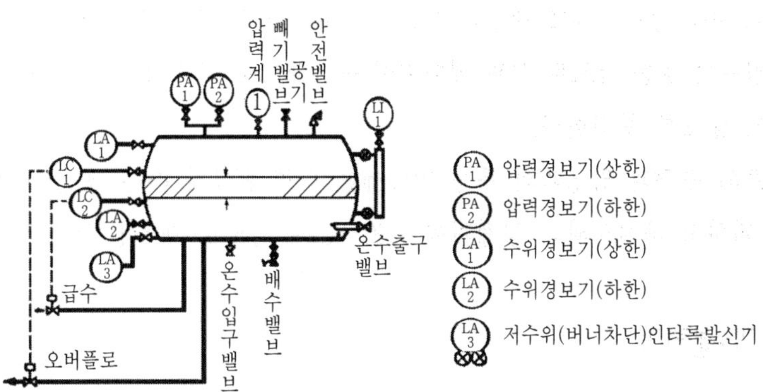

(c) 증기가압팽창수조식

그림 8.23 팽창탱크의 부속장치

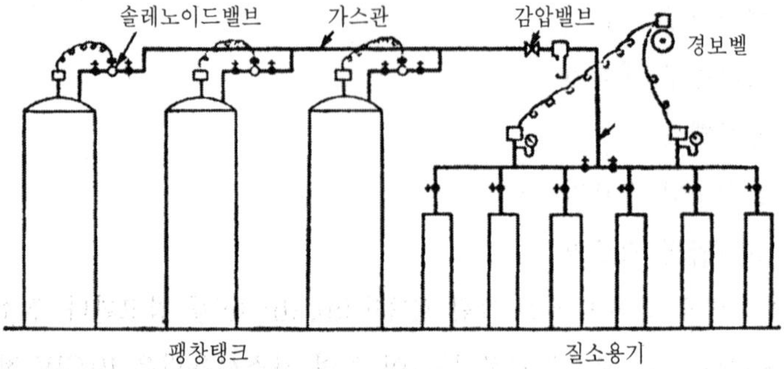

그림 8.24 질소가스의 보급

8.4.3 순환펌프

횡형의 단단 원심펌프가 보통 사용된다. 펌프의 동력은 저온과 고온에서의 물의 밀도차로 인하여 달라지므로 장치의 여하한 운전상태에서도 과부하가 되지 않도록 선정한다. 펌프의 양정은 장치의 가압상태에 영향을 미치므로 전부하와 무부하시의 압력변동이 15% 이내가 되도록 평탄한 성능곡선을 가진 것이 좋다. 펌프의 실제 흡입양정은 가압탱크의 경우 그 설치위치에 따라 크게 영향을 받으므로 흡입측에 재증발이 일어나지 않도록 계획한다.

펌프 본체의 재질은 회주철이나 주강, 임펠라는 150℃ 이하는 회주철, 그 이상은 스텐인리스 주강 등으로 고온고압에 충분히 견디는 것으로 하고 축의 씰은 누수가 적은 메커니컬실 또는 밀폐형의 것을 사용한다.

메커니컬 실을 사용하는 경우에는 시동시에 배관중의 이물질에 의한 훼손이 우려되므로 수주 동안 그랜드패킹을 쓰고 그 후에 메커니컬 실로 교환하는 것이 좋다. 고온수펌프는 보통 샤프트 실과 베어링이 수냉식으로 되어 있으므로 냉각수가 절대 단수되지 않도록 주의한다.

펌프의 수량과 양정과의 특성 면에서는 수량 변화에 따른 양정의 변화가 급격한 것은 피하고 체절시와의 양정차이가 10~15% 정도로 제작된 것을 사용한다.

8.4.4 기수분리기

물중에는 공기가 용해되어 있다. 물속에 용해되어 있는 공기의 용해량은 압력과 온도에 따라 다르게 된다. 순환수가 가열되거나 또는 압력이 변하게 되면 물속에 녹아 있는 공기가 유리되어 배관 중에 흐르게 된다. 이 공기는 관의 부식과 소음의 원인이 될 뿐 아니라 순환장애를 일으키기도 한다. 그러므로 이 공기를 제거하기 위한 방법의 한 가지로 순환수에 원심력을 주어 공기와 물을 분리하는 기수분리기를 설치하여 배관중의 공기를 분리하여 배관계 외부로 배출시키도록 한다.

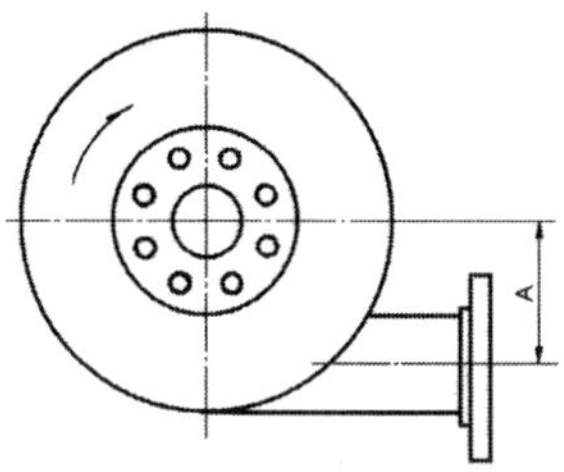

입구지름 \ mm	A	D	L	H
100	96	300	350	1290
150	96	350	390	1340
200	120	450	440	1600
250	140	560	490	2000
300	140	600	530	2330

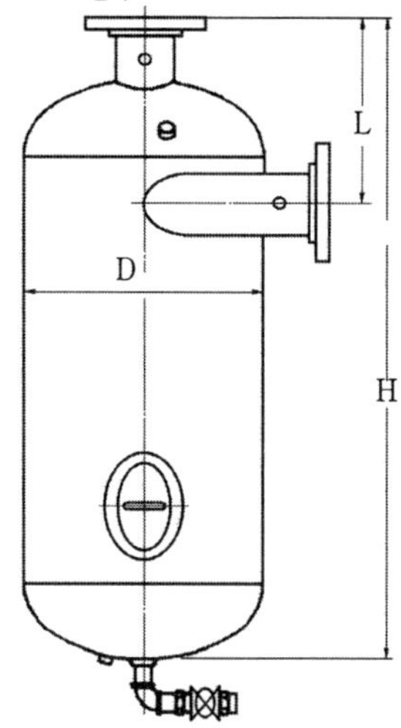

그림 8.25 기수분리기

제9장 복사난방

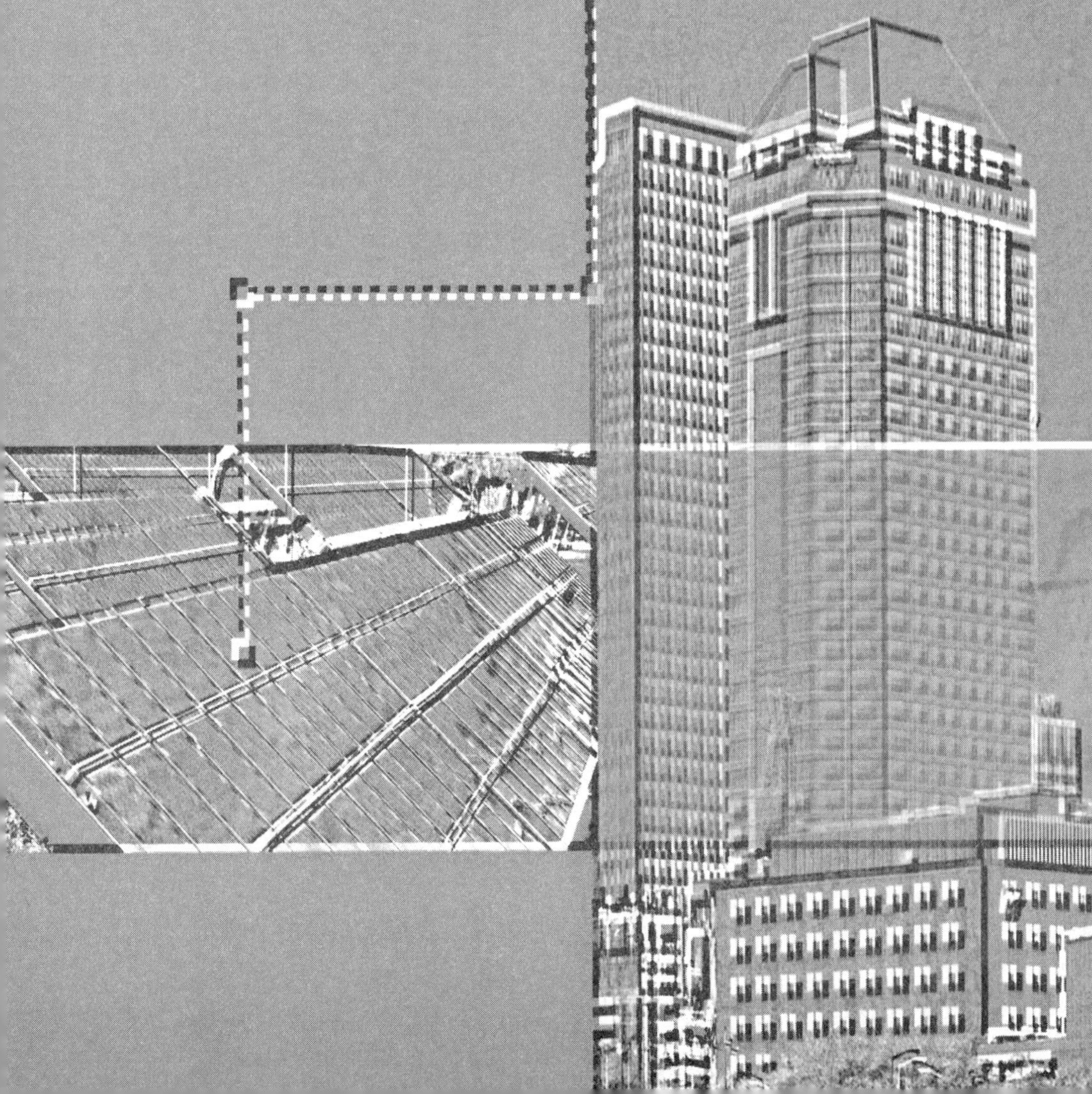

제9장 복사난방

9.1 개 요

인체는 몸의 표면에서 복사·대류·증발의 세 가지 전열과정에 의하여 방열하고 주위 환경과 열적 평형을 유지하며 이 세 가지의 어느 것이라도 불균형을 이루면 쾌적감을 잃게 된다. 따라서 동절기 실내 벽면의 표면온도가 인체 표면온도보다 크게 낮으면 인체 표면에서 복사방열이 크게 되고 일반적인 난방실온이 유지되어도 추위를 느끼는 일이 있게 된다. 복사난방에서는 이러한 문제점을 작게 하고 몸에서의 복사로 인한 손실을 최소화한다.

복사에너지는 빛의 속도로 똑바로 전달되며 반사되기도 한다. 그리고 흡수에 의하여 물체의 온도를 상승시키나 통과하는 공기는 가열하지 않는다. 복사에너지는 건물환경 내에 있는 모든 물체 사이에서 연속적으로 교환이 일어난다. 복사에너지의 전달되는 양은 다음 인자에 의하여 결정된다.

① 방사면과 도달면의 온도

② 복사면의 방사율

③ 도달면의 반사율, 흡수율, 전달률

④ 방사면과 도달면 사이의 형상계수

이 중에서 가장 큰 영향을 주는 인자는 물체 표면의 온도이다. 일반적으로 거친 면은 낮은 반사율과 높은 방사율 및 흡수성을 가진다. 거꾸로 매끈하거나 광택이 있는 면은 높은 반사율과 낮은 흡수율 및 방사율을 가진다. 복사난방은 실내의 바닥이나 벽 또는 천장을 온수나 공기 또는 전열을 이용하여 직접 가열하거나, 가열용 패널 등을 부착하여 방열체로 하고 이 방열체로부터 방사되는 복사열에 의하여 따뜻함을 느끼도록 하는 것으로 방사체에서 방열량의 50~70%가 복사에 의한 것이다. 복사난방에서의 방열면을 패널이라 한다. 복사난방의 장단점을 살펴보면

▣ 장 점

① 다른 난방방식에 비교하여 쾌적감이 높다.

② 실내 상하의 온도차가 그림 9.6과 같이 다른 난방방식에 비하여 작고 바닥 난방일 경우에는 두한족온이 된다.

③ 천장고가 높은 공장이나 외기침입이 있는 곳에도 난방감을 얻을 수 있다.

④ 실내에 방열기를 설치하지 않으므로 바닥이나 벽면을 유용하게 이용할 수 있다.

⑤ 고온복사난방과 같이 패널온도를 높게 함으로써 실내공기온도를 낮게 유지하는 것이 가능하므로 난방부하를 작게 할 수 있다.

▣ 단 점

① 큰 방열면을 필요로 하고 배면에 단열 등의 설비비가 높아진다.

② 열용량이 크기 때문에 방열량 조절에 시간이 걸리고 간헐난방에는 그다지 적합하지 않다.

③ 매립코일이 고장나면 수리가 어렵다.

④ 건축구조가 복잡하게 되는 경우가 많다.

9.2 복사난방의 분류

복사난방을 위한 가열면을 패널이라 하며, 패널표면의 온도, 패널의 위치 · 구조 등에 의하여 복사난방은 표 9.1과 같이 분류된다.

표 9.1 복사난방의 분류

분류	방식	구분
패널 표면온도	저온식	패널 표면온도를 30~45℃로 유지
	고온식	패널 표면온도를 백수십도로 유지
	적외선식	패널 표면을 빨갛게 가열하여 적외선을 방사
패널 위치	천장패널	패널을 천장에 설치
	바닥패널	패널을 바닥에 설치
	벽패널	패널을 벽에 설치
패널 구조	파이프매설식	배관을 구조체 속에 매립하여 가열
	덕트식	덕트를 이용하여 가열
	유닛패널식	강판 또는 판제로 패널을 제작하여 조립설치

9.2.1 패널 표면온도에 의한 분류

(1) 저온식

저온식이란 패널 표면온도를 30~45℃ 정도로 유지하는 것이며 패널 내에 배관 코일을 매설하고 여기에 온수 등과 같은 열매를 통과시켜 패널을 가열하는 방식이다. 우리나라에서 바닥패널 방식으로 많이 이용되고 있는 방식으로 단독주택이나 공동주택, 기숙사 등 주거용 건물에 적용되고 있다. 온수를 통한 경우에 표면온도와 온수온도 및 온도강하를 표 9.2, 9.3에 보여준다.

저온식에서 온수를 열매로 하는 것 외에 전열선을 염화비닐이나 특수재료로 피복한 것을 패널 내에 매설하는 전기방식이나, 바닥 밑에 덕트를 부설하거나 중공형 타일로 공기통로를 만들고 여기에 온풍을 보내어 패널표면을 가열하는 온풍방식도 있다.

전자는 일반건축물의 난방 외에 노면이나 지붕의 융설에도 이용되고 있으며, 후자는 연소가스를 직접 이용하는 한국의 재래식 온돌이 있고, 또 가열 후 온풍을 직접 실내로 불어내게 하는 것도 있다.

표 9.2 온수패널의 허용 최고표면온도

가열면의 종류	표면온도[℃]
일반바닥	31
실내벽면, 통로바닥, 천장 등	43
철판패널	71

표 9.3 패널 내 온수온도와 온도강하

가열면의 종류	온수온도[℃]	온도강하
콘크리트바닥	38~55	6~8
목재바닥	65~82	15
일반천장	49~60	15
콘크리트천장	49~55	6~8
콘크리트벽	38~55	6~8
철판	65~82	-

(2) 고 온 식

고온식은 강판에 파이프코일을 붙여 이것에 고온수나 증기를 통해 패널 표면온도를 백 수십℃로 유지하고 여기에서 방출되는 복사열을 인체가 직접 받도록 하거나 일부는 바닥이나 벽면을 가열하여 그 표면온도를 올림으로써 2차적으로 방열하는 방식이다.

고온식은 실내기온이 10℃ 이하 정도로 내려가도 충분한 난방감을 얻을 수 있으며 또한 패널의 설치위치가 높아도 바닥 부근에서 난방효과를 얻을 수 있으므로 공장·체육관·창고 등의 대용적 공간난방에 널리 이용된다. 그리고 실온을 그다지 높이지 않아도 난방이 가능하므로 난방부하가 작게 되고 에너지 소비량도 다른 난방방식에 비하여 작게 된다.

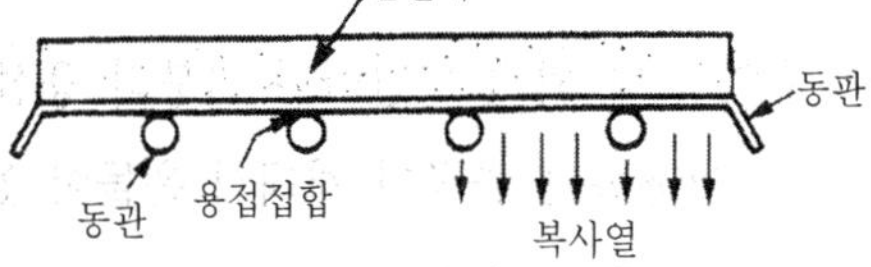

그림 9.1 고온복사 패널

(3) 적외선식

적외선식은 연소 가스나 전열을 이용하여 패널 표면온도를 800~1,000℃ 정도로 유지하여 그 고온면에서 나오는 적외선을 직접 인체에 방사하여 난방효과가 얻어지도록 한 것이며, 공장·창고 등의 난방이나 건물입구나 실외에서의 국소난방에 사용된다. 그림 9.2에 적외선 난방장치를 보여준다.

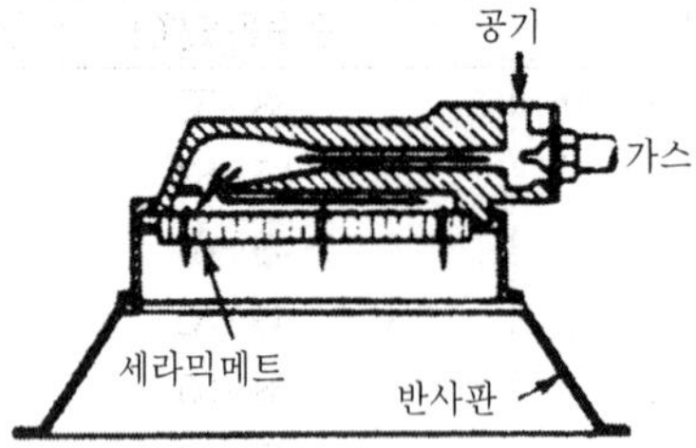

그림 9.2 적외선 난방장치

9.2.2 패널 위치에 의한 분류

(1) 천장패널

일반 건축물에서 천장패널은 바닥패널에 비해 시공이 곤란하지만, 복사면이 가구 등에 의하여 방해되는 일이 없고 표면온도를 바닥패널의 경우보다 높게 취할 수 있으므로 패널면적이 적어도 된다. 패널은 천장의 건축구조체 속에 코일을 매립하거나 또는 이중천장용 패널 이면에 배관을 부착하거나 유닛패널을 이용한다. 표 9.2는 저온 복사난방에서의 패널표면 최고허용온도이다. 천장패널은 천장이 낮은 방에서는 인체 두부에 대한 가열량이 많게 되어 머리가 뜨거워지므로 불쾌감을 느끼게 되는 경우가 많아 부적합하다. 단, 공장, 기타 천장이 높은 곳에서는 고온 복사난방이나 적외선난방으로 쓰인다.

(2) 바닥패널

바닥패널은 천장이나 벽패널에 비하여 시공이 용이하므로 널리 쓰이고 있으며, 특히 우리나라의 주거용 건물에서는 전통 난방방식인 온돌용으로 대부분이 이 방식을 택하고 있다. 그리고 실내의 상하 온도분포나 쾌적도 면에서 최적의 난방감을 준다.

이 방법은 그림 9.4와 같이 건축구조체 속에 코일을 매설하거나 유닛패널을 이용한다. 패널표면의 온도를 30℃ 정도 이상으로 하는 것은 체감상 좋지 않으므로 큰 패널면적을 요하게 되고, 복사면이 가구 등으로 덮여서 유효하게 쓸 수 없게 되는 일이 있으므로 주의를 요한다.

(3) 벽 패 널

벽패널은 거의 이용되지 않는 방식으로, 외벽면의 영향을 줄이기 위하여 바닥 또는 천장 패널의 보조로서 유효하지만, 파이프 매설식 구조의 것은 시공이 곤란하고 가구 등에 의해 방해되는 일도 있으므로 주의를 요한다.

9.2.3 패널 구조에 의한 분류

(1) 파이프 매설식

파이프 매설식은 15~32A의 강관 또는 9~20ø 정도의 동관이나 합성수지관을 그림 9.3과 같은 코일모양으로 그림 9.4와 같이 콘크리트나 모르타르 내부에 매립하거나, 바닥 아래 또는 천장 속 공간에 부설한 것이며, 관경은 일반적으로 바닥패널보다 천장패널 쪽이 가늘게 된다.

코일의 피치는 표 9.4와 같은 값이 일반적으로 쓰이나, 열손실이 많은 실에서는 좁게, 적은 실에서는 넓게 해도 된다. 하나의 코일 길이는 50m 정도로 하고, 이음부위는 용접구조로 하여 이음쇠를 쓰지 않는 것이 바람직하다.

파이프의 매설깊이는 깊을수록 패널 표면온도가 균등해져서 이상적이지만 비경제적이다. 콘크리트나 모르타르 내에 매립할 때는 배관 위 표면에서 모르타르 마감면까지의 두께를 관 외경의 1.5배 이상으로 하는 것이 바람직하다.

패널면이나 매설코일은 가열에 의하여 팽창되므로 주위의 구조체 사이에 팽창 여유를 고려하여야 한다. 매립식인 경우에는 모르타르와 파이프가 밀착하지 않으므로 코일의 신축에 대해 슬립이 허용된다. 그러나 신축차의 절대량을 적게 하기 위해, 장변이 매우 긴 패널에서는 파이프의 직선부분이 패널면의 단변에 평행하게 배관하는 것이 좋다. 패널의 뒷면에는 그림 9.4와 같이 단열재를 사용하여 배면으로의 열손실을 적게 한다.

표 9.4 코일 피치(mm)

관 경	간 격	최소 간격
15	150~250	90
20	200~300	100
25	250~375	150
32	300~500	200
40	300~600	250

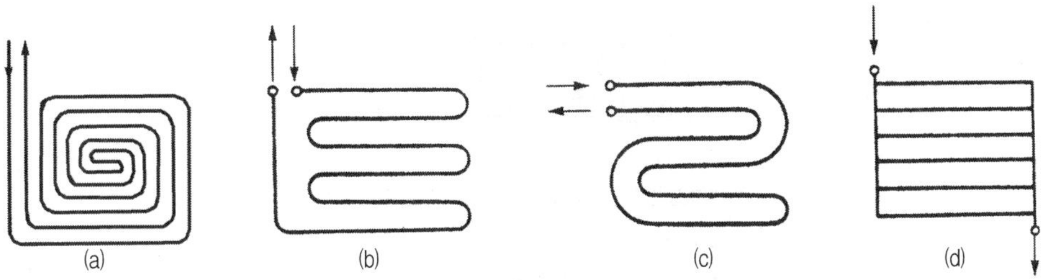

그림 9.3 매립배관의 배열방법

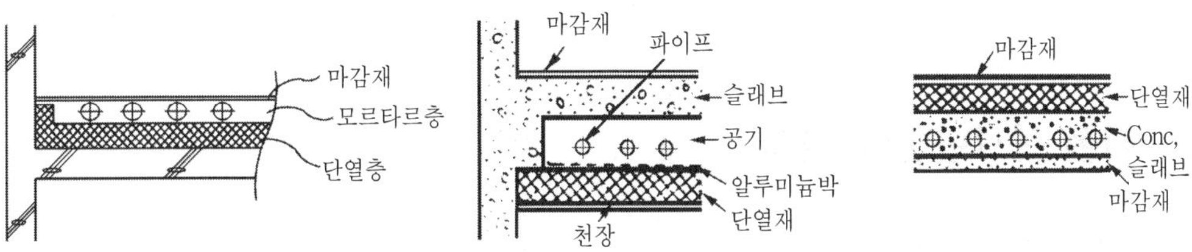

(a) 매립형 바닥패널 (b) 천장 속 설치 바닥패널 (c) 매립형 천장패널

그림 9.4 패널의 구조

(2) 덕트식

덕트식은 콘크리트 덕트 또는 중공 블록을 써서 온풍복사난방을 하는 방식으로, 우리나라의 전래 구들난방과 유사한 방법이다.

(3) 유닛 패널식

유닛 패널식은 아연도금 강판이나 알루미늄 판에 강관이나 동관 등을 용접 또는 철물을 사용하여 부착하고 배면에는 단열재를 붙여 열손실을 방지하도록 하며 일정한 규격의 제품을 조합하여 복사면을 구성하도록 하는 방식이다.

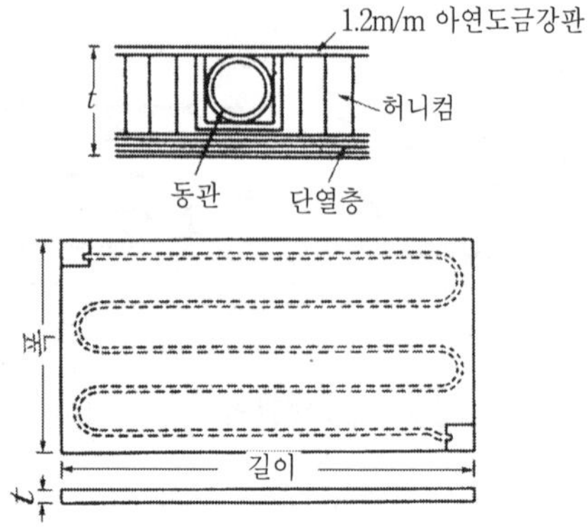

그림 9.5 유닛 패널

9.3 저온 복사난방의 설계

9.3.1 설계순서

저온 복사난방의 설계순서는 아래와 같이 진행한다. 우선 실내온도, 외기온도를 정하고 유효온도를 선정한다. 그림 9.6은 작업강도와 착의상태에 따른 예상 온열감이 0이 될 때의 실온과 평균복사온도와의 관계이다. 그리고 패널면으로 이용가능한 바닥, 천장 등의 면적을 결정한 후에 손실열량을 패널면적으로 나누어 단위 면적당 방열량을 계산하고, 패널 표면온도를 결정한다.

패널 표면온도가 표 9.2의 최고 허용온도보다 높을 때에는 구조를 변경하여 열손실을 줄이거나, 패널면적을 늘려 재계산한다. 또는 다른 난방설비를 보충하도록 한다.

가정한 배관간격으로 패널의 열저항을 구하여 배관간격을 구하고, 구해진 배관간격 값으로 패널 열저항을 계산하는 과정을 반복하여 배관간격을 최종 결정하고 길이를 계산한다.

① 패널 면의 위치와 가열면적(A_p) 결정

② 실내온도(t_r)와 실외온도(t_o)의 결정

③ 실의 손실열량을 이용하여 패널의 단위면적당 방열량(q_p) 계산

④ 패널의 표면온도(t_p)를 선도를 이용하여 구한 후 허용온도와 비교검토

⑤ 비가열면의 표면온도(t_s) 계산

⑥ 비가열면의 평균복사온도(UMRT) 계산

⑦ 평균복사온도(MRT)의 계산

⑧ 유효온도(t_e)를 구하여 적합성 검토

⑨ 몰탈표면온도(t_s)를 구하여 패널배면의 방열량(q_d)를 구한다.

⑩ 배관의 바깥지름과 피치를 가정한다.

⑪ 패널 내의 열저항(R_p)계산

⑫ 배관 표면온도(t_{ps})의 결정

⑬ 선도상의 q_d와 ⑨항 비교 검토

⑭ 온수 평균온도(t_{um})의 결정

⑮ 배관 간격, 소요 길이 결정

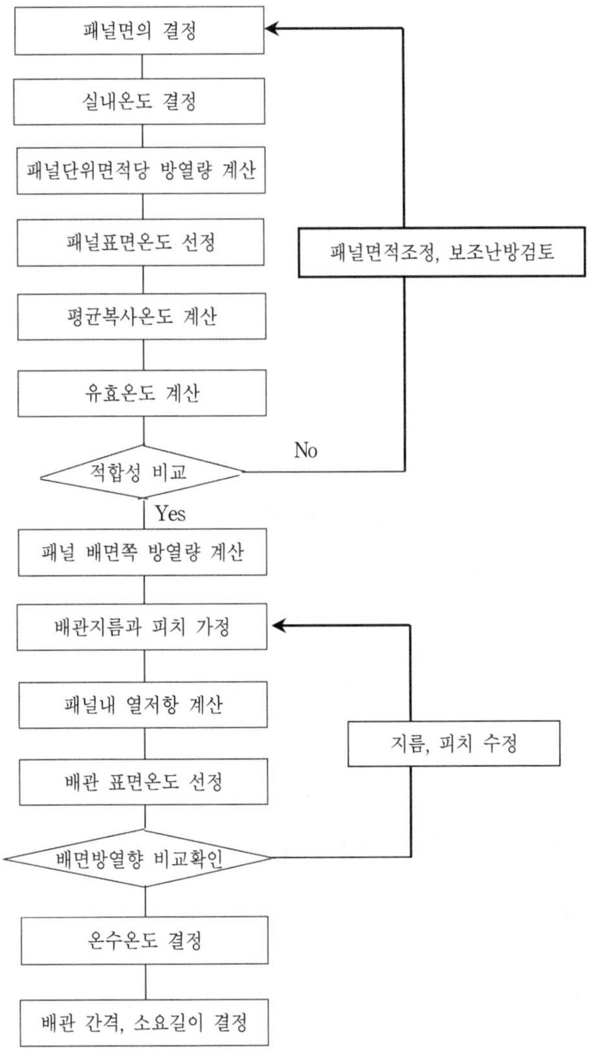

그림 9.6 복사난방의 설계 흐름도

9.3.2 유효온도

인체의 난방감을 좌우하는 열적 환경을 나타내는 지표로서 유효온도가 있다. 유효온도 t_e[℃]는 다음 식으로 구하여진다.

$$t_e = 0.58t_r + 0.48t_m - 2.2 \tag{9.1}$$

여기에서 t_r : 실내공기온도[℃]

t_m : 평균복사온도[℃]

위 식의 계산결과를 도표로 나타내면 그림 9.7과 같다. 그림의 우측은 각종 작업상태에 적용해야 할 효과온도의 개략적인 값이다.

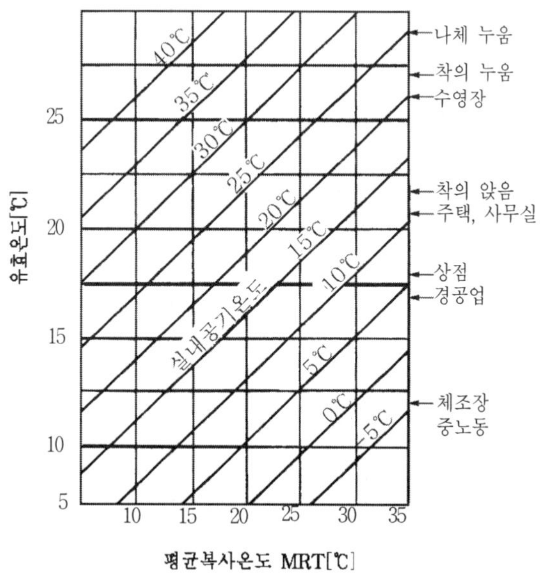

그림 9.7 유효온도

9.3.3 비가열면 평균복사온도(UMRT)

패널면을 제외한 실내의 비가열면의 평균복사온도(Unheated Mean Radiant Temperature)를 말하며 다음 식으로 구한다.

$$UMRT = \frac{\sum t_s A}{\sum A} \tag{9.2}$$

여기에서 t_s : 실내의 각 비가열면 표면온도[℃]

A : 비가열면의 표면적[m^2]

위에서 비가열면의 표면온도는 식 (9.3)으로 구할 수 있으며 그림 9.8과 9.9의 선도를 이용하여 구할 수도 있다. 그림 9.8의 선도는 실내온도 21℃일 경우를 기준으로 하며 온도가 다를 경우에는 그림 9.9의 보정계수를 이용하여 보정한다.

$$t_s = t_r - \frac{U}{\alpha}(t_r - t_o) \tag{9.3}$$

여기에서 t_r : 실내공기온도[℃]

t_o : 실외공기온도[℃]

U : 비가열면의 열관류율[W/(m^2 · K)]

α : 비가열면의 실내측 열전달 계수[W/(m^2 · K)]

수평상향일 때 9.26, 수평하향일 때 8.29, 수직일 때 9.09

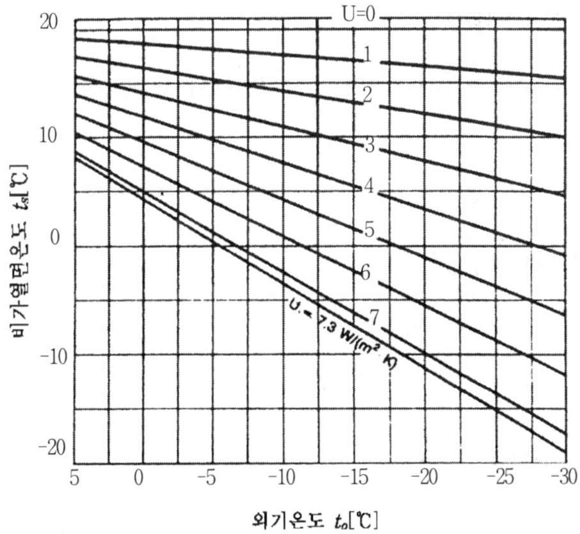

그림 9.8 비가열면 표면온도와 외기온도와의 관계

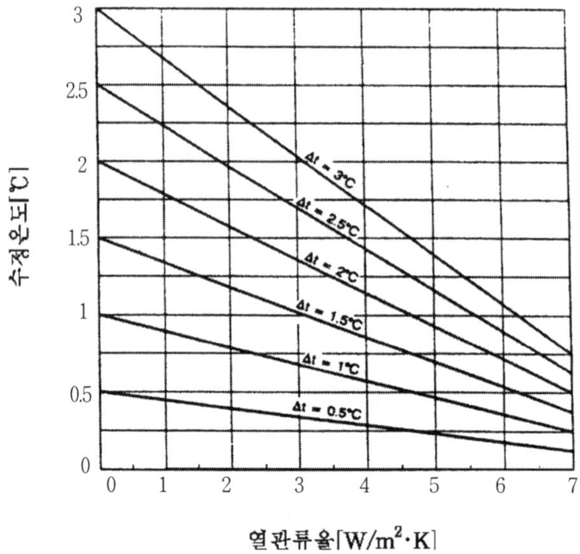

그림 9.9 실내온도에 따른 보정계수

9.3.4 평균복사온도(MRT)

패널면을 포함한 실내표면의 평균복사온도(Mean Radiant Temperature)이며 근사적으로 다음 식에 의하여 구해진다.

$$t_m = \frac{t_p A_p + \sum t_s A}{A_p + \sum A} \tag{9.4}$$

여기에서 t_p : 패널 표면온도[℃]

A_p : 패널 표면적[m^2]

9.3.5 실의 손실열량 계산

실의 손실열량[H_L] 계산은 패널부분을 제외하고 제 2 장의 난방부하 계산방법을 참조한다.

9.3.6 저온복사패널의 방열량

(1) 패널의 전 방열량

앞에서 구한 손실열량 H_L[W]과 실내에서 이용할 수 있는 패널면적 A_p[m^2]에 의해 패널 단위면적당의 방열량 q_p[W/m²]는 다음 식으로 구해진다.

$$q_p = \frac{H_L}{A_p} \tag{9.5}$$

패널에서의 전 방열량 q는 다음에서 구하는 복사에 의한 방열량과 대류에 의한 방열량의 합으로 구해진다.

$$q = q_r + q_c \tag{9.6}$$

(2) 복사에 의한 방열량

복사에 의한 저온복사패널의 방열량 q_r[W/m²]은 다음 식으로 구해지며 그림 9.10을 이용하여 구할 수도 있다.

$$\begin{aligned} q_r &= F\sigma(T_1^4 - T_2^4) \\ &= 5.0(\frac{t_p + 273}{100})^4 - (\frac{UMRT + 273}{100})^4 \end{aligned} \tag{9.7}$$

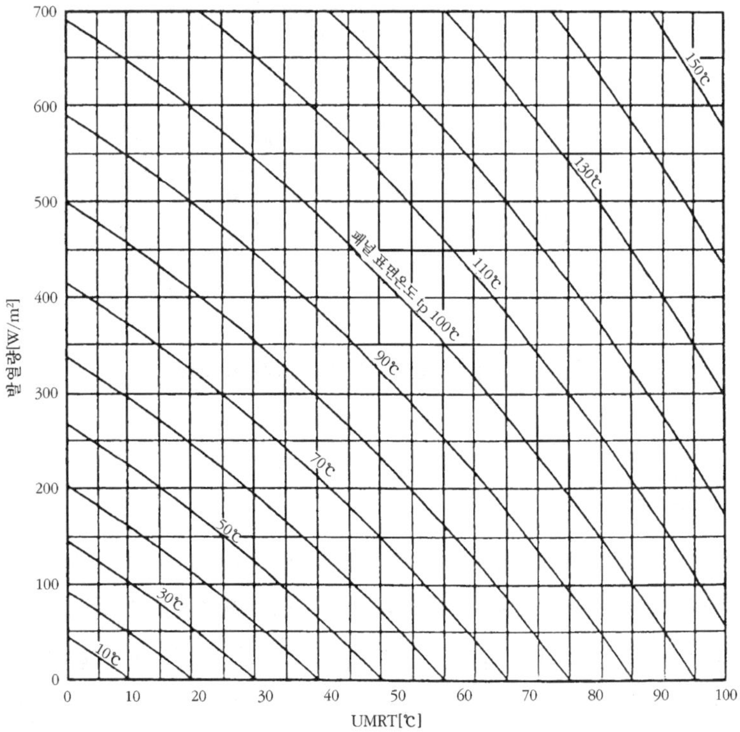

그림 9.10 복사 방열량

(3) 대류에 의한 방열량

패널의 위치에 따른 자연대류 방열량 q_c[W/m^2]는 다음 식으로 구해지며 그림 9.11에 의하여도 구할 수 있다.

천장패널의 경우 : $q_c = 0.14(t_p - t_r)^{1.25}$ (9.8)

바닥패널의 경우 : $q_c = 2.12(t_p - t_r)^{1.31}$ (9.9)

벽패널의 경우 : $q_c = 1.78(t_p - t_r)^{1.32}$ (9.10)

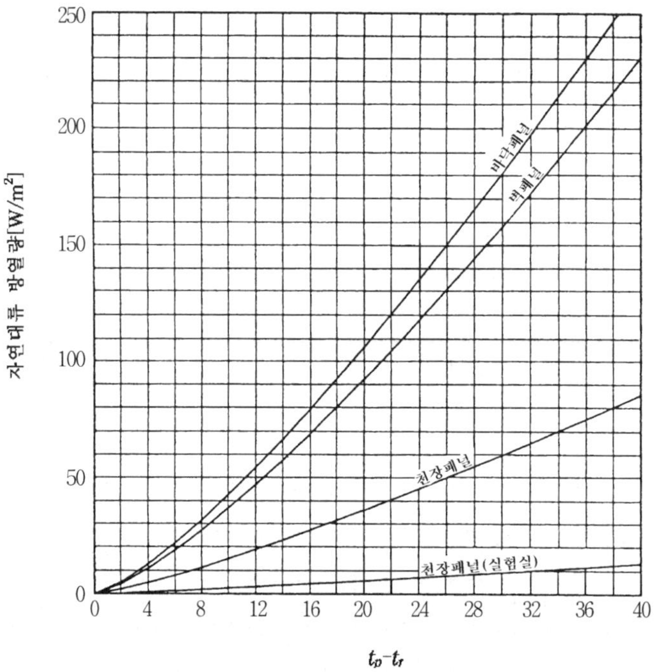

그림 9.11 패널의 대류에 의한 방열량

9.3.7 패널 표면온도

패널의 표면온도 t_p는 패널의 방열량과 실내온도조건에 따라 그림 9.12와 그림 9.13에 의하여 구한다. t_p가 허용온도보다 높을 때는 패널면적 등의 값을 조정하여 다시 구한다. 일반적으로 패널 표면온도로 이용되는 값은 표 9.2와 같다.

패널 위에 리노륨, 마루판 등의 마감재가 있을 때 구체인 몰탈 표면온도 t_s는 아래와 같이 구할 수 있다.

$$t_s = t_p + q_p r \tag{9.11}$$

여기에서 t_p : 패널 표면온도[℃]

q_p : 패널 단위면적당 방열량[W/m²]

r : 마감재의 열저항[m² · K/W]

위 식에서 마감재의 열저항 r은

$$r = \Sigma \frac{\delta_i}{\lambda_i} [\mathrm{m}^2 \cdot \mathrm{K/W}] \tag{9.12}$$

여기에서 δ_i : 리노륨 등 각 마감재의 두께[m]

λ_i : 마감재료의 열전도율[W/m · K]

다음 그림은 침입공기 온도를 0℃로 한 경우이나, 외기온도가 -35℃ 이상이고 침입공기량이 환기횟수 2회/h를 넘지 않는 경우에 천장고 2.1~3.6 m의 일반구조인 건물에 적용할 수 있다.

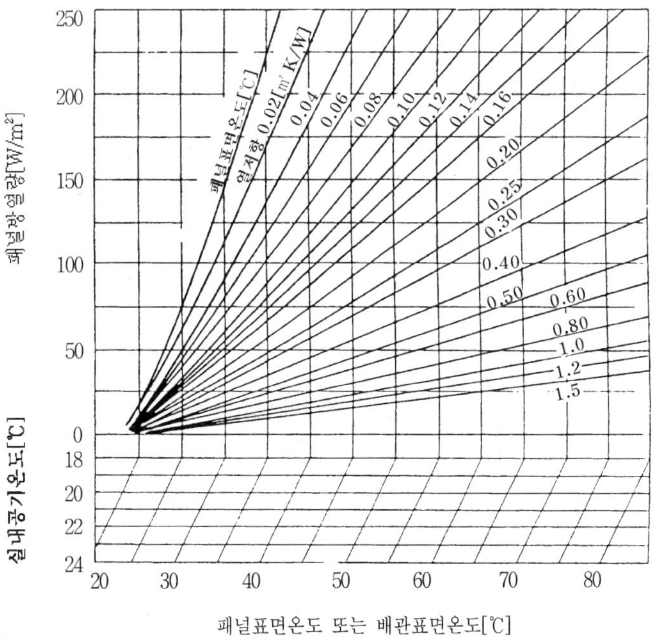

그림 9.12 바닥패널의 방열량과 표면온도

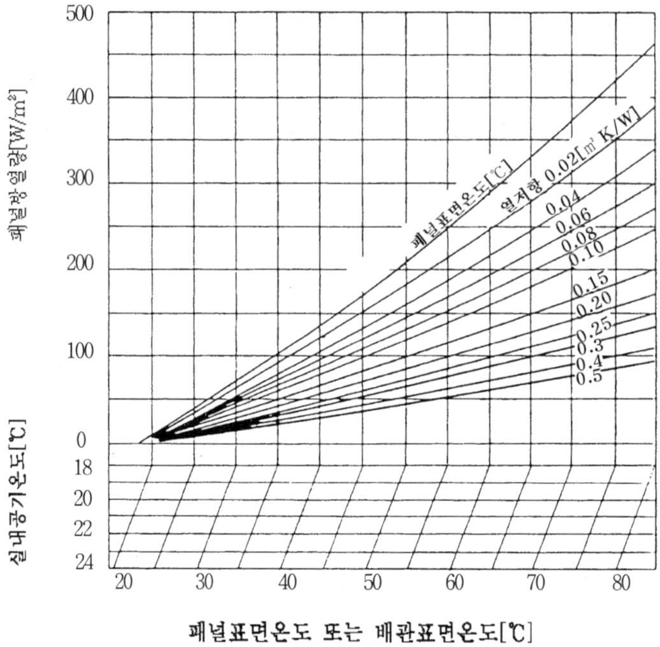

그림 9.13 천장패널의 방열량과 표면온도

9.3.8 패널 내 열저항

(1) 공기층이 없는 바닥패널

우선 그림 9.14와 같은 배관 주위에 공기층이 없을 때의 패널 내의 열저항을 구하면 아래식과 같으며 여기에서 식 (9.13)은 배관의 위쪽으로의 열저항 R_{pu}[m²h℃/kcal]이고 식 (9.14)는 배관 아래쪽으로의 열저항 R_{pd}[(m² · K)/W]값이다.

$$R_{pu} = \frac{a+b}{2\lambda_c} + \sum \frac{\delta_n}{\lambda_n} \tag{9.13}$$

$$R_{pd} = \frac{c+d}{2\lambda_c} + \sum \frac{\delta_n{}'}{\lambda_n{}'} + \frac{1}{\alpha}\left(\text{흙일 때 } \frac{l_e}{\lambda_e}\right) \tag{9.14}$$

여기에서 a : 배관의 윗면에서 패널 상면까지의 거리[m]

b : 두 배관 사이의 중심선과 패널 상면과의 교차점에서 배관 표면 사이의 거리[m]

c : 배관 아랫면에서 패널 하면까지의 거리[m]

d : 두 배관 사이의 중심선과 패널 하면과의 교차점에서 배관 표면과의 거리[m]

λ_c : 배관매립구조체의 열전도율[W/(m · K)]

δ_n, δ_n' : 주 구조체 이외의 재료의 두께[m]

λ_n, λ_n' : 주 구조체 이외의 재료의 열전도율[W/(m·K)]

α : 아랫면이 공기일 때 열전달률[W/(m·K)]

l_e : 흙의 두께(일반적으로 1 m로 잡는다)

λ_e : 흙의 열전도율 1.5~2.3[W/(m·K)]

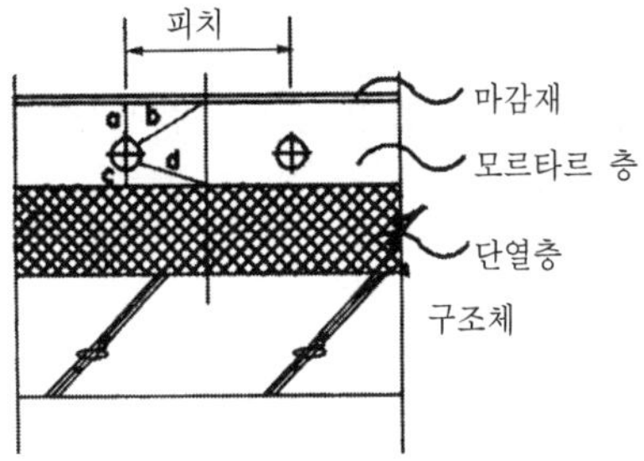

그림 9.14 공기층이 없는 패널구조

(2) 배관 주변에 공기층이 있는 바닥패널

그림 9.15와 같이 배관 주변에 공기층이 있는 경우의 열저항은 아래 식으로 구한다.

$$R_{pu} = \sum \frac{\delta_n}{\lambda_n} \tag{9.15}$$

$$R_{pd} = \frac{1}{\alpha} + \sum \frac{\delta_n'}{\lambda_n'} \tag{9.16}$$

여기에서 δ_n, δ_n' : 구조체의 두께[m]

λ_n, λ_n' : 구조체의 열전도율[W/(m·K)]

α : 아랫면이 공기층일 때의 열전달률[W/(m²·K)]

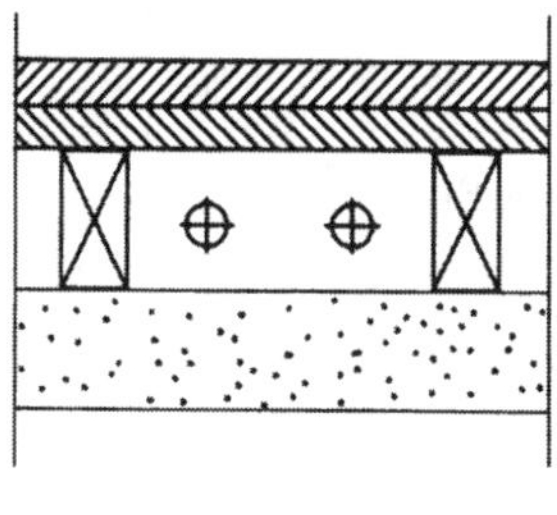

그림 9.15 공기층이 있는 패널구조

(3) 천장패널

배관을 은폐하는 마감재료가 프라스터일 때 가열면까지의 열저항을 0.034[(m^2 · K)/W]로 한다. 기타의 경우에는 (1)항과 같이 구한다.

9.3.9 배관 표면온도 선정

배관표면온도(t_c)는 위에서 구한 천장 또는 바닥 패널의 열저항 R과 패널 방열량 q_p, 실내온도 t_r을 이용하여 그림 9.12나 그림 9.13에서 구하거나 아래 식으로 구할 수 있다.

$$t_c = t_p + R \cdot q_p \tag{9.17}$$

여기에서 t_p : 패널 표면온도[℃]
R : 패널 내의 열저항[(m^2 · K)/W]
q_p : 패널 단위면적당의 필요가열량[W/m^2]

9.3.10 패널 배면 쪽 방열량

중간층의 바닥패널일 때 콘크리트 윗면의 표면온도 t_s와 하층의 실내공기온도 t_b로 아래층으로의 열손실량 q_d[W/m^2]를 구한다. 단, 콘크리트 슬래브의 아랫면이 직접 아래층의 천장이 되고 있는 경우는 그림 9.13에서 직접 q_d를 구한다. 또한 콘크리트 아랫면에 단열재가 있거나 이중천장으로 되어 있을 때는 온도 t_s인 콘크리트표면에서 온도 t_b의 아래층 공기까지의 전열계수 C_1[W/m^2 · K]를 구하고 다음 식에 의하여 손실열량 q_d를 계산한다.

$$q_d = C_1(t_s - t_b) \tag{9.18}$$

지반 위 바닥 패널인 경우에는 바닥패널 주변의 단열상태에 의해 그림 9.16에서 지반 위 바닥패널에서 지반으로의 열손실계수 C를 구하고, 패널 주변의 길이 p[m]에 의한 열손실을 다음 식과 같이 구한다.

$$q_d = \frac{Cp(t_s - t_o)}{A_p} \tag{9.19}$$

여기에서 t_s : 콘크리트표면 온도[℃] [(식 9.11) 참조]

C : 열손실계수

p : 패널 주변의 길이[m]

A_p : 패널면적[m^2]

t_o : 옥외공기온도[℃]

천장패널인 경우에는 상부로의 열손실 q_u를 구한다. 천장패널에서 위층으로의 열손실을 구할 때는 그림 9.12를, 바닥패널에서 아래층으로의 열손실을 구할 때는 그림 9.13을 이용한다.

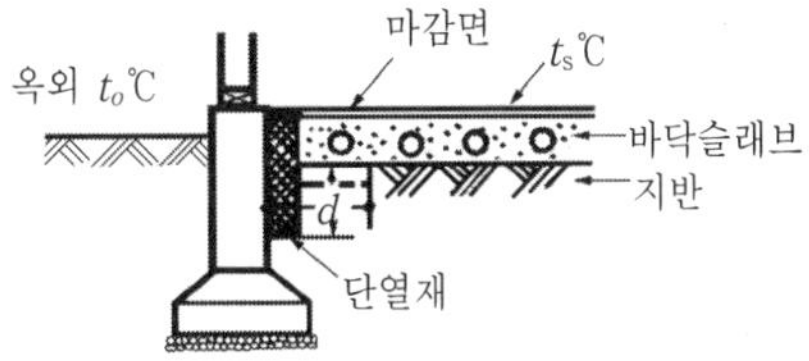

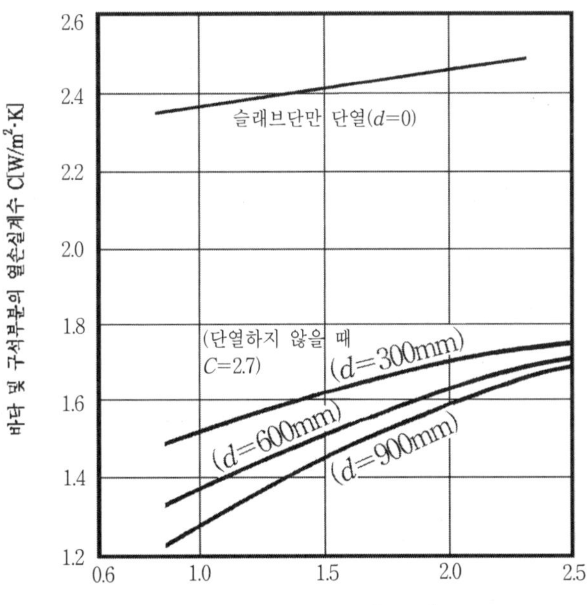

그림 9.16 지반 위 패널에서 지반으로의 열손실

9.3.11 온수온도

배관 내에 흐르는 온수의 평균온도와 입출구 온도는 아래와 같이 구한다. 이때 코일이 비금속 재료인 경우에는 표면 온도보다 1~2도 높게 한다.

$$t_{wm} = t_c + (0.5 \sim 1) \tag{9.20}$$

$$t_{wi} = t_{wm} + \frac{\Delta t}{2} \tag{9.21}$$

$$t_{wo} = t_{wm} - \frac{\Delta t}{2} \tag{9.22}$$

여기에서 t_{wm} : 온수평균온도[℃]
t_{wi} : 배관입구 온수온도[℃]
t_{wo} : 배관출구 온수온도[℃]
Δt : 배관 내 온도강하

일반적으로 이용되고 있는 배관 내 온도강하는 표 9.3과 같다.

9.3.12 배관코일의 길이와 피치

배관의 전 길이를 구하기 위하여 식 (9.23)과 같이 패널 단위면적당 배관의 소요표면적 S_p[m^2]를 구한 후 길이와 피치를 계산한다. 패널 내의 배관 표면적당 방열량은 파이프의 위치와 매설깊이에 의하여 공기층이 없을 때는 그림 9.17과 보정계수 표 9.5를 이용하여 구하고 공기층이 있는 경우에는 그림 9.18을, 천장패널의 경우에는 그림 9.19와 표 9.6의 보정계수를 이용한다. 배관재의 매설깊이는 모르타르나 콘크리트 이외의 재료일 경우에는 그 재료의 두께를 식 (9.24)와 같이 상당두께로 환산하여 적용한다.

$$S_p = \frac{q_p + q_d}{h(t_{wm} - t_p)} \tag{9.23}$$

여기에서 q_p : 패널표면에서의 방열량[W/m^2]
q_d : 패널 반대쪽에서의 방열량[W/m^2]
h : 배관표면 1m^{2}당 방열량[W/(m^2 · K)]
t_{wm} : 온수 평균온도[℃]
t_p : 패널 표면온도[℃]

배관의 매설깊이의 콘크리트 상당두께 δ_E[mm] 환산식은 다음과 같다.

$$\delta_E = \delta + \lambda_c \sum \frac{l_i}{\lambda_i} \tag{9.24}$$

여기에서 δ : 콘크리트의 두께[m]

λ_c : 콘크리트의 열전도율[W/(m · K)]

l_i : 콘크리트 이외의 재료의 두께[m]

λ_i : 위 재료의 열전도율[W/(m · K)]

배관의 피치 p[m]는 다음 식으로부터 구해진다.

$$p = \frac{s}{S_p} \tag{9.25}$$

여기에서 S : 배관의 단위 길이 당 외표면적[m²/m]

배관코일의 소요길이 L[m]은

$$L = \frac{A_p}{p} \tag{9.26}$$

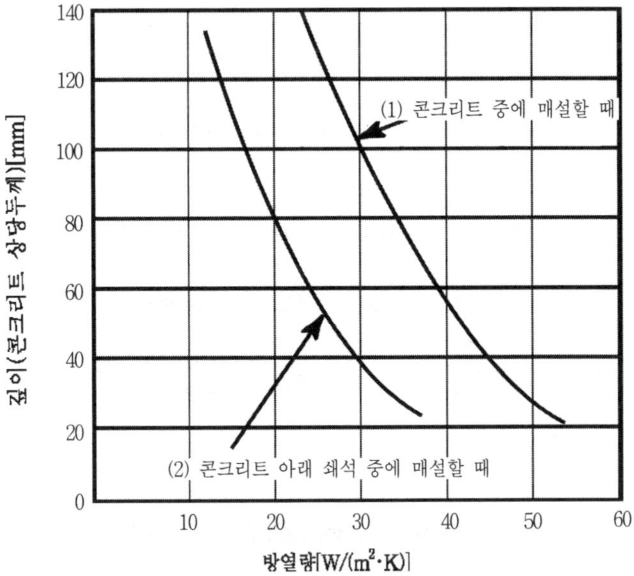

그림 9.17 바닥패널 내 배관 표면적당 방열량(공기층이 없을 때)

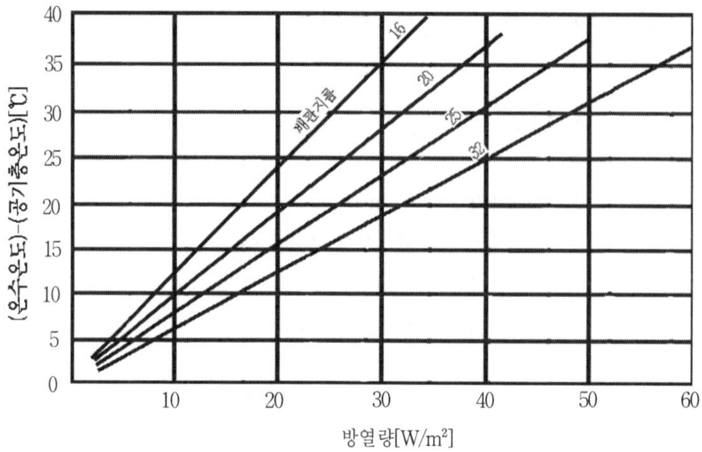

그림 9.18 바닥패널 내 배관 표면적당 방열량(공기층이 있을 때)

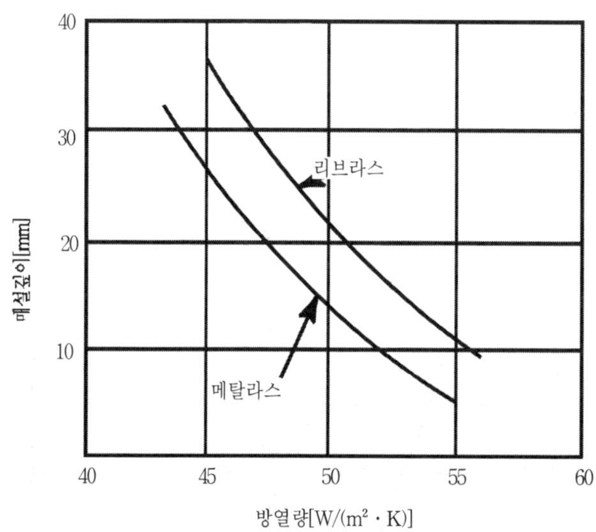

그림 9.19 천장패널 내 배관 표면적당 방열량

표 9.5 방열량 보정계수(공기층 없을 때)

관경 / 배관위치	20	25	32	40
곡선 1	1.00	0.96	0.93	0.90
곡선 2	1.00	0.98	0.95	0.91

표 9.6 방열량 보정계수(천장패널)

관경(A)	15	20	25
보정계수	1.00	0.94	0.90

9.3.13 온풍패널

온풍패널에서는 바닥 아래나 천장 속에 공기층을 설치하여, 여기에 온풍을 보내는 경우와 공기층 내에 온수코일을 설치하는 경우가 있다. 온풍패널의 설계절차는 다음과 같다.

(1) 패널의 표면온도를 구한다.

Q, A_p에서 q_p를 구하고, q_p와 t_r에 의해 그림 9.13 또는 그림 9.14에서 패널 표면온도 t_p를 구한다.

(2) 패널 내 표면온도 t_u의 결정

패널 내 표면의 공기 열전달률을 제외한 부분의 패널열저항 $R_p{}'$를 보통의 열전도 계산방법으로 구하고, 패널 내 온풍측 표면온도 t_u를 다음 식으로 구한다.

$$t_u = t_p + q_p R_p{}' \tag{9.27}$$

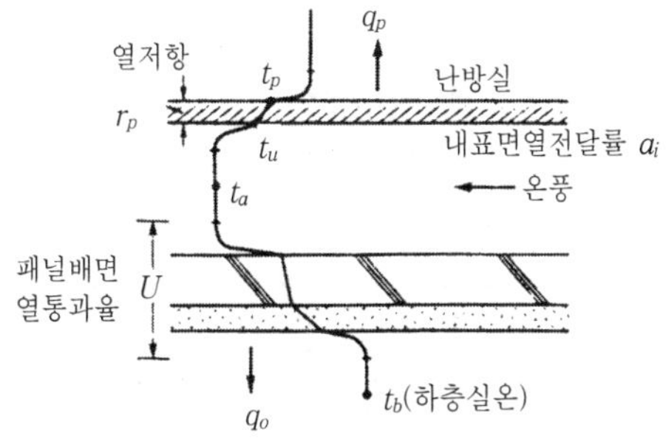

그림 9.20 온풍패널의 전열

(3) 온풍의 평균온도를 결정한다.

패널 내 온풍 표면의 공기열전달률 α_i를 이용하여 다음 식으로 온풍의 평균온도 t_a를 구한다.

$$t_a = t_u + \frac{q_p}{\alpha_i} \tag{9.28}$$

(4) 패널 배면에서의 열손실을 구한다.

패널 배면의 열관류율 U[W/m^2 · K]와 배면 외부의 공기온도 t_b에 의해, 패널배면에서의 열손실 q_o를 다음 식으로 구한다.

$$q_o = U(t_a - t_b) \tag{9.29}$$

지반 위 콘크리트 슬래브 내의 온풍용 공기층의 경우는, 슬래브 표면온도 t_s를 구하고, 9.3.10절과 같이 구한다.

【예제 9.1】

t_r=20℃, q_p=90 W/m², r_p=0.06 m² · K/W인 경우, 바닥패널의 표면온도 t_p 및 코일 표면 온도를 구하라.

풀이 그림 9.12에서 방열량을 기준으로 하여 패널의 온도를 구하면 t_p=29℃이고, 열저항 값으로 하여 코일표면온도를 구하면 t_c=34℃로 구해진다.

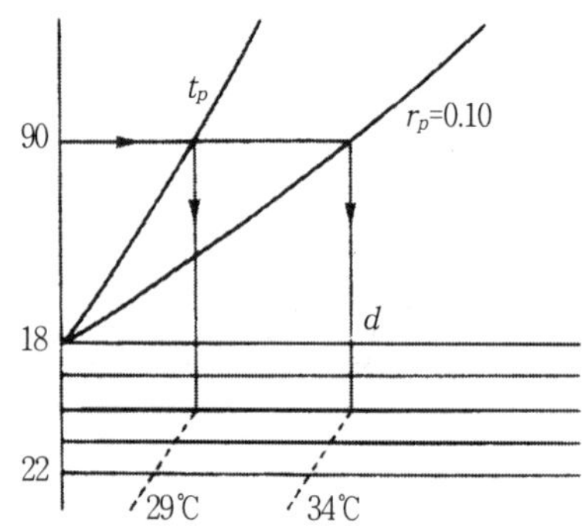

예제 그림 9.1

【예제 9.2】

다음 그림과 같은 주택의 거실을 패널난방으로 하고자 한다. 패널의 구조는 다음 그림과 같고 외경 20 mm인 합성수지관을 사용할 때 패널에 매립되는 코일을 설계하라. 바닥 아래층은 동일한 난방을 하는 실이고, 그 이외에는 외기에 접해 있다. 외기온도조건은 -11.5℃, 실내온도는 22℃이고 난방부하는 85 W/m^{2}이다. 구조체의 열전달률은 외벽이 0.55, 유리가 3.8, 천장이 0.5 W/m^2 · K이고, 층고는 2.6 m이다.

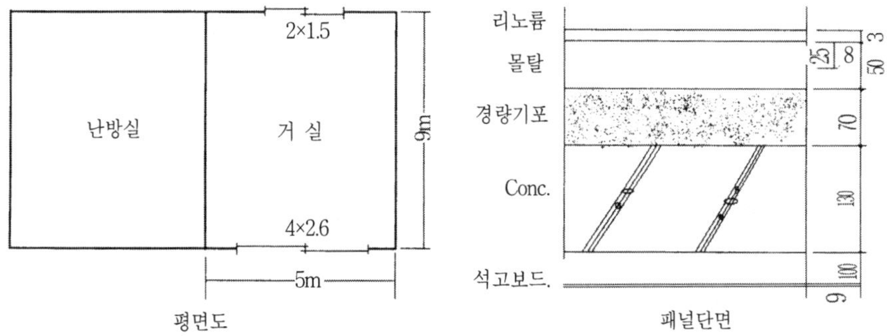

풀이 1) 패널의 가열면적 A_p= 5×9=45[m²]

2) 실 손실열량 H_L=85×45=3,825 W

3) 패널 단위면적당 방열량 q=3,825/45=85 W/m²

4) 그림 9.12에서 패널방열량이 85 W/m²일 때의 패널표면온도 t_p를 구하면 약 30℃이다. 표 9.2의 허용온도와 비교하여 보면 그 이하이므로 사용가능하다.

5) 실의 평균복사온도(MRT)를 계산하기 위하여 먼저 구조체의 열전달률[U]를 이용하여 비가열면의 표면온도 t_s를 식 (9.3)으로 계산하면

$$t_s = t_r - \frac{U}{\alpha}(t_r - t_o)\text{에서}$$

외벽에 면한 내벽면온도 $t_s = 22 - \frac{0.55}{9.09}(22+11.5) = 20.0$

유리창면의 내표면온도 $t_s = 22 - \frac{3.8}{9.09}(22+11.5) = 8.0$

천장면의 내표면온도 $t_s = 22 - \frac{0.5}{9.26}(22+11.5) = 20.2$

실의 평균복사온도(MRT)는 식 (9.4)에 의하여

$$\text{MRT} = \frac{t_p A_p + \Sigma t_s A}{A_p + \Sigma A} = \frac{30\times45 + 20\times(19\times2.6 - 13.4) + 8.0\times13.4 + 20.2\times45 + 22\times23.4}{45 + 28\times2.6 + 45}$$

$$= \frac{3601}{162.8} \fallingdotseq 22.1[℃]$$

6) 유효온도를 식 (9.1)을 이용하여 계산하여 보면

$$t_e = 0.58t_r + 0.48t_m - 2.2 = 0.58\times22 + 0.48\times22.1 - 2.2 \fallingdotseq 21.2[℃]$$

그림 9.7에서 주택의 경우 적합한 유효온도임을 알 수 있다.

7) 몰탈표면온도 t_s를 구하기 위하여 리노륨의 열저항 r을 구하면 $r = \frac{0.003}{0.19} = 0.0158$

몰탈표면온도 $t_s = t_p + q_p r = 30 + 85\times0.0158 = 31.34[℃]$

8) 패널 아래쪽 방열량 계산

$$q_d = C_1(t_s - t_b) = \frac{1}{0.984} \times (31.3 - 22) = 9.45[\mathrm{W/m^2}]$$

9) 코일간격을 200 mm로 가정하고 패널 내의 열저항(R_{pu}, R_{pd})을 식 (9.13), (9.14)에서 구하면,

$$R_{pu} = \frac{a+b}{2\lambda_c} + \sum \frac{\delta_n}{\lambda_n} = \frac{25+105.9}{2 \times 1.5 \times 1{,}000} + \frac{0.003}{0.19} \fallingdotseq 0.0594$$

$$R_{pd} = \frac{c+d}{2\lambda_c} + \sum \frac{\delta_n'}{\lambda_n'} + \frac{1}{\alpha}$$

$$= \frac{5+101.1}{2 \times 1.5 \times 1{,}000} + \frac{0.07}{0.17} + \frac{0.13}{1.4} + 0.23 + \frac{0.009}{0.17} + \frac{1}{6.13} \fallingdotseq 0.986$$

10) 배관 표면온도(t_c)는 식 (9.7)을 이용하거나 그림 9.12를 이용하여 구한다.

$$t_c = t_p + R_{pu} \cdot q_p = 30 + 0.0594 \times 85 = 35[℃]$$

11) 위에서 구한 t_c, R_pd, t_r을 이용하여 그림 9.13에서 아래층으로의 방열량 q_d를 구하면 10 W/m² 정도이므로 8)에서 구한 값과 큰 차이가 없으므로 다음 단계를 진행한다. 이 때 q_d의 값 차이가 클 때에는 가정한 피치를 조정하여 유사한 값이 나올 때까지 재계산 한다.

12) 온수평균온도(t_{wm})는 식 (9.20)에 의하여

$$t_{wm} = t_c + 2 = 35 + 2 \fallingdotseq 37[℃]$$

온수입구온도 $t_{wi} = t_{wm} + \frac{\Delta t}{2} = 37 + \frac{10}{2} = 42[℃]$

13) 배관 간격, 소요 길이 결정

배관의 소요표면적은 식 (9.23)에 의하여

$$S_p = \frac{q_p + q_d}{h(t_{wm} - t_p)} = \frac{85 + 9.45}{42(37-30)} = 0.321[\mathrm{m^2}]$$

위 식에서 h를 구하기 위하여 상당두께 $\delta_E = \delta + \lambda_c \Sigma \frac{L_i}{\lambda_i}$

$$= \mathrm{o} + 1.4\left(\frac{25}{1.5 \times 1{,}000} + \frac{3}{0.19 \times 1{,}000}\right) = 0.045[\mathrm{m}]$$

배관표면 1 m² 당 방열량 h를 그림 9.17에서 구하면 42 W/(m² · K)이다.

배관의 간격은 식 (9.25)에 의하여

$p = \frac{s}{S_p} = \frac{\pi \times 0.02 \times 1}{0.321}$ =0.196[m], 배관간격은 200 mm로 한다.

배관의 소요길이는 식 (9.26)에 의하여

$$L = \frac{A_p}{p} = \frac{45}{0.2} \fallingdotseq 225[\mathrm{m}]$$

9.4 저온 복사난방의 자동제어

복사난방에서는 실내의 공기온도만을 난방감의 척도로 하는 것은 아니므로, 실내 온도조절기만으로 온수량이나 온수온도를 제어하는 것은 적절하지 않지만, 실내의 평균복사온도를 검출하는 실용적인 검출부는 아직 없다. 또한 일반적으로 복사패널은 콘크리트바닥과 같이 열용량이 큰 것이 많으므로 실온의 변동을 용이하게 추종할 수 없어 상당한 시간지연이 있으며, 이 때문에 실온제어를 하더라도 제어한계를 벗어나 쾌적감이 손상되는 경우도 있다.

이것을 방지하기 위하여 아래와 같은 방법이 고려되고 있다.

1) 외기 온도조절기에 의하여 열매온도를 제어하고 실내 온도조절기에 의해 외기 온도조절기의 동작을 보상하는 방법
2) 외기 온도조절기에 의해 보일러의 버너연소를 제어하고 실내 온도조절기에 의해 온수온도를 제어하는 방법
3) 실내 온도조절기로 실온의 상한을 억제하는 방법

9.5 고온 복사난방, 적외선 복사난방의 설계

9.5.1 고온 복사난방

고온 복사난방은 공장, 주차장, 홀 등과 같이 실내의 공기온도도 실내 벽면의 표면온도도 낮은 경우에, 인체에서의 방열의 일부를 고온 복사패널의 복사열에 의하여 보상함으로써 인체의 난방감을 만족시키고자 하는 것이다.

Dolega는 실내의 공기온도가 실내의 가열면을 포함한 전 벽면의 평균복사온도보다 낮은 경우에 인체가 쾌적범위에 있기 위해서는 인체에 대하여 다음 식의 q_r [W/m^2]과 같은 열량을 필요로 한다고 하였다.

$$q_r = 11.0(t_e - t_{aw}) \tag{9.30}$$

여기에서 t_e : 효과온도[℃]
t_{aw} : $(t_r + t_u)/2$[℃]
t_r : 실내공기온도[℃]
t_u : 실내의 비가열면 평균복사온도[℃]

즉, 고온 복사난방에서는 효과온도 t_e를 만족하게 하는 복사패널의 표면온도 t_p와 q_r을 주게 되는 복사패널에서의 복사열을 구할 필요가 있다.

외기온도를 t_o[℃]라 하면, 유효온도는 다음 식으로 주어진다.

$$2t_e = t_r + vt_p + ut_u \tag{9.31}$$

여기에서 t_p : 복사패널 표면온도[℃]
v : 실내벽면 전 표면적에 대한 복사패널 면적의 비
u : 실내벽면 전 표면적에 대한 비가열면 면적의 비

t_u와 t_r은 아래와 같이 구할 수 있다.

$$t_u = \frac{\alpha_{rp} t_p u + \alpha_{cu} t_r u + U_u u t_o}{\alpha_{rp} u + \alpha_{cu} u + U_u u} \tag{9.32}$$

$$t_r = \frac{\alpha_{cp} t_p v + \alpha_{cu} t_u u + \dfrac{0.33Q}{S} t_o}{\alpha_{cp} v + \alpha_{cu} u + \dfrac{0.33Q}{S}} \tag{9.33}$$

여기에서 α_{rp}, α_{cp} : 복사패널의 복사 및 대류 열전달률[W/(m^2·K)]
α_{cu} : 실내공기와 비가열면 표면과의 대류 열전달률[W/(m^2·K)]
U_u : t_u 및 t_o를 기준으로 한 때의 벽체평균 총열전달률[W/(m^2·K)]
Q : 누입공기량[m^3/h]
S : 실내벽면 전 면적[m^2]

패널면 전체가 복사열을 방출하고 있는 고온 복사판의 복사 및 대류 열전달률은 다음 식으로 구하면 된다.

$$\alpha_{rp} = 4.0\left(\frac{T_p^4 - T_r^4}{T_p - T_r}\right) \tag{9.34}$$

$$\alpha_{cp} = 1.13\sqrt[4]{T_p - T_r} \tag{9.35}$$

여기에서 T_p, T_r : t_p, t_r의 절대온도[K]

고온 복사난방의 설계순서는 다음과 같다.

① 효과온도 t_e 및 실온 t_r을 결정한다.

② 실온 t_r과 외기온도 t_o에서 실내 비가열면 평균복사온도 t_u를 구한다.

③ 식 (9.30)에 의하여 q_r을 구한다.

④ 고온 복사패널의 크기와 배치를 결정한다.

⑤ 인체와 고온 복사패널과의 사이에 형상계수를 구한다.

⑥ 식 (9.31)을 만족하는 t_p를 구한다.

⑦ 식 (9.32), (9.33)에 의하여 t_u 및 t_r을 구한다.

⑧ 위에서 구한 t_u, t_r과 1, 2항에서 결정한 t_u, t_r이 같은가를 확인한다. 같지 않을 때에는 t_u, t_r, v 중 하나 또는 전체를 선정하여 재계산한다.

⑨ 구해진 t_p와 인체(표면온도를 20℃로 하는 것이 좋다)와의 사이에 복사 열교환량을 형상계수를 이용하여 구하고 식 (9.30)에서 얻어진 q_r이 같은가를 확인한다. 위의 계산은 t_p, t_r, v 등의 결정에 있어서 여러 번의 시행착오를 필요로 한다.

9.5.2 적외선 복사난방

인체의 표면온도 t_s를 주위 공기온도 t_a와 같다고 가정했을 때 주벽과 인체 사이의 복사열교환량을 유효복사장이라 부르며, 이것을 H_r[W/m^2]이라 하면, 효과온도 t_e [℃]는 다음 식으로 주어진다.

$$t_e = t_a + \frac{H_r}{\alpha} \tag{9.36}$$

위 식에서 평균복사온도 MRT와 H_r과의 사이에는 다음 식이 성립한다.

$$\mathrm{MRT} = t_a + \frac{H_r}{\alpha_r} \tag{9.37}$$

위 식에서 인체 표면의 복사 및 대류에 의한 총열전달률 α[W/m^2 · K]는

$$\alpha = \alpha_r + \alpha_c \tag{9.38}$$

여기에서 α_r[W/m^2 · K]은 복사열전달률로서 다음 식으로 구해진다.

$$\alpha_r = 4 \times 0.71\sigma[(MRT + t_a)/2 + 273]^3 \tag{9.39}$$

여기에서 σ : 스테판볼츠만 상수 5.67051×10^{-8}[W/(m^2 · K)]

또한 α_c는 대류열전달률[W/(m^2 · K)]로서 다음 식으로 주어진다.

$$\alpha_c = 8.5v^{0.5} \tag{9.40}$$

여기에서 v : 주위공기 유속[m/s]

적외선 난방장치를 이용하여 국부난방을 하는 경우에 난방장치와 인체 사이의 거리가 난방장치의 최대 변 길이의 5배 이상인 때는, 난방장치를 점열원으로 간주해도 오차는 2% 이내로 된다. 이와 같은 경우 인체 표면이 열을 받는 유효복사장은 다음 식으로 구할 수 있다.

$$H_r = a_m \frac{I_k}{r^2} \frac{A_p}{A_D} \tag{9.41}$$

여기에서 a_m : 인체의 평균복사흡수율, 가벼운 착의상태에서
난방장치의 표면온도가 1,200K일 때 0.97
난방장치의 표면온도가 2,500K일 때 0.85
A_D : 표준인체(173cm×73kg)의 표면적 1.86[m^2]
A_p : 난방장치에서 복사선에 수직한 면의 인체의 투영면적[m^2]
I_k : 난방장치에서의 복사강도[W/sr]
γ : 난방장치와 인체 사이의 직선거리[m]

또한 위의 식은 다음 식과 같이 나타낸다.

$$H_r = a_m \cdot f_{eff} \cdot f_p \cdot \frac{I_k}{r^2} \tag{9.42}$$

여기에서 f_{eff} : 인체의 전 표면적에 대한 복사수열면적의 비
앉은 상태나 서 있는 상태에 대하여 평균 0.71
f_p : 인체의 난방장치에 대한 투영면적비

의자에 앉아 있는 사람과 서 있는 사람에 대한 값을 그림 9.21과 9.22에 나타낸다.

인체에 대한 난방장치에서의 평균복사강도 I_k는 적외선 난방기의 복사선분포특성곡선에 의해 얻어지는 것이며, 한 예를 그림 9.23에 보여준다.

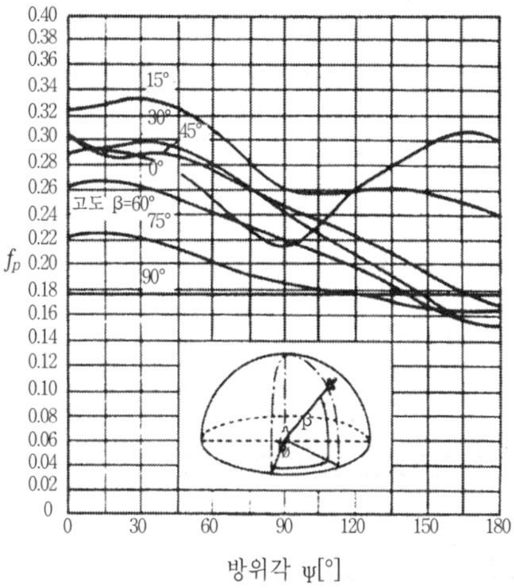

그림 9.21 의자에 앉아 있는 사람에 대한 투영면적비[f_p]

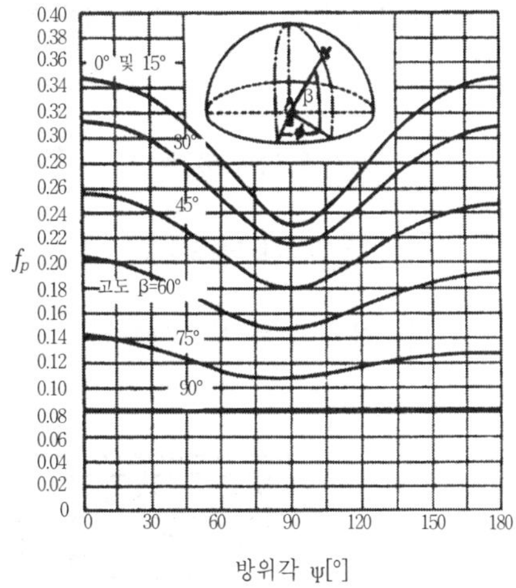

그림 9.22 서 있는 사람에 대한 투영면적비[f_p]

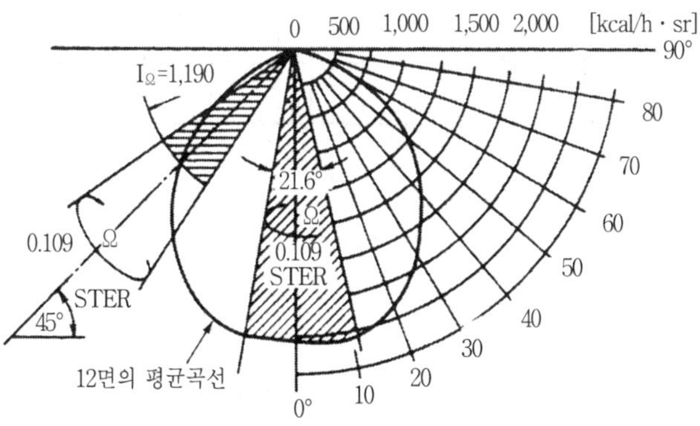

그림 9.23 적외선 난방기의 복사에너지 분포곡선의 예

적외선 난방장치로 전실난방을 할 때는 재실자가 받는 복사열의 변화가 실전체 복사열분포 평균치의 ±10% 이내로 받을 수 있도록 난방장치를 배치하고, Dolega는 다음과 같은 조건을 제안하였다.

① $H^2/F \leqq 1$

② $ab/H^2 = 0.8 \sim 1$

③ $b/a = 1.5 \pm 0.5$

여기에서 H : 인체에서 난방장치까지의 높이[m]

F : 방의 바닥면적[m²]

a, b : 난방장치의 배열간격[m]

중앙부에 설치된 난방장치의 출력을 N[W]이라 하면, 가장자리 및 구석에 배치되는 난방장치 출력 N_e 및 N_c는 각각 다음 식으로 구하면 된다.

$$N_e = (1+Z)N \tag{9.43}$$

$$N_c = (1+2Z)N \tag{9.44}$$

여기에서 Z를 부가계수라 하며, 그림 9.24와 같다.

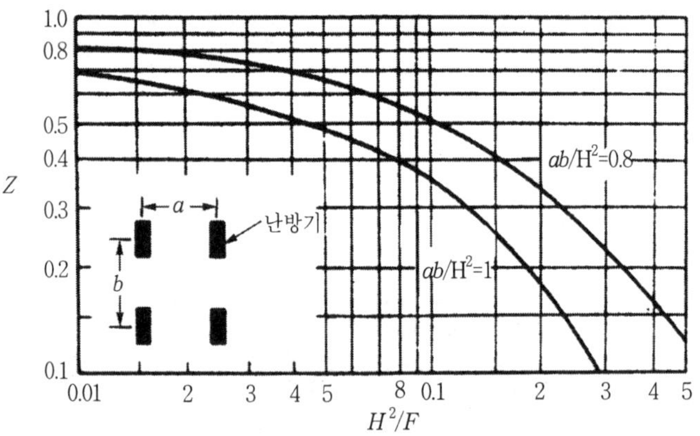

그림 9.24 부가계수

난방장치와 인체 사이의 형상계수를 φ_M로 하고 유효복사장을 H_r, 난방장치의 복사방출효율을 η라 하면, 바닥면적 F[m²]에 대하여 필요한 난방장치의 총입력 Q[W]는 다음 식으로 주어진다.

$$Q = \frac{H_r}{\eta \varphi_M} F \tag{9.45}$$

φ_M의 값(서 있는 사람 φ_v, 앉아 있는 사람 φ_s)을 그림 9.25에 나타낸다.

중앙부, 가장자리, 구석의 난방장치 개수를 각각 n, n_e, n_c로 하면 중앙부 난방장치의 출력 N[W/개]은 다음과 같다.

$$N = \frac{Q}{n + n_e(1+Z) + n_c(1+2Z)} \tag{9.46}$$

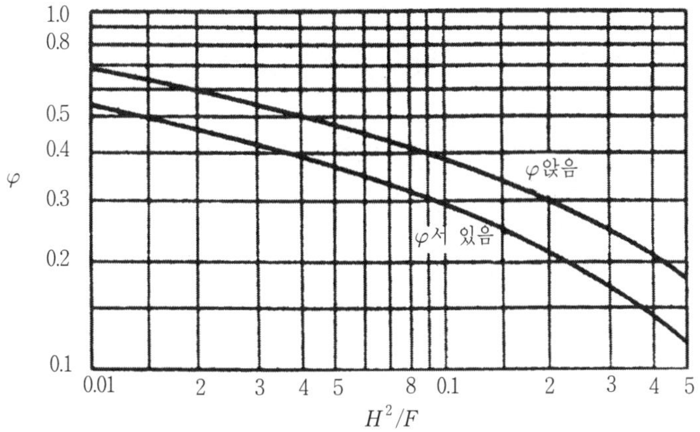

그림 9.25 형상계수

제10장 온풍난방

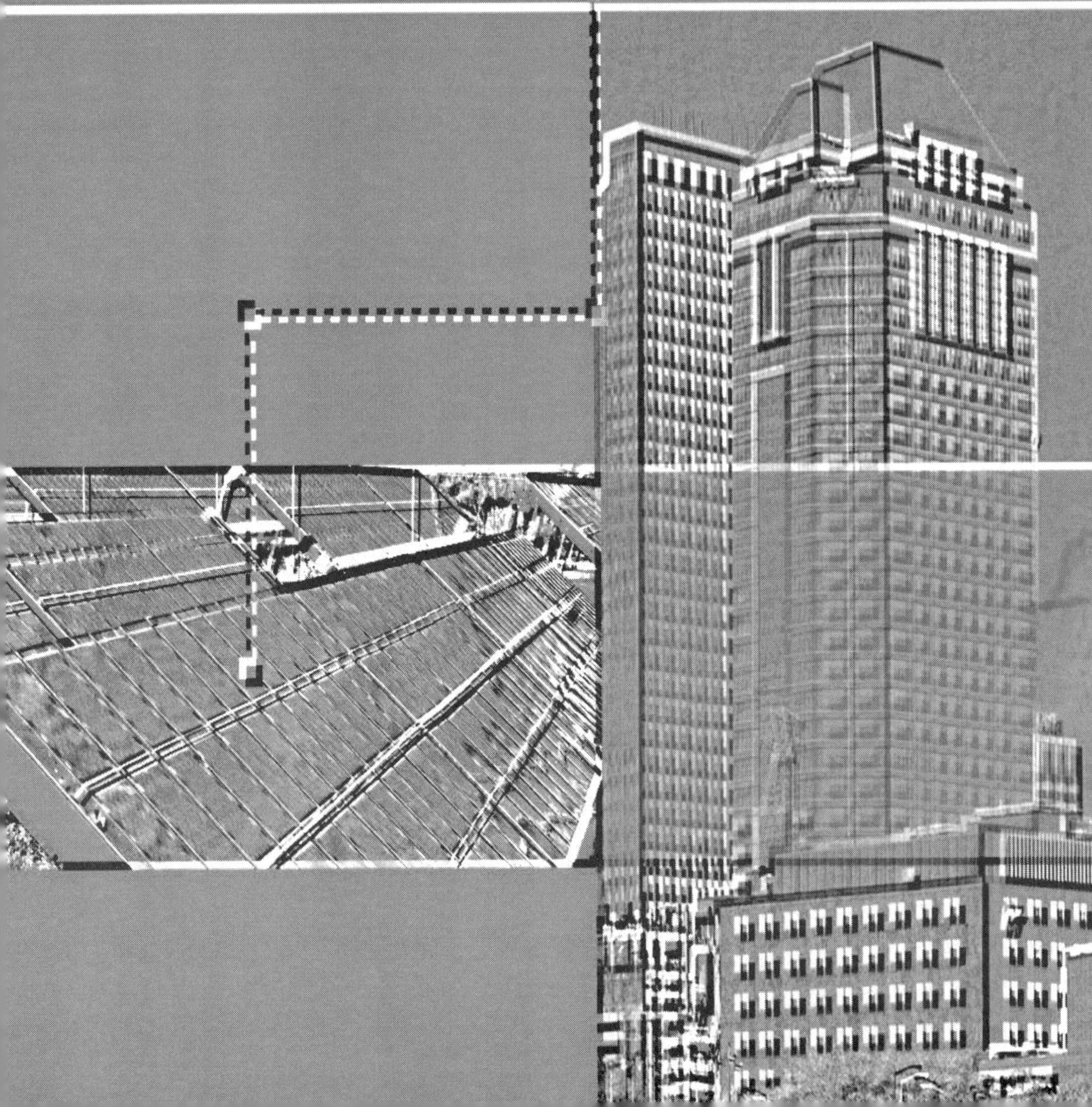

제10장 온풍난방

10.1 개 요

온풍난방은 간접난방방식으로서 온풍기로 직접 가열하거나 가열코일을 이용하여 데워진 공기를 실내로 공급하는 방식으로, 가열된 공기를 실내에 직접 토출하거나 덕트를 이용하여 실내에 공급한다. 덕트를 이용하는 경우는 공기조화설비에서 취급하므로 여기에서는 온풍난방기 방식에 의한 것을 주로 다루기로 한다.

온풍난방기는 본체 내의 연소실에서 연료를 연소시켜 발생한 고온의 가스를 열교환기로 보내고 송풍기에 의하여 흡입된 실내공기와 열교환을 시키고 온풍을 발생하는 것으로, 취출온도의 조절이 어려워 쾌적도에서는 떨어지나 외형과 구조가 간단하여 설치에 편리하고 기동시간이 아주 짧으므로 소규모 사무실이나 홀 등의 간헐난방장치로 많이 이용된다.

온풍난방장치의 특징을 장단점을 통하여 살펴보면

▣ 장 점

① 연소장치, 송풍장치 등이 일체로 되어 있어 설치가 간단하다.
② 예열부하가 거의 없으므로 기동시간이 아주 짧다.
③ 방열기기나 배관 등의 시설이 필요없으므로 설비비가 싸다.
④ 습도조절장치를 구비하면 습도조정이 가능하다.
⑤ 취급이 간단하고 취급자격자를 필요로 하지 않는다.

▣ 단 점

① 토출공기온도가 높으므로 쾌적도에서는 떨어진다.
② 국부적으로 과열되거나 난방이 잘 안 되는 부분이 발생한다.
③ 송풍기로 인한 소음이 발생할 수 있다.
④ 실이 나뉘어져 있을 경우에는 덕트설비를 필요로 한다.
⑤ 실내 층고가 높을 경우에는 상하의 온도차가 크다.

10.2 온풍난방장치의 종류

온풍난방기를 분류하면 표 10.1과 같이 연소에 필요한 공기의 공급방식과 연소된 가스의 배출방식에 따라 구분된다.

강제급배기식은 송풍기를 사용하여 강제적으로 연소에 필요한 공기를 외부에서 흡입하고 연소된 배기가스를 옥외로 배출한다. 이 방식을 FF식(Forced Flue Type)이라고도 한다.

배기통식은 송풍기와 배기통의 통풍력을 이용하여 연소에 필요한 공기를 실내로부터 흡입하고 연소된 배기가스를 옥외로 배출하는 것이다. 예전에는 단독배기통 방식이 많이 있었지만, 최근에 소용량은 주로 강제급배기식으로 보급되고 있다.

사용연료에 따라서 유류와 가스용으로 구분되고, 급기방식에 따라서는 실내에 설치하여 직접 불어내는 직접토출방식과 덕트를 이용하여 온풍을 필요한 곳에 공급하는 덕트연결방식이 있다. 직접토출방식의 경우 실내에 칸막이 등으로 공기의 흐름을 방해하는 것이 없도록 하는 것이 좋으며, 온풍기를 나오는 토출공기의 온도가 너무 높을 경우에는 공기가 상승하여 천장면과 바닥면의 온도차가 심하게 되어 온도분포가 좋지 않게 된다. 그러므로 토출온도는 45도 전후가 적당하다. 난방을 해야 하는 실이 여러 개로 나뉘어 있거나 대공간일 경우에는 직접토출방식으로는 곤란하므로 덕트를 통하여 각 실로 급기 한다.

표 10.1 온풍난방기의 종류

<table>
<tr><th>급배기방식</th><th>사용연료</th><th>연소방식</th><th>급기방식</th><th>주 용도</th></tr>
<tr><td rowspan="2">강제 급배기식</td><td>등 유</td><td>포 트 식
기 화 식
압력분무식
회전무화식</td><td rowspan="2">직접토출방식</td><td rowspan="2">가정용
소규모
사무실용
점포용</td></tr>
<tr><td>가 스</td><td>분 젠 식</td></tr>
<tr><td rowspan="2">배 기 통 식</td><td>등 유
중유(A, B)</td><td>압력분무식</td><td rowspan="2">직접토출방식
덕트연결형</td><td rowspan="2">사무실용
공장용</td></tr>
<tr><td>가 스</td><td>브라스트식</td></tr>
</table>

10.3 난방능력과 효율

온풍기의 용량은 제 2 장의 난방부하계산법에 의하여 결정하고 제조업체의 제품 카탈로그를 참조하여 선정한다.

유류연소용 온풍난방기의 난방능력 H[kW]은 다음 식으로 나타낼 수 있다.

$$\text{난방능력} \quad H = [(H_l + \text{연료의 현열}) - (L_1 + L_2 + L_3)]G \tag{10.1}$$

여기에서 L_1 : 건배기가스의 보유열량[kJ/kg]

$$L_1 = \frac{1.867C + 0.7S}{CO_2 + CO} C_{ps}(t_g - t_a)$$

L_2 : 불완전연소에 의한 손실열량[kJ/kg]

$$L_2 = \frac{1.867C + 0.7S}{CO_2 + CO} 3.05 \times \frac{CO}{100}$$

L_3 : 배기가스중의 수증기 보유열량[kJ/kg]

$$L_3 = \left(\frac{W}{100} + \frac{9h}{100}\right) C_{pw}(t_g - t_a)$$

H_l : 연료의 저위발열량[kJ/kg]

W : 연료중의 수분질량비[%]

h : 연료중의 수소질량비[%]

C : 연료중의 탄소질량비[%]

S : 연료중의 유황질량비[%]

CO_2 : 연소가스중의 탄산가스 용적비[%]

CO : 연소가스중의 일산화탄소 용적비[%]

C_{ps} : 배기가스의 정압비열[kJ/Nm³℃]

C_{pw} : 수증기의 정압비열[kJ/kg]

t_g : 배기가스온도[℃]

t_a : 급기온도[℃]

G : 연료소비량[kg/h]

열효율 η는 다음 식으로 나타낼 수 있다.

$$\eta = \frac{(H_l + \text{연료의 현열}) - (L_1 + L_2 + L_3)}{H_l + \text{연료의 현열}} \times 100 \tag{10.2}$$

온풍난방기의 열효율은 종류나 구조에 따라 다르지만 강제급배기식은 90~95%, 배기통식의 압력분무식 연소기 사용에 있어서는 75~85% 정도이다.

10.4 강제 급배기식 온풍난방기

강제 급배기식 온풍난방기는 그림 10.1과 같이 송풍기, 연소실, 열교환기, 케이싱, 연소장치 및 제어장치로 구성되어 있다.

10.4.1 형식 및 용량

사용연료는 등유 또는 가스를 사용하고, 용량은 난방능력 10~35 kW가 많으며, 주로 소규모 사무실이나 영업장의 난방용으로 사용되며 바닥설치형이다.

10.4.2 구 조

(1) 송풍기

온풍용 송풍기는 다익형이 많이 사용되며, 급기구 쪽에 설치되어 실내공기를 흡입하여 열교환기 쪽으로 송풍한다. 열교환기를 거친 온풍이 토출구의 그릴을 통하여 토출된다.

(2) 연소실 · 열교환기

연소실 및 열교환기는 스테인리스 강판이나 내식성 도금강판을 사용하여 제작하고, 열팽창을 고려하며 배기가스가 누설되어 온풍중에 섞이지 않도록 기밀성을 유지한다. 열교환 부분은 통풍저항이 적으며 충분한 열교환능력이 있도록 제작된다.

(3) 케이싱

케이싱은 주로 강판을 이용하여 제작하며 온풍 토출구에는 가동식 그릴을 사용하여 풍향을 조정할 수 있도록 되어 있다.

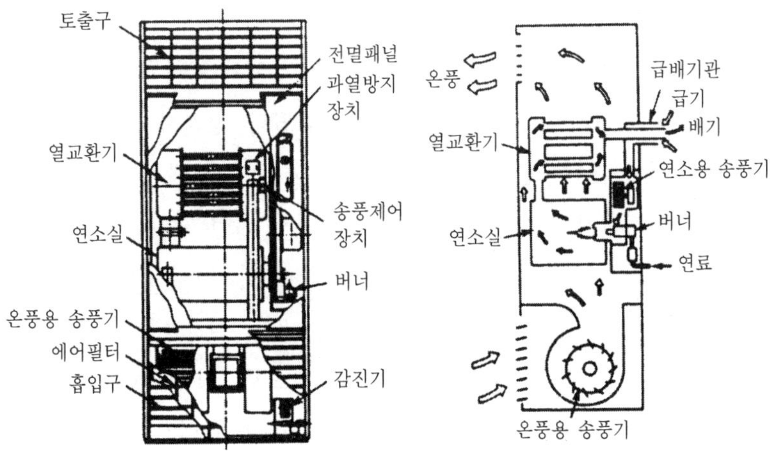

그림 10.1 강제급배기식 온풍난방기

(4) 연소장치

등유를 사용하는 연소장치는 포트식 · 기화식 · 압력분무식이 많고 가스를 사용하는 경우에는 분젠식이 많이 이용된다. 그림 10.1에는 포트식 연소기의 구조를 보여준다. 기름의 공급은 기름 탱크에서 낙차에 의하여 연소기로 유입되고 탱크 내 유면높이에 따라 유량이 변화되지 않게 유량조절기를 설치하여 기름의 공급량을 일정하게 한다.

(5) 제어장치

제어장치로는 연소제어, 송풍제어, 안전제어 등이 있다.

1) 연소제어장치

운전 스위치를 넣으면 송풍기 · 점화트랜스 · 기름펌프가 순차적으로 운전되고 연소가 시작된다. 이와 같이 시퀀스제어를 하도록 연소제어장치가 되어 있다.

2) 송풍제어

송풍제어장치는 냉풍방지 조절장치를 부착하여 열교환기 내의 온도가 일정온도 이상으로 가열되어 송풍기가 동작을 개시하도록 하고 연소를 정지하여도 열교환기가 일정 온도 이하로 냉각될 때까지 송풍을 계속하여 연소실의 과도한 온도상승을 방지하고 열교환기 수명을 연장하는 작용을 한다.

3) 안전제어

연소가 정상적인지를 감시하는 화염검출 장치와 기내의 온도가 너무 상승할 때에 연소를 정지시키는 과열방지 장치가 있다. 정전시 연료공급을 차단하고 연소를 정지시키는 정전안전 장치와 사용 중 충격을 받거나 움직임이 있을 경우 동작을 정지시키고 소화시키는 감진 장치가 되어 있다.

(6) 급배기통

급배기통의 끝부분은 스테인리스제 이중관으로 온도가 높은 배기가스는 내통으로 흐르고 급기 쪽은 외측으로 흐르도록 되어 있어 급배기 사이에 열교환이 일어나 연소용 공기를 예열하여 공급한다.

10.5 배기통식 온풍난방기

배기통식 온풍난방기는 그림 10.2와 같이 송풍기, 연소실, 열교환기, 케이싱, 연소장치와 제어장치로 구성되어 있다.

10.5.1 형식 및 용량

사용연료는 등유 또는 A중유를 주로 사용한다. 형식은 직접분출형 또는 덕트접속형이 있다. 용량은 난방능력 15~600 kW까지 광범위하며, 주로 일반사무실이나 영업장 등에 사용된다.

10.5.2 구 조

(1) 송풍기

송풍기는 소음이 적은 다익형이 주로 사용되며, 내부에 내장되어 밸트구동형으로 회전된다. 대용량은 양흡입형을 사용하기도 한다.

(2) 연소실 및 열교환기

연소실 및 열교환기는 스테인리스 강판이나 내식성 강판을 사용하여 제작하고, 연소가스에 의한 열팽창에 문제가 없는 구조로 제작되어야 한다. 열교환기는 충분한 열교환 능력을 가질 수 있도록 하고 배기가스의 누설이 없도록 하며 통풍저항이 작아야 한다.

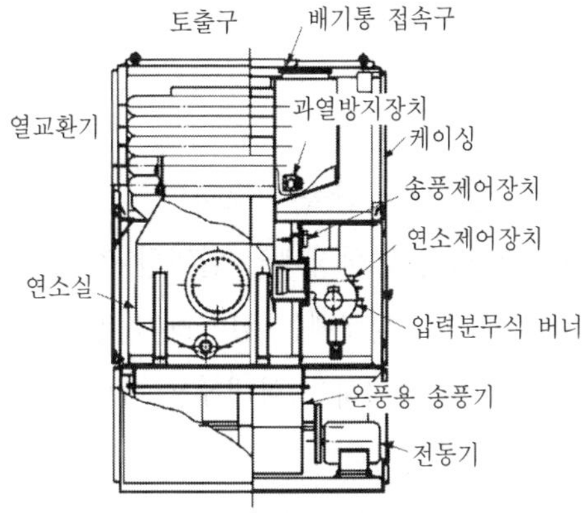

그림 10.2 배기통식 온풍난방기

(3) 케이싱

케이싱은 착색강판으로 제작하고 내부점검이 가능한 구조이며 강판 내면에는 보온판을 부착하여 단열과 흡음역할을 하도록 한다. 온풍토출구에는 가동그릴을 사용하여 토출방향을 조정할 수 있도록 되어 있다.

(4) 연소장치

연소장치는 소비열량이 적은 경우에는 포트식을 사용하지만 대부분 제어성이 좋은 압력분무식이 사용된다.

(5) 제어장치

제어장치에는 강제 급배식과 같은 송풍기제어, 과열방지장치, 감진장치 등이 부착되어 있으며 연소상태를 감지하기 위하여 화염검출기를 부착하고 실화시에는 연료를 차단하고 동작을 멈추도록 제어한다. 운전개시시 연소실 내에 있는 미연소가스를 제거하기 위하여 일정 시간 송풍하여 잔류가스를 제거한 후 착화되도록 되어 있다.

10.6 온풍난방기의 설치와 사용상의 주의

온풍난방기는 노 내에서 연료를 연소시켜 그 열을 이용하므로 설치에서는 관련법규를 준수하고 운전 유지관리상 지장이 없도록 하여야 한다.

10.6.1 설치상의 유의사항

① 기기점검, 수리에 필요한 공간을 확보한다.
② 화재예방상 가연성 벽이나 천장에서 일정한 거리를 유지하여 설치한다.
③ 인화성 물질을 취급하는 실내에는 설치하지 않는다.
④ 배기통식 온풍난방기를 설치하는 실내에는 바닥 가까이 연소공기 흡입구를, 천장 가까이는 환기구를 설치한다.
⑤ 실내의 공기온도분포를 좋게 하기 위하여 창의 위치 등을 고려하여 설치한다.
⑥ 온풍의 토출구와 흡입구 부근에는 장애물이 없도록 한다.

10.6.2 배기통 공사상의 주의사항

배기통은 배기가스를 옥외의 안전한 곳으로 배출하고 연소에 필요한 새 공기를 흡입하는 작용을 하므로 시공시 다음 사항을 유의하여야 한다. 그림 10.3은 배기통의 표준시공 예를 보여준다.

① 배기통의 직경은 온풍난방기의 배기통 접속구 치수와 같은 규격을 사용한다. 배기통 도중에 가늘어지는 것을 사용해서는 안 된다.
② 배기통의 가로길이는 되도록 짧게 하고 구부리는 곳은 3개소 이내로 하며 통풍저항을 줄인다.
③ 배기통선단은 옥외로 내고 우수침입 및 역풍을 방지하는 배기통톱을 고정시키고 모든 방향으로 통풍이 되는 위치에서 풍압대가 아닌 곳으로 한다. 그림 10.4에는 풍압대의 범위를 나타낸다.
④ 배기통이 가연성 벽이나 천장을 통과하는 부분에는 슬리브를 사용 한다.

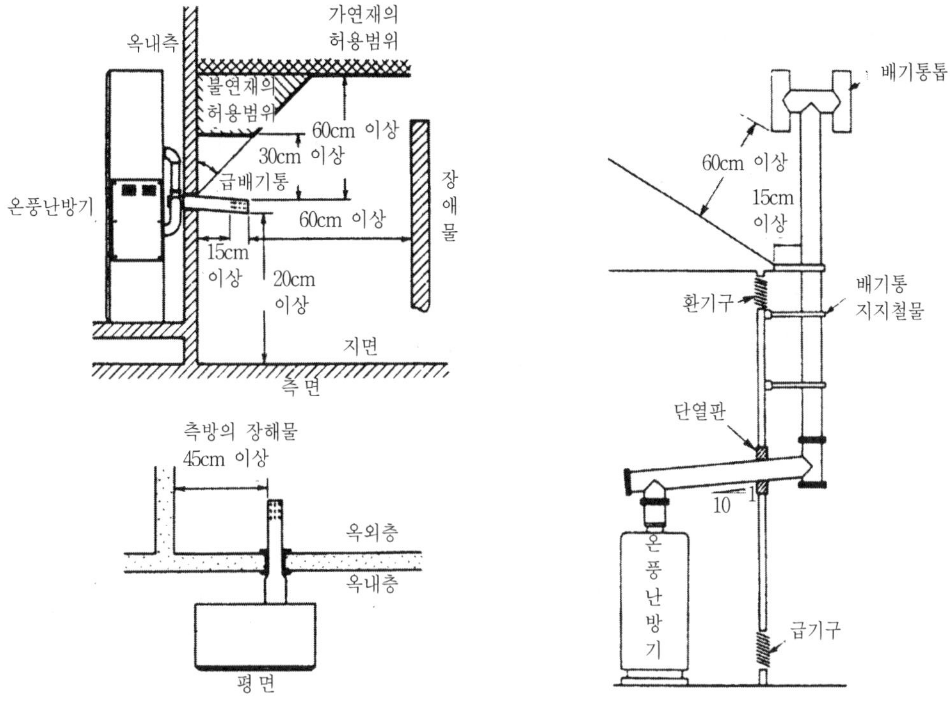

그림 10.3 배기통 시공 예

10.6.3 기름저장탱크의 설치와 배관

가스용이 아닌 경우에는 주로 등유 등의 기름연료를 사용하므로 저장탱크를 필요로 한다. 기름 탱크와 연소기 사이에는 기름배관이 필요하게 되며 기름 탱크의 설치, 구조, 취급에 대하여는 소방관계법규에 의한다. 아울러 다음과 같은 사항에 유의한다.

1) 기름 탱크의 설치높이는 제조업체의 지정높이로 한다.
2) 기름배관은 동관이나 강관을 이용하며 길이는 되도록 짧게 하고 구부림을 적게 한다.
3) 기름배관의 굵기는 기름 탱크의 설치높이, 배관길이, 기름의 점도에 따라 결정된다.

10.6.4 덕트 시공

덕트연결형 온풍난방기는 덕트를 연결하여 온풍을 필요로 하는 장소까지 송풍한다. 사용되는 덕트의 형상은 일반적으로 장방형과 원형이 있다. 덕트의 시공에 있어서 유의하여야 할 사항은 다음과 같다.

① 덕트는 공기저항과 누설이 적어야 한다.

② 송풍기는 덕트 저항을 고려하여 선정되어야 한다.

③ 온풍토출구는 풍량의 조절과 풍향조절이 가능한 구조의 것을 사용한다.

④ 방화구획을 통과하는 덕트에는 방화 댐퍼를 설치한다.

⑤ 토출구가 온풍난방기를 설치한 실외에 있을 경우에는 본체를 설치한 실이 부압으로 되어 이상연소를 일으키는 원인이 될 수 있으므로 필히 리턴 덕트를 설치한다.

⑥ 기타 사항은 덕트의 설계와 시공에 관한 서적을 참조한다.

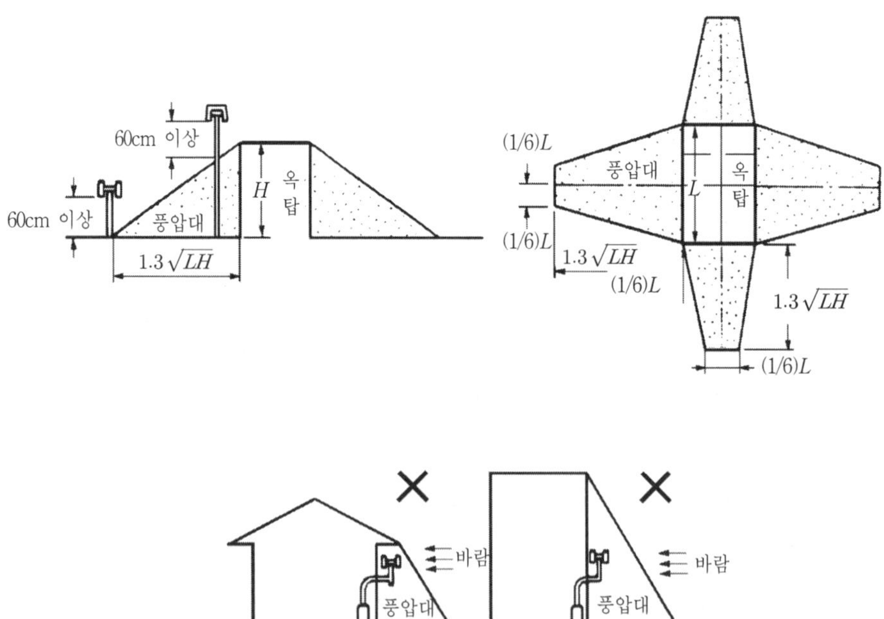

그림 10.4 풍압대의 범위와 배기톱의 위치

제11장 태양열 난방

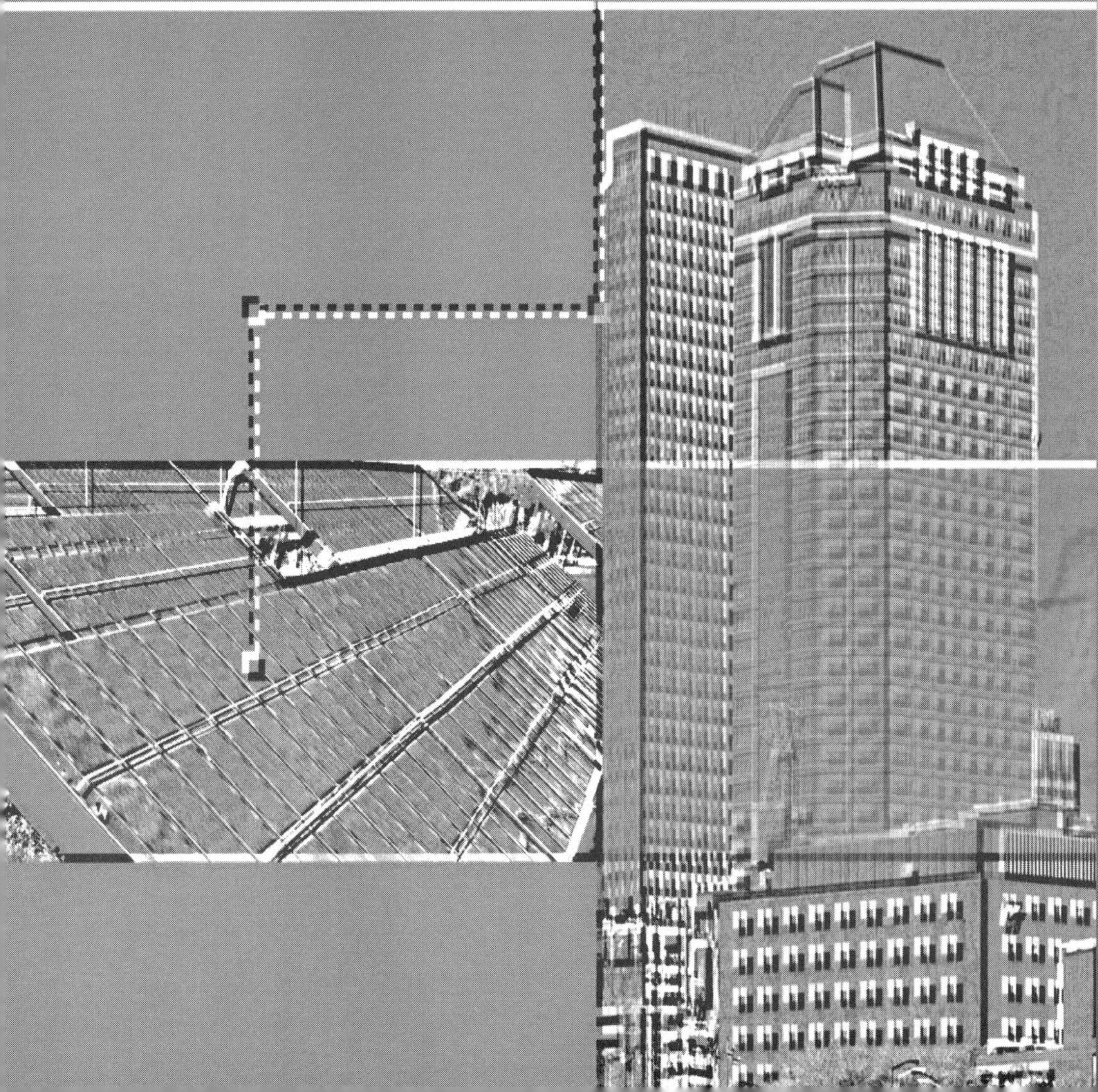

제11장 태양열 난방

11.1 태양열 에너지

우리가 사용하고 있는 화석에너지는 언젠가 고갈될 것이다. 이에 따라 대체에너지의 개발은 필연적이라 할 수 있으며 특히 우리나라와 같은 자원부존 국가에서는 더욱 심각하다 하겠다. 이에 따라 무한한 에너지원일 뿐 아니라 무공해 에너지인 태양에너지의 활용이 석유에너지 파동이 있을 때마다 대두되고 있다. 하지만 기존의 에너지와 비교하면 에너지 밀도가 낮고 경제성이 떨어져 사용의 확산은 미미한 실정이며 때에 따라서 태양열 장치의 투자비용이 연료비로서 절약되는 것보다도 더 크게 되기도 한다. 이에 따라 태양열을 효과적으로 이용하기 위해서는 아래와 같은 극복해야 할 몇 가지 과제가 있다.

① 950 W/m^2를 겨우 넘는 낮은 에너지 밀도이기 때문에 많은 에너지를 필요로 하면 커다란 집열장치가 사용되어야 한다.

② 태양복사에너지의 강도가 해뜨기 전에 0에서 정오에 최대로, 그리고 다시 해진 후 0으로 피할 수 없이 변화하기 때문에 밤이나 또는 태양복사에너지가 낮은 동안에 에너지 저장을 위하여 어떠한 방법이 준비되어야 한다.

③ 구름이나 비, 눈, 먼지 등으로 인하여 예측할 수 없는 간섭이 문제로 된다.

④ 시스템은 가능한 가장 낮은 온도에서 효과적으로 사용되도록 주어지므로 태양에너지를 최대로 사용하도록 선정되어야 한다.

태양에너지는 복사에너지의 형태로 지구에 전달되며, 지표면에 도달되는 형태에 따라 다음 두 가지로 구분된다.

첫째는 복사에너지가 대기권에서 산란, 굴절, 편광되지 않고 지표면에 곧바로 도달되는 직사광선의 방향성을 갖는 직달일사(Beam or Direct Radiation)와 둘째는 대기권에서 수분, 공기입자, 공해물질 등에 의하여 산란된 형태의 무방향성 복사에너지인 산란일사(Diffuse Radiation)이다.

일반적으로 태양에너지라 함은 이 두 가지 형태의 일사를 합한 전 일사(Total Radiation)를 의미한다. 전 일사량은 다음 식으로 나타낼 수 있다.

$$I_{t\theta} = I_{DN}\cos\theta + I_{d\theta} + I_r \tag{11.1}$$

여기에서 $I_{t\theta}$: 입사각이 Θ일 때의 전 일사량
I_{DN} : 직달일사량
$I_{d\theta}$: 산란일사량
I_r : 반사일사량

대기권 밖에서 태양의 연중 평균 일사량은 태양정수(Solar Constant)인 I_o로 나타내며 I_o는 1,355 W/m^2±1.5%이다. 태양열이 지구의 대기권을 지나면서 에어로솔, 수분, 먼지 또는 다른 미세한 것들에 의하여 산란되며 지구표면에 비치는 일사량은 I_o의 약 70%이며 지표면의 일사량은 지역적인 위치와 기상학적인 조건에 따라 복잡한 값을 가지며 기상조건에 더 큰 영향을 받는다.

태양에너지가 지구의 대기권을 통과하여 전달되는 비율을 대기투과율이라 하며, 대기투과율 τ_{atm}은 아래와 같다.

$$\tau_{atm} = \frac{I_b}{I_o} = 0.5\left(e^{-0.65m(z\alpha)}\right) + e^{-0.095m(z\alpha)} \tag{11.2}$$

여기에서 α : 태양의 고도각
z : 수평면으로부터의 고도
m : 공기 질량비
I_b : 표면상의 태양의 일사량
I_o : 대기권 밖의 태양의 일사량

우리나라의 평균 일사량은 대략 12,500 kJ/m^2 · day이고 동절기의 1일 일사량은 중부지방이 6,700~8,400 kJ/m^{2}이고 남부지방이 8,800~10,500 kJ/m^{2}이다. 각 지방의 동절기 일사량은 표 11.1과 같다.

표 11.1 각 지방의 일사량[kJ/m² · day]

지 명	위 도	경 도	11월	12월	1월	2월	3월	연평균
춘 천	37.54	127.4	7,160	6,140	7,330	10,070	12,910	12,410
강 릉	37.54	128.5	8,290	7,480	8,390	10,600	12,940	12,570
서 울	37.34	126.6	7,230	5,980	7,070	9,820	12,250	11,510
청 주	36.38	127.3	7,960	6,720	7,820	10,610	12,910	12,760
대 전	36.22	127.2	8,390	7,190	8,050	10,890	13,630	13,020
대 구	35.53	128.4	8,500	7,530	8,210	10,570	13,430	12,710
전 주	35.49	127.1	7,790	6,520	7,400	9,790	12,350	12,180
광 주	35.08	126.6	8,710	7,220	8,200	10,830	13,530	13,120
부 산	35.06	129.0	9,450	8,310	9,000	11,340	13,250	13,130
제 주	33.31	126.3	7,850	5,410	5,100	8,020	11,450	12,260

표 11.2 태양열 방식의 비교

장단점 / 방식	장 점	단 점
자 연 형	• 초기투자비 저렴하여 경제성이 크다. • 설계, 작동 및 관리 용이 • 쾌적성이 크다. • 고장이 적고 오래 사용 가능	• 제어시스템 곤란(실내온도 격차 다소 있음)
설 비 형	• 제어 용이(실내온도 격차가 없다) • 설계, 작동 및 관리 곤란 • 고장의 위험이 큼.	• 경제성이 적음.
혼 합 형	• 쾌적성이 크다. • 제어가 용이	• 비용이 많이 든다.

11.2 태양열 난방방식

태양열 난방방식은 물 또는 공기를 열매체로 하고 태양열을 집열하여 실내난방에 이용하는 것으로, 그 구성요소로는 집열부, 축열부 및 이용부로 구성되어지며, 방식으로는 자연형(Passive)과 설비형(Active) 및 혼합형이 있다. 자연형은 각 구성부분의 열전달방법이 모두 비기계적 자연순환에 의하여 이루어지는 방법이고, 설비형은 기계적 강제순환에 의한 방법을 말하며, 혼합형은 자연형과 설비형의 혼합방식을 말한다. 여기에서 자연순환은 외부로부터 다른 에너지의 개입 없이 자연적인 현상에 의한, 즉 대류, 전도 혹은 복사에 의하여 이루어지는 방식을 뜻하며, 기계적 강제순환은 펌프나 송풍기와 같이 외부로부터 다른 에너지를 소모하는 기계를 사용하여 열전달을 시키는 방식을 뜻한다. 각 종류별 태양열 방식의 장단점을 보면 표 11.2와 같다.

11.3 자연형 태양열 난방방식

11.3.1 개 요

자연형 태양열 난방방식은 각 구성부간의 에너지 전달방법이 자연순환에 의한 것으로, 자연적인 방법으로 태양에너지를 집열 저장하여 이용하게 된다. 자연형 방식의 구성부 특성은 집열부가 일반적으로 남쪽면의 투명한 유리면이며 유리 이외에 투명한 플라스틱이나 강화유리 섬유 플라스틱이 사용되기도 한다.

축열부의 재료로서는 물 또는 기타 액체 등과 함께 조적구조, 콘크리트구조 등도 사용되며 때에 따라서는 용융소금이나 파라핀과 같은 상변화 물질을 사용하여 축열성을 높일 수도 있다. 열조절을 위해서는 통기구, 댐퍼, 가동단열 및 차양장치 등이 부수적으로 사용된다. 이 방식에 의할 때는 여름철에 과열을 방지하고 냉방효과를 도모할 수 있는 방법이 강구되어야 한다.

11.3.2 종 류

자연형 태양열 난방방식의 종류는 아래와 같이 구분된다.

① 직접획득 방식
② 축열벽 방식
③ 축열지붕 방식
④ 부착온실 방식
⑤ 자연 대류 방식
⑥ 혼합형

(1) 직접획득 방식

그림 11.1과 같은 가장 보편적인 방법으로, 태양의 복사열이 생활공간을 통과해 축열체에 저장된다. 따라서 생활공간은 햇빛에 의하여 직접 가열되면서 동시에 집

열기로서의 역할도 한다. 이 방식의 기본적인 사항은 최대의 태양열을 얻기 위하여 남쪽으로 실을 배치하여야 한다. 또한 각 실의 공간에는 열을 저장하기 위하여 축열체가 필요하다. 축열체로는 실의 바닥과 벽을 주로 이용하고 벽이나 천장에 반사시켜 축열효과를 기대할 수 있으며 별도의 축열체를 구성하여 이용할 수 있다. 이 방식의 특징은 하루의 실내온도 변화폭이 비교적 큰 것이다.

(2) 축열벽 방식

그림 11.2와 같은 간접획득의 한 방법으로, 축열벽이 받아 들린 열에너지를 실내공간으로 복사열을 이용하여 전달하는 방식이다. 축열벽은 남쪽에 배치하고 그늘이 지지 않도록 한다. 축열벽의 재료로는 콘크리트, 벽돌, 물 등이 사용되며 축열벽의 전면에 가동 단열막을 설치하지 않는 경우에는 이중유리로 하여야 한다. 하절기에는 축열벽에 차양을 설치하여 조절한다.

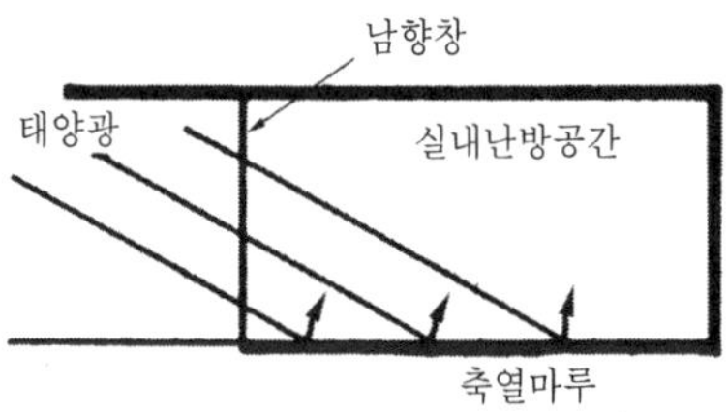

그림 11.1 직접 획득형

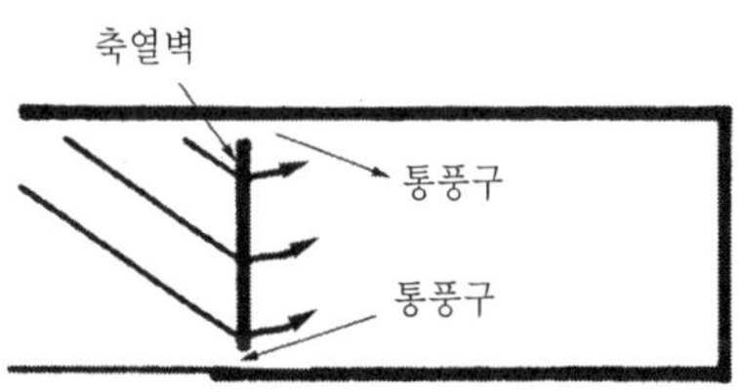

그림 11.2 축열벽 방식

(3) 부착온실 방식

그림 11.3과 같이 거주공간과 분리된 별개의 공간에 태양에너지를 받아들여 저장해 두었다가 다음에 분배할 수 있도록 하는 방식으로, 건물의 남쪽에 설치되며 동서로 긴 형태의 평면을 택하는 것이 보통이다. 실내바닥면적에 대한 집열면적의 비율은 0.3~0.9 정도가 적당하다. 온실의 집열창은 이중유리 또는 투명한 플라스틱을 사용하며 온실과 거실 사이의 벽은 축열 용량이 큰 재료로 설치한다. 축열부와 열 이용부 사이에 강제순환 방식을 이용하면 효율은 증가된다.

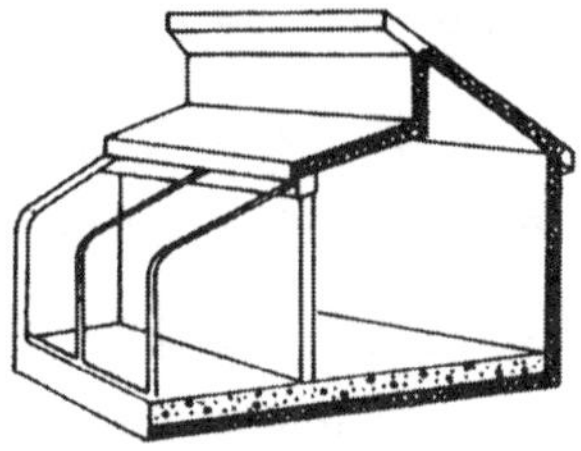

그림 11.3 부착온실 방식

(4) 축열 지붕 방시

축열 지붕 방식은 지붕 자체가 집열기의 역할을 하며 단층 지붕에만 적용이 가능하다. 복층 건물일 경우에는 최상층에만 응용이 가능하나 건물을 계단식으로 계획한다면 각 층에 이 방식의 적용이 가능하다. 축열 지붕의 깊이는 일반적으로 15~30 cm이며 그 구조체는 하중에 충분히 견딜 수 있어야 한다. 겨울철 낮에는 단열막을 걷어올려 축열체를 태우고 밤에는 단열막을 덮어 데워진 축열체의 열을 실내로 보내어 난방을 하게 된다. 이 방식은 북위 36° 이하의 낮은 위도에만 가능하며 밤과 낮의 기온 일교차가 심한 지역일수록 유리하다. 그림 14.4에 이 방식을 보여준다.

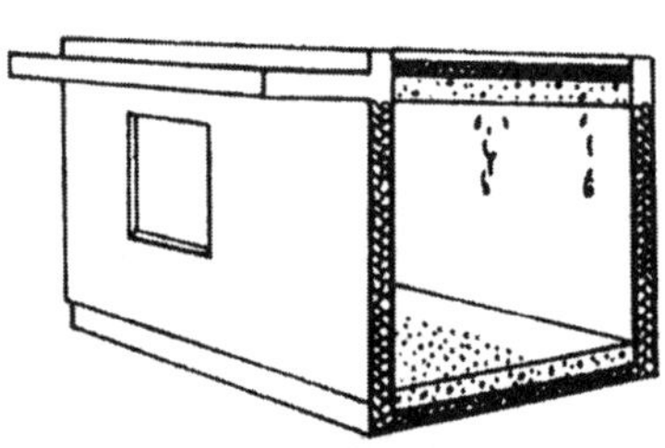

그림 11.4 축열지붕 방식

(5) 자연 대류 방식

이 방식은 그림 11.5와 같이 집열부가 받아들인 태양열로 인해 집열부 내의 공기가 가열되면 자연대류 현상에 의해 온열 공기가 집열부와 거주공간 또는 자갈층 축열재로 순환하는 원리로 난방하는 방식이다. 집열부는 반드시 건물에 부착할 필요가 없으므로 태양에 잘 노출이 되도록 할 수 있는 이점이 있다.

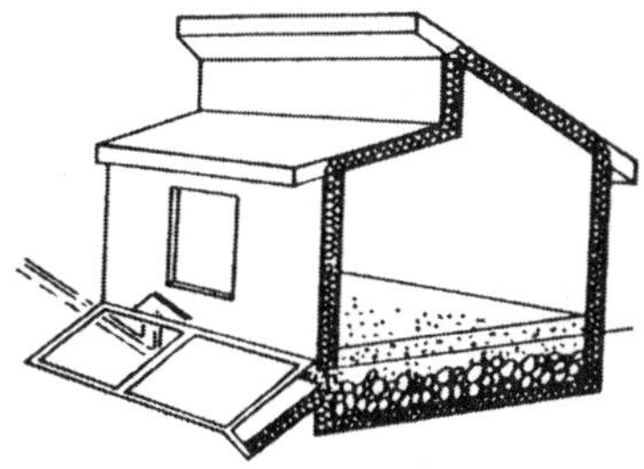

냉방철에는 집열기를 잘 덮어 두어야 한다.

그림 11.5 자연 대류 방식

11.3.3 설계방법

자연형 태양열 난방방식의 설계 단계를 살펴보면, 기본설계 단계에서 공간 계획과 관련하여 각 실의 용도·목적에 부합되는 시스템을 선정하고 건물 규모에 따른 집열창 면적, 축열체의 크기와 위치, 건물의 방향 등 자연형 시스템의 효율에 영향을 미치는 인자들을 개략적으로 결정하고, 본 설계 단계에서는 건물의 주요 부위에 대한 성능을 검토하여 구체화하여 진행하며, 최종 설계가 확정되면 시스템의 성능평가 및 건물에너지 성능평가를 실시한다.

11.4 설비형 태양열 난방방식

11.4.1 개 요

설비형 태양열 난방방식은 집열기로 물(액체) 또는 공기를 열매체로 하여 태양열을 집열하고 이 열을 실내 공기 가열에 사용하는 것으로, 집열부, 축열부, 이용부와 순환시설, 보조열원 및 제어장치로 구성되어 있다. 일반적으로 집열기로 얻는 열량과 건물의 난방부하는 항상 평형상태를 이루지 못하므로 적절히 조절하기 위한 기계적인 제어장치가 필요하게 되며 아래와 같이 작동되도록 설계된다.

① 태양열의 집열이 가능하고 건물 난방이 필요하지 않을 때는 집열된 열은 축열조에 보낸다.

② 태양열의 집열이 가능하고 건물의 난방이 필요할 때는 집열기에서 얻는 열을 건물로 공급한다.

③ 날씨가 흐려 태양열의 집열이 불가능하고 건물난방에 열이 필요할 때는 축열된 열을 건물에 공급한다.

④ 위의 경우 축열조에 열이 없으면 보조열원을 작동시켜 건물에 열을 공급한다. 이 이외에도 축열조에 열이 충분하고 난방부하가 없을 때는 열을 방출하거나 온수에 사용한다. 설비형 방식에서는 집열기가 필수적이며, 집열기 효율에 따라 시스템 효율에 큰 영향을 미치므로 집열기 선택이 중요한 요소이다. 또한 가급적 낮은 열매온도로 사용할 수 있는 난방방식을 채용하여 집열온도를 낮추어 최대의 집열 효율을 올리도록 고려하여야 한다. 그러므로 중간에 열교환 횟수가 적을수록 좋다. 이 난방방식을 채용할 경우에 겨울철 이외에는 사용하지 않으므로 감가상각 비용을 고려하여 급탕 시스템과 병용하는 방법이 유리하다. 이 난방방식의 종류로는 집열매체 종류에 따라 액체식과 공기식이 있다. 액체식은 집열매체로서 물이나 부동액을 사용하고 있으며 공기식은 공기를 집열매체로 사용하고 있다. 액체식은 순환동력, 축열조의 크기 및 연결배관이 작고 건물에의 적합성이 좋은 장점이 있으나, 누수의 위험, 동결의 위험 및 부식문제가 발생하는 등의 단점이 있다. 공기식은 집열기가 다소 싸질 가능성이 있고 동결, 부식의 염려가 없다는 이점이 있으나, 집열 순환동력이 매우 크게 되고 덕트나 축열조의 공간이 크다는 단점이 있다.

11.4.2 종 류

(1) 액체식

태양열 집열부는 입사된 태양복사에너지를 가용 열에너지로 전환하는데 동파방지방식에 따라 부동액 주입방식과 자동 배수방식이 사용된다.

동파방지방식은 시스템의 규모가 작을 경우에는 부동액 주입방식이, 클 경우에는 자동배수방식이 유리하다. 부동액을 열전달 매체로 사용할 경우에는 집열기와 축열조 사이에 액체-액체식 열교환기를 설치한다. 축열부는 수조식 축열조에 감열의 형태로 저장되고 축열조의 용량은 집열면적 m^2당 50~100 *l*의 수량이다. 축열수량이 지나치게 크게 될 경우에는 집열 성능은 향상되나 축열수 온도가 낮아져 이용효과가 감소되므로 기후조건이나 태양열 기기의 특성에 맞게 설계하여야 한다. 축열조 내에는 온수급탕용 열교환 코일이 삽입 설치되기도 한다.

이용부는 축열조와 보조 보일러 이용방식에 따라 직접가열방식, 분리이용방식, 예열이용방식 및 혼합이용방식으로 대별될 수 있다.

직접가열방식은 축열조를 보조 열원으로 직접가열하는 방식이고, 분리이용방식은 집열된 에너지가 불충분할 때 보조열원을 단독으로 가동시켜 난방열을 보조열원에 의존하는 방식이다. 예열이용방식은 축열조를 예열원으로 사용하고 보조열원으로 가열하는 방식이며 혼합이용방식은 분리이용방식과 예열이용방식의 혼합 개념이다. 그림 11.6은 이 방식을 보여준다.

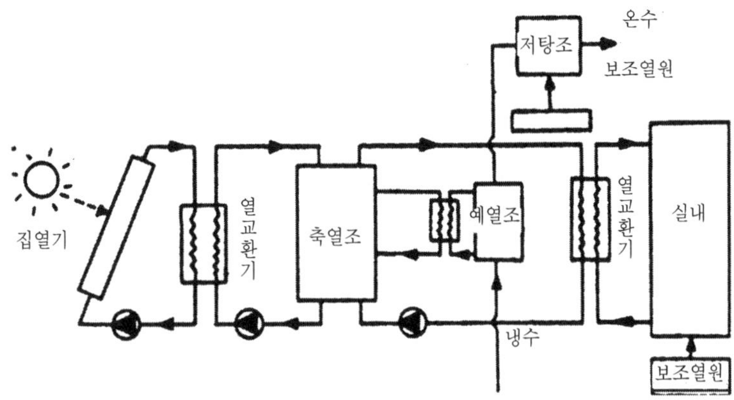

그림 11.6 액체식 태양열 방식

(2) 공기식

집열기로부터 더워진 공기가 실내나 축열조로 보내지도록 된 것으로, 더워진 공기에 의하여 자갈을 덮혀 가용 열에너지로 저장된다. 난방이 필요할 경우 태양열 집열기로부터의 열이 불충분하면 자갈식 축열조를 통하여 공기가 순환되어 실내로 열을 공급한다. 축열조의 용적은 집열면적 $1m^2$당 0.15~0.35 m^3이다. 집열 용량을 최대로 하고 송풍기의 용량을 최소로 하기 위하여 지갈의 크기는 지름이 1~3 cm 되는 고른 자갈을 사용한다. 그림 11.7은 이 방식의 계통을 보여준다.

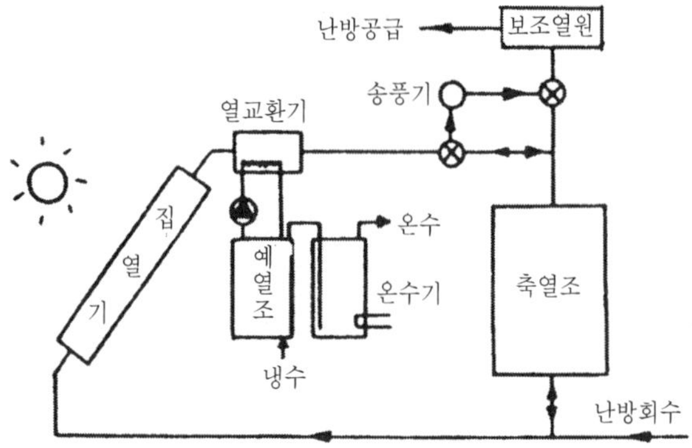

그림 11.7 공기식 태양열 방식

11.5 집열기

태양열 집열기는 태양열 난방장치 중에서 가장 중요한 구성요소이며 그 성능과 비용이 시스템 전체에 결정적인 영향을 미친다.

집열기를 대별하면 수광면적과 흡수체 면적이 같은 평판형 집열기와 포물선, 곡면경 등으로 태양광선을 모아주는 집광형 집열기로 나뉘어진다. 태양열 난방용으로는 집열온도가 60℃ 정도로 낮으므로 값이 싸고 구조가 간단한 평판형 집열기가 보통 사용되고 있다. 집열기로 입사된 태양에너지는 흑색으로 도장된 흡수판에 열에너지로 대부분 흡수되며 흡수된 열에너지는 순환되는 열매체에 전달되고 일부는 주위로 손실된다. 평판형은 집열면적과 열손실 면적이 같으므로 집열온도가 높아지면 집열효율은 급격히 떨어지게 된다.

평판형 집열기의 구성품을 보면 투명덮개, 흡열판, 열전달 매체도관, 단열재 및 집열기 틀로 이루어진다. 투명덮개는 태양에너지가 입사될 수 있으면서 집열기 윗면의 단열효과를 얻기 위한 것으로 유리, F.R.P, 필름 및 투명 플라스틱인 아크릴 등을 사용한다. 흡열판은 일반적으로 금속으로 만들어져 태양에너지를 최대한 흡수할 수 있도록 무광 흑색도장을 한 것이며, 열전달 매체도관은 흡열판에 밀착되어 물이나 공기 등과 같은 열전달 매체가 순환될 수 있는 파이프나 덕트로 되어 있다. 집열기 내의 단열재는 아랫면과 가장자리면에 열손실을 줄이기 위하여 부착되며 집열기 틀은 집열기 자체의 내구성과 내후성을 보호하기 위한 것이다.

11.5.1 평판형 집열기의 종류 및 구조

집열기의 종류는 전열매체의 종류에 따라 액체식과 공기식의 두 가지로 구분되고 경사각에 따라 고정형과 가동형으로 나뉘어진다.

액체식 집열기의 일반적인 크기는 2 m×1 m이다. 두 개의 유리 덮개 사이의 간격은 1 cm 정도이고 안쪽 유리 덮개와 흡열판 사이의 간격은 약 2 cm이다. 흡열판 재료로는 구리나 강철 및 알루미늄 등이 사용된다. 그림 11.8은 액체식 집열기의 단면을 보여준다.

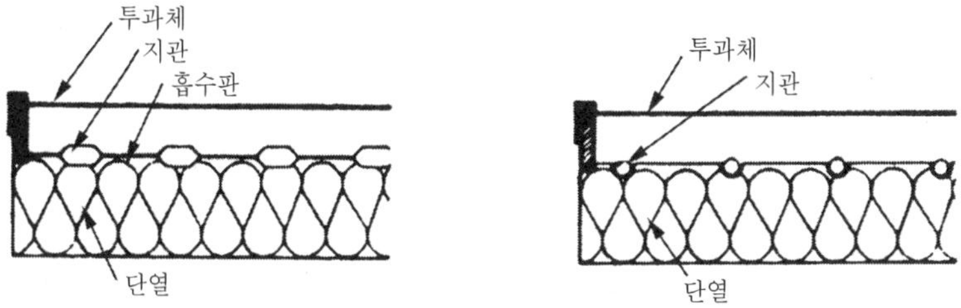

그림 11.8 액체식 집열기

공기식 집열기는 공기가 흐르는 통로가 액체식과는 달리 흡열판의 내부 표면과 마주 닿으면서 흐르도록 되어 있다. 그림 11.9는 공기식 집열기의 구조를 보여준다.

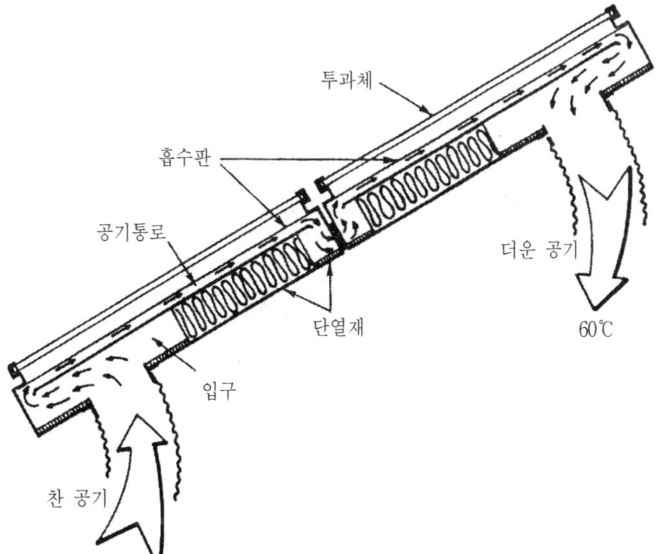

그림 11.9 공기식 집열기

11.5.2 흡수판

흡수판은 집열판이라고도 하며 태양광선을 열에너지로 변환시켜 물, 공기 등의 매체에 전달하는 기능을 가진 것을 말한다. 이 변환장치의 효율을 높이기 위하여는 태양광 에너지를 받아들이는 흡수면이 복사에너지를 최대로 받아들일 뿐 아니라 흡수면 자체의 온도 상승에 따른 열의 재복사를 최소로 막아 주어야 한다.

이와 같은 성질을 갖도록 고안된 태양에너지 흡수면을 선택흡수면이라 부른다. 효과인 선택흡수면은 태양의 복사 스펙트럼 영역인 0.3~2.0 μm에서 높은 흡수율을 갖고, 흡수면의 작동온도에 해당하는 열복사 스펙트럼 영역인 2 μm 이상에서는 낮은 복사율을 가져야 한다.

그림 11.10은 선택흡수면의 일반구조를 나타내고 그림 11.11은 선택흡수면의 흡수율을 나타낸 것이다.

지금까지 연구된 선택흡수면으로는 알루미늄판에 산화구리, 알루미늄판에 유전간섭막, 철판에 산화철, 은판에 산화은막, 구리나 다른 금속판에 Copper Black, 몰리브덴판에 Ge나 Pbs 반도체막을 입힌 것들이 있다.

이 이외에도 Chrome Black이 있으며 선택흡수성도 좋고 내구성도 좋아 경제성만 향상되면 가장 장래성 있는 선택흡수면이 될 것이다. 표 11.3은 실용화되고 있는 선택흡수판의 종류이다.

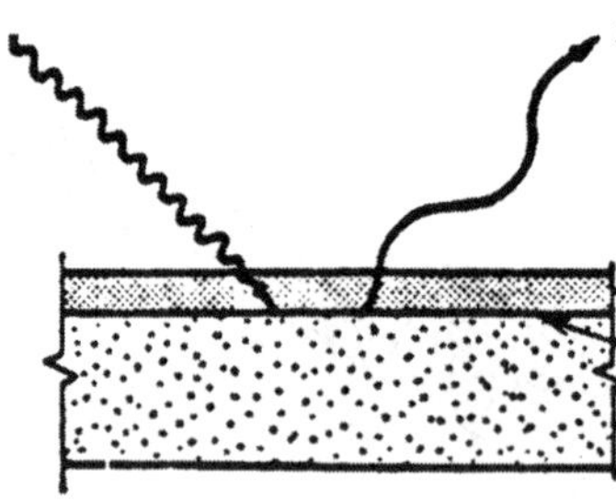

그림 11.10 선택흡수면의 구조

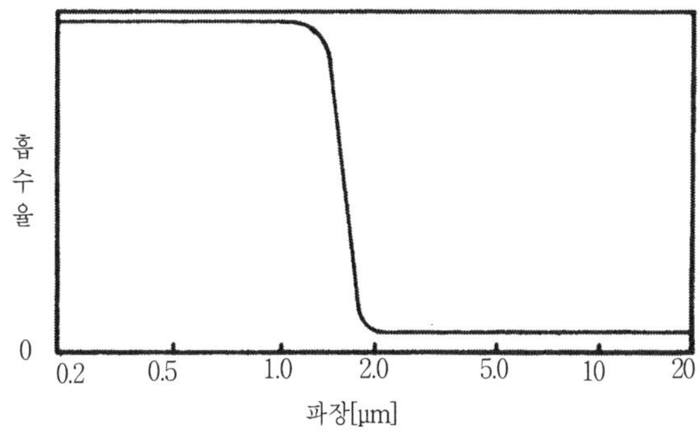

그림 11.11 선택흡수면의 흡수율

표 11.3 선택흡수막

명 칭	재 료	표면처리	태양흡수율	열방사율
산화구리	구 리	화성처리	~0.9	~0.1
갈색스테인리스	스테인리스	화성처리	~0.9	~0.1
특수전해피막	알루미늄	전 해 법	~0.9	~0.1
Chrome Black	구 리	전기도금	~0.95	~0.1

11.5.3 투과체

집열기에 사용되는 투과체의 기능은 집열기 내부의 구성품이 외부로부터 보호될 수 있어야 하고 태양에너지 투과율이 높고 열손실이 최소이어야 하며 변형이 없어야 한다. 투과체로 사용되고 있는 재료로는 유리, F.R.P., 필름, 강화 플라스틱 등이 있다.

(1) 유 리

유리는 사용목적에 따라 강화유리나 일반유리로 구분하여 사용하며 다른 투과체 재료보다 비교적 값이 싸며 투과율이 아주 높다. 강화투명 유리의 투과율은 91%이고 반강화유리는 84% 정도이다.

(2) F.R.P.

F.R.P는 섬유강화 플라스틱으로 강도가 높아 외력에 대하여 견고한 장점을 가지고 있으나 평면이 고르지 못하고 열팽에 의한 변형률이 크다. 투과율은 84~90% 정도로 유리보다 약간 낮다.

(3) 필름

플라스틱 필름은 투과율이 높고 가격이 매우 저렴한 반면 장기간 사용할 때 변형이 있으며 외력에 약하고 적외선 복사방출에 따른 집열 효율이 감소하는 단점이 있다.

(4) 강화플라스틱

이 재료는 충격에 대한 내구성이 높고 취급이 용이하나 투과율이 낮고 가격이 높은 단점이 있다.

부 록

부록 I 강판, 환강 및 형강의 단면치수

부표 1.1 강판의 치수 및 질량

두께 [mm] \ 폭×길이 [mm] / 1매의 질량	914× 1,829	1,219× 2,438	1,524× 3,040	1,524× 6,096	두께 [mm] \ 폭×길이 [mm] / 1매의 질량	914× 1,829	1,219× 2,438	1,524× 3,040	1,524× 6,096
	kg	kg	kg	kg		kg	kg	kg	kg
3.2	42.0	74.7	117	-	10	131	233	365	729
3.5	45.9	81.7	128	-	11	144	257	401	802
4	52.5	93.3	146	-	12	158	280	438	875
4.5	59.1	105	164	328	13	-	303	474	948
5	65.6	117	182	365	14	-	327	510	1,021
5.5	72.2	128	201	401	15	-	350	547	1,094
6	78.8	140	219	438	16	-	373	583	1,167
6.5	85.3	152	237	474	19	-	-	693	1,386
7	91.9	163	255	510	22	-	-	802	1,604
8	105	187	292	583	25	-	-	911	1,823
9	118	210	328	656	28	-	-	-	2,042

부표 1.2 환강의 치수, 질량 및 단면의 성질

지 름 [mm]	단 면 적 [cm^2]	질 량 [kg/m]	단면2차모멘트 [I cm^4]	단면회전반경 [i cm]	단 면 계 수 [z cm^3]
6	0.2827	0.222	0.01	0.15	0.02
7	0.3842	0.302	0.01	0.18	0.03
8	0.5027	0.395	0.02	0.20	0.05
9	0.6362	0.499	0.03	0.23	0.07
10	0.7854	0.61	0.05	0.25	0.10
11	0.9503	0.746	0.07	0.28	0.13
12	1.131	0.888	0.10	0.30	0.17
13	1.327	1.04	0.14	0.33	0.22
14	1.539	1.21	0.19	0.35	0.27
15	1.767	1.39	0.25	0.38	0.33
16	2.011	1.58	0.32	0.40	0.40
17	2.270	1.78	0.41	0.43	0.48

18	2.545	2.00	0.52	0.45	0.57
19	2.835	2.23	0.64	0.48	0.67
20	3.142	2.47	0.79	0.50	0.79
21	3.464	2.72	0.95	0.53	0.91
22	3.801	2.98	1.15	0.55	1.05
23	4.155	3.26	1.37	0.58	1.19
24	4.524	3.55	1.63	0.60	1.36
25	4.909	3.85	1.92	0.63	1.53
26	5.309	4.17	2.24	0.65	1.73
28	6.158	4.83	3.02	0.70	2.16
30	7.069	5.55	3.98	0.75	2.65

부표 1.3 등변산형강의 치수, 질량 및 단면의 성질

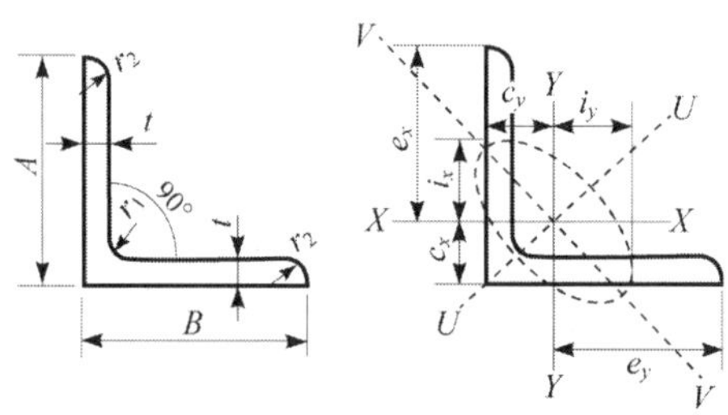

치 수 [mm]		단면적 [cm²]	단위 질량 [kg/m]	중심의 위 치 [cm]	단면2차 모멘트 [cm^4]			단면2차 반지름 [cm]			단면 계수 [cm^3]
$A \times B$	t			c_x c_y	I_y I_y	최대 I_y	최소 I_v	i_x i_y	최대 i_u	최소 i_v	Z_x Z_y
20×20	3	1.127	0.885	0.60	0.39	0.61	0.16	0.59	0.74	0.38	0.28
25×25	3	1.427	1.12	0.72	0.80	1.26	0.33	0.75	0.94	0.48	0.45
25×25	5	2.246	1.76	0.79	1.18	1.85	0.51	0.72	0.91	0.48	0.69
30×30	3	1.727	1.36	0.85	1.42	2.26	0.59	0.91	1.14	0.58	1.66
30×30	5	2.746	2.16	0.92	2.14	3.37	0.91	0.88	1.11	0.57	1.03
35×35	3	2.036	1.60	0.97	2.32	3.68	0.96	1.07	1.34	0.69	0.92
35×35	5	3.255	2.56	1.04	3.53	5.58	1.47	1.04	1.31	0.67	1.44
40×40	3	3.336	1.83	1.09	3.53	5.60	1.45	1.20	1.55	0.79	1.21
40×40	5	3.755	2.95	1.17	5.42	8.59	2.25	1.36	1.51	0.77	1.91
45×45	4	3.492	2.74	1.24	6.50	10.3	2.69	1.34	1.72	0.88	2.00
45×45	6	5.044	3.96	1.32	9.00	14.2	3.75	1.31	1.68	0.86	2.83
45×45	8	6.564	5.15	1.40	11.2	18.0	4.44	1.53	1.65	0.82	3.61
50×50	4	3.892	3.06	1.37	9.06	14.4	3.74	1.50	1.92	0.98	2.49
50×50	6	5.644	4.43	1.44	12.6	20.2	5.24	1.48	1.88	0.96	3.55
50×50	8	7.364	5.78	1.52	16.1	25.4	6.78	1.84	1.86	0.96	4.62

60×60	5	5.802	4.55	1.66	19.6	31.2	8.06	1.81	2.32	1.18	3.52
60×60	7	7.914	6.21	1.73	25.9	41.0	10.7	1.79	2.28	1.16	6.06
60×60	9	9.994	7.85	1.81	31.9	50.5	13.4	1.98	2.25	1.16	7.62
65×65	6	7.527	5.91	1.81	29.4	46.6	12.1	1.94	2.49	1.27	6.27
65×65	8	9.761	7.66	1.88	36.8	58.3	15.3	1.92	2.44	1.25	7.97
65×65	10	12.00	9.42	1.96	44.4	70.2	18.7	2.14	2.42	1.25	9.79
70×70	6	8.172	6.38	1.94	37.1	58.9	15.3	2.10	2.69	1.37	7.33
70×70	8	10.56	8.29	2.01	46.6	74.0	19.3	2.08	2.65	1.35	9.34
70×70	10	13.00	10.2	2.09	56.4	89.3	23.6	2.30	2.62	1.35	11.5
75×75	6	8.727	6.85	2.06	46.1	73.2	19.0	2.25	2.90	1.47	8.47
75×75	9	12.69	9.96	2.17	64.4	102	26.7	2.22	2.84	1.45	12.1
75×75	12	16.56	13.0	2.29	81.9	129	34.5	2.20	2.79	1.44	15.7
75×75	14	19.04	14.9	2.36	92.5	145	39.6	2.46	2.76	1.44	18.0
80×80	6	9.327	7.32	2.19	56.4	89.6	23.2	2.41	3.10	1.58	9.70
80×80	9	13.59	10.7	2.30	79.2	126	32.7	2.38	3.04	1.55	13.9
80×80	12	17.76	13.9	2.41	101	160	42.2	2.76	3.00	1.54	18.1
90×90	7	12.22	9.59	2.46	93.0	148	38.3	2.71	3.48	1.77	14.2
90×90	10	17.00	13.3	2.58	125	199	51.6	2.68	3.42	1.74	19.5
90×90	13	21.71	17.0	2.69	156	248	65.3	2.66	3.38	1.73	24.8
90×90	15	24.75	19.4	2.77	176	277	74.3	3.08	3.35	1.73	28.2
100×100	7	13.62	10.7	2.71	129	205	53.1	3.03	3.88	1.97	17.7
100×100	10	19.00	14.9	2.83	175	278	71.9	3.00	3.83	1.95	24.4
100×100	13	24.31	19.1	2.94	220	348	91.0	2.98	3.78	1.93	31.1
100×100	15	27.75	21.8	3.02	247	391	103	2.96	3.75	1.93	35.4
100×100	17	31.11	24.4	3.09	273	431	116	4.01	3.72	1.93	39.6
130×130	9	22.74	17.9	3.53	366	583	150	3.96	5.06	2.57	38.7
130×130	12	29.76	23.4	3.64	467	743	192	3.93	5.00	2.54	49.9
130×130	15	36.75	28.8	3.76	568	902	234	3.93	4.95	2.53	61.5
130×130	17	41.31	32.4	3.84	632	1,000	262	3.91	4.92	2.52	69.0
150×150	11	32.00	25.1	4.10	684	1,090	280	4.62	5.88	2.96	62.8
150×150	15	42.74	33.6	4.24	888	1,410	365	4.56	5.75	2.92	82.6
150×150	19	53.38	41.9	4.40	1,090	1,730	451	4.52	5.69	2.91	103
150×150	21	61.15	48.0	4.52	1,230	1,950	514	4.49	5.64	2.90	117
200×200	15	57.75	45.3	5.47	2,180	3,470	891	6.14	7.75	3.93	150
200×200	20	76.00	59.7	5.67	2,820	4,490	1,160	6.09	7.69	3.90	197
200×200	25	93.75	73.6	5.87	3,420	5,420	1,410	6.04	7.61	3.88	242
200×200	27	100.7	79.0	5.94	3,650	5,780	1,510	6.02	7.57	3.88	259

부표 1.4 I형강의 치수, 질량 및 단면의 성질

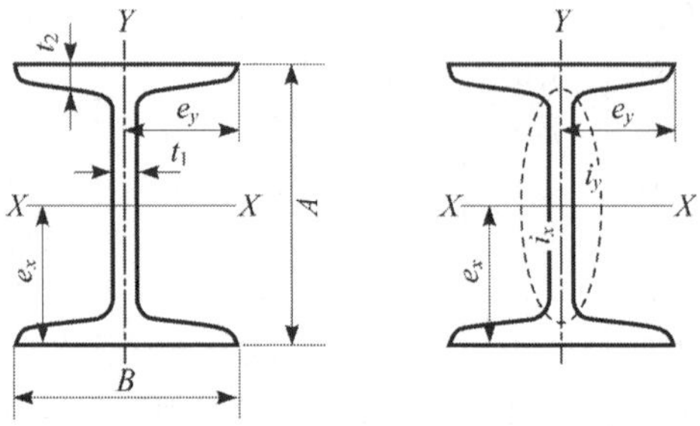

주 요 치 수 [mm]			단면적 [cm^2]	단위 질량 [kgf/m]	단면2차 모멘트 [cm^4]		단면 2차 변지름 [cm]		단 면 계 수 [cm^3]	
$A \times B$	t_1	t_2			I_x	I_y	i_x	i_y	Z_x	Z_y
75×75	5	8	15.18	11.9	146	48.3	3.10	1.78	38.9	12.9
100×75	5	8	16.43	12.9	283	48.3	4.15	1.72	56.5	12.9
125×75	5.5	9.5	20.45	16.1	540	59.0	5.14	1.70	86.4	15.7
150×75	5.5	9.5	21.83	17.1	820	59.1	6.13	1.65	109	15.8
150×125	8.5	14	46.15	36.2	1,780	395	6.21	2.92	237	63.1
180×100	6	10	30.06	23.6	1,670	141	7.46	2.17	186	28.2
200×100	7	10	33.06	26.0	2,180	142	8.11	2.07	218	28.4
200×150	9	16	64.16	50.4	4,490	771	8.37	3.47	440	103
230×100	7.5	11.5	39.08	30.7	3,350	168	9.25	2.07	291	33.5
250×125	7.5	12.5	48.79	38.3	5,190	345	10.3	2.66	415	55.2
250×125	10	19	70.73	55.5	7,340	560	10.2	2.81	587	89.6
300×150	8	13	61.58	48.3	9,500	600	12.4	3.12	633	80.0
300×150	11.5	22	97.88	76.8	14,700	1,120	12.3	3.38	981	149
350×150	9	15	74.58	58.5	15,200	715	14.3	3.10	871	95.4
350×150	12	24	111.1	87.2	22,500	1,230	14.2	3.33	1,280	164
400×150	10	18	91.73	72.0	24,000	887	16.2	3.11	1,200	118
400×150	12.5	25	122.1	95.8	31,700	1,290	16.1	3.25	1,580	172
450×175	11	20	116.8	91.7	39,200	1,550	18.3	3.64	1,740	177
450×175	13	26	146.1	115	48,800	2,100	18.3	3.79	2,170	290
500×190	11.5	23	141.8	111	59,600	2,300	20.5	4.03	2,380	242
500×190	15	30	184.7	145	75,500	3,120	20.2	4.11	3,030	328
600×190	13	25	169.4	133	98,200	2,540	24.1	3.87	3,270	267
600×190	16	35	224.5	176	130,000	3,700	24.0	4.06	4,330	390

부표 1.5 ㄷ형강의 치수, 질량 및 단면의 성질

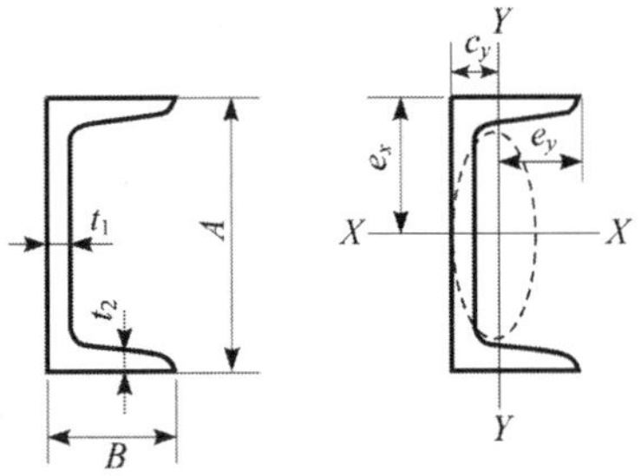

주 요 치 수 [mm]			단면적 [cm²]	단위 질량 [kg/m]	중심의 위치 [cm]		단면2차 모멘트 [cm⁴]		단면회전반지름 [cm]		단 면 계 수 [cm³]	
$A \times B$	t_1	t_2			c_x	c_y	I_x	I_y	i_x	i_y	Z_x	Z_y
70×40	5	7	8.818	6.92	0	1.27	75.9	12.4	2.93	1.19	20.2	4.54
100×50	8	7.5	11.92	9.36	0	1.55	189	6.9	3.98	1.50	37.8	7.82
125×65	6	8	17.11	13.4	0	1.94	425	65.5	4.99	1.96	68.0	14.4
150×70	6	8.5	20.00	15.4	0	2.04	721	89.1	5.99	2.11	96.2	18.0
150×75	6.5	10	23.71	18.6	0	2.31	864	122	6.04	2.27	115	23.6
150×75	9	12.5	30.59	24.0	0	2.31	1,050	147	5.86	2.19	140	28.3
150×90	6	10.5	26.85	21.1	0	3.02	1,040	205	6.21	2.76	138	34.3
150×90	9	14	36.85	28.9	0	3.01	1,330	271	6.00	2.71	177	45.2
150×90	12	17.5	46.68	36.6	0	3.05	1,590	329	5.84	2.66	212	55.3
200×70	7	10	26.92	21.1	0	1.85	1,620	113	7.77	2.04	162	21.8
200×80	7.5	11	31.33	24.6	0	2.24	1,950	177	7.89	2.38	195	30.8
200×80	9	13.5	37.84	29.7	0	2.31	2,310	210	7.81	2.36	231	36.9
200×80	10.5	15.5	43.66	34.3	0	2.35	2,610	236	7.72	2.33	261	41.8
200×90	8	13.5	38.65	30.3	0	2.77	2,490	286	8.03	2.72	249	45.9
200×90	10	15.5	45.74	35.9	0	2.75	2,840	327	7.88	2.67	284	52.3
200×90	12	18	53.59	42.1	0	2.78	3,230	372	7.76	2.63	323	59.8
250×80	8	12.5	38.51	30.2	0	2.11	3,630	210	9.71	2.34	291	35.7
250×80	10	15	47.01	36.9	0	2.14	4,300	246	9.56	2.29	344	42.1
250×80	12	17.5	55.39	43.5	0	2.18	4,930	280	9.44	2.25	395	48.2
250×90	9	13	44.07	34.6	0	2.42	4,180	306	9.74	2.64	335	46.5
250×90	11	14.5	51.17	40.2	0	2.39	4,690	342	9.56	2.58	375	51.7
250×90	13	18	61.73	48.5	0	2.50	5,570	405	9.50	2.56	446	62.4
300×90	9	13	48.57	38.1	0	2.23	6,440	325	11.5	2.59	429	48.0
300×90	10	15.5	55.74	43.8	0	2.33	7,400	373	11.5	2.59	494	56.0
300×90	12	16	61.90	48.6	0	2.25	7,870	391	11.3	2.51	525	57.9
300×90	13	19.5	70.41	55.3	0	2.40	9,030	453	11.3	2.54	602	68.7
300×100	10	16	59.56	46.8	0	2.71	8,170	514	11.7	2.94	545	70.6
300×100	12	18	68.83	54.0	0	2.71	9,170	574	11.5	2.89	611	78.7
300×100	14	20	77.91	61.2	0	2.72	10,100	630	11.4	2.84	674	86.5

부록 II 각종 재료의 열적 성질

부표 2.1 금속의 열적 성질

물 질	온도 [℃]	밀도 ρ [kg/m³]	비 열 C [kJ/kg · K]	열전도율 k [w/m · K]	온 도 전도율 α [m²/h]
Aluminium	20	2,710	0.896	204	0.340
Duralumin 94~95 Al, 3~5 Cu, 0.5 Mg	〃	2,790	0.840	164	0.240
Magnesium	〃	2,750	1.013	171	0.349
철	〃	7,900	0.452	49	0.073
주철 C<4	〃	7,270	0.42	52	0.062
주철 C<0.5	〃	7,830	0.465	54	0.059
탄소강 1.0C	〃	7,800	0.473	43	0.053
탄소강 1.5C	〃	7,750	0.486	36	0.035
니켈크롬강 18Cr, 8Ni	20	7,820	0.46	16.3	0.016
니켈크롬강 20Cr, 15Ni	〃	7,830	0.46	15.1	0.015
니켈크롬강 25Cr, 20Ni	〃	7,870	0.46	12.8	0.013
동	〃	8,930	0.383	386	0.416
청동 75 Cu, 25 Sn	〃	8,670	0.343	26	0.031
Aluminium 청동 95 Cu, 5 Al	〃	8,670	0.41	83	0.084
황동 85 Cu, 9 Sn, 6 Zn	〃	8,710	0.385	61	0.065
황동 70 Cu, 30 Zn	〃	8,520	0.385	111	0.123
니켈(99.9%)	〃	8,910	0.446	90	0.082
아연	〃	7,140	0.384	112	0.148
주석	〃	7,310	0.227	64	0.140
납	〃	11,370	0.13	35	0.086

부표 2.2 비금속재료의 열적 성질

물 질	온도 [℃]	밀도 ρ [kg/m³]	비 열 C [kJ/kg · K]	열전도율 k [w/m · K]	온 도 전도율 α [m²/h]
아스팔트	20	2,120	0.92	0.74	0.0014
콘크리트	〃	2,600~	0.84	0.47 ~ 0.58	0.00063~
		3,200			0.00069
벽돌(보통)		1,600~	0.988	0.56 ~ 0.85	0.0012 ~
	〃	1,800			0.0019
도료(벽)	20	1,690		079	
오동나무(건조)	29	254	1.26	0.087	0.00098
소나무(〃)	29	527	〃	0.134	0.0074
노송나무(〃)	〃	377	〃	0.106	0.00080
떡갈나무(〃)	〃	700		0.112	
합판	0~20	588		0.112	
화강암	20	2,600~	1.1	4.3	0.0054
		2,900			
대리석		2,600	0.81	2.8	0.0050
아스베스토스(면상)	〃	470	0.80	0.156	0.0015
	20	700		0.235	
아스베스토스판	〃	2,000		0.698	
암면	〃	80		0.03	
유리솜	〃	32	0.81	0.034	0.0011
슬래그	20	95		0.034	
규조토	〃	54		0.038	
	〃	350	0.239		
콜크판	〃	100	1.67~2.1	0.042	0.00072~
	〃				0.0009
탄화콜크판		135		0.052	
톱밥	〃	200		0.064	
양모	20	200	1.67	0.049	0.0005
우모	〃	150		0.052	0.0005
염화비닐수지	120	1,400	0.95	0.16	0.12
폴리에틸렌수지	27	920	2.3	0.34	0.16
모래	20	1,510	1.1	1.1	0.68
종이	20	900	1.3	0.06	0.0002

부록Ⅲ 포화수 증기표

부표 3.1 포화수증기표(온도기준)

온도 [℃]	포화압력	비체적[m³/kg]		엔탈피[kJ/kg]			엔트로피[kJ/kg·K]		
	P_{sat}	v_f	v_g	h_f	h_{fg}	h_g	s_f	s_{fg}	s_g
0.01	0.6113	0.001 000	206.14	0.01	2501.3	2501.4	0.000	9.1562	9.1562
5	0.8712	0.001 000	147.12	20.98	2489.6	2510.6	0.0761	8.9496	9.0257
10	1.2276	0.001 000	106.38	42.01	2477.7	2519.8	0.1510	8.7498	8.9008
15	1.7051	0.001 001	77.93	62.99	2465.9	2528.9	0.2245	8.5569	8.7814
20	2.339	0.001 002	57.79	83.96	2454.1	2538.1	0.2966	8.3706	8.6672
25	3.169	0.001 003	43.36	104.89	2442.3	2547.2	0.3674	8.1905	8.5580
30	4.246	0.001 004	32.89	125.79	2430.5	2556.3	0.4369	8.0164	8.4533
35	5.628	0.001 006	25.22	146.68	2418.6	2565.3	0.5053	7.8478	8.3531
40	7.384	0.001 008	19.52	167.57	2406.7	2574.3	0.5725	7.6845	8.2570
45	9.593	0.001 010	15.26	188.45	2394.8	2583.2	0.6387	7.5261	8.1648
50	12.349	0.001 012	12.03	209.33	2382.7	2592.1	0.7038	7.3725	8.0763
55	15.758	0.001 015	9.568	230.23	2370.7	2600.9	0.7679	7.2234	7.9913
60	19.940	0.001 017	7.671	251.13	2358.5	2609.6	0.8312	7.0784	7.9096
65	25.03	0.001 020	6.197	272.06	2346.2	2618.3	0.8935	6.9375	7.8310
70	31.19	0.001 023	5.042	292.98	2333.8	2626.8	0.9549	6.8004	7.7553
75	38.58	0.001 026	4.131	313.93	2321.4	2635.3	1.0155	6.6669	7.6824
80	47.39	0.001 029	3.407	334.91	2308.8	2643.7	1.0753	6.5369	7.6122
85	57.83	0.001 033	2.828	355.90	2296.0	2651.9	1.1343	6.4102	7.5445
90	70.14	0.001 036	2.361	376.92	2283.2	2660.1	1.1925	6.2866	7.4791
95	84.55	0.001 040	1.982	397.96	2270.2	2668.1	1.2500	6.1659	7.4159
100	0.101 35	0.001 044	1.6729	419.04	2257.0	2676.1	1.3069	6.0480	7.3549
105	0.120 82	0.001 048	1.4194	440.15	2243.7	2683.8	1.3630	5.9328	7.2958
110	0.143 27	0.001 052	1.2102	461.30	2230.2	2691.5	1.4185	5.8202	7.2387
115	0.169 06	0.001 056	1.0366	482.48	2216.5	2699.0	1.4734	5.7100	7.1833
120	0.198 53	0.001 060	0.8919	503.71	2202.6	2706.3	1.5276	5.6020	7.1296
125	0.2321	0.001 065	0.7706	524.99	2188.5	2713.5	1.5813	5.4962	7.0775
130	0.2701	0.001 070	0.6685	546.31	2174.2	2720.5	1.6344	5.3925	7.0269
135	0.3130	0.001 075	0.5822	567.69	2159.6	2727.3	1.6870	5.2907	6.9777
140	0.3613	0.001 080	0.5089	589.13	2144.7	2733.9	1.7391	5.1908	6.9299
145	0.4154	0.001 085	0.4463	610.63	2129.6	2740.3	1.7907	5.0926	6.8833
150	0.4758	0.001 091	0.3928	632.20	2114.3	2746.5	1.8418	4.9960	6.8379

155	0.5431	0.001 096	0.3468	653.84	2098.6	2752.4	1.8925	4.9010	6.7935
160	0.6178	0.001 102	0.3071	675.55	2082.6	2758.1	1.9427	4.8075	6.7502
165	0.7005	0.001 108	0.2727	697.34	2066.2	2763.5	1.9925	4.7153	6.7078
170	0.7917	0.001 114	0.2428	719.21	2049.5	2768.7	2.0419	4.6244	6.6663
175	0.8920	0.001 121	0.2168	741.17	2032.4	2773.6	2.0909	4.5347	6.6256
180	1.0021	0.001 127	0.194 05	763.22	2015.0	2778.2	2.1396	4.4461	6.5857
185	1.1227	0.001 134	0.174 09	785.37	1997.1	2782.4	2.1879	4.3586	6.5465
190	1.2544	0.001 141	0.156 54	807.62	1978.8	2786.4	2.2359	4.2720	6.5079
195	1.3978	0.001 149	0.141 05	829.98	1960.0	2790.0	2.2835	4.1863	6.4698
200	1.5538	0.001 157	0.127 36	852.45	1940.7	2793.2	2.3309	4.1014	6.4323
205	1.7230	0.001 164	0.115 21	875.04	1921.0	2796.0	2.3780	4.0172	6.3952
210	1.9062	0.001 173	0.104 41	897.76	1900.7	2798.5	2.4248	3.9337	6.3585
215	2.104	0.001 181	0.094 79	920.62	1879.9	2800.5	2.4714	3.8507	6.3221
220	2.318	0.001 190	0.086 19	943.62	1858.5	2802.1	2.5178	3.7683	6.2861
225	2.548	0.001 199	0.078 49	966.78	1836.5	2803.3	2.5639	3.6863	6.2503
230	2.795	0.001 209	0.071 58	990.12	1813.8	2804.0	2.6099	3.6047	6.2146
235	3.060	0.001 219	0.065 37	1013.62	1790.5	2804.2	2.6558	3.5233	6.1791
240	3.344	0.001 229	0.059 76	1037.32	1766.5	2803.8	2.7015	3.4422	6.1437
245	3.648	0.001 240	0.054 71	1061.23	1741.7	2803.0	2.7472	3.3612	6.1083
250	3.973	0.001 251	0.050 13	1085.36	1716.2	2801.5	2.7927	3.2802	6.0730
255	4.319	0.001 263	0.045 98	1109.73	1689.8	2799.5	2.8383	3.1922	6.0375
260	4.688	0.001 276	0.042 21	1134.37	1662.5	2796.9	2.8838	3.1181	6.0019
265	5.081	0.001 289	0.038 77	1159.28	1634.4	2793.6	2.9294	3.0368	5.9662
270	5.499	0.001 302	0.035 64	1184.51	1605.2	2789.7	2.9751	2.9551	5.9301
275	5.942	0.001 317	0.032 79	1210.07	1574.9	2785.0	3.0208	2.8730	5.8938
280	6.412	0.001 332	0.030 17	1235.99	1543.6	2779.6	3.0668	2.7903	5.8571
285	6.909	0.001 348	0.027 77	1262.31	1511.0	2773.3	3.1130	2.7070	5.8199
290	7.436	0.001 366	0.025 57	1289.07	1477.1	2766.2	3.1594	2.6227	5.7821
295	7.993	0.001 384	0.023 54	1316.3	1441.8	2758.1	3.2062	2.5375	5.7437
300	8.581	0.001 404	0.021 67	1344.0	1404.9	2749.0	3.2534	2.4511	5.7045
305	9.202	0.001 425	0.019 948	1372.4	1366.4	2738.7	3.3010	2.3633	5.6643
310	9.856	0.001 447	0.018 350	1401.3	1326.0	2727.3	3.3493	2.2737	5.6230
315	10.547	0.001 472	0.016 867	1431.0	1283.5	2714.5	3.3982	2.1821	5.5804
320	11.274	0.001 499	0.015 488	1461.5	1238.6	2700.1	3.4480	2.0882	5.5362
330	12.845	0.001 561	0.012 996	1525.3	1140.6	2665.9	3.5507	1.8909	5.4417
340	14.586	0.001 638	0.010 797	1594.2	1027.9	2622.0	3.6594	1.6763	5.3357
350	16.513	0.001 740	0.008 813	1670.6	893.4	2563.9	3.7777	1.4335	5.2112
360	18.651	0.001 893	0.006 945	1760.5	720.3	2481.0	3.9147	1.1379	5.0526
370	21.03	0.002 213	0.004 925	1890.5	441.6	2332.1	4.1106	0.6865	4.7971
374.14	22.09	0.003 155	0.003 155	2099.3	0	2099.3	4.4298	0	4.4298

부표 3.2 포화수증기표(압력기준)

압력 [MPa]	포 화 압 력	비체적[m³/kg]		엔탈피[kJ/kg]			엔트로피[kJ/kg·K]		
	P_{sat}	v_f	v_g	h_f	h_{fg}	h_g	s_f	s_{fg}	s_g
0.0006113	0.01	0.001 000	206.14	0.01	2501.3	2501.4	0.0000	9.1562	9.1562
0.001	6.98	0.001 000	129.21	20.30	2484.0	2514.2	0.1050	8.8697	8.9756
0.0015	13.03	0.001 001	87.98	54.71	2470.0	2525.3	0.1957	8.6322	8.8279
0.002	17.50	0.001 001	67.00	73.46	2460.0	2533.5	0.2007	8.4629	8.7237
0.0025	21.08	0.001 002	54.25	88.49	2451.6	2540.0	0.3120	8.3311	8.6432
0.003	24.08	0.001 003	45.67	101.05	2444.5	2545.5	0.3545	8.2231	8.5776
0.004	28.96	0.001 004	34.80	121.46	2432.9	2554.4	0.4226	8.0520	8.4746
0.005	32.88	0.001 005	28.19	137.82	2423.7	2561.5	0.4704	7.9187	8.3951
0.0075	40.29	0.001 008	19.24	168.79	2406.0	2574.8	0.5764	7.6750	8.2515
0.01	45.81	0.001 010	14.67	191.83	2392.8	2584.7	0.6493	7.5009	8.1502
0.015	53.97	0.001 014	10.02	225.94	2373.1	2599.1	0.7549	7.2536	8.0085
0.02	60.06	0.001 017	7.649	251.40	2358.3	2609.7	0.8320	7.0766	7.9085
0.025	64.97	0.001 020	6.204	271.93	2346.3	2618.2	0.8931	6.9383	7.8314
0.03	69.10	0.001 022	5.229	289.23	2336.1	2625.3	0.9439	6.8247	7.7686
0.04	75.87	0.001 027	3.993	317.58	2319.2	2636.8	1.0259	6.6441	7.6700
0.05	81.33	0.001 030	3.240	340.49	2305.4	2645.9	1.0910	6.5029	7.5939
0.075	91.78	0.001 037	2.217	384.39	2278.6	2663.0	1.2130	6.2434	7.4564
0.100	99.63	0.001 043	1.6940	417.46	2258.0	2675.5	1.3026	6.0568	7.3594
0.125	105.99	0.001 048	1.3749	444.32	2241.0	2685.4	1.3740	5.9104	7.2844
0.150	111.37	0.001 053	1.1593	467.11	2226.5	2693.6	1.4336	5.7897	7.2233
0.175	116.06	0.001 057	1.0036	486.99	2213.6	2700.6	1.4849	5.6868	7.1717
0.200	120.23	0.001 061	0.8857	504.70	2201.9	2706.7	1.5301	5.5970	7.1271
0.225	124.00	0.001 064	0.7933	520.72	2191.3	2712.1	1.5706	5.5173	7.0878
0.250	127.44	0.001 067	0.7187	535.37	2181.5	2716.9	1.6072	5.4455	7.0527
0.275	130.60	0.001 070	0.6573	548.89	2172.4	2721.3	1.6408	5.3801	7.0209
0.300	133.55	0.001 073	0.6058	561.47	2163.8	2725.3	1.6718	5.3201	6.9919
0.325	136.30	0.001 076	0.5620	573.25	2155.8	2729.0	1.7006	5.2646	6.9652
0.350	138.88	0.001 079	0.5243	584.33	2148.1	2732.4	1.7275	5.2130	6.9405
0.375	141.32	0.001 081	0.4914	594.81	2140.8	2735.6	1.7528	5.1647	6.9175
0.40	143.63	0.001 084	0.4625	604.74	2133.8	2738.6	1.7766	5.1193	6.8959
0.45	147.93	0.001 088	0.4140	623.25	2120.7	2743.9	1.8207	5.0359	6.8565
0.50	151.86	0.001 093	0.3749	640.23	2108.5	2748.7	1.8607	4.9606	6.8213
0.55	155.48	0.001 097	0.3427	665.93	2097.0	2753.0	1.8973	4.8920	6.7893
0.60	158.85	0.001 101	0.3157	670.56	2086.3	2756.8	1.9312	4.8288	6.7600
0.65	162.01	0.001 104	0.2927	684.28	2076.0	2760.3	1.9627	4.7703	6.7331

0.70	164.97	0.001 108	0.2729	697.22	2066.3	2763.5	1.9922	4.7158	6.7080
0.75	167.78	0.001 112	0.2556	709.47	2057.0	2766.4	2.0200	4.6647	6.6847
0.80	170.43	0.001 115	0.2404	721.11	2048.0	2769.1	2.0462	4.6166	6.6628
0.85	172.96	0.001 118	0.2270	732.22	2039.4	2771.6	2.0710	4.5711	6.6421
0.90	175.38	0.001 121	0.2150	742.83	2031.1	2773.9	2.0946	4.5280	6.6226
0.95	177.69	0.001 124	0.2042	753.02	2023.1	2776.1	2.1172	4.4869	6.6041
1.00	179.91	0.001 127	0.194 44	762.81	2015.3	2778.1	2.1387	4.4478	6.5865
1.10	184.09	0.001 133	0.177 53	781.34	2000.4	2781.7	2.1792	4.3744	6.5536
1.20	187.99	0.001 139	0.163 33	798.65	1986.2	2784.8	2.2166	4.3067	6.5233
1.30	191.64	0.001 144	0.151 25	814.93	1972.7	2787.6	2.2515	4.2438	6.4953
1.40	195.07	0.001 149	0.140 84	830.30	1959.7	2790.0	2.2842	4.1850	6.4693
1.50	198.32	0.001 154	0.131 77	844.89	1947.3	2792.2	2.3150	4.1298	6.4448
1.75	205.76	0.001 166	0.113 49	878.50	1917.9	2796.4	2.3851	4.0044	6.3896
2.00	212.42	0.001 177	0.099 63	908.79	1890.7	2799.5	2.4474	3.8935	6.3409
2.25	218.45	0.001 187	0.088 75	936.49	1865.2	2801.7	2.5035	3.7937	6.2972
2.5	223.99	0.001 197	0.079 98	962.11	1841.0	2803.1	2.5547	3.7028	6.2575
3.0	233.90	0.001 217	0.066 68	1008.42	1795.7	2804.2	2.6457	3.5412	6.1869
3.5	242.60	0.001 235	0.057 07	1049.75	1753.7	2803.4	2.7253	3.4000	6.1253
4	250.40	0.001 252	0.049 78	1087.31	1714.1	2801.4	2.7964	3.2737	6.0701
5	263.99	0.001 286	0.039 44	1154.23	1640.1	2794.3	2.9202	3.0532	5.9734
6	275.64	0.001 319	0.032 44	1213.35	1571.0	2784.3	3.0267	2.8625	5.8892
7	285.88	0.001 351	0.027 37	1267.00	1505.1	2772.1	3.1211	2.6922	5.8133
8	295.06	0.001 384	0.023 52	1316.64	1441.3	2758.0	3.2068	2.5364	5.7432
9	303.40	0.001 418	0.020 48	1363.26	1378.9	2742.1	3.2858	2.3915	5.6722
10	311.06	0.001 452	0.018 026	1407.56	1317.1	2724.7	3.3596	2.2544	5.6141
11	318.15	0.001 489	0.015 987	1450.1	1255.5	2705.6	3.4295	2.1233	5.5527
12	324.75	0.001 527	0.014 263	1491.3	1193.3	2684.9	3.4962	1.9962	5.4924
13	330.93	0.001 567	0.012 780	1531.5	1130.7	2662.2	3.5606	1.8718	5.4323
14	336.75	0.001 611	0.011 485	1571.1	1066.5	2637.6	3.6232	1.7485	5.3717
15	342.24	0.001 658	0.010 337	1610.5	1000.0	2610.5	3.6848	1.6249	5.3098
16	347.44	0.001 711	0.009 306	1650.1	930.6	2580.6	3.7461	1.4994	5.2455
17	352.37	0.001 770	0.008 364	1690.3	856.9	2547.2	3.8079	1.3698	5.1777
18	357.06	0.001 840	0.007 489	1732.0	777.1	2509.1	3.8715	1.2329	5.1044
19	361.54	0.001 924	0.006 657	1776.5	688.0	2464.5	3.9388	1.0839	5.0228
20	365.81	0.002 036	0.005 834	1826.3	583.4	2409.7	4.0139	0.9130	4.9269
21	369.89	0.002 207	0.004 952	1888.4	446.2	2334.6	4.1075	0.6938	4.8013
22	373.80	0.002 742	0.003 568	2022.2	143.4	2165.6	4.3110	0.2216	4.5327
22.09	374.14	0.003 155	0.003 155	2099.3	0	2099.3	4.4298	0	4.4298

《주요 기체의 가스정수, 비열 등의 값》

가스의 종 류	분자 기호	원자수	분자량 M [kg/kmol]		가스정수 R		표준상태 (℃, 760mmHg)에 있어서 밀도 ρ [kg/m³N]		공기에 대한 비중	0℃에서의 값				$k = \frac{Cp}{Cv}$
										정압비열[C_p]		정적비열[C_v]		
			개략값	정밀값	$\frac{kgf\ m}{kgf\ K}$	$\frac{kJ}{kg\ K}$	개략값	실측값		$\frac{kcal}{kgf℃}$	$\frac{kJ}{kg\ K}$	$\frac{kcal}{kgf\ ℃}$	$\frac{kJ}{kg\ K}$	
헬 륨	He	1	4	4.0026	211.9	2.077 2	0.1781 6	0.178 5	0.1381	1.251	5.238	0.755 0	3.160	1.66
아르곤	Ar	1	40	39.948	21.23	0.208 1	1.782 1	1.783 4	1.379	0.124	0.520	0.074 6	0.31	1.66
수 소	H_2	2	2	2.015 65	420.55	4.124 9	0.089 94	0.08987	0.069 5	3.392	14.200	2.406 9	10.075 4	1.409
질 소	N_2	2	28	28.006 148	30.26	0.296 9	1.249 9	1.250 5	0.968	0.248 2	1.038 9	0.177 3	0.742 1	1.400
산 소	O_2	2	32	31.989 83	26.49	0.259 8	1.427 6	1.42895	1.105	0.218 6	0.915 0	0.156 5	0.655 1	1.397
공 기	–		29	28.95	29.27	0.287 2	1.292 2	1.292 8	1.000	0.240	1.005	0.171 3	0.717 1	1.400
일산화탄소	CO	2	28	27.994 915	30.27	0.297 0	1.249 5	1.250 0	0.967	0.248 5	1.040 3	0.177 6	0.743 3	1.400
수 증 기	H_2O	3	18	18.010 565	47.06	0.461 63	0.803 6	–	0.622 0	0.444 6	1.861	0.334 0	1.398	1.33
탄산가스	CO_2	3	44	43.089 83	19.26	0.189 0	1.963 4	1.976 8	1.530	0.195 2	0.816 9	0.150 0	0.627 9	1.301
아황산가스	SO_2	3	64	63.962 185	13.24	0.130 0	2.858 1	2.926 5	2.264	0.145 5	0.609 2	0.114 5	0.479 2	1.271
암모 니아	NH_3	4	17	17.026 549	49.78	0.488 3	0.759 8	0.771 3	0.596	0.491 1	2.055 7	0.374 4	1.567 4	1.312
메 탄	CH_4	5	16	16.031 3	52.89	0.518 7	0.715 2	0.716 8	0.554	0.515 1	2.156 2	0.391 2	1.637 6	1.317
에 틸 렌	C_2H_4	6	28	28.031 3	30.25	0.296 6	1.250 6	1.260 4	0.975	0.385 1	1.612	0.314 2	1.315 3	1.225
에 탄	C_2H_6	8	30	30.046 95	28.20	0.276 5	1.340 6	1.356 0	1.049	0.413 0	1.729	0.347 0	1.452 4	1.20
프 로 판	C_3H_8	11	44	44.06	19.23	0.188 7	2.100 2	–	1.521	0.370 5	1.551	0.325 4	1.362	1.139

《각종 단위》

힘	1 N=1 kg · m/s²	1 kgf=9.8066 N
일에너지	1 J=1 N · m=1 kgm²/s² 1 J=0.238846 cal	1 kgf · m=9.8066 J 1 kgf · m=1/427 kcal 1 kcal=4.1868 kJ 1 Btu=1.0551 kJ =0.252 kcal
일　률	1 W=1 J/s=3.413 Btu/h 1 kW=1.341 hp 1 kW=102 kgf · m/s =860 kcal/h	 1 hp=76 kgf · m/s=0.7457 kW 1 Ps=75 kgf · m/s=0.7355 kW 1 kcal/h=1.1628 W
비　열	1 kJ/kg · ℃=0.2388 kcal/kgf℃	1 kcal/kgf℃=4.1868 kJ/kg · ℃
열전도율 열전달률	1 W/m · ℃=0.85985 kcal/mh℃ 1 W/m² · ℃=0.85985 kcal/m²h℃	1 kcal/mh℃=1.163 W/m · ℃ 1 kcal/m²h℃=1.163 W/m² · ℃
압　력	1 Pa=1 N/m²=1.01972×10⁻⁵ kgf/cm² 1 bar=10⁵ Pa	1 at=1 kgf/cm²=735.6 mmHg =0.981 bar=98,066 Pa 1 atm=1.03323 kgf/cm²=101,33 kPa =760 mmHg=1.0133 bar 1 mAq=9.8 kPa 1 mmAq=9.8 Pa
점성계수	1 poise=10 kg/m · s 1 Pa · s=0.1019716 kg · s/m²=10 poise 1 m²/s=10⁴ St	1 poise=1 g/cm · s=0.1 Pa · s 1 kg · s/m²=9.80665 Pa · s 1 St=1 cm²/s=10⁻⁴ m²/s

부록 Ⅳ 급유관의 관경결정선도

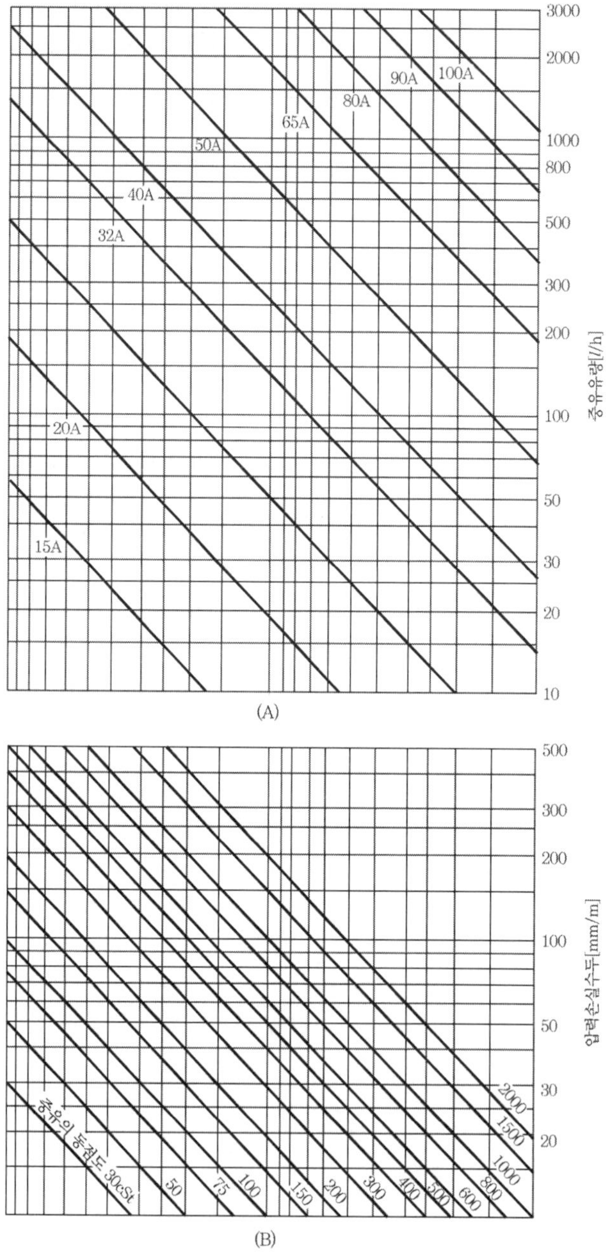

부그림 1 급유관의 관경결정선도

찾아보기

(ㅇ)

난방시스템 **값 22,000원**

저 자 성 순 경
발행인 문 형 진

2007년 2월 20일 제1판 제1쇄 인쇄
2009년 8월 27일 제1판 제2쇄 인쇄
2012년 2월 28일 제2판 제1쇄 발행
2014년 9월 5일 제2판 제2쇄 발행
2017년 9월 20일 제2판 제3쇄 발행
2019년 1월 12일 제2판 제4쇄 발행

판 권
검 인

발행처 세 진 사
136-087 서울특별시 성북구 보문로 38 세진빌딩
TEL : 922-6371~3, 923-3422·7224 / FAX : 927-2462
〈등록. 1976. 9. 21 / 등록번호. 서울 제6-28호〉